"十三五"普通高等教育本科规划教材

结构力学 II
——专题教程

主　编　刘永军
副主编　宋岩升
编　写　谷　凡　王　宇　海　洪
主　审　祁　皑

中国电力出版社
CHINA ELECTRIC POWER PRESS

内 容 提 要

　　本书为"十三五"普通高等教育本科规划教材。根据《结构力学课程教学基本要求（A 类）》和《结构力学课程教学基本要求（B 类）》，结构力学内容可划分为基本部分和专题部分，基本部分的主要内容包括体系几何构造分析、静定结构受力分析、结构位移计算、力法、位移法、力矩分配法、影响线等。本书为专题部分，主要内容包括矩阵位移法、结构动力计算、结构的极限荷载、结构的弹性稳定等。全书以经典内容的基本概念、基本原理、基本方法、基本技能为重点，适当强化面向电算的矩阵位移法理论和软件，取材规范、叙述精炼、层次清晰，便于教学，适于自学。

　　本书可作为应用型本科院校土木工程、道路桥梁与渡河工程、城市地下空间工程、水利水电工程等专业教材，也可作为少学时本科相关专业及高职高专相关专业教材，还可供广大工程技术人员及教师参考。

图书在版编目（CIP）数据

　　结构力学：专题教程 . 2/刘永军主编. —北京：中国电力出版社，2016.3（2019.12 重印）

　　"十三五"普通高等教育本科规划教材

　　ISBN 978-7-5123-8579-5

　　Ⅰ.①结…　Ⅱ.①刘…　Ⅲ.①结构力学-高等学校-教材　Ⅳ.①O342

　　中国版本图书馆 CIP 数据核字（2016）第 023480 号

中国电力出版社出版、发行

（北京市东城区北京站西街 19 号　100005　http://www.cepp.sgcc.com.cn）

北京雁林吉兆印刷有限公司印刷

各地新华书店经售

＊

2016 年 3 月第一版　2019 年 12 月北京第二次印刷

787 毫米×1092 毫米　16 开本　17.25 印张　418 千字

定价 35.00 元

前　　言

结构力学是土木工程、道路桥梁与渡河工程、城市地下空间工程等专业的一门主要专业基础课。编写本书时，主要依据教育部高等学校非力学专业基础课程教学指导分委员会结构力学与弹性力学课程教学指导小组制定的《结构力学课程教学基本要求（A 类）》和《结构力学课程教学基本要求（B 类）》的内容，并考虑到了近些年应用型本科高等院校的实际情况和结构力学的发展趋势。

全书分为两册，分别为"结构力学Ⅰ-基本教程"和"结构力学Ⅱ-专题教程"。全书分为13 章：第 1 章为结构力学概述；第 2 章为平面体系的几何构造分析；第 3 章为静定梁及刚架；第 4 章为静定桁架、拱及组合结构；第 5 章为静定结构的位移计算；第 6 章为力法；第 7 章为位移法；第 8 章为力矩分配法；第 9 章为影响线及其应用；第 10 章为矩阵位移法；第 11 章为结构动力计算；第 12 章为结构的极限荷载；第 13 章为结构的弹性稳定。"结构力学Ⅰ-基本教程"包括前 9 章，可供所有相关专业选用；本书是"结构力学Ⅱ-专题教程"，包括后 4 章，主要供土木工程、道路桥梁与渡河工程、城市地下空间工程等本科专业选用。

结构力学课程的内容和任务随着社会的进步在不断变化，发展的趋势是淡化针对手算的技巧，突出概念与电算，完善"概念结构力学"和"计算结构力学"。全书内容就是按照这个思路编写的，重点强调经典结构力学中的基本概念、基本原理、基本方法、基本技能，实现"保底"；适当强化面向电算的"矩阵位移法"理论和软件，力争"提高"。

在"矩阵位移法"一章中，重点从面向电算的角度介绍矩阵位移法解题思路和解题过程，力图为读者阅读程序、开发软件、应用软件奠定坚实基础。书末附录中给出的矩阵位移法软件 MDMS 数值计算模块的源程序、前后处理模块的执行程序以及其他的电子资源均可在沈阳建筑大学结构力学课程网站上免费下载，网址为：http://202.199.64.166/jiaowu/jp/2008/jglx/0.htm，或直接与主编联系，邮箱为：ceyjliu@sjzu.edu.cn。

本书由沈阳建筑大学结构力学教研室集体编写，刘永军教授为主编，宋岩升副教授为副主编。全书各章节具体编写人员为刘永军（第 1 章，第 9 章，第 10 章，附录 A），宋岩升（第 2 章，第 7 章，第 13 章），海洪（第 3 章，第 4 章，附录 B），谷凡（第 5 章，第 11 章），王宇（第 6 章，第 8 章，第 12 章）。

书中内容承蒙福州大学祁皑教授百忙中拨冗审阅，提出了很多宝贵意见和建议。在此，表示衷心感谢！

由于编者水平所限，书中不足之处在所难免，欢迎专家批评，恳请读者指正。

编　者

2016 年 1 月

目　录

第 10 章 矩 阵 位 移 法

本 章 目 录

§10.1　概　　述

前面各章讲述了求解杆件结构的基本方法，对于静定结构，直接利用静力平衡方程就可以求解；对于超静定结构，需要使用力法、位移法或者力矩分配法来求解。这些基本方法适合于手工计算简单的杆件结构，当结构中的未知数数量较大时，用这些方法求解会遇到很多困难。目前，在实际工作中分析复杂的杆件结构通常采用计算机软件来求解，其理论基础是矩阵位移法。矩阵位移法以节点位移为未知量，以矩阵符号为表达手段，以程序代码为载体，以电脑为计算工具。

第一篇矩阵位移法的论文发表于 1944 年，是有限单元法的萌芽。有限元单元法是一种重要的数值方法，在连续介质问题和场问题的分析计算中具有重要的地位。基于有限单元法的ABAQUS、ANSYS 等计算机软件，广泛应用于航空、航天、水坝、建筑、桥梁、船舶等工程技术领域，提高了人类解决复杂问题的能力。本章介绍的矩阵位移法是有限单元法中的基础部分，也称杆件结构有限单元法。学好矩阵位移法对于同学们今后进一步学习有限单元法理论、掌握有限单元法软件、解决工程实际问题、创造经济效益、推动社会进步具有重要意义。

学习矩阵位移法时，要注意其与经典位移法的区别。经典位移法是手算方法，需要避免繁杂的计算，尽量减少未知量的数目；矩阵位移法是电算方法，擅长应对海量的计算，追求求解过程的程序化。计算工具的不同，引起计算方法的差异。经典位移法求解刚架结构时，为了尽量减少未知量的数目，常常忽略杆件的轴向变形，并且，铰支座处的杆端转角位移以及定向支座处的杆端切向位移，都不作为基本未知量，整个计算过程基于三种基本单跨超静定梁。矩阵位移法求解刚架结构时，不需要忽略杆件的轴向变形，所有未知杆端位移都作为未知量，整个计算过程基于一种单跨超静定梁。注意到两者的区别，有助于理解和掌握矩阵位移法。

§10.2　基本概念及基本符号

矩阵位移法是有限单元法的基本部分，以矩阵为基本的数学工具，有一些新的术语和表达方式，这里以二维杆件结构为例，介绍一些基本概念及基本符号。

10.2.1　单元、节点及离散

"单元（element）"是一个重要的概念，是有限单元法中的基本分析单位。在杆件结构中，通常把一段等截面直杆作为单元。每个单元都有一个编号，如果一个有限元模型有 m 个单元，单元的编号就应该是 1、2、…、m。

简单地说，杆件单元的端点称为"节点（node）"。结构意义上的"结点（connection）"和有限元意义上的"节点"是有区别的。在矩阵位移法中，通常把结构的"结点"取为单元的"节点"。每个节点都有一个编号，如果一个有限元模型有 n 个节点，节点的编号就应该是 1、2、…、n。

由"单元"和"节点"构成的几何模型称为"有限元网格"。把一个由"杆件"和"结点"构成的杆件结构转变为由"单元"和"节点"构成的有限元网格的过程称为结构的"离散"。对结构进行离散是有限元分析的重要一步。

10.2.2　局部坐标系及整体坐标系

力和位移是向量，描述力和位移时需要指明参照系。横轴与杆件单元的轴线重合的坐标系称单元的局部坐标系，记为 $\bar{x}\bar{y}-\bar{o}$（见图 10-1）。与坐标原点 $\bar{o}$ 重合的节点称为始端，另一节点称为末端。习惯上，始端用 i 表示，末端用 j 表示（见图 10-1）。每个单元都有一个自己专属的局部矩阵坐标系，有的书籍中把局部坐标系称为单元坐标系。

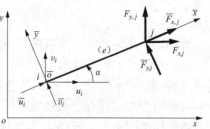

整体坐标系是描述一个有限元模型中所有力和位移的统一坐标系，记为 $xy-o$（见图 10-1）。所有单元都共用一个整体坐标系，有的书籍中将整体坐标系称为总体坐标系或结构坐标系。

本书约定：局部坐标系和整体坐标系都取为右手系，与坐标轴方向一致的集中力和线位移的符号为正，逆时针方向弯矩和转角的符号为正。

图 10-1

10.2.3　单元方向角

单元局部坐标系的 $\bar{x}$ 轴与整体坐标系的 x 轴之间的夹角 α 称为杆件单元方向角。α 的正负号是这样规定的：绕坐标原点 o 旋转 x 轴至与 $\bar{x}$ 轴平行且指向一致的位置，如果逆时针旋转，则 α 为正，反之为负。

本书约定：$-90°\leqslant\alpha<90°$。平行于 x 轴的单元，其方向角 $\alpha=0$；垂直于 x 轴的单元，其方向角 $\alpha=-90°$。根据此约定，对于铅直单元，始端是上侧的节点，末端是下侧的节点；对于其他单元，始端是左侧的节点，末端是右侧的节点。编写程序时，根据单元的节点坐标，完全能够确定单元的始端和末端，也很容易求出单元方向角的正弦和余弦。

10.2.4　桁架单元的杆端内力向量和杆端位移向量

桁架结构中的杆件作为单元时，称为桁架单元或者杆单元。桁架单元的特点是单元中只有轴力，没有弯矩和剪力，因此，桁架单元在受力过程中一直保持为直杆。无论是在整体坐标系中，还是在局部坐标系中，桁架单元的每个端部都有两个独立的线位移，单元的转角可以通过两端的线位移求出。

在专业有限元软件中，桁架单元包括很多种，需要进行分类和编号。这里的桁架单元是指最基本的二维线性弹性两节点等截面直杆单元。形成杆端内力向量和杆端位移向量的原则是"先始端，后末端"。

在图 10-1 中，局部坐标系中桁架单元的杆端内力向量为

$$\bar{F}^e=\left\{\frac{\bar{F}_i^e}{\bar{F}_j^e}\right\}=\left\{\begin{array}{c}\bar{F}_{\mathrm{N},i}\\\bar{F}_{\mathrm{Q},i}\\\bar{F}_{\mathrm{N},j}\\\bar{F}_{\mathrm{Q},j}\end{array}\right\}=\left\{\begin{array}{cccc}\bar{F}_{\mathrm{N},i}&\bar{F}_{\mathrm{Q},i}&\vdots&\bar{F}_{\mathrm{N},j}&\bar{F}_{\mathrm{Q},j}\end{array}\right\}^{\mathrm{T}} \tag{10-1}$$

局部坐标系中桁架单元的杆端位移向量为

$$\bar{D}^e=\left\{\frac{\bar{D}_i^e}{\bar{D}_j^e}\right\}=\left\{\begin{array}{cccc}\bar{u}_i&\bar{v}_i&\vdots&\bar{u}_j&\bar{v}_j\end{array}\right\}^{\mathrm{T}} \tag{10-2}$$

整体坐标系中桁架单元的杆端内力向量表示为

$$\boldsymbol{F}^e = \left\{ \begin{matrix} \boldsymbol{F}_i^e \\ \cdots \\ \boldsymbol{F}_j^e \end{matrix} \right\} = \{ F_{x,i} \quad F_{y,i} \ \vdots \ F_{x,j} \quad F_{y,j} \}^{\mathrm{T}} \tag{10-3}$$

整体坐标系中桁架单元的杆端位移向量为

$$\boldsymbol{D}^e = \left\{ \begin{matrix} \boldsymbol{D}_i^e \\ \cdots \\ \boldsymbol{D}_j^e \end{matrix} \right\} = \{ u_i \quad v_i \ \vdots \ u_j \quad v_j \}^{\mathrm{T}} \tag{10-4}$$

10.2.5 刚架单元的杆端内力向量和杆端位移向量

刚架结构中的杆件作为单元时，称为刚架单元或者梁单元。刚架单元中有轴力、剪力、弯矩三种内力，承受荷载后会发生弯曲。无论是在整体坐标系中，还是在局部坐标系中，刚架单元的每个端部都有三个独立的杆端力和杆端位移。本书已经约定：无论在局部坐标系中还是在整体坐标系中，杆端内力和杆端位移的方向与坐标轴的正方向一致时为正，反之为负。逆时针的弯矩和转角为正，顺时针的为负。

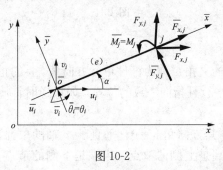

图 10-2

在专业有限元软件中，刚架单元也包括很多种，同样需要进行分类和编号。这里的刚架单元是指最基本的二维线性弹性两节点等截面直线刚架单元。在图 10-2 中，局部坐标系中刚架单元的杆端内力向量为

$$\bar{\boldsymbol{F}}^e = \left\{ \begin{matrix} \bar{\boldsymbol{F}}_i^e \\ \cdots \\ \bar{\boldsymbol{F}}_j^e \end{matrix} \right\} = \{ \bar{F}_{\mathrm{N},i} \quad \bar{F}_{\mathrm{Q},i} \quad \bar{M}_i \ \vdots \ \bar{F}_{\mathrm{N},j} \quad \bar{F}_{\mathrm{Q},j} \quad \bar{M}_j \}^{\mathrm{T}} \tag{10-5}$$

局部坐标系中刚架单元的杆端位移向量为

$$\bar{\boldsymbol{D}}^e = \left\{ \begin{matrix} \bar{\boldsymbol{D}}_i^e \\ \cdots \\ \bar{\boldsymbol{D}}_j^e \end{matrix} \right\} = \{ \bar{u}_i \quad \bar{v}_i \quad \bar{\theta}_i \ \vdots \ \bar{u}_j \quad \bar{v}_j \quad \bar{\theta}_j \}^{\mathrm{T}} \tag{10-6}$$

整体坐标系中刚架单元的杆端内力向量表示为

$$\boldsymbol{F}^e = \left\{ \begin{matrix} \boldsymbol{F}_i^e \\ \cdots \\ \boldsymbol{F}_j^e \end{matrix} \right\} = \{ F_{x,i} \quad F_{y,i} \quad M_i \ \vdots \ F_{x,j} \quad F_{y,j} \quad M_j \}^{\mathrm{T}} \tag{10-7}$$

整体坐标系中刚架单元的杆端位移向量为

$$\boldsymbol{D}^e = \left\{ \begin{matrix} \boldsymbol{D}_i^e \\ \cdots \\ \boldsymbol{D}_j^e \end{matrix} \right\} = \{ u_i \quad v_i \quad \theta_i \ \vdots \ u_j \quad v_j \quad \theta_j \}^{\mathrm{T}} \tag{10-8}$$

10.2.6 单元刚度矩阵

杆端内力向量和杆端位移向量之间存在着确定的关系，这个关系可以用单元刚度矩阵表示为单元刚度方程。在局部坐标系中，单元刚度方程可以表示为 $\bar{\boldsymbol{F}}^e = \bar{\boldsymbol{k}}^e \bar{\boldsymbol{D}}^e$，其中，$\bar{\boldsymbol{k}}^e$ 称为局部坐标系中的单元刚度矩阵。在整体坐标系中，单元刚度方程可以表示为 $\boldsymbol{F}^e = \boldsymbol{k}^e \boldsymbol{D}^e$，其中，$\boldsymbol{k}^e$ 称为整体坐标系中的单元刚度矩阵。显然，桁架单元的单元刚度矩阵是 4×4 的方阵，刚架单元的单元刚度矩阵是 6×6 的方阵。

10.2.7 总码及单元定位向量

"总码"是节点位移的统一编码，刚性约束方向的节点位移分量的总码为 0。总码主要取决于结构的约束条件和节点位移耦合关系，是一个非常重要的概念。编写总码的过程就是引

入约束条件和节点位移耦合关系的过程，总码的最大值就是结构中未知节点位移的总数，也是总体刚度矩阵的阶数。

桁架结构中，每个节点有两个自由度，因此，每个桁架单元的节点有两个总码。图 10-3 所示桁架结构，共有 4 个节点，总码依次为 1 （1，2），2 （3，0），3 （0，0），4 （0，0），最大的总码为 3。

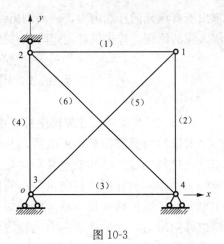

图 10-3

刚架结构中，每个节点有三个自由度，因此，每个刚架单元的节点有三个总码。图 10-4 所示的刚架结构中，杆件有弯曲变形和轴向变形，4 个节点的总码依次为 1 （1，0，2），2 （3，4，5），3 （0，0，0），4 （0，6，0），最大的总码为 6。

由单元始、末节点的总码形成的向量，称为单元的定位向量。图 10-3 中，单元 1 的始、末节点分别为 2 和 1，其定位向量为 {3 0 1 2}。图 10-4 中，单元 2 的始、末节点分别为 2 和 4，其定位向量为 {3 4 5 0 6 0}。有些书籍中，单元定位向量也被称为单元自由度向量。

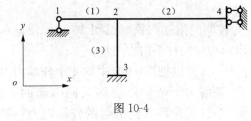

图 10-4

10.2.8　节点位移向量

结构中所有未知节点位移形成的向量称为（未知）节点位移向量，通常用 D 表示。显然，D 中有 N 个元素，N 为最大的总码。图 10-3 所示桁架结构的未知节点位移向量可以表示为

$$D = \{D_1 \quad D_2 \quad D_3\}^\mathrm{T} \tag{10-9}$$

图 10-4 所示刚架结构的未知节点位移向量可以表示为

$$D = \{D_1 \quad D_2 \quad D_3 \quad D_4 \quad D_5 \quad D_6\}^\mathrm{T} \tag{10-10}$$

D 中各个元素的下标是总码。

10.2.9　节点荷载向量

设 N 为结构中的最大总码，则结构中可能会有 N 个已知节点荷载，这些荷载形成的向量，称为（已知）节点荷载向量，通常用 F 表示。图 10-4 所示结构的最大总码为 6，（已知）节点荷载向量可以表示为

$$F = \{F_1 \quad F_2 \quad F_3 \quad F_4 \quad F_5 \quad F_6\}^\mathrm{T} \tag{10-11}$$

向量中各个元素的下标是总码。节点荷载可能来源于直接节点荷载和等效节点荷载，相关内容将在 10.5 节中详细讨论。

10.2.10　总体刚度矩阵

一个几何组成性质为几何不变体系的杆件结构，受到（已知）节点荷载向量 F 作用时，必然产生（未知）节点位移向量 D，并且 D 是确定的、唯一的。由于 F 和 D 都是具有 N 个元素的列向量（N 为最大总码），因此，两者之间的关系可以用一个 $N \times N$ 矩阵 K 表示为 $KD = F$，矩阵 K 称为结构的总体刚度矩阵（或整体刚度矩阵、结构刚度矩阵），简称总刚。

用矩阵位移法求解杆件结构的核心工作是形成总体刚度矩阵和节点荷载向量，继而，就可以通过求解总体刚度方程 $KD = F$，获得未知节点位移向量。求出了未知节点位移，就可以

求出所有单元的杆端内力，进而画出结构的内力图。考虑到桁架结构比较简单，本书本着由浅入深的原则，首先讲述用矩阵位移法求解桁架结构的方法。

§10.3 用矩阵位移法求解桁架结构

10.3.1 桁架单元在局部坐标系中的单元刚度矩阵

桁架结构受到荷载作用以后，节点将发生位移。为了求出未知节点位移，需要知道未知节点位移向量与已知节点荷载向量之间的关系。为了确定这个关系，需要首先知道整体坐标系中单元的杆端位移向量与单元的杆端内力向量之间的关系，而为了确定整体坐标系中单元的杆端位移向量与单元的杆端内力向量之间的关系，需要首先知道局部坐标系中杆端位移向量与单元的杆端内力向量之间的关系，这个关系可以根据叠加原理推导出来，下面是推导过程。

设单元 (e) 是某桁架结构中的一个杆件，轴向刚度为 EA，E 为弹性模量，A 为截面面积，长度为 l，单元 (e) 上没有荷载作用。该桁架结构在荷载作用下发生了节点位移，单元 (e) 有 4 个杆端位移，相应地，有 4 个杆端内力。

为了建立单元刚度方程，在该单元两端加上人为控制的附加约束（见图 10-5），使该单元可以发生任意指定的杆端位移，根据杆端位移，求出相应的杆端内力向量。

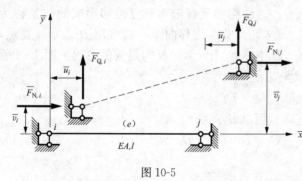

图 10-5

可以把图 10-5 中的 4 个杆端内力理解为 4 个杆端位移共同引起的，4 个杆端位移共同引起的杆端内力，等于 4 个杆端位移分别引起的杆端内力的叠加。表 10-1 和表 10-2 中，分别给出了局部坐标系中各个单位杆端位移（其他位移=0）引起的杆端内力向量，根据叠加原理，$\bar{u}_i$、$\bar{v}_i$、$\bar{u}_j$、$\bar{v}_j$ 单独引起的杆端内力向量分别等于 $\bar{\pmb{F}}^e_{\bar{u}_i=1} \times \bar{u}_i$、$\bar{\pmb{F}}^e_{\bar{v}_i=1} \times \bar{v}_i$、$\bar{\pmb{F}}^e_{\bar{u}_j=1} \times \bar{u}_j$、$\bar{\pmb{F}}^e_{\bar{v}_j=1} \times \bar{v}_j$，还是根据叠加原理，$\bar{u}_i$、$\bar{v}_i$、$\bar{u}_j$、$\bar{v}_j$ 共同引起的杆端内力向量为

$$\bar{\pmb{F}}^e = \bar{\pmb{F}}^e_{\bar{u}_i=1} \times \bar{u}_i + \bar{\pmb{F}}^e_{\bar{v}_i=1} \times \bar{v}_i + \bar{\pmb{F}}^e_{\bar{u}_j=1} \times \bar{u}_j + \bar{\pmb{F}}^e_{\bar{v}_j=1} \times \bar{v}_j \tag{10-12}$$

即

$$
\begin{Bmatrix} \bar{F}_{\text{N},i} \\ \bar{F}_{\text{Q},i} \\ \bar{F}_{\text{N},j} \\ \bar{F}_{\text{Q},j} \end{Bmatrix}
=
\begin{Bmatrix} \dfrac{EA}{l} \\ 0 \\ -\dfrac{EA}{l} \\ 0 \end{Bmatrix} \times \bar{u}_i
+
\begin{Bmatrix} 0 \\ 0 \\ 0 \\ 0 \end{Bmatrix} \times \bar{v}_i
+
\begin{Bmatrix} -\dfrac{EA}{l} \\ 0 \\ \dfrac{EA}{l} \\ 0 \end{Bmatrix} \times \bar{u}_j
+
\begin{Bmatrix} 0 \\ 0 \\ 0 \\ 0 \end{Bmatrix} \times \bar{v}_j
\tag{10-13}
$$

$$
\begin{array}{cccc}
(\bar{u}_i=1) & (\bar{v}_i=1) & (\bar{u}_j=1) & (\bar{v}_j=1) \\
(\text{其他}=0) & (\text{其他}=0) & (\text{其他}=0) & (\text{其他}=0) \\
\downarrow & \downarrow & \downarrow & \downarrow
\end{array}
$$

写成矩阵形式有

$$
\begin{Bmatrix}
\bar{F}_{\mathrm{N},i} \\
\bar{F}_{\mathrm{Q},i} \\
\hdashline
\bar{F}_{\mathrm{N},j} \\
\bar{F}_{\mathrm{Q},j}
\end{Bmatrix}
=
\begin{bmatrix}
\dfrac{EA}{l} & 0 & -\dfrac{EA}{l} & 0 \\
0 & 0 & 0 & 0 \\
\hdashline
-\dfrac{EA}{l} & 0 & \dfrac{EA}{l} & 0 \\
0 & 0 & 0 & 0
\end{bmatrix}
\begin{Bmatrix}
\bar{u}_i \\
\bar{v}_i \\
\hdashline
\bar{u}_j \\
\bar{v}_j
\end{Bmatrix}
\tag{10-14}
$$

式（10-14）称为局部坐标系中桁架单元的单元刚度方程。若设

$$
\bar{k}^e =
\begin{bmatrix}
\dfrac{EA}{l} & 0 & -\dfrac{EA}{l} & 0 \\
0 & 0 & 0 & 0 \\
\hdashline
-\dfrac{EA}{l} & 0 & \dfrac{EA}{l} & 0 \\
0 & 0 & 0 & 0
\end{bmatrix}
\tag{10-15a}
$$

或者

$$
\bar{k}^e = \frac{EA}{l}
\begin{bmatrix}
1 & 0 & -1 & 0 \\
0 & 0 & 0 & 0 \\
\hdashline
-1 & 0 & 1 & 0 \\
0 & 0 & 0 & 0
\end{bmatrix}
\tag{10-15b}
$$

则有

$$
\bar{F}^e = \bar{k}^e \bar{D}^e
\tag{10-16}
$$

表 10-1　　　　　局部坐标系中始端单位杆端位移引起的杆端内力向量

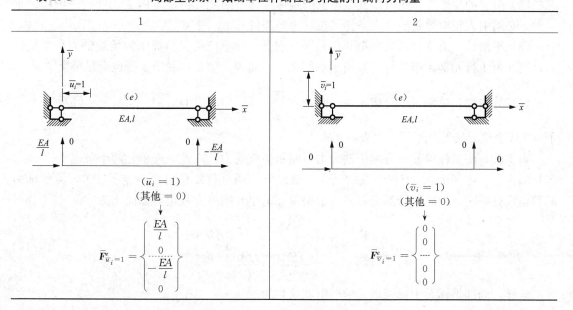

表 10-2   局部坐标系中末端单位杆端位移引起的杆端内力向量

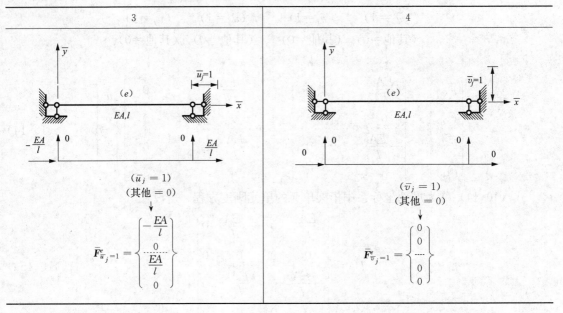

$\bar{k}^e$ 为桁架杆单元在局部坐标系中的单元刚度矩阵。从式（10-14）可以看出，$\bar{k}^e$ 中的元素具有明确的力学意义，例如，第 1 列的 4 元素就是第 1 个杆端位 $\bar{u}_i=1$（其他位移=0）时对应的 4 个杆端力。此外，$\bar{k}^e$ 还具有以下性质：

（1）对称性，$\bar{k}^e=\bar{k}^{e\mathrm{T}}$ 或 $\bar{k}^e_{m,n}=\bar{k}^e_{n,m}$。第 1 个下标代表元素所在行号，第 2 个下标代表元素所在列号。

（2）奇异性，即 $\bar{k}^e$ 的行列式等于 0，没有逆矩阵。若已知单元杆端位移向量 $\bar{D}^e$，可以由式（10-16）确定杆端力 $\bar{F}^e$；但若是已知杆端力向量 $\bar{F}^e$，却不能由式（10-16）反求杆端位移向量 $\bar{D}^e$。这是因为所研究的单元是一个自由单元，杆端未施加任何支座约束，单元除了有杆端力引起的变形外，还可以发生任意的刚体位移，因此，由确定的 $\bar{F}^e$ 不能求得 $\bar{D}^e$ 的唯一解，必须引入相应数量的约束条件（位移边界条件）。

（3）平衡性，第 1 行元素和第 3 行元素分别是某种单位位移情况下的始端轴力和末端轴力，因此第 1 行元素和第 3 行元素满足平衡关系。同理，第 2 行和第 4 行也满足平衡关系。

（4）分块性，单刚可以分成 4 块，即 $\bar{k}^e=\begin{bmatrix}\bar{k}^e_{i,i}&\bar{k}^e_{i,j}\\\bar{k}^e_{j,i}&\bar{k}^e_{j,j}\end{bmatrix}$，并且，$\bar{k}^e_{i,i}=\bar{k}^e_{j,j}=-\bar{k}^e_{i,j}=-\bar{k}^e_{j,i}$。下标 i 代表单元始点，下标 j 代表单元末点。

事实上，桁架杆单元只有两个轴向力，而不会有剪力，因此，杆单元两个节点上 $\bar{y}$ 轴方向杆端内力一定等于 0。值得注意的是，$\bar{y}$ 轴方向的两个杆端位移不一定等于 0，但对轴力的数值没有影响，因此，局部坐标系中桁架单元的单元刚度方程也可以简化为

$$\left\{\begin{array}{c}\bar{F}_{\mathrm{N},i}\\\bar{F}_{\mathrm{N},j}\end{array}\right\}=\begin{bmatrix}\dfrac{EA}{l}&-\dfrac{EA}{l}\\-\dfrac{EA}{l}&\dfrac{EA}{l}\end{bmatrix}\left\{\begin{array}{c}\bar{u}_i\\\bar{u}_j\end{array}\right\}\tag{10-17}$$

这样，局部坐标系中桁架单元的单刚就简化为

$$\bar{k}^e = \begin{bmatrix} \dfrac{EA}{l} & -\dfrac{EA}{l} \\ -\dfrac{EA}{l} & \dfrac{EA}{l} \end{bmatrix} = \dfrac{EA}{l}\begin{bmatrix} 1 & -1 \\ -1 & 1 \end{bmatrix} \tag{10-18}$$

10.3.2 桁架单元的坐标变换矩阵

在图 10-1 中，容易看出，桁架单元局部坐标系中杆端内力与整体坐标系中杆端内力之间的关系为

$$\begin{Bmatrix} \bar{F}_{N,i} \\ \bar{F}_{Q,i} \\ \bar{F}_{N,j} \\ \bar{F}_{Q,j} \end{Bmatrix} = \begin{bmatrix} \cos\alpha & \sin\alpha & & \\ -\sin\alpha & \cos\alpha & & 0 \\ & & \cos\alpha & \sin\alpha \\ 0 & & -\sin\alpha & \cos\alpha \end{bmatrix} \begin{Bmatrix} F_{x,i} \\ F_{y,i} \\ F_{x,j} \\ F_{y,j} \end{Bmatrix} \tag{10-19}$$

类似地，桁架单元局部坐标系中杆端位移与整体坐标系中杆端位移之间的关系为

$$\begin{Bmatrix} \bar{u}_i \\ \bar{v}_i \\ \bar{u}_j \\ \bar{v}_j \end{Bmatrix} = \begin{bmatrix} \cos\alpha & \sin\alpha & & \\ -\sin\alpha & \cos\alpha & & 0 \\ & & \cos\alpha & \sin\alpha \\ 0 & & -\sin\alpha & \cos\alpha \end{bmatrix} \begin{Bmatrix} u_i \\ v_i \\ u_j \\ v_j \end{Bmatrix} \tag{10-20}$$

若令

$$T = \begin{bmatrix} \cos\alpha & \sin\alpha & & \\ -\sin\alpha & \cos\alpha & & 0 \\ & & \cos\alpha & \sin\alpha \\ 0 & & -\sin\alpha & \cos\alpha \end{bmatrix} \tag{10-21}$$

则有

$$\bar{F}^e = TF^e \tag{10-22}$$

$$\bar{D}^e = TD^e \tag{10-23}$$

矩阵 T 称为桁架单元的坐标变换矩阵，利用该矩阵，可以把整体坐标系中的杆端力向量和杆端位移向量变换为局部坐标系中的杆端力向量和杆端位移向量。可以验证，桁架单元的坐标变换矩阵 T 是正交矩阵，所以，$T^{-1} = T^{\mathrm{T}}$。利用矩阵 T 的转置矩阵 T^{T}，可以把局部坐标系中的杆端力向量和杆端位移向量变换为整体坐标系中的杆端力向量和杆端位移向量，即

$$F^e = T^{\mathrm{T}}\bar{F}^e \tag{10-24}$$

$$D^e = T^{\mathrm{T}}\bar{D}^e \tag{10-25}$$

在计算单元荷载的等效节点荷载以及利用局部坐标系中单元杆端内力计算支座反力时，将会用到式（10-24）和式（10-25）。

10.3.3 桁架单元在整体坐标系中的单元刚度矩阵

将式（10-22）和式（10-23）代入式（10-16），并左乘 T^{-1}，注意到 $T^{-1} = T^{\mathrm{T}}$，有

$$F^e = (T^{\mathrm{T}}\bar{k}^e T)D^e \tag{10-26}$$

若令

$$k^e = T^{\mathrm{T}}\bar{k}^e T \tag{10-27}$$

则有

$$F^e = k^e D^e \tag{10-28}$$

式（10-28）称为整体坐标系中桁架单元的单元刚度方程，k^e 称为桁架单元在整体坐标系中的单元刚度矩阵。桁架单元单刚 k^e 的显式表达式为

$$k^e = \frac{EA}{l} \begin{bmatrix} \cos^2\alpha & \cos\alpha\sin\alpha & -\cos^2\alpha & -\cos\alpha\sin\alpha \\ \cos\alpha\sin\alpha & \sin^2\alpha & -\cos\alpha\sin\alpha & -\sin^2\alpha \\ -\cos^2\alpha & -\cos\alpha\sin\alpha & \cos^2\alpha & \cos\alpha\sin\alpha \\ -\cos\alpha\sin\alpha & -\sin^2\alpha & \cos\alpha\sin\alpha & \sin^2\alpha \end{bmatrix} \tag{10-29}$$

当 $\alpha=0$ 时，整体坐标系中桁架单元的单刚和局部坐标系中的单刚完全相同，即

$$k^e_{\alpha=0} = \frac{EA}{l} \begin{bmatrix} 1 & 0 & -1 & 0 \\ 0 & 0 & 0 & 0 \\ -1 & 0 & 1 & 0 \\ 0 & 0 & 0 & 0 \end{bmatrix} \tag{10-30}$$

当 $\alpha=-90°$ 时，整体坐标系中桁架单元的单刚为

$$k^e_{\alpha=-90°} = \frac{EA}{l} \begin{bmatrix} 0 & 0 & 0 & 0 \\ 0 & 1 & 0 & -1 \\ 0 & 0 & 0 & 0 \\ 0 & -1 & 0 & 1 \end{bmatrix} \tag{10-31}$$

和局部坐标系中桁架单元的单元刚度矩阵一样，整体坐标系中，桁架单元的单元刚度矩阵也具有以下性质：

（1）对称性，即 $k^e = k^{eT}$ 或 $k^e_{m,n} = k^e_{n,m}$。

（2）奇异性，即 k^e 的行列式等于 0，没有逆矩阵。

（3）平衡性，第 1 行元素是某种单位位移情况下的始端的 x 方向杆端力，第 3 行元素是某种单位位移情况下的末端的 x 方向杆端力，因此第 1 行元素和第 3 行元素满足平衡关系。同理，第 2 行和第 4 行也满足平衡关系。

（4）分块性，单刚可以分成 4 块，即 $k^e = \begin{bmatrix} k^e_{i,i} & k^e_{i,j} \\ k^e_{j,i} & k^e_{j,j} \end{bmatrix}$，并且，$k^e_{i,i} = k^e_{j,j} = -k^e_{i,j} = -k^e_{j,i}$。

以上确定局部坐标系和整体坐标系中单元刚度矩阵的分析过程，称为单元分析。单元分析的目的就是建立两种坐标系中单元的杆端位移向量与杆端力向量之间的关系，也就是确定两个单元刚度矩阵。

10.3.4 依据节点平衡条件推导桁架结构的总体刚度方程

为了便于叙述，这里以一个简单的静定桁架结构为例，推导出桁架结构总体刚度方程，总结出形成结构刚度矩阵的步骤。图 10-6 所示桁架结构，杆件的 EA 相同且均为常数，结构中没有单元荷载，只有一个节点荷载。下面是整体分析的过程。

（1）建立整体坐标系，并对结构进行离散。结果如图 10-7 所示，整个结构划分为 2 个单元，3 个节点。根据本书约定，单元（1）的始点为 1，末点为 2；单元（2）的始点为 2，末点为 3。因此，单元（1）的倾角为 30°；单元（2）的倾角为 $-30°$。

（2）编写总码。节点总码为 1（0，0），2（1，2），3（0，0）。最大总码为 2，所以，未

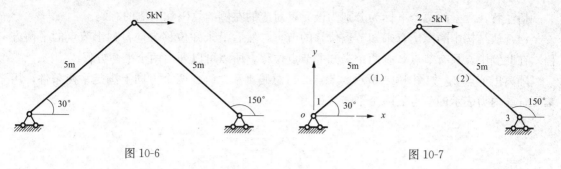

图 10-6　　　　　　　　　　　　图 10-7

知节点位移向量有 2 个元素，节点荷载向量有 2 个元素，总刚为 2×2 方阵。

（3）写出每个单元在整体坐标系中的单元刚度矩阵，并在单刚每行元素的左侧和每列元素的上侧标注上节点的总码，先始点，后末点。为了清晰，这里依次标注了单元号、始末节点号、始末节点总码。

单元（1）的单刚为：

单元			(1)			
	节点				1	2
		总码	0	0	1	2
(1)	1	0	$k^{(1)} = \dfrac{EA}{5}\begin{bmatrix} 0.75 & 0.433 & -0.75 & -0.433 \\ 0.433 & 0.25 & -0.433 & -0.25 \\ -0.75 & -0.433 & 0.75 & 0.433 \\ -0.433 & -0.25 & 0.433 & 0.25 \end{bmatrix}$			
		0				
	2	1				
		2				

单元（2）的单刚为：

单元			(2)			
	节点			2		3
		总码	1	2	0	0
(2)	2	1	$k^{(2)} = \dfrac{EA}{5}\begin{bmatrix} 0.75 & -0.433 & -0.75 & 0.433 \\ -0.433 & 0.25 & 0.433 & -0.25 \\ -0.75 & 0.433 & 0.75 & -0.433 \\ 0.433 & -0.25 & -0.433 & 0.25 \end{bmatrix}$			
		2				
	3	0				
		0				

稍后将会知道，只有对应的横向总码和纵向总码都不是 0 的元素，才是需要组集到总刚中的元素。所以，用以非 0 总码为下标的符号来表示有用的元素，两个单刚也可以写为

$$k^{(1)} = \frac{EA}{5}\begin{bmatrix} 0.75 & 0.433 & -0.75 & -0.433 \\ 0.433 & 0.25 & -0.433 & -0.25 \\ -0.75 & -0.433 & k^{(1)}_{1,1}=0.75 & k^{(1)}_{1,2}=0.433 \\ -0.433 & -0.25 & k^{(1)}_{2,1}=0.433 & k^{(1)}_{2,2}=0.25 \end{bmatrix}$$

$$k^{(2)} = \frac{EA}{5}\begin{bmatrix} k^{(2)}_{1,1}=0.75 & k^{(2)}_{1,2}=-0.433 & -0.75 & 0.433 \\ k^{(2)}_{2,1}=-0.433 & k^{(2)}_{2,2}=0.25 & 0.433 & -0.25 \\ -0.75 & 0.433 & 0.75 & -0.433 \\ 0.433 & -0.25 & -0.433 & 0.25 \end{bmatrix}$$

请注意，元素的两个下标为分别为该元素对应的左侧的总码和上侧的总码。

（4）从结构中隔离出有未知节点位移的节点，然后沿未知位移方向，列出节点的平衡方程。在此例中，只有节点 2 有两个未知的节点位移，所以可以列出两个平衡方程。

隔离出节点 2，如图 10-8 所示。节点 2 在总码 1 和总码 2 两个方向上满足平衡条件，用单元杆端内力表示的节点的两个平衡方程为

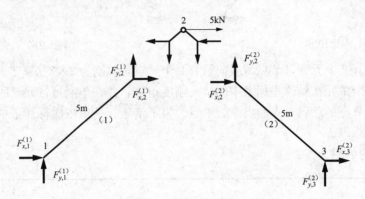

图 10-8

$$在总码 1 方向：\sum F_x = 0 \Rightarrow F_{x,2}^{(1)} + F_{x,2}^{(2)} = F_1 = 5$$

$$在总码 2 方向：\sum F_y = 0 \Rightarrow F_{y,2}^{(1)} + F_{y,2}^{(2)} = F_2 = 0$$

注意，式中单元杆端内力上标为单元号，第一个下标为力的方向，第二个下标为节点号。节点荷载的下标为总码。把单元的杆端力用节点位移表示，便可以得到节点位移与节点荷载的关系式。

（5）利用整体坐标系中的单元刚度方程，把杆端内力用单刚中元素和未知节点位移表示。

单元（1）的单元刚度方程为

$$\begin{Bmatrix} F_{x,1}^{(1)} \\ F_{y,1}^{(1)} \\ F_{x,2}^{(1)} \\ F_{y,2}^{(1)} \end{Bmatrix} = \frac{EA}{5} \begin{bmatrix} 0.75 & 0.433 & -0.75 & -0.433 \\ 0.433 & 0.25 & -0.433 & -0.25 \\ -0.75 & -0.433 & k_{1,1}^{(1)} = 0.75 & k_{1,2}^{(1)} = 0.433 \\ -0.433 & -0.25 & k_{2,1}^{(1)} = 0.433 & k_{2,2}^{(1)} = 0.25 \end{bmatrix} \begin{Bmatrix} u_1 \\ v_1 \\ u_2 \\ v_2 \end{Bmatrix}$$

式中，杆端内力的第二个下标和杆端位移的下标均为节点号。

根据位移协调条件：$\begin{Bmatrix} u_1 \\ v_1 \\ u_2 \\ v_2 \end{Bmatrix} = \begin{Bmatrix} 0 \\ 0 \\ D_1 \\ D_2 \end{Bmatrix}$，所以有

$$\begin{Bmatrix} F_{x,1}^{(1)} \\ F_{y,1}^{(1)} \\ F_{x,2}^{(1)} \\ F_{y,2}^{(1)} \end{Bmatrix} = \frac{EA}{5} \begin{bmatrix} 0.75 & 0.433 & -0.75 & -0.433 \\ 0.433 & 0.25 & -0.433 & -0.25 \\ -0.75 & -0.433 & k_{1,1}^{(1)} = 0.75 & k_{1,2}^{(1)} = 0.433 \\ -0.433 & -0.25 & k_{2,1}^{(1)} = 0.433 & k_{2,2}^{(1)} = 0.25 \end{bmatrix} \begin{Bmatrix} 0 \\ 0 \\ D_1 \\ D_2 \end{Bmatrix}$$

单元（2）的单元刚度方程为

$$\begin{Bmatrix} F_{x,2}^{(2)} \\ F_{y,2}^{(2)} \\ F_{x,3}^{(2)} \\ F_{y,3}^{(2)} \end{Bmatrix} = \frac{EA}{5} \begin{bmatrix} k_{1,1}^{(2)} = 0.75 & k_{1,2}^{(2)} = -0.433 & -0.75 & 0.433 \\ k_{2,1}^{(2)} = -0.433 & k_{2,2}^{(2)} = 0.25 & 0.433 & -0.25 \\ -0.75 & 0.433 & 0.75 & -0.433 \\ 0.433 & -0.25 & -0.433 & 0.25 \end{bmatrix} \begin{Bmatrix} D_1 \\ D_2 \\ 0 \\ 0 \end{Bmatrix}$$

请注意，杆端内力的第 2 个下标为节点号，而单刚中元素 $k_{1,1}^{(1)}$ 等的下标是总码，节点位移 D_1 等的下标也是总码。

将两个单元刚度方程展开，有

$$F_{x,2}^{(1)} = k_{1,1}^{(1)} D_1 + k_{1,2}^{(1)} D_2$$
$$F_{y,2}^{(1)} = k_{2,1}^{(1)} D_1 + k_{2,2}^{(1)} D_2$$
$$F_{x,2}^{(2)} = k_{1,1}^{(2)} D_1 + k_{1,2}^{(2)} D_2$$
$$F_{y,2}^{(2)} = k_{2,1}^{(2)} D_1 + k_{2,2}^{(2)} D_2$$

代入前面的节点 2 的两个平衡方程中，有

$$(k_{1,1}^{(1)} + k_{1,1}^{(2)}) D_1 + (k_{1,2}^{(1)} + k_{1,2}^{(2)}) D_2 = F_1 = 5$$
$$(k_{2,1}^{(1)} + k_{2,1}^{(2)}) D_1 + (k_{2,2}^{(1)} + k_{2,2}^{(2)}) D_2 = F_2 = 0$$

用矩阵表示为

$$\begin{bmatrix} (k_{1,1}^{(1)} + k_{1,1}^{(2)}) & (k_{1,2}^{(1)} + k_{1,2}^{(2)}) \\ (k_{2,1}^{(1)} + k_{2,1}^{(2)}) & (k_{2,2}^{(1)} + k_{2,2}^{(2)}) \end{bmatrix} \begin{Bmatrix} D_1 \\ D_2 \end{Bmatrix} = \begin{Bmatrix} F_1 \\ F_2 \end{Bmatrix} = \begin{Bmatrix} 5 \\ 0 \end{Bmatrix}$$

或者

$$\begin{bmatrix} K_{1,1} & K_{1,2} \\ K_{2,1} & K_{2,2} \end{bmatrix} \begin{Bmatrix} D_1 \\ D_2 \end{Bmatrix} = \begin{Bmatrix} F_1 \\ F_2 \end{Bmatrix} = \begin{Bmatrix} 5 \\ 0 \end{Bmatrix}$$

令

$$\boldsymbol{K} = \begin{bmatrix} K_{1,1} & K_{1,2} \\ K_{2,1} & K_{2,2} \end{bmatrix}$$

$$\boldsymbol{D} = \begin{Bmatrix} D_1 \\ D_2 \end{Bmatrix}$$

$$\boldsymbol{F} = \begin{Bmatrix} F_1 \\ F_2 \end{Bmatrix} = \begin{Bmatrix} 5 \\ 0 \end{Bmatrix}$$

则有

$$\boldsymbol{KD} = \boldsymbol{F}$$

该方程称为总体刚度方程。其中，$\boldsymbol{K}$ 称为总体刚度矩阵，简称总刚；$\boldsymbol{D}$ 称为（未知）节点位移向量；$\boldsymbol{F}$ 称为节点荷载向量。如果一个结构是几何不变体系，则在节点荷载作用下，结构的节点位移是唯一的，此时，结构刚度方程有唯一解，总体刚度矩阵 $\boldsymbol{K}$ 有逆矩阵。

在以上分析中，通过建立节点在未知节点位移方向上的静力平衡条件，得到了节点荷载向量与未知节点位移向量之间的关系式，亦即得到了总体刚度方程，这个过程，称为整体分析。

为了得到结构刚度方程，需要求出节点荷载向量和总体刚度矩阵。桁架结构的节点荷载向量很容易写出来，关键是如何求出总体刚度矩阵。总结以上分析过程，可以得到求总刚的

主要步骤如下：

（1）建立整体坐标系，离散结构，确定节点号、单元号。确定单元的始点和终点。

（2）编写节点的总码。

（3）根据单元的倾角 α（或单元的节点坐标），求出 $\cos\alpha$ 和 $\sin\alpha$，进而求出整体坐标系中的单元刚度矩阵。

（4）在单刚的左侧和上侧标注单元始点和末点的总码。每个元素在横向和纵向分别对应一个总码。

（5）总刚为 $N\times N$ 的方阵，N 为最大总码。总刚中每个元素所在的行号和列号就是元素对应的总码。依次处理每个单元，把单刚中对应两个非 0 总码的元素，按总码"对号入座"，叠加到总刚中，便得到总刚。

可以看到，形成总刚的过程是非常简单、清晰的，整个过程非常易于程序化。形成总刚是矩阵位移法的核心内容，需要细心体会，理解性掌握。

10.3.5　总刚的特点及总体刚度方程求解方法

总刚中的元素具有明确的力学意义。元素 $K_{m,n}$ 的意义为：在所有总码方向均施加刚性约束，使总码 n 方向发生单位 1 的支座位移，总码 m 方向上约束中的反力，就是元素 $K_{m,n}$。如果 m 和 n 属于同一个节点，而该节点又属于多个单元，$K_{m,n}$ 就等于这些单元中的元素 $k_{m,n}^e$ 的叠加。如果 m 和 n 属于同一个单元 e 的两个不同节点，$K_{m,n}$ 就等于单元 e 中的元素 $k_{m,n}^e$。如果 m 和 n 所属的两个节点不属于同一个单元，则 $K_{m,n}=0$。

根据总刚中元素的意义，我们很容易确定总刚中哪些元素等于 0，也可以直接写出总刚中一些特殊元素的具体值。例如，图 10-9 中所示桁架，节点号如图所示，节点总码依次为 1 (0，1)，2 (0，0)，3 (2，3)，4 (4，0)，5 (5，6)，6 (7，0)，7 (8，9)，8 (10，0)，9 (0，11)，10 (12，0)，则总刚为 12×12 的方阵

$$
\boldsymbol{K}=\begin{bmatrix}
K_{1,1} & K_{1,2} & K_{1,3} & K_{1,4} & 0 & 0 & 0 & 0 & 0 & 0 & 0 & 0 \\
 & K_{2,2} & K_{2,3} & K_{2,4} & K_{2,5} & K_{2,6} & 0 & 0 & 0 & 0 & 0 & 0 \\
 & & K_{3,3} & K_{3,4} & K_{3,5} & K_{3,6} & 0 & 0 & 0 & 0 & 0 & 0 \\
 & & & K_{4,4} & K_{4,5} & K_{4,6} & K_{4,7} & 0 & 0 & 0 & 0 & 0 \\
 & & & & K_{5,5} & K_{5,6} & K_{5,7} & K_{5,8} & K_{5,9} & 0 & 0 & 0 \\
 & & & & & K_{6,6} & K_{6,7} & K_{6,8} & K_{6,9} & 0 & 0 & 0 \\
 & & & & & & K_{7,7} & K_{7,8} & K_{7,9} & K_{7,10} & 0 & 0 \\
 & 对 & & & & & & K_{8,8} & K_{8,9} & K_{8,10} & K_{8,11} & K_{8,12} \\
 & & & & & & & & K_{9,9} & K_{9,10} & K_{9,11} & K_{9,12} \\
 & & & & & & & & & K_{10,10} & K_{10,11} & K_{10,12} \\
 & 称 & & & & & & & & & K_{11,11} & K_{11,12} \\
 & & & & & & & & & & & K_{12,12}
\end{bmatrix}
$$

$$(10\text{-}32)$$

从上面的总刚可见，当未知节点位移的数量较大的时候，总刚中的 0 元素较多。未知数的数量越多，总刚中 0 元素的数量越多，因此说，总刚是稀疏矩阵，具有稀疏性。同时，总刚中非 0 元素主要都集中在左上角到右下角的主对角线附近，因此说，总刚是带状矩阵，具

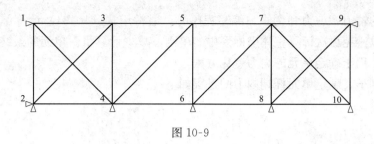

图 10-9

有带状性。此外，总刚还具有以下特点：①对称性。这一特点很容易根据反力互等定理推定。②非奇异。对于几何不变体系的结构，荷载作用下节点位移具有唯一解，所以总刚存在逆矩阵。

对于平时手算作业或者各种考试中的手算试题，总体刚度方程中一般不会超过三个未知数，用求解线性方程组的代入法和消元法都可以求解。

对于前述例题，我们把单刚中元素代入总刚中，会得到下面的结构刚度方程

$$\frac{EA}{5}\begin{bmatrix}1.5 & 0 \\ 0 & 0.5\end{bmatrix}\begin{Bmatrix}D_1 \\ D_2\end{Bmatrix}=\begin{Bmatrix}5 \\ 0\end{Bmatrix}$$

求解得

$$\begin{Bmatrix}D_1 \\ D_2\end{Bmatrix}=\begin{Bmatrix}\dfrac{50}{3EA} \\ 0\end{Bmatrix}$$

对于计算机程序，主要是为了求解未知数很多的结构。未知数很多，总刚的规模也很大，通常需要有特殊的总刚存储方式和线性方程组的求解方法。编写矩阵位移法计算机软件会涉及总刚的存储方式和方程组的求解方法两方面的问题。目前，常用的总刚存储方法为一维变带宽存储法，求解方程组的方法通常采用 LDL^{T} 分解法。本书附录 A 中给的程序就是采用这两种方法。

10.3.6　计算局部坐标系中桁架单元杆端内力

求解结构刚度方程以后，可以得到结构的未知节点位移，至此，便知道了所有节点位移，当然也就知道了单元的杆端位移。利用单元的杆端位移，可以求出每个单元的杆端内力，进而可以画出结构的内力图。

值得注意的是，求解总体刚度方程得到的节点位移是整体坐标系中的节点位移，为了画内力图，需要求出局部坐标系中的杆端内力。求局部坐标系中单元杆端内力有两条途径。

途径 1 的过程：①整体坐标系中单刚乘以整体坐标系中杆端位移向量，得到整体坐标系中杆端内力向量；②坐标转换矩阵乘以整体坐标系中杆端内力向量，得到局部坐标系中杆端内力向量。途径 1 的计算过程可以表示为

$$\boldsymbol{T}(\boldsymbol{k}^e\boldsymbol{D}^e)=\boldsymbol{T}\boldsymbol{F}^e=\bar{\boldsymbol{F}}^e \tag{10-33}$$

途径 2 的过程：①坐标转换矩阵乘以整体坐标系中杆端位移向量，得到局部坐标系中杆端位移向量；②局部坐标系中单刚乘以局部坐标系中杆端位移向量，得到局部坐标系中杆端内力向量。途径 2 的计算过程可以表示为

$$\bar{\boldsymbol{k}}^e(\boldsymbol{T}\boldsymbol{D}^e)=\bar{\boldsymbol{k}}^e\bar{\boldsymbol{D}}^e=\bar{\boldsymbol{F}}^e \tag{10-34}$$

对于杆单元来说，单元的最终杆端内力是单元的轴力；对于梁单元来说，单元的最终杆

端内力是单元的轴力、剪力和弯矩。编写程序时，通常用式（10-34）计算单元的最终杆端内力，这样可以避免再次计算整体坐标系中的单刚，减少计算量。单元的最终杆端内力要输出到数据文件，用于确定单元的内力变化方程。

对于前述例子，确定单元杆端内力的过程如下

$$\boldsymbol{D}^{(1)} = \begin{Bmatrix} u_1 \\ v_1 \\ u_2 \\ v_2 \end{Bmatrix} = \begin{Bmatrix} 0 \\ 0 \\ D_1 \\ D_2 \end{Bmatrix} = \begin{Bmatrix} 0 \\ 0 \\ \dfrac{50}{3EA} \\ 0 \end{Bmatrix}$$

$$\bar{\boldsymbol{D}}^{(1)} = \boldsymbol{T}^{(1)}\boldsymbol{D}^{(1)} = \begin{bmatrix} \sqrt{3}/2 & 0.5 & 0 & 0 \\ -0.5 & \sqrt{3}/2 & 0 & 0 \\ 0 & 0 & \sqrt{3}/2 & 0.5 \\ 0 & 0 & -0.5 & \sqrt{3}/2 \end{bmatrix} \begin{Bmatrix} 0 \\ 0 \\ \dfrac{50}{3EA} \\ 0 \end{Bmatrix} = \begin{Bmatrix} 0 \\ 0 \\ \dfrac{25\sqrt{3}}{3EA} \\ -\dfrac{25}{3EA} \end{Bmatrix}$$

$$\bar{\boldsymbol{F}}^{(1)} = \bar{\boldsymbol{k}}^{(1)}\bar{\boldsymbol{D}}^{(1)} = \frac{EA}{5} \begin{bmatrix} 1 & 0 & -1 & 0 \\ 0 & 0 & 0 & 0 \\ -1 & 0 & 1 & 0 \\ 0 & 0 & 0 & 0 \end{bmatrix} \begin{Bmatrix} 0 \\ 0 \\ \dfrac{25\sqrt{3}}{3EA} \\ -\dfrac{25}{3EA} \end{Bmatrix} = \begin{Bmatrix} -\dfrac{5\sqrt{3}}{3} \\ 0 \\ +\dfrac{5\sqrt{3}}{3} \\ 0 \end{Bmatrix} = \begin{Bmatrix} -2.88 \\ 0 \\ +2.88 \\ 0 \end{Bmatrix} \text{(kN)}$$

$$\boldsymbol{D}^{(2)} = \begin{Bmatrix} u_2 \\ v_2 \\ u_3 \\ v_3 \end{Bmatrix} = \begin{Bmatrix} D_1 \\ D_2 \\ 0 \\ 0 \end{Bmatrix} = \begin{Bmatrix} \dfrac{50}{3EA} \\ 0 \\ 0 \\ 0 \end{Bmatrix}$$

$$\bar{\boldsymbol{D}}^{(2)} = \boldsymbol{T}^{(2)}\boldsymbol{D}^{(2)} = \begin{bmatrix} \sqrt{3}/2 & -0.5 & 0 & 0 \\ 0.5 & \sqrt{3}/2 & 0 & 0 \\ 0 & 0 & \sqrt{3}/2 & -0.5 \\ 0 & 0 & 0.5 & \sqrt{3}/2 \end{bmatrix} \begin{Bmatrix} \dfrac{50}{3EA} \\ 0 \\ 0 \\ 0 \end{Bmatrix} = \begin{Bmatrix} \dfrac{25\sqrt{3}}{3EA} \\ \dfrac{25}{3EA} \\ 0 \\ 0 \end{Bmatrix}$$

$$\bar{\boldsymbol{F}}^{(2)} = \bar{\boldsymbol{k}}^{(2)}\bar{\boldsymbol{D}}^{(2)} = \frac{EA}{5} \begin{bmatrix} 1 & 0 & -1 & 0 \\ 0 & 0 & 0 & 0 \\ -1 & 0 & 1 & 0 \\ 0 & 0 & 0 & 0 \end{bmatrix} \begin{Bmatrix} \dfrac{25\sqrt{3}}{3EA} \\ \dfrac{25}{3EA} \\ -\dfrac{5\sqrt{3}}{3} \\ 0 \end{Bmatrix} = \begin{Bmatrix} +\dfrac{5\sqrt{3}}{3} \\ 0 \\ -\dfrac{5\sqrt{3}}{3} \\ 0 \end{Bmatrix} = \begin{Bmatrix} +2.88 \\ 0 \\ -2.88 \\ 0 \end{Bmatrix} \text{(kN)}$$

根据单元终点 j 的轴力的符号，可以断定单元内部的轴力到底是拉力还是压力。显然，如果 j 节点的轴力是正的，轴力为拉力；反之为压力。据此，可以画出图 10-10 所示的桁架

结构轴力图。

10.3.7　矩阵位移法求解桁架结构算例

【**例 10-1**】　用矩阵位移法求解图 10-11 所示桁架结构，画出轴力图。所有杆件 EA 相同且为常数。

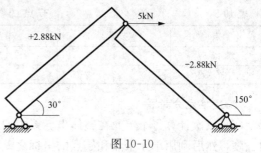

图 10-10

注：正号表示拉力。

解　本例从电算的角度，来讲述求解过程。

（一）预处理

（1）建立整体坐标系，离散结构。结构离散为 4 个节点，6 个桁架单元，结果如图 10-12 所示。

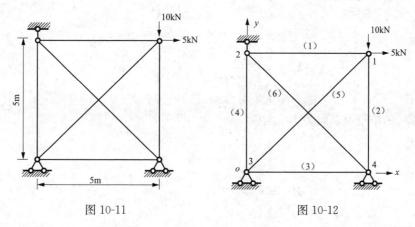

图 10-11　　　　　　　　　　　　　　图 10-12

（2）确定节点坐标。结果见表 10-3。程序中，通常用一个二维数组存储节点坐标，计算单元的长度、单元刚度矩阵等诸多工作，都要用到节点坐标。

表 10-3　　　　　　　　　　　　　**节 点 坐 标 信 息**　　　　　　　　　　　　　单位：m

节点	节点 1	节点 2	节点 3	节点 4
坐标 x	5	0	0	5
坐标 y	5	5	0	0

（3）根据节点坐标确定单元的始端节点和末端节点，结果见表 10-4。对于单元（1）、（3）、（5）、（6），横坐标小的为始端节点，横坐标大的为末端节点。对于单元（2）、（4），因为横坐标相同，所以纵坐标大的为始端节点，纵坐标小的为末端节点。在程序中，单元的节点信息要保存在一个二维数组中，始端节点在前，末端节点在后。

表 10-4　　　　　　　　　　　　**单元的始、末节点及长度**

单元	单元 1	单元 2	单元 3	单元 4	单元 5	单元 6
始端节点	2	1	3	2	3	2
末端节点	1	4	4	3	1	4
长度	5m	5m	5m	5m	$5\sqrt{2}$m	$5\sqrt{2}$m

（4）根据位移约束条件和节点位移耦合条件（如果有），编写节点的总码，结果见表 10-5。最大总码为 3，可以知道，节点荷载向量为 3×1 的列向量，未知节点位移向量为 3×1 的列向量，总刚为 3×3 的方阵。在程序中，节点总码信息也要保存在一个二维数组中。

表 10-5   **节 点 的 总 码 信 息**

节点	节点 1	节点 2	节点 3	节点 4
x 方向总码	1	3	0	0
y 方向总码	2	0	0	0

（二）单元分析

（5）依次计算每个单元在整体坐标系中的单刚。首先根据单元始末节点的坐标计算单元的长度，然后利用单元末点和始点的坐标之差，计算单元倾角的余弦、正弦。再把单元的轴向刚度 EA、长度 l、倾角的余弦和正弦，直接带入整体坐标系中桁架单元的单刚表达式，得到单元刚度矩阵。最后，在单刚左侧及上侧标注总码，先标注始点的，后标注末点的。

单元（1）的单刚及总码为

$$
\boldsymbol{k}^{(1)} = \begin{matrix} & \begin{matrix} 3 & \ \ 0 & \ \ 1 & \ \ 2 \end{matrix} \\ \begin{matrix} 3 \\ 0 \\ 1 \\ 2 \end{matrix} & \dfrac{EA}{5}\begin{bmatrix} 1 & 0 & -1 & 0 \\ 0 & 0 & 0 & 0 \\ -1 & 0 & 1 & 0 \\ 0 & 0 & 0 & 0 \end{bmatrix} \end{matrix}
$$

单元（2）的单刚及总码为

$$
\boldsymbol{k}^{(2)} = \begin{matrix} & \begin{matrix} 1 & \ \ 2 & \ \ 0 & \ \ 0 \end{matrix} \\ \begin{matrix} 1 \\ 2 \\ 0 \\ 0 \end{matrix} & \dfrac{EA}{5}\begin{bmatrix} 0 & 0 & 0 & 0 \\ 0 & 1 & 0 & -1 \\ 0 & 0 & 0 & 0 \\ 0 & -1 & 0 & 1 \end{bmatrix} \end{matrix}
$$

单元（3）的单刚及总码为

$$
\boldsymbol{k}^{(3)} = \begin{matrix} & \begin{matrix} 0 & \ \ 0 & \ \ 0 & \ \ 0 \end{matrix} \\ \begin{matrix} 0 \\ 0 \\ 0 \\ 0 \end{matrix} & \dfrac{EA}{5}\begin{bmatrix} 1 & 0 & -1 & 0 \\ 0 & 0 & 0 & 0 \\ -1 & 0 & 1 & 0 \\ 0 & 0 & 0 & 0 \end{bmatrix} \end{matrix}
$$

单元（4）的单刚及总码为

$$
\boldsymbol{k}^{(4)} = \begin{matrix} & \begin{matrix} 3 & \ \ 0 & \ \ 0 & \ \ 0 \end{matrix} \\ \begin{matrix} 3 \\ 0 \\ 0 \\ 0 \end{matrix} & \dfrac{EA}{5}\begin{bmatrix} 0 & 0 & 0 & 0 \\ 0 & 1 & 0 & -1 \\ 0 & 0 & 0 & 0 \\ 0 & -1 & 0 & 1 \end{bmatrix} \end{matrix}
$$

单元（5）的单刚及总码为

$$
\boldsymbol{k}^{(5)} = \begin{matrix} & \begin{matrix} 0 & \ \ \ 0 & \ \ \ 1 & \ \ \ 2 \end{matrix} \\ \begin{matrix} 0 \\ 0 \\ 1 \\ 2 \end{matrix} & \dfrac{EA}{5\sqrt{2}}\begin{bmatrix} 0.5 & 0.5 & -0.5 & -0.5 \\ 0.5 & 0.5 & -0.5 & -0.5 \\ -0.5 & -0.5 & 0.5 & 0.5 \\ -0.5 & -0.5 & 0.5 & 0.5 \end{bmatrix} \end{matrix}
$$

单元（6）的单刚及总码为

$$\boldsymbol{k}^{(6)} = \begin{matrix} & 3 & 0 & 0 & 0 \\ 3 \\ 0 \\ 0 \\ 0 \end{matrix} \frac{EA}{5\sqrt{2}} \left[\begin{array}{cc|cc} 0.5 & -0.5 & -0.5 & 0.5 \\ -0.5 & 0.5 & 0.5 & -0.5 \\ \hline -0.5 & 0.5 & 0.5 & -0.5 \\ 0.5 & -0.5 & -0.5 & 0.5 \end{array} \right]$$

（三）整体分析

（6）在总刚中，元素所在行号和列号就是总码。根据单刚左侧及上侧的总码，按照元素"对号入座"的原则，把单刚中元素组集到总刚中。得到总刚如下

$$\boldsymbol{K} = 2EA \begin{matrix} & 1 & 2 & 3 \\ 1 \\ 2 \\ 3 \end{matrix} \left[\begin{array}{ccc} 0.2707 & 0.0707 & -0.2 \\ 0.0707 & 0.2707 & 0 \\ -0.2 & 0 & 0.2707 \end{array} \right]$$

（7）在荷载向量中，元素所在行号就是总码。根据总码，把节点荷载直接组集到节点荷载向量中

$$\boldsymbol{F} = \left\{ \begin{array}{c} F_1 \\ F_2 \\ F_3 \end{array} \right\} = \left\{ \begin{array}{c} 5 \\ -10 \\ 0 \end{array} \right\}$$

（8）求解结构刚度方程，得到未知节点位移

$$EA \left[\begin{array}{ccc} 0.2707 & 0.0707 & -0.2 \\ 0.0707 & 0.2707 & 0 \\ -0.2 & 0 & 0.2707 \end{array} \right] \left\{ \begin{array}{c} D_1 \\ D_2 \\ D_3 \end{array} \right\} = \left\{ \begin{array}{c} 5 \\ -10 \\ 0 \end{array} \right\}$$

$$\left\{ \begin{array}{c} D_1 \\ D_2 \\ D_3 \end{array} \right\} = \frac{1}{EA} \left\{ \begin{array}{c} +72.855 \\ -55.97 \\ +53.825 \end{array} \right\}$$

（四）单元再分析

（9）求局部坐标系中的单元杆端内力向量。根据单元的始末节点号及两个节点的总码，可以确定整体坐标系中的单元节点位移向量，左乘坐标转换矩阵，可以求出局部坐标系中的单元杆端位移向量，再左乘局部坐标系中的单刚，得到局部坐标系中的单元杆端内力。

单元（1）：

$$\boldsymbol{D}^{(1)} = \left\{ \begin{array}{c} \boldsymbol{D}_2^e \\ \hline \boldsymbol{D}_1^e \end{array} \right\} = \left\{ \begin{array}{c} u_2 \\ v_2 \\ u_1 \\ v_1 \end{array} \right\} = \left\{ \begin{array}{c} D_3 \\ 0 \\ D_1 \\ D_2 \end{array} \right\} = \left\{ \begin{array}{c} \dfrac{+53.825}{EA} \\ 0 \\ \dfrac{+72.855}{EA} \\ \dfrac{-55.97}{EA} \end{array} \right\}$$

（注意：u 和 v 的下标是单元的始末节点号，而 D 的下标是总码）

$$\bar{\boldsymbol{D}}^{(1)} = \boldsymbol{T}^{(1)}\boldsymbol{D}^{(1)} = \begin{bmatrix} 1 & 0 & 0 & 0 \\ 0 & 1 & 0 & 0 \\ \hdashline 0 & 0 & 1 & 0 \\ 0 & 0 & 0 & 1 \end{bmatrix} \left\{ \begin{array}{c} \dfrac{+53.825}{EA} \\ 0 \\ \dfrac{+72.855}{EA} \\ \dfrac{-55.97}{EA} \end{array} \right\} = \left\{ \begin{array}{c} \dfrac{+53.825}{EA} \\ 0 \\ \dfrac{+72.855}{EA} \\ \dfrac{-55.97}{EA} \end{array} \right\}$$

$$\bar{\boldsymbol{F}}^{(1)} = \bar{\boldsymbol{k}}^{(1)}\bar{\boldsymbol{D}}^{(1)} = \frac{EA}{5} \begin{bmatrix} 1 & 0 & -1 & 0 \\ 0 & 0 & 0 & 0 \\ \hdashline -1 & 0 & 1 & 0 \\ 0 & 0 & 0 & 0 \end{bmatrix} \left\{ \begin{array}{c} \dfrac{+53.825}{EA} \\ 0 \\ \dfrac{+72.855}{EA} \\ \dfrac{-55.97}{EA} \end{array} \right\} = \left\{ \begin{array}{c} -3.80 \\ 0 \\ +3.80 \\ 0 \end{array} \right\} (\text{kN})$$

单元(2)：

$$\boldsymbol{D}^{(2)} = \left\{ \begin{array}{c} \boldsymbol{D}_1^e \\ \hdashline \boldsymbol{D}_4^e \end{array} \right\} = \left\{ \begin{array}{c} u_1 \\ v_1 \\ u_4 \\ v_4 \end{array} \right\} = \left\{ \begin{array}{c} D_1 \\ D_2 \\ 0 \\ 0 \end{array} \right\} = \left\{ \begin{array}{c} \dfrac{+72.855}{EA} \\ \dfrac{-55.97}{EA} \\ 0 \\ 0 \end{array} \right\}$$

$$\bar{\boldsymbol{D}}^{(2)} = \boldsymbol{T}^{(2)}\boldsymbol{D}^{(2)} = \begin{bmatrix} 0 & -1 & 0 & 0 \\ 1 & 0 & 0 & 0 \\ \hdashline 0 & 0 & 0 & -1 \\ 0 & 0 & 1 & 0 \end{bmatrix} \left\{ \begin{array}{c} \dfrac{+72.855}{EA} \\ \dfrac{-55.97}{EA} \\ 0 \\ 0 \end{array} \right\} = \left\{ \begin{array}{c} \dfrac{+55.97}{EA} \\ \dfrac{+72.855}{EA} \\ 0 \\ 0 \end{array} \right\}$$

$$\bar{\boldsymbol{F}}^{(2)} = \bar{\boldsymbol{k}}^{(2)}\bar{\boldsymbol{D}}^{(2)} = \frac{EA}{5} \begin{bmatrix} 1 & 0 & -1 & 0 \\ 0 & 0 & 0 & 0 \\ \hdashline -1 & 0 & 1 & 0 \\ 0 & 0 & 0 & 0 \end{bmatrix} \left\{ \begin{array}{c} \dfrac{+55.97}{EA} \\ \dfrac{+72.855}{EA} \\ 0 \\ 0 \end{array} \right\} = \left\{ \begin{array}{c} +11.19 \\ 0 \\ -11.19 \\ 0 \end{array} \right\} (\text{kN})$$

单元(3)：

$$\boldsymbol{D}^{(3)} = \left\{ \begin{array}{c} \boldsymbol{D}_3^e \\ \hdashline \boldsymbol{D}_4^e \end{array} \right\} = \left\{ \begin{array}{c} u_3 \\ v_3 \\ u_4 \\ v_4 \end{array} \right\} = \left\{ \begin{array}{c} 0 \\ 0 \\ 0 \\ 0 \end{array} \right\}$$

$$\bar{\boldsymbol{D}}^{(3)} = \boldsymbol{T}^{(3)}\boldsymbol{D}^{(3)} = \begin{bmatrix} 1 & 0 & 0 & 0 \\ 0 & 1 & 0 & 0 \\ \hdashline 0 & 0 & 1 & 0 \\ 0 & 0 & 0 & 1 \end{bmatrix} \left\{ \begin{array}{c} 0 \\ 0 \\ 0 \\ 0 \end{array} \right\} = \left\{ \begin{array}{c} 0 \\ 0 \\ 0 \\ 0 \end{array} \right\}$$

$$\bar{F}^{(3)} = \bar{k}^{(3)}\,\bar{D}^{(3)} = \frac{EA}{5}\begin{bmatrix} 1 & 0 & -1 & 0 \\ 0 & 0 & 0 & 0 \\ -1 & 0 & 1 & 0 \\ 0 & 0 & 0 & 0 \end{bmatrix}\begin{Bmatrix} 0 \\ 0 \\ 0 \\ 0 \end{Bmatrix} = \begin{Bmatrix} 0 \\ 0 \\ 0 \\ 0 \end{Bmatrix}(\text{kN})$$

单元(4)：

$$\boldsymbol{D}^{(4)} = \begin{Bmatrix} \boldsymbol{D}_2^e \\ \boldsymbol{D}_3^e \end{Bmatrix} = \begin{Bmatrix} u_2 \\ v_2 \\ u_3 \\ v_3 \end{Bmatrix} = \begin{Bmatrix} D_1 \\ 0 \\ 0 \\ 0 \end{Bmatrix} = \begin{Bmatrix} \dfrac{+53.825}{EA} \\ 0 \\ 0 \\ 0 \end{Bmatrix}$$

$$\bar{\boldsymbol{D}}^{(4)} = \boldsymbol{T}^{(4)}\boldsymbol{D}^{(4)} = \begin{bmatrix} 0 & -1 & 0 & 0 \\ 1 & 0 & 0 & 0 \\ 0 & 0 & 0 & -1 \\ 0 & 0 & 1 & 0 \end{bmatrix}\begin{Bmatrix} \dfrac{+53.825}{EA} \\ 0 \\ 0 \\ 0 \end{Bmatrix} = \begin{Bmatrix} 0 \\ \dfrac{+53.825}{EA} \\ 0 \\ 0 \end{Bmatrix}$$

$$\bar{\boldsymbol{F}}^{(4)} = \bar{\boldsymbol{k}}^{(4)}\bar{\boldsymbol{D}}^{(4)} = \frac{EA}{5}\begin{bmatrix} 1 & 0 & -1 & 0 \\ 0 & 0 & 0 & 0 \\ -1 & 0 & 1 & 0 \\ 0 & 0 & 0 & 0 \end{bmatrix}\begin{Bmatrix} 0 \\ \dfrac{+53.825}{EA} \\ 0 \\ 0 \end{Bmatrix} = \begin{Bmatrix} 0 \\ 0 \\ 0 \\ 0 \end{Bmatrix}(\text{kN})$$

单元(5)：

$$\boldsymbol{D}^{(5)} = \begin{Bmatrix} \boldsymbol{D}_3^e \\ \boldsymbol{D}_1^e \end{Bmatrix} = \begin{Bmatrix} u_3 \\ v_3 \\ u_1 \\ v_1 \end{Bmatrix} = \begin{Bmatrix} 0 \\ 0 \\ D_1 \\ D_2 \end{Bmatrix} = \begin{Bmatrix} 0 \\ 0 \\ \dfrac{+72.855}{EA} \\ \dfrac{-55.97}{EA} \end{Bmatrix}$$

$$\bar{\boldsymbol{D}}^{(5)} = \boldsymbol{T}^{(5)}\boldsymbol{D}^{(5)} = \begin{bmatrix} \dfrac{\sqrt{2}}{2} & \dfrac{\sqrt{2}}{2} & 0 & 0 \\ -\dfrac{\sqrt{2}}{2} & \dfrac{\sqrt{2}}{2} & 0 & 0 \\ 0 & 0 & \dfrac{\sqrt{2}}{2} & \dfrac{\sqrt{2}}{2} \\ 0 & 0 & -\dfrac{\sqrt{2}}{2} & \dfrac{\sqrt{2}}{2} \end{bmatrix}\begin{Bmatrix} 0 \\ 0 \\ \dfrac{+72.855}{EA} \\ \dfrac{-55.97}{EA} \end{Bmatrix} = \begin{Bmatrix} 0 \\ 0 \\ \dfrac{\sqrt{2}}{2}\dfrac{16.885}{EA} \\ -\dfrac{\sqrt{2}}{2}\dfrac{128.825}{EA} \end{Bmatrix}$$

$$\bar{\boldsymbol{F}}^{(5)} = \bar{\boldsymbol{k}}^{(5)}\bar{\boldsymbol{D}}^{(5)} = \frac{EA}{5\sqrt{2}}\begin{bmatrix} 1 & 0 & -1 & 0 \\ 0 & 0 & 0 & 0 \\ -1 & 0 & 1 & 0 \\ 0 & 0 & 0 & 0 \end{bmatrix}\begin{Bmatrix} 0 \\ 0 \\ \dfrac{\sqrt{2}}{2}\dfrac{16.885}{EA} \\ -\dfrac{\sqrt{2}}{2}\dfrac{128.825}{EA} \end{Bmatrix} = \begin{Bmatrix} -1.6885 \\ 0 \\ +1.6885 \\ 0 \end{Bmatrix}(\text{kN})$$

单元(6)：

$$D^{(6)} = \begin{Bmatrix} \bm{D}_2^e \\ \hline \bm{D}_4^e \end{Bmatrix} = \begin{Bmatrix} u_2 \\ v_2 \\ u_4 \\ v_4 \end{Bmatrix} = \begin{Bmatrix} D_3 \\ 0 \\ 0 \\ 0 \end{Bmatrix} = \begin{Bmatrix} +\dfrac{53.825}{EA} \\ 0 \\ 0 \\ 0 \end{Bmatrix}$$

$$\bar{\bm{D}}^{(6)} = \bm{T}^{(6)} \bm{D}^{(6)} = \left[\begin{array}{cc:cc} \dfrac{\sqrt{2}}{2} & -\dfrac{\sqrt{2}}{2} & 0 & 0 \\ \dfrac{\sqrt{2}}{2} & \dfrac{\sqrt{2}}{2} & 0 & 0 \\ \hdashline 0 & 0 & \dfrac{\sqrt{2}}{2} & -\dfrac{\sqrt{2}}{2} \\ 0 & 0 & \dfrac{\sqrt{2}}{2} & \dfrac{\sqrt{2}}{2} \end{array}\right] \begin{Bmatrix} +\dfrac{53.825}{EA} \\ 0 \\ 0 \\ 0 \end{Bmatrix} = \begin{Bmatrix} \dfrac{\sqrt{2}}{2}\dfrac{53.825}{EA} \\ \dfrac{\sqrt{2}}{2}\dfrac{53.825}{EA} \\ 0 \\ 0 \end{Bmatrix}$$

$$\bar{\bm{F}}^{(6)} = \bar{\bm{k}}^{(6)} \bar{\bm{D}}^{(6)} = \dfrac{EA}{5\sqrt{2}} \left[\begin{array}{cc:cc} 1 & 0 & -1 & 0 \\ 0 & 0 & 0 & 0 \\ \hdashline -1 & 0 & 1 & 0 \\ 0 & 0 & 0 & 0 \end{array}\right] \begin{Bmatrix} \dfrac{\sqrt{2}}{2}\dfrac{53.825}{EA} \\ \dfrac{\sqrt{2}}{2}\dfrac{53.825}{EA} \\ 0 \\ 0 \end{Bmatrix} = \begin{Bmatrix} +5.3825 \\ 0 \\ -5.3825 \\ 0 \end{Bmatrix} \text{(kN)}$$

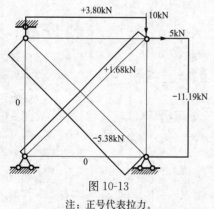

图 10-13

注：正号代表拉力。

（五）画内力图

（10）根据单元杆端内力，画出轴力图。在局部坐标系中，如果桁架单元末端的轴力为正，说明单元中轴力为拉力，反之，轴力为压力。图 10-13 所示为结构轴力图。

（11）计算必要的支座反力。有的时候，需要计算支座反力。首先把相关单元的（相关节点的）杆端内力从局部坐标系转换到整体坐标系中，然后利用支座处节点的平衡，很容易求出支座反力。

§10.4 用矩阵位移法求解刚架结构

用矩阵位移法求解刚架结构的思路和步骤，与求解桁架结构完全相同。由于刚架单元的杆端位移及杆端内力的数量比桁架单元多，因此，分析过程略显复杂。实际上，掌握了矩阵位移法求解桁架结构的过程以后，学习用矩阵位移法求解刚架结构不会存在任何障碍。

10.4.1 刚架单元在局部坐标系中的单元刚度矩阵

与桁架单元一样，利用叠加原理，可以得到局部坐标系中杆端内力向量与杆端位移向量之间的关系，这个关系可以用矩阵表示，这个矩阵称为刚架单元在局部坐标系中的单元刚度矩阵。

假设有一个刚架结构，在荷载作用下，节点会发生线位移和转角位移，每个单元两端会产生杆端内力。结构中某个单元 e 的抗弯刚度为 EI，轴向刚度为 EA（E 为弹性模量，I 为惯性矩，A 为截面面积），长度为 l，单元上没有荷载，这个单元在局部坐标系中的杆端位移向量为 $\{\bar{u}_i \quad \bar{v}_i \quad \bar{\theta}_i \vdots \bar{u}_j \quad \bar{v}_j \quad \bar{\theta}_j\}^{e\mathrm{T}}$（见图 10-14）。另设一个抗弯刚度为、轴向刚度、长度均相同的两端固定的梁，由于支座移动，两端发生了相同的位移，则刚架中单元与两端固定的梁的杆端内力必然完全相

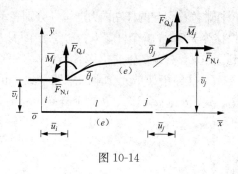

图 10-14

同。这样，就把问题转化为分析一个两端固定的梁的问题了。表 10-6 和表 10-7 中给出了单

表 10-6　　　　　　　　　　单元始端的单位杆端位移引起的杆端内力向量

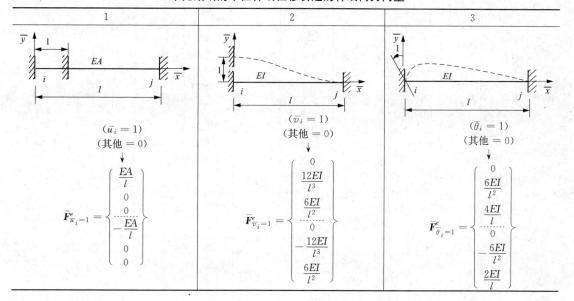

$$\bar{F}^e_{\bar{u}_i=1} = \left\{ \begin{array}{c} \dfrac{EA}{l} \\ 0 \\ 0 \\ \hdashline -\dfrac{EA}{l} \\ 0 \\ 0 \end{array} \right\}$$

$$\bar{F}^e_{\bar{v}_i=1} = \left\{ \begin{array}{c} 0 \\ \dfrac{12EI}{l^3} \\ \dfrac{6EI}{l^2} \\ \hdashline 0 \\ -\dfrac{12EI}{l^3} \\ \dfrac{6EI}{l^2} \end{array} \right\}$$

$$\bar{F}^e_{\bar{\theta}_i=1} = \left\{ \begin{array}{c} 0 \\ \dfrac{6EI}{l^2} \\ \dfrac{4EI}{l} \\ \hdashline 0 \\ -\dfrac{6EI}{l^2} \\ \dfrac{2EI}{l} \end{array} \right\}$$

表 10-7　　　　　　　　　　单元末端的单位杆端位移引起的杆端内力向量

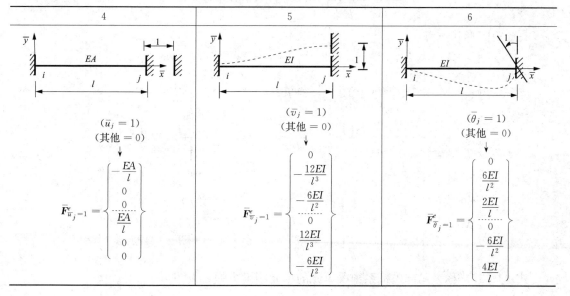

$$\bar{F}^e_{\bar{u}_j=1} = \left\{ \begin{array}{c} -\dfrac{EA}{l} \\ 0 \\ 0 \\ \hdashline \dfrac{EA}{l} \\ 0 \\ 0 \end{array} \right\}$$

$$\bar{F}^e_{\bar{v}_j=1} = \left\{ \begin{array}{c} 0 \\ -\dfrac{12EI}{l^3} \\ -\dfrac{6EI}{l^2} \\ \hdashline 0 \\ \dfrac{12EI}{l^3} \\ -\dfrac{6EI}{l^2} \end{array} \right\}$$

$$\bar{F}^e_{\bar{\theta}_j=1} = \left\{ \begin{array}{c} 0 \\ \dfrac{6EI}{l^2} \\ \dfrac{2EI}{l} \\ \hdashline 0 \\ -\dfrac{6EI}{l^2} \\ \dfrac{4EI}{l} \end{array} \right\}$$

位杆端位移引起的杆端内力向量，分别表示两端固定的梁，当端部发生一个单位 1 的位移而其他位移等于 0 时，6 个杆端力。这些结果可以用力法计算出来，在位移法的形常数成果表中也能查到。注意，杆端的轴向位移不产生剪力和弯矩，杆端的垂直于杆件的切向位移和转角不产生轴力。

与推导桁架单元单刚的思路一致，仍然根据叠加原理，当两端固定的梁，两端同时发生 $\bar{u}_i$、$\bar{v}_i$、$\bar{\theta}_i$、$\bar{u}_j$、$\bar{v}_j$、$\bar{\theta}_j$ 6 个杆端位移时，杆端内力向量为

$$\bar{\boldsymbol{F}}^e = \bar{\boldsymbol{F}}^e_{\bar{u}_i=1} \times \bar{u}_i + \bar{\boldsymbol{F}}^e_{\bar{v}_i=1} \times \bar{v}_i + \bar{\boldsymbol{F}}^e_{\bar{\theta}_i=1} \times \bar{\theta}_i + \bar{\boldsymbol{F}}^e_{\bar{u}_j=1} \times \bar{u}_j + \bar{\boldsymbol{F}}^e_{\bar{v}_j=1} \times \bar{v}_j + \bar{\boldsymbol{F}}^e_{\bar{\theta}_j=1} \times \bar{\theta}_j$$

$$(10\text{-}35)$$

即

$$
\left\{
\begin{array}{c}
\bar{F}_{\mathrm{N},i} \\
\bar{F}_{\mathrm{Q},i} \\
\bar{M}_i \\
\hline
\bar{F}_{\mathrm{N},j} \\
\bar{F}_{\mathrm{Q},j} \\
\bar{M}_j
\end{array}
\right\}
=
\left\{
\begin{array}{c}
\dfrac{EA}{l} \\
0 \\
0 \\
\hline
-\dfrac{EA}{l} \\
0 \\
0
\end{array}
\right\}
\times \bar{u}_i
+
\left\{
\begin{array}{c}
0 \\
\dfrac{12EI}{l^3} \\
\dfrac{6EI}{l^2} \\
\hline
0 \\
-\dfrac{12EI}{l^3} \\
\dfrac{6EI}{l^2}
\end{array}
\right\}
\times \bar{v}_i
+
\left\{
\begin{array}{c}
0 \\
\dfrac{6EI}{l^2} \\
\dfrac{4EI}{l} \\
\hline
0 \\
-\dfrac{6EI}{l^2} \\
\dfrac{2EI}{l}
\end{array}
\right\}
\times \bar{\theta}_i
+
\left\{
\begin{array}{c}
-\dfrac{EA}{l} \\
0 \\
0 \\
\hline
\dfrac{EA}{l} \\
0 \\
0
\end{array}
\right\}
$$

$$
+
\left\{
\begin{array}{c}
0 \\
-\dfrac{12EI}{l^3} \\
-\dfrac{6EI}{l^2} \\
\hline
0 \\
\dfrac{12EI}{l^3} \\
-\dfrac{6EI}{l^2}
\end{array}
\right\}
\times \bar{u}_j
+
\left\{
\begin{array}{c}
0 \\
\dfrac{6EI}{l^2} \\
\dfrac{2EI}{l} \\
\hline
0 \\
-\dfrac{6EI}{l^2} \\
\dfrac{4EI}{l}
\end{array}
\right\}
\times \bar{v}_j
\times \bar{\theta}_j
$$

$$(10\text{-}36)$$

写成矩阵形式，有

$$
\left\{
\begin{array}{c}
\bar{F}_{\mathrm{N},i} \\
\bar{F}_{\mathrm{Q},i} \\
\bar{M}_i \\
\hline
\bar{F}_{\mathrm{N},j} \\
\bar{F}_{\mathrm{Q},j} \\
\bar{M}_j
\end{array}
\right\}
=
\left[
\begin{array}{ccc:ccc}
\dfrac{EA}{l} & 0 & 0 & -\dfrac{EA}{l} & 0 & 0 \\
0 & \dfrac{12EI}{l^3} & \dfrac{6EI}{l^2} & 0 & -\dfrac{12EI}{l^3} & \dfrac{6EI}{l^2} \\
0 & \dfrac{6EI}{l^2} & \dfrac{4EI}{l} & 0 & -\dfrac{6EI}{l^2} & \dfrac{2EI}{l} \\
\hdashline
-\dfrac{EA}{l} & 0 & 0 & \dfrac{EA}{l} & 0 & 0 \\
0 & -\dfrac{12EI}{l^3} & -\dfrac{6EI}{l^2} & 0 & \dfrac{12EI}{l^3} & -\dfrac{6EI}{l^2} \\
0 & \dfrac{6EI}{l^2} & \dfrac{2EI}{l} & 0 & -\dfrac{6EI}{l^2} & \dfrac{4EI}{l}
\end{array}
\right]
\left\{
\begin{array}{c}
\bar{u}_i \\
\bar{v}_i \\
\bar{\theta}_i \\
\hline
\bar{u}_j \\
\bar{v}_j \\
\bar{\theta}_j
\end{array}
\right\}
$$

$$(10\text{-}37)$$

式（10-37）称为局部坐标系中梁单元的单元刚度方程，设

$$\bar{K}^e = \left[\begin{array}{ccc:ccc} \dfrac{EA}{l} & 0 & 0 & -\dfrac{EA}{l} & 0 & 0 \\[2mm] 0 & \dfrac{12EI}{l^3} & \dfrac{6EI}{l^2} & 0 & -\dfrac{12EI}{l^3} & \dfrac{6EI}{l^2} \\[2mm] 0 & \dfrac{6EI}{l^2} & \dfrac{4EI}{l} & 0 & -\dfrac{6EI}{l^2} & \dfrac{2EI}{l} \\ \hdashline -\dfrac{EA}{l} & 0 & 0 & \dfrac{EA}{l} & 0 & 0 \\[2mm] 0 & -\dfrac{12EI}{l^3} & -\dfrac{6EI}{l^2} & 0 & \dfrac{12EI}{l^3} & -\dfrac{6EI}{l^2} \\[2mm] 0 & \dfrac{6EI}{l^2} & \dfrac{2EI}{l} & 0 & -\dfrac{6EI}{l^2} & \dfrac{4EI}{l} \end{array}\right] \tag{10-38}$$

则有

$$\bar{F}^e = \bar{k}^e \bar{D}^e \tag{10-39}$$

$\bar{k}^e$ 为刚架单元在局部坐标系中的单元刚度矩阵。与桁架单元在局部坐标系中的单元刚度矩阵一样，刚架单元的 $\bar{k}^e$ 中的元素也具有非常明确的力学意义，例如，第 1 列的 6 个元素就是 $\bar{u}_i = 1$（其他位移＝0）时对应的 6 个杆端力。同样，$\bar{k}^e$ 也具有以下性质：①对称性；②奇异性；③平衡性；④分块性。

关于单刚中元素的平衡性，这里再略加解释。第 1 行元素和第 4 行元素分别代表某种单位位移情况下单元的始端轴力和末端轴力，因此必然平衡。第 2 行元素和第 5 行元素分别代表某种单位位移情况下的始端剪力和末端剪力，所以也满足平衡关系。此外，第 2 行和第 5 行的剪力形成的力偶与第 3 行和第 6 行的杆端弯矩之和也存在平衡关系，即第 2 行元素乘以单元长度 l 等于第 3 行元素和第 6 行元素之和。了解了单刚中元素的平衡性，对快速而准确地记忆刚架单元的单刚非常有帮助。

10.4.2　刚架单元的坐标变换矩阵

容易看出，梁单元局部坐标系中杆端内力与整体坐标系中杆端内力之间的关系为

$$\begin{Bmatrix} \bar{F}_{\mathrm{N},i} \\ \bar{F}_{\mathrm{Q},i} \\ \bar{M}_i \\ \bar{F}_{\mathrm{N},j} \\ \bar{F}_{\mathrm{Q},j} \\ \bar{M}_j \end{Bmatrix} = \left[\begin{array}{ccc:ccc} \cos\alpha & \sin\alpha & 0 & & & \\ -\sin\alpha & \cos\alpha & 0 & & 0 & \\ 0 & 0 & 1 & & & \\ \hdashline & & & \cos\alpha & \sin\alpha & 0 \\ & 0 & & -\sin\alpha & \cos\alpha & 0 \\ & & & 0 & 0 & 1 \end{array}\right] \begin{Bmatrix} F_{x,i} \\ F_{y,i} \\ M_i \\ F_{x,j} \\ F_{y,j} \\ M_j \end{Bmatrix} \tag{10-40}$$

梁单元局部坐标系中杆端位移与整体坐标系中杆端位移之间的关系为

$$\begin{Bmatrix} \bar{u}_i \\ \bar{v}_i \\ \bar{\theta}_i \\ \bar{u}_j \\ \bar{v}_j \\ \bar{\theta}_j \end{Bmatrix} = \left[\begin{array}{ccc:ccc} \cos\alpha & \sin\alpha & 0 & & & \\ -\sin\alpha & \cos\alpha & 0 & & 0 & \\ 0 & 0 & 1 & & & \\ \hdashline & & & \cos\alpha & \sin\alpha & 0 \\ & 0 & & -\sin\alpha & \cos\alpha & 0 \\ & & & 0 & 0 & 1 \end{array}\right] \begin{Bmatrix} u_i \\ v_i \\ \theta_i \\ u_j \\ v_j \\ \theta_j \end{Bmatrix} \tag{10-41}$$

若令

$$
T = \begin{bmatrix} \cos\alpha & \sin\alpha & 0 & & & \\ -\sin\alpha & \cos\alpha & 0 & & 0 & \\ 0 & 0 & 1 & & & \\ & & & \cos\alpha & \sin\alpha & 0 \\ & 0 & & -\sin\alpha & \cos\alpha & 0 \\ & & & 0 & 0 & 1 \end{bmatrix}
\tag{10-42}
$$

则有

$$
\bar{F}^e = T F^e \tag{10-43}
$$

$$
\bar{D}^e = T D^e \tag{10-44}
$$

矩阵 T 称为梁单元的坐标转换矩阵。可以验证，梁单元的坐标转换矩阵 T 也是正交矩阵，因此，$T^{-1} = T^{\mathrm{T}}$。

10.4.3　刚架单元在整体坐标系中的单元刚度矩阵

将式（10-43）和式（10-44）代入式（10-39），有

$$
F^e = (T^{\mathrm{T}} \bar{k}^e T) D^e \tag{10-45}
$$

若令

$$
k^e = T^{\mathrm{T}} \bar{k}^e T \tag{10-46}
$$

则有

$$
F^e = k^e D^e \tag{10-47}
$$

式（10-47）称为整体坐标系中刚架单元的单元刚度方程，k^e 称为刚架单元在整体坐标系中的单元刚度矩阵。编写程序时，首先求出 T 和 $\bar{k}^e$，然后利用式（10-46）计算 k^e。

为了方便，刚架单元的单刚 k^e 可以分块表示为

$$
k^e = \begin{bmatrix} k_{i,i}^e & k_{i,j}^e \\ k_{j,i}^e & k_{j,j}^e \end{bmatrix}
\tag{10-48}
$$

单刚中各子块的显式表达式分别为

$$
k_{i,i}^e = \begin{bmatrix} \left(\dfrac{EA}{l}c^2 + \dfrac{12EI}{l^3}s^2\right) & \left(\dfrac{EA}{l} - \dfrac{12EI}{l^3}\right)cs & -\dfrac{6EI}{l^2}s \\[3mm] \left(\dfrac{EA}{l} - \dfrac{12EI}{l^3}\right)cs & \left(\dfrac{EA}{l}s^2 + \dfrac{12EI}{l^3}c^2\right) & \dfrac{6EI}{l^2}c \\[3mm] -\dfrac{6EI}{l^2}s & \dfrac{6EI}{l^2}c & \dfrac{4EI}{l} \end{bmatrix}
\tag{10-49a}
$$

$$
k_{i,j}^e = \begin{bmatrix} -\left(\dfrac{EA}{l}c^2 + \dfrac{12EI}{l^3}s^2\right) & -\left(\dfrac{EA}{l} - \dfrac{12EI}{l^3}\right)cs & -\dfrac{6EI}{l^2}s \\[3mm] -\left(\dfrac{EA}{l} - \dfrac{12EI}{l^3}\right)cs & -\left(\dfrac{EA}{l}s^2 + \dfrac{12EI}{l^3}c^2\right) & \dfrac{6EI}{l^2}c \\[3mm] \dfrac{6EI}{l^2}s & -\dfrac{6EI}{l^2}c & \dfrac{2EI}{l} \end{bmatrix}
\tag{10-49b}
$$

第 10 章　矩阵位移法　　　　　　　　　　　　　　27

$$\boldsymbol{k}_{j,i}^{e} = \begin{bmatrix} -\left(\dfrac{EA}{l}c^2 + \dfrac{12EI}{l^3}s^2\right) & -\left(\dfrac{EA}{l} - \dfrac{12EI}{l^3}\right)cs & \dfrac{6EI}{l^2}s \\[3mm] -\left(\dfrac{EA}{l} - \dfrac{12EI}{l^3}\right)cs & -\left(\dfrac{EA}{l}s^2 + \dfrac{12EI}{l^3}c^2\right) & -\dfrac{6EI}{l^2}c \\[3mm] -\dfrac{6EI}{l^2}s & -\dfrac{6EI}{l^2}c & \dfrac{2EI}{l} \end{bmatrix} \tag{10-49c}$$

$$\boldsymbol{k}_{j,j}^{e} = \begin{bmatrix} \left(\dfrac{EA}{l}c^2 + \dfrac{12EI}{l^3}s^2\right) & \left(\dfrac{EA}{l} - \dfrac{12EI}{l^3}\right)cs & \dfrac{6EI}{l^2}s \\[3mm] \left(\dfrac{EA}{l} - \dfrac{12EI}{l^3}\right)cs & \left(\dfrac{EA}{l}s^2 + \dfrac{12EI}{l^3}c^2\right) & -\dfrac{6EI}{l^2}c \\[3mm] \dfrac{6EI}{l^2}s & -\dfrac{6EI}{l^2}c & \dfrac{4EI}{l} \end{bmatrix} \tag{10-49d}$$

各子块中的 $c = \cos\alpha$，$s = \sin\alpha$。当 $\alpha = 0$ 时，整体坐标系中刚架单元的单刚和局部坐标系中的单刚完全相同，即

$$\boldsymbol{k}_{\alpha=0}^{e} = \left[\begin{array}{ccc:ccc} \dfrac{EA}{l} & 0 & 0 & -\dfrac{EA}{l} & 0 & 0 \\[3mm] 0 & \dfrac{12EI}{l^3} & \dfrac{6EI}{l^2} & 0 & -\dfrac{12EI}{l^3} & \dfrac{6EI}{l^2} \\[3mm] 0 & \dfrac{6EI}{l^2} & \dfrac{4EI}{l} & 0 & -\dfrac{6EI}{l^2} & \dfrac{2EI}{l} \\ \hdashline -\dfrac{EA}{l} & 0 & 0 & \dfrac{EA}{l} & 0 & 0 \\[3mm] 0 & -\dfrac{12EI}{l^3} & -\dfrac{6EI}{l^2} & 0 & \dfrac{12EI}{l^3} & -\dfrac{6EI}{l^2} \\[3mm] 0 & \dfrac{6EI}{l^2} & \dfrac{2EI}{l} & 0 & -\dfrac{6EI}{l^2} & \dfrac{4EI}{l} \end{array}\right] \tag{10-50}$$

当 $\alpha = -90°$ 时，整体坐标系中刚架单元的单刚为

$$\boldsymbol{k}_{\alpha=-90°}^{e} = \left[\begin{array}{ccc:ccc} \dfrac{12EI}{l^3} & 0 & \dfrac{6EI}{l^2} & -\dfrac{12EI}{l^3} & 0 & \dfrac{6EI}{l^2} \\[3mm] 0 & \dfrac{EA}{l} & 0 & 0 & -\dfrac{EA}{l} & 0 \\[3mm] \dfrac{6EI}{l^2} & 0 & \dfrac{4EI}{l} & -\dfrac{6EI}{l^2} & 0 & \dfrac{2EI}{l} \\ \hdashline -\dfrac{12EI}{l^3} & 0 & -\dfrac{6EI}{l^2} & \dfrac{12EI}{l^3} & 0 & -\dfrac{6EI}{l^2} \\[3mm] 0 & -\dfrac{EA}{l} & 0 & 0 & \dfrac{EA}{l} & 0 \\[3mm] \dfrac{6EI}{l^2} & 0 & \dfrac{2EI}{l} & -\dfrac{6EI}{l^2} & 0 & \dfrac{4EI}{l} \end{array}\right] \tag{10-51}$$

与刚架单元在局部坐标系中的单元刚度矩阵一样，整体坐标系中，刚架单元的单元刚度矩阵也具有对称性、奇异性、平衡性和分块性。

从式（10-50）和式（10-51）可以看出，在整体坐标系中，水平刚架单元和铅直刚架单元的每个单刚子块中的元素完全相同，只是位置不同，完全可以通过调整水平单元中的元素

的位置而得到铅直单元的单刚。掌握了这个规律，有助于记忆单刚、应对考试。

10.4.4 矩阵位移法求解刚架结构算例

有了刚架单元整体坐标系中的单刚，就可以用矩阵位移法求解刚架结构了。计算步骤与计算桁架结构的步骤完全相同。下面通过一个例子来说明。

【例 10-2】 图 10-15 所示刚架结构，所有杆件的弹性模量 E、截面惯性矩 I、截面面积 A 均相同，$E=2.1\times10^8\,\text{kN/m}^2$，$A=2\times10^{-3}\,\text{m}^2$，$I=3\times10^{-6}\,\text{m}^4$。结构中没有单元荷载，只有图中所示的节点荷载。试用矩阵位移法求解该结构。

解 （1）设立整体坐标系，并对结构进行离散，结果如图 10-16 所示。

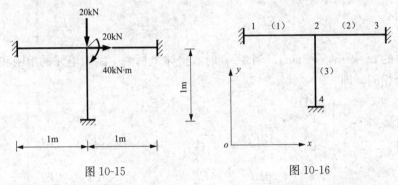

图 10-15　　　　　　　　　　图 10-16

（2）编写节点的总码。每个刚架结构的节点，可能有 3 个位移，根据约束条件，节点总码为 1 (0, 0, 0)，2 (1, 2, 3)，3 (0, 0, 0)，4 (0, 0, 0)。结构中最大总码等于 3，所以，节点荷载向量为 3×1 的列向量，未知节点位移向量为 3×1 的列向量，总刚为 3×3 方阵。

（3）写出每个单元在整体坐标系中的单元刚度的矩阵，并在单刚的左侧和上侧标注始末节点总码。

单元（1）的始末节点号分别为 1 和 2，长度 $l=1\text{m}$，单元的倾角 $\alpha=0$，所以整体坐标系中的单刚和局部坐标系中的单刚具有相同的形式，具体为

$$
k^{(1)}=
\begin{array}{c}
0 \\ 0 \\ 0 \\ 1 \\ 2 \\ 3
\end{array}
\begin{array}{cccccc}
0 & 0 & 0 & 1 & 2 & 3 \\
\left[\begin{array}{cccccc}
\dfrac{EA}{l} & 0 & 0 & -\dfrac{EA}{l} & 0 & 0 \\[2mm]
0 & \dfrac{12EI}{l^3} & \dfrac{6EI}{l^2} & 0 & -\dfrac{12EI}{l^3} & \dfrac{6EI}{l^2} \\[2mm]
0 & \dfrac{6EI}{l^2} & \dfrac{4EI}{l} & 0 & -\dfrac{6EI}{l^2} & \dfrac{2EI}{l} \\[2mm]
-\dfrac{EA}{l} & 0 & 0 & \dfrac{EA}{l} & 0 & 0 \\[2mm]
0 & -\dfrac{12EI}{l^3} & -\dfrac{6EI}{l^2} & 0 & \dfrac{12EI}{l^3} & -\dfrac{6EI}{l^2} \\[2mm]
0 & \dfrac{6EI}{l^2} & \dfrac{2EI}{l} & 0 & -\dfrac{6EI}{l^2} & \dfrac{4EI}{l}
\end{array}\right]
\end{array}
$$

单元（2）的始末节点号分别为 2 和 3，长度 $l=1\text{m}$，单元的倾角 $\alpha=0$，所以整体坐标系中的单刚和局部坐标系中的单刚具有相同的形式，具体为

$$
\boldsymbol{k}^{(2)} =
\begin{array}{c}
1 \\ 2 \\ 3 \\ 0 \\ 0 \\ 0
\end{array}
\begin{bmatrix}
\dfrac{EA}{l} & 0 & 0 & -\dfrac{EA}{l} & 0 & 0 \\[2mm]
0 & \dfrac{12EI}{l^3} & \dfrac{6EI}{l^2} & 0 & -\dfrac{12EI}{l^3} & \dfrac{6EI}{l^2} \\[2mm]
0 & \dfrac{6EI}{l^2} & \dfrac{4EI}{l} & 0 & -\dfrac{6EI}{l^2} & \dfrac{2EI}{l} \\[2mm]
-\dfrac{EA}{l} & 0 & 0 & \dfrac{EA}{l} & 0 & 0 \\[2mm]
0 & -\dfrac{12EI}{l^3} & -\dfrac{6EI}{l^2} & 0 & \dfrac{12EI}{l^3} & -\dfrac{6EI}{l^2} \\[2mm]
0 & \dfrac{6EI}{l^2} & \dfrac{2EI}{l} & 0 & -\dfrac{6EI}{l^2} & \dfrac{4EI}{l}
\end{bmatrix}
$$

单元（3）的始末节点号分别为 2 和 4，长度 $l=1\text{m}$，单元的倾角 $\alpha=-90°$，所以整体坐标系中的单刚可以直接写出来，具体为

$$
\boldsymbol{k}^{(3)} =
\begin{array}{c}
1 \\ 2 \\ 3 \\ 0 \\ 0 \\ 0
\end{array}
\begin{bmatrix}
\dfrac{12EI}{l^3} & 0 & \dfrac{6EI}{l^2} & -\dfrac{12EI}{l^3} & 0 & \dfrac{6EI}{l^2} \\[2mm]
0 & \dfrac{EA}{l} & 0 & 0 & -\dfrac{EA}{l} & 0 \\[2mm]
\dfrac{6EI}{l^2} & 0 & \dfrac{4EI}{l} & -\dfrac{6EI}{l^2} & 0 & \dfrac{2EI}{l} \\[2mm]
-\dfrac{12EI}{l^3} & 0 & -\dfrac{6EI}{l^2} & \dfrac{12EI}{l^3} & 0 & -\dfrac{6EI}{l^2} \\[2mm]
0 & -\dfrac{EA}{l} & 0 & 0 & \dfrac{EA}{l} & 0 \\[2mm]
\dfrac{6EI}{l^2} & 0 & \dfrac{2EI}{l} & -\dfrac{6EI}{l^2} & 0 & \dfrac{4EI}{l}
\end{bmatrix}
$$

（4）形成总刚。依据元素对应的总码，把单刚中的元素对号入座，组集到总刚中

$$
\boldsymbol{K} =
\begin{array}{c}
1 \\ 2 \\ 3
\end{array}
\begin{bmatrix}
\left(\dfrac{EA}{l}+\dfrac{EA}{l}+\dfrac{12EI}{l^3}\right) & 0 & \dfrac{6EI}{l^2} \\[3mm]
0 & \left(\dfrac{12EI}{l^3}+\dfrac{12EI}{l^3}+\dfrac{EA}{l}\right) & 0 \\[3mm]
\dfrac{6EI}{l^2} & 0 & \left(\dfrac{4EI}{l}+\dfrac{4EI}{l}+\dfrac{4EI}{l}\right)
\end{bmatrix}
$$

把各个单元的长度、刚度等参数代入，得

$$
\boldsymbol{K} = 210 \times
\begin{bmatrix}
4036(\text{kN/m}) & 0 & 18(\text{kN}) \\
0 & 2072(\text{kN/m}) & 0 \\
18(\text{kN}) & 0 & 36(\text{kN}\cdot\text{m})
\end{bmatrix}
$$

（5）形成节点荷载向量。结构中所有单元上没有作用荷载，节点荷载向量等于直接节点荷载向量，即

$$\boldsymbol{F} = \boldsymbol{F}_{D} = \begin{Bmatrix} F_1 \\ F_2 \\ F_3 \end{Bmatrix} = \begin{Bmatrix} 20(\text{kN}) \\ -20(\text{kN}) \\ 40(\text{kN} \cdot \text{m}) \end{Bmatrix}$$

（6）建立结构刚度方程并求解。结构刚度方程为

$$210 \times \begin{bmatrix} 4036(\text{kN/m}) & 0 & 18(\text{kN}) \\ 0 & 2072(\text{kN/m}) & 0 \\ 18(\text{kN}) & 0 & 36(\text{kN} \cdot \text{m}) \end{bmatrix} \begin{Bmatrix} D_1 \\ D_2 \\ D_3 \end{Bmatrix} = \begin{Bmatrix} 20(\text{kN}) \\ -20(\text{kN}) \\ 40(\text{kN} \cdot \text{m}) \end{Bmatrix}$$

求解得

$$\begin{Bmatrix} D_1 \\ D_2 \\ D_3 \end{Bmatrix} = \begin{Bmatrix} +4.730 \times 10^{-5}(\text{m}) \\ -4.596 \times 10^{-5}(\text{m}) \\ -5.315 \times 10^{-3}(\text{rad}) \end{Bmatrix}$$

（7）计算局部坐标系中刚架单元杆端内力向量。解出了刚架结构中的未知节点位移以后，可以求出单元的杆端内力，步骤和桁架结构一样。

单元（1），倾角 $\alpha = 0$：

$$\boldsymbol{D}^{(1)} = \begin{Bmatrix} \boldsymbol{D}_1^{(1)} \\ \cdots \\ \boldsymbol{D}_2^{(1)} \end{Bmatrix} = \begin{Bmatrix} u_1 \\ v_1 \\ \theta_1 \\ u_2 \\ v_2 \\ \theta_2 \end{Bmatrix} = \begin{Bmatrix} 0 \\ 0 \\ 0 \\ D_1 \\ D_2 \\ D_3 \end{Bmatrix} = \begin{Bmatrix} 0 \\ 0 \\ 0 \\ +4.730 \times 10^{-5}(\text{m}) \\ -4.596 \times 10^{-5}(\text{m}) \\ -5.315 \times 10^{-3}(\text{rad}) \end{Bmatrix}$$

$$\bar{\boldsymbol{D}}^{(1)} = \boldsymbol{T}^{(1)} \boldsymbol{D}^{(1)} = \boldsymbol{I}\boldsymbol{D}^{(1)} = \boldsymbol{D}^{(1)} = \begin{Bmatrix} 0 \\ 0 \\ 0 \\ +4.730 \times 10^{-5}\,\text{m} \\ -4.596 \times 10^{-5}\,\text{m} \\ -5.315 \times 10^{-3}\,\text{rad} \end{Bmatrix}$$

$$\bar{\boldsymbol{F}}^{(1)} = \bar{\boldsymbol{k}}^{(1)} \bar{\boldsymbol{D}}^{(1)} = \begin{bmatrix} \dfrac{EA}{l} & 0 & 0 & -\dfrac{EA}{l} & 0 & 0 \\ 0 & \dfrac{12EI}{l^3} & \dfrac{6EI}{l^2} & 0 & -\dfrac{12EI}{l^3} & \dfrac{6EI}{l^2} \\ 0 & \dfrac{6EI}{l^2} & \dfrac{4EI}{l} & 0 & -\dfrac{6EI}{l^2} & \dfrac{2EI}{l} \\ -\dfrac{EA}{l} & 0 & 0 & \dfrac{EA}{l} & 0 & 0 \\ 0 & -\dfrac{12EI}{l^3} & -\dfrac{6EI}{l^2} & 0 & \dfrac{12EI}{l^3} & -\dfrac{6EI}{l^2} \\ 0 & \dfrac{6EI}{l^2} & \dfrac{2EI}{l} & 0 & -\dfrac{6EI}{l^2} & \dfrac{4EI}{l} \end{bmatrix} \begin{Bmatrix} 0 \\ 0 \\ 0 \\ +4.730 \times 10^{-5}\,\text{m} \\ -4.596 \times 10^{-5}\,\text{m} \\ -5.315 \times 10^{-3}\,\text{rad} \end{Bmatrix}$$

$$=\left\{\begin{array}{l} -19.866\text{kN} \\ -19.743\text{kN} \\ -6.523\text{kN}\cdot\text{m} \\ +19.866\text{kN} \\ +19.743\text{kN} \\ -13.220\text{kN}\cdot\text{m} \end{array}\right\}$$

单元（2），倾角 $\alpha=0$：

$$\boldsymbol{D}^{(2)}=\left\{\begin{array}{l} \boldsymbol{D}_2^{(2)} \\ \boldsymbol{D}_3^{(2)} \end{array}\right\}=\left\{\begin{array}{l} u_2 \\ v_2 \\ \theta_2 \\ u_3 \\ v_3 \\ \theta_3 \end{array}\right\}=\left\{\begin{array}{l} D_1 \\ D_2 \\ D_3 \\ 0 \\ 0 \\ 0 \end{array}\right\}=\left\{\begin{array}{l} +4.730\times10^{-5}\,(\text{m}) \\ -4.596\times10^{-5}\,(\text{m}) \\ -5.315\times10^{-3}\,(\text{rad}) \\ 0 \\ 0 \\ 0 \end{array}\right\}$$

$$\bar{\boldsymbol{D}}^{(2)}=\boldsymbol{T}^{(2)}\boldsymbol{D}^{(2)}=\boldsymbol{I}\boldsymbol{D}^{(2)}=\boldsymbol{D}^{(2)}=\left\{\begin{array}{l} +4.730\times10^{-5}\,(\text{m}) \\ -4.596\times10^{-5}\,(\text{m}) \\ -5.315\times10^{-3}\,(\text{rad}) \\ 0 \\ 0 \\ 0 \end{array}\right\}$$

$$\bar{\boldsymbol{F}}^{(2)}=\bar{\boldsymbol{k}}^{(2)}\bar{\boldsymbol{D}}^{(2)}=\begin{bmatrix} \dfrac{EA}{l} & 0 & 0 & -\dfrac{EA}{l} & 0 & 0 \\ 0 & \dfrac{12EI}{l^3} & \dfrac{6EI}{l^2} & 0 & -\dfrac{12EI}{l^3} & \dfrac{6EI}{l^2} \\ 0 & \dfrac{6EI}{l^2} & \dfrac{4EI}{l} & 0 & -\dfrac{6EI}{l^2} & \dfrac{2EI}{l} \\ -\dfrac{EA}{l} & 0 & 0 & \dfrac{EA}{l} & 0 & 0 \\ 0 & -\dfrac{12EI}{l^3} & -\dfrac{6EI}{l^2} & 0 & \dfrac{12EI}{l^3} & -\dfrac{6EI}{l^2} \\ 0 & \dfrac{6EI}{l^2} & \dfrac{2EI}{l} & 0 & -\dfrac{6EI}{l^2} & \dfrac{4EI}{l} \end{bmatrix}\left\{\begin{array}{l} +4.730\times10^{-5}\,\text{m} \\ -4.596\times10^{-5}\,\text{m} \\ -5.315\times10^{-3}\,\text{rad} \\ 0 \\ 0 \\ 0 \end{array}\right\}$$

$$=\left\{\begin{array}{l} +19.866\text{kN} \\ -20.438\text{kN} \\ -13.568\text{kN}\cdot\text{m} \\ -19.866\text{kN} \\ +20.438\text{kN} \\ -6.871\text{kN}\cdot\text{m} \end{array}\right\}$$

单元（3），倾角 $\alpha=-90°$：

$$\boldsymbol{D}^{(3)} = \left\{ \begin{matrix} \boldsymbol{D}_2^{(3)} \\ \hdashline \boldsymbol{D}_4^{(3)} \end{matrix} \right\} = \left\{ \begin{matrix} u_2 \\ v_2 \\ \theta_2 \\ u_4 \\ v_4 \\ \theta_4 \end{matrix} \right\} = \left\{ \begin{matrix} D_1 \\ D_2 \\ D_3 \\ 0 \\ 0 \\ 0 \end{matrix} \right\} = \left\{ \begin{matrix} +4.730 \times 10^{-5}\,(\mathrm{m}) \\ -4.596 \times 10^{-5}\,(\mathrm{m}) \\ -5.315 \times 10^{-3}\,(\mathrm{rad}) \\ 0 \\ 0 \\ 0 \end{matrix} \right\}$$

$$\bar{\boldsymbol{D}}^{(3)} = \boldsymbol{T}^{(3)}\boldsymbol{D}^{(3)} = \begin{bmatrix} 0 & -1 & 0 & 0 & 0 & 0 \\ +1 & 0 & 0 & 0 & 0 & 0 \\ 0 & 0 & 1 & 0 & 0 & 0 \\ \hdashline 0 & 0 & 0 & 0 & -1 & 0 \\ 0 & 0 & 0 & +1 & 0 & 0 \\ 0 & 0 & 0 & 0 & 0 & 1 \end{bmatrix} \left\{ \begin{matrix} +4.730 \times 10^{-5}\,\mathrm{m} \\ -4.596 \times 10^{-5}\,\mathrm{m} \\ -5.315 \times 10^{-3}\,\mathrm{rad} \\ 0 \\ 0 \\ 0 \end{matrix} \right\} = \left\{ \begin{matrix} +4.596 \times 10^{-5}\,\mathrm{m} \\ +4.730 \times 10^{-5}\,\mathrm{m} \\ -5.315 \times 10^{-3}\,\mathrm{rad} \\ 0 \\ 0 \\ 0 \end{matrix} \right\}$$

$$\bar{\boldsymbol{F}}^{(3)} = \bar{\boldsymbol{k}}^{(3)}\bar{\boldsymbol{D}}^{(3)} = \begin{bmatrix} \dfrac{EA}{l} & 0 & 0 & -\dfrac{EA}{l} & 0 & 0 \\[2mm] 0 & \dfrac{12EI}{l^3} & \dfrac{6EI}{l^2} & 0 & -\dfrac{12EI}{l^3} & \dfrac{6EI}{l^2} \\[2mm] 0 & \dfrac{6EI}{l^2} & \dfrac{4EI}{l} & 0 & -\dfrac{6EI}{l^2} & \dfrac{2EI}{l} \\[2mm] \hdashline -\dfrac{EA}{l} & 0 & 0 & \dfrac{EA}{l} & 0 & 0 \\[2mm] 0 & -\dfrac{12EI}{l^3} & -\dfrac{6EI}{l^2} & 0 & \dfrac{12EI}{l^3} & -\dfrac{6EI}{l^2} \\[2mm] 0 & \dfrac{6EI}{l^2} & \dfrac{2EI}{l} & 0 & -\dfrac{6EI}{l^2} & \dfrac{4EI}{l} \end{bmatrix} \left\{ \begin{matrix} +4.596 \times 10^{-5}\,\mathrm{m} \\ +4.730 \times 10^{-5}\,\mathrm{m} \\ -5.315 \times 10^{-3}\,\mathrm{rad} \\ 0 \\ 0 \\ 0 \end{matrix} \right\}$$

$$= \left\{ \begin{matrix} +19.303\,\mathrm{kN} \\ -19.733\,\mathrm{kN} \\ -13.215\,\mathrm{kN \cdot m} \\ -19.303\,\mathrm{kN} \\ +19.733\,\mathrm{kN} \\ -6.518\,\mathrm{kN \cdot m} \end{matrix} \right\}$$

（8）根据局部坐标系中单元杆端内力向量，画出结构内力图（见图10-17～图10-19）。

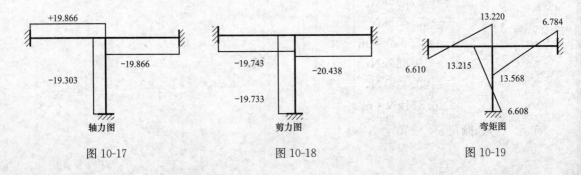

图 10-17　　　　　　　　　　图 10-18　　　　　　　　　　图 10-19

§10.5 单元荷载的等效节点荷载

10.5.1 单元荷载的概念及类型

广义地说，使结构产生位移和内力的因素都称为荷载，除了外力以外，还包括温度变化、制造误差、支座移动等。杆件结构中的荷载可以划分为节点荷载和非节点荷载两大类，非节点荷载也称单元荷载。对于桁架结构，节点荷载只能是集中力；对于刚架结构，节点荷载可能是集中力，也可能是集中力偶。通常，在整体坐标系中描述节点荷载，与坐标轴既不平行又不垂直的集中力，需要分解为 x 轴方向和 y 轴方向的两个分力。

对于桁架结构，单元荷载可能是轴向集中力、轴向分布力、支座移动、温度变化以及制造误差等。对于刚架结构，单元荷载还可能是横向集中力、横向分布力、集中力偶、分布力偶等。

用矩阵位移法求解杆件结构时，需要把单元荷载的转化为节点荷载。由单元荷载转化而来的节点荷载，称为等效节点荷载；为了和等效节点荷载相区别，把直接作用在节点上的荷载称为直接节点荷载。

每个未知节点位移方向都可能作用一个直接节点荷载，因此，一个结构上可能有 N（最大总码）个直接节点荷载，它们形成的向量，称为直接节点荷载向量，用 F_D 表示。单元荷载经过转化以后，最终也会形成 N 的节点荷载，它们形成的向量，称为（总体）等效节点荷载向量，用 F_E 表示。F_D 和 F_E 之和，称为综合节点荷载向量，用 F_C 表示，为了方便，通常简写为 F，简称为节点荷载向量或荷载向量。

本章前面的问题中只有直接节点荷载，没有单元荷载。如果结构中有单元荷载，就需要等效为节点荷载，等效的原则是"节点位移等效"，等效的依据是"叠加原理"。本节的主要内容就是讲述如何把单元荷载转化为等效节点荷载。

10.5.2 单元等效节点荷载向量及总体等效节点荷载向量

图 10-20 所示桁架结构，杆件的 EA 相同且为常数，左侧斜杆的中点 A 处受到 40kN 的轴向荷载，右侧斜杆的三分点 B 处受到 60kN 的轴向荷载，上侧水平杆件的中点 C 处受到 50kN 的轴向荷载。把结构离散为 3 个桁架单元、4 个节点，结果如图 10-21 所示。节点的总码依次为 1 (0, 0)，2 (0, 0)，3 (1, 2)，4 (0, 0)。

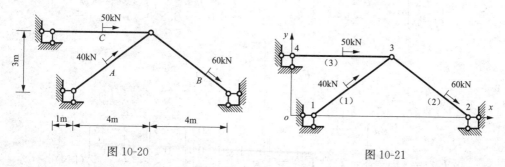

图 10-20   图 10-21

现在，假设一个完全相同的结构，在施加荷载之前，首先在节点 3 的 x 方向和 y 方向加上附加约束（见图 10-22），则所有节点位移都为 0，此时，在 3 个单元上施加轴向荷载（见

图 10-23)。在局部坐标系中，单元（1）两端 4 个杆端内力形成的向量用 $\bar{\boldsymbol{F}}_{\mathrm{F}}^{(1)}$ 表示，可以求出

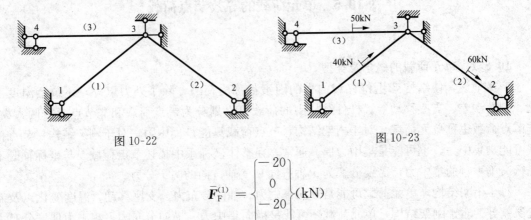

图 10-22   图 10-23

$$\bar{\boldsymbol{F}}_{\mathrm{F}}^{(1)} = \left\{ \begin{array}{c} -20 \\ 0 \\ -20 \\ 0 \end{array} \right\} (\mathrm{kN})$$

$\bar{\boldsymbol{F}}_{\mathrm{F}}^{(1)}$ 称为局部坐标系中（单元荷载作用下）单元（1）的固端内力向量。用 $\boldsymbol{F}_{\mathrm{F}}^{(1)}$ 表示整体坐标系中单元（1）的固端内力向量，则有

$$\boldsymbol{F}_{\mathrm{F}}^{(1)} = \boldsymbol{T}^{(1)\mathrm{T}} \bar{\boldsymbol{F}}_{\mathrm{F}}^{(1)}$$

容易求出

$$\boldsymbol{F}_{\mathrm{F}}^{(1)} = \left\{ \begin{array}{c} F_{\mathrm{F}x,1}^{(1)} \\ F_{\mathrm{F}y,1}^{(1)} \\ \hline F_{\mathrm{F}x,3}^{(1)} \\ F_{\mathrm{F}y,3}^{(1)} \end{array} \right\} = \boldsymbol{T}^{(1)\ \mathrm{T}} \bar{\boldsymbol{F}}_{\mathrm{F}}^{(1)} = \left[\begin{array}{cc:cc} 0.8 & -0.6 & 0 & 0 \\ 0.6 & 0.8 & 0 & 0 \\ \hdashline 0 & 0 & 0.8 & -0.6 \\ 0 & 0 & 0.6 & 0.8 \end{array} \right] \left\{ \begin{array}{c} -20 \\ 0 \\ -20 \\ 0 \end{array} \right\} = \left\{ \begin{array}{c} -16 \\ -12 \\ -16 \\ -12 \end{array} \right\} (\mathrm{kN})$$

同理，可求出单元（2）和单元（3）的在局部坐标系和整体坐标系中的杆端内力向量为

$$\bar{\boldsymbol{F}}_{\mathrm{F}}^{(2)} = \left\{ \begin{array}{c} -20 \\ 0 \\ -40 \\ 0 \end{array} \right\} (\mathrm{kN})$$

$$\boldsymbol{F}_{\mathrm{F}}^{(2)} = \left\{ \begin{array}{c} F_{\mathrm{F}x,3}^{(2)} \\ F_{\mathrm{F}y,3}^{(2)} \\ \hline F_{\mathrm{F}x,2}^{(2)} \\ F_{\mathrm{F}y,2}^{(2)} \end{array} \right\} = \boldsymbol{T}^{(2)\mathrm{T}} \bar{\boldsymbol{F}}_{\mathrm{F}}^{(2)} = \left[\begin{array}{cc:cc} 0.8 & 0.6 & 0 & 0 \\ -0.6 & 0.8 & 0 & 0 \\ \hdashline 0 & 0 & 0.8 & 0.6 \\ 0 & 0 & -0.6 & 0.8 \end{array} \right] \left\{ \begin{array}{c} -20 \\ 0 \\ -40 \\ 0 \end{array} \right\} = \left\{ \begin{array}{c} -16 \\ +12 \\ -32 \\ +24 \end{array} \right\} (\mathrm{kN})$$

$$\bar{\boldsymbol{F}}_{\mathrm{F}}^{(3)} = \left\{ \begin{array}{c} -25 \\ 0 \\ -25 \\ 0 \end{array} \right\} (\mathrm{kN})$$

$$\boldsymbol{F}_{\mathrm{F}}^{(3)} = \left\{ \begin{array}{c} F_{\mathrm{F}x,4}^{(3)} \\ F_{\mathrm{F}y,4}^{(3)} \\ \hline F_{\mathrm{F}x,3}^{(3)} \\ F_{\mathrm{F}y,3}^{(3)} \end{array} \right\} = \boldsymbol{T}^{(3)\mathrm{T}} \bar{\boldsymbol{F}}_{\mathrm{F}}^{(3)} = \left[\begin{array}{cc:cc} 1 & 0 & 0 & 0 \\ 0 & 1 & 0 & 0 \\ \hdashline 0 & 0 & 1 & 0 \\ 0 & 0 & 0 & 1 \end{array} \right] \left\{ \begin{array}{c} -25 \\ 0 \\ -25 \\ 0 \end{array} \right\} = \left\{ \begin{array}{c} -25 \\ 0 \\ -25 \\ 0 \end{array} \right\} (\mathrm{kN})$$

在图 10-23 中，隔离出节点 2（见图 10-24），根据平衡条件，可以求出两个附加约束中的支座反力，显然有

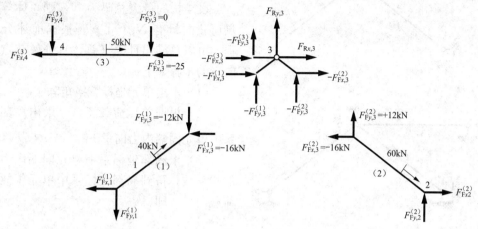

图 10-24

$$F_{Rx,3} = F_{Fx,3}^{(1)} + F_{Fx,3}^{(2)} + F_{Fx,3}^{(3)} = -57\text{kN}$$

$$F_{Ry,3} = F_{Fy,3}^{(1)} + F_{Fy,3}^{(2)} + F_{Fy,3}^{(3)} = 0$$

现在，比较图 10-20 和图 10-23 所示结构的差别。在荷载方面，图 10-20 中节点 3 没有受到荷载作用，而图 10-23 中的节点 3 受到了支座反力的作用。在位移方面，图 10-20 中节点 3 有节点位移，而图 10-23 中的节点 3 没有节点位移。如果能够消除荷载的差别，也就自然消除了位移的差别，同时还消除了内力的差别。为此，在图 10-23 所示结构上，叠加一个新的相同的结构，节点 3 处的荷载为图 10-23 中节点 2 处支座反力的相反数（见图 10-25），抵消掉节点 2 处的附加约束中的支座反力。

根据叠加原理，图 10-26（a）的荷载、内力、位移均等于图 10-26（b）和图 10-26（c）的叠加，所以，图 10-26

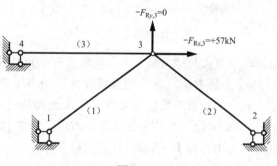

图 10-25

（a）中的单元荷载作用下的节点位移与图 10-26（c）中的节点荷载作用下的节点位移相等。图 10-26（c）中的节点荷载称为图 10-26（a）中单元荷载的"总体等效节点荷载"，简称"等效节点荷载"。这里的"等效"，是指"节点位移等效"。（总体）等效节点荷载向量通常用符号 $\boldsymbol{F}_\text{E}$ 表示，其中的元素的个数等于最大总码，数值等于对应的约束反力的相反数。对于图 10-20 所示结构，其（总体）等效节点荷载向量为

$$\boldsymbol{F}_\text{E} = \left\{ \begin{matrix} F_{\text{E},1} \\ F_{\text{E},2} \end{matrix} \right\} = \left\{ \begin{matrix} -F_{Rx,3} \\ -F_{Ry,3} \end{matrix} \right\} = \left\{ \begin{matrix} -F_{Fx,3}^{(1)} - F_{Fx,3}^{(2)} - F_{Fx,3}^{(3)} \\ -F_{Fy,3}^{(1)} - F_{Fy,3}^{(2)} - F_{Fy,3}^{(3)} \end{matrix} \right\} = \left\{ \begin{matrix} +57\text{kN} \\ 0 \end{matrix} \right\}$$

注意，等效节点荷载 $F_{\text{E},1}$ 等的后面的下标是总码；约束反力 $F_{Rx,3}$ 等的后面的下标是节点号；固端内力 $F_{Fx,3}^{(1)}$ 等的后面的下标是节点号。

为了方便，通常把"单元固端内力向量"的相反数称为"单元等效节点荷载向量"，用 $\bar{\boldsymbol{F}}_\text{E}^e$ 和 $\boldsymbol{F}_\text{E}^e$ 表示，即 $\bar{\boldsymbol{F}}_\text{E}^e = -\bar{\boldsymbol{F}}_\text{F}^e$，$\boldsymbol{F}_\text{E}^e = -\boldsymbol{F}_\text{F}^e$。

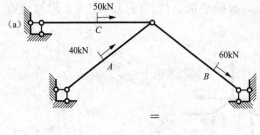

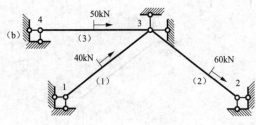

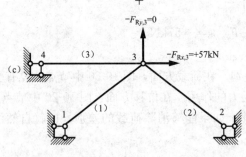

图 10-26

10.5.3　形成总体等效节点荷载向量的步骤

设结构的最大总码为 N，则总体等效节点荷载向量有 N 个元素。根据前述分析过程，可以总结出计算（总体）等效节点荷载向量的步骤如下：

（1）求出单元坐标变换矩阵 $\boldsymbol{T}$。

（2）根据单元荷载类型，求出局部坐标系中单元固端内力向量 $\bar{\boldsymbol{F}}_{\mathrm{F}}^{e}$。

（3）求局部坐标系中单元固端内力向量的相反数，得到局部坐标系中单元等效节点荷载向量，即

$$\bar{\boldsymbol{F}}_{\mathrm{E}}^{e}=-\bar{\boldsymbol{F}}_{\mathrm{F}}^{e} \qquad (10\text{-}52)$$

（4）坐标变换矩阵的转置矩阵与局部坐标系中单元等效节点荷载向量相乘，得到整体坐标系中单元等效节点荷载向量

$$\boldsymbol{F}_{\mathrm{E}}^{e}=\boldsymbol{T}^{(e)\mathrm{T}}\bar{\boldsymbol{F}}_{\mathrm{E}}^{e}=-\boldsymbol{T}^{(e)\mathrm{T}}\bar{\boldsymbol{F}}_{\mathrm{F}}^{e} \qquad (10\text{-}53)$$

（5）在单元等效节点荷载向量的左侧标注上单元始末节点的总码。

（6）按元素"对号入座"的原则，把"单元等效节点荷载向量"中的元素组集到"总体等效节点荷载向量"中。遍历所有单元以后，便形成了"（总体）等效节点荷载向量"。

为了表述方便，通常把直接作用在节点上的荷载形成的向量，称为"直接节点荷载向量"，其中的元素的数量也为 N（N 为最大总码），通常用符号 $\boldsymbol{F}_{\mathrm{D}}$ 表示。另外，通常把"直接节点荷载向量"与"等效节点荷载向量"之和称为"综合节点荷载向量"，简称"节点荷载向量"，用符号 $\boldsymbol{F}_{\mathrm{C}}$ 表示。计算机程序计算时，通常把单元等效节点荷载直接集成到节点荷载向量中，从而省略掉了形成"总体等效节点荷载向量"的过程。

由上述过程可见，计算单元荷载作用下局部坐标系中"单元固端内力向量"是一个关键步骤，对于桁架单元和刚架单元，常见的单元荷载及局部坐标系中的单元固端内力向量子块汇总于表 10-8 和表 10-9 中。

表 10-8　　　　桁架单元常见的单元荷载及局部坐标系中的单元固端内力向量

序号	单元荷载	单元固端内力向量子块
1		$\bar{\boldsymbol{F}}_{\mathrm{F},i}=\left\{\begin{array}{c}-\dfrac{pb}{l}\\0\end{array}\right\};\ \bar{\boldsymbol{F}}_{\mathrm{F},j}=\left\{\begin{array}{c}-\dfrac{pa}{l}\\0\end{array}\right\}$

续表

序号	单元荷载	单元固端内力向量子块
2		$\bar{F}_{\mathrm{F},i}^{e}=\left\{\begin{array}{c}\dfrac{\lambda(t_1+t_2)EA}{2}\\0\end{array}\right\};\ \bar{F}_{\mathrm{F},j}^{e}=\left\{\begin{array}{c}-\dfrac{\lambda(t_1+t_2)EA}{2}\\0\end{array}\right\}$
3		$\bar{F}_{\mathrm{F},i}^{e}=\left\{\begin{array}{c}\dfrac{EA\Delta}{l}\\0\end{array}\right\};\bar{F}_{\mathrm{F},j}^{e}=\left\{\begin{array}{c}-\dfrac{EA\Delta}{l}\\0\end{array}\right\}$

表 10-9　　　刚架单元常见的单元荷载及局部坐标系中的单元固端内力向量

序号	单元荷载	单元固端内力向量子块
1		$\bar{F}_{\mathrm{F},i}^{e}=\left\{\begin{array}{c}0\\\dfrac{ql}{2}\\\dfrac{ql^2}{12}\end{array}\right\};\ \bar{F}_{\mathrm{F},j}^{e}=\left\{\begin{array}{c}0\\\dfrac{ql}{2}\\-\dfrac{ql^2}{12}\end{array}\right\}$
2		$\bar{F}_{\mathrm{F},i}^{e}=\left\{\begin{array}{c}0\\\dfrac{pb^2(3a+b)}{l^3}\\\dfrac{pab^2}{l^2}\end{array}\right\};\ \bar{F}_{\mathrm{F},j}^{e}=\left\{\begin{array}{c}0\\\dfrac{pa^2(3b+a)}{l^3}\\-\dfrac{pa^2b}{l^2}\end{array}\right\}$
3		$\bar{F}_{\mathrm{F},i}^{e}=\left\{\begin{array}{c}0\\\dfrac{6abM}{l^3}\\\dfrac{(2ab-b^2)M}{l^2}\end{array}\right\};\ \bar{F}_{\mathrm{F},j}^{e}=\left\{\begin{array}{c}0\\-\dfrac{6abM}{l^3}\\\dfrac{(2ab-a^2)M}{l^2}\end{array}\right\}$
4		$\bar{F}_{\mathrm{F},i}^{e}=\left\{\begin{array}{c}-\dfrac{pb}{l}\\0\\0\end{array}\right\};\ \bar{F}_{\mathrm{F},j}^{e}=\left\{\begin{array}{c}-\dfrac{pa}{l}\\0\\0\end{array}\right\}$
5		$\bar{F}_{\mathrm{F},i}^{e}=\left\{\begin{array}{c}\dfrac{\lambda(t_1+t_2)EA}{2}\\0\\\dfrac{\lambda(t_2-t_1)EI}{h}\end{array}\right\};\ \bar{F}_{\mathrm{F},j}^{e}=\left\{\begin{array}{c}-\dfrac{\lambda(t_1+t_2)EA}{2}\\0\\-\dfrac{\lambda(t_2-t_1)EI}{h}\end{array}\right\}$

续表

序号	单元荷载	单元固端内力向量子块
6	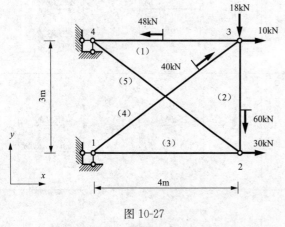	$\bar{\boldsymbol{F}}_{\mathrm{F},i} = \left\{ \begin{array}{c} \dfrac{EA\Delta}{l} \\ 0 \\ 0 \end{array} \right\}$；$\bar{\boldsymbol{F}}_{\mathrm{F},j} = \left\{ \begin{array}{c} -\dfrac{EA\Delta}{l} \\ 0 \\ 0 \end{array} \right\}$
7		$\bar{\boldsymbol{F}}^e_{\mathrm{F},i} = \left\{ \begin{array}{c} 0 \\ \dfrac{12EI\Delta}{l^3} \\ \dfrac{6EI\Delta}{l^2} \end{array} \right\}$；$\bar{\boldsymbol{F}}^e_{\mathrm{F},j} = \left\{ \begin{array}{c} 0 \\ -\dfrac{12EI\Delta}{l^3} \\ \dfrac{6EI\Delta}{l^2} \end{array} \right\}$
8		$\bar{\boldsymbol{F}}^e_{\mathrm{F},i} = \left\{ \begin{array}{c} 0 \\ \dfrac{6EI\varphi}{l^2} \\ \dfrac{4EI\varphi}{l} \end{array} \right\}$；$\bar{\boldsymbol{F}}^e_{\mathrm{F},j} = \left\{ \begin{array}{c} 0 \\ -\dfrac{6EI\varphi}{l^2} \\ \dfrac{2EI\varphi}{l} \end{array} \right\}$

图 10-27

10.5.4　形成总体等效节点荷载向量的算例

【**例 10-3**】　图 10-27 所示桁架结构，杆件 EA 相同且为常数。离散为 4 个节点、5 个单元。单元（1）上的轴向荷载作用在杆件中点；单元（2）上的轴向荷载作用在靠近节点 2 的三分点；单元（4）上的轴向荷载作用在靠近节点 3 的四分点。试求结构的综合节点荷载向量。

解　（1）编写总码：1（0，0），2（1，2），3（3，4），4（0，0）。最大总码为 4，直接、等效、综合节点荷载向量中都有 4 个元素。

（2）写出直接节点荷载向量

$$\boldsymbol{F}_{\mathrm{D}} = \begin{array}{c} 1 \\ 2 \\ 3 \\ 4 \end{array} \left\{ \begin{array}{c} 30 \\ 0 \\ 10 \\ -18 \end{array} \right\} (\mathrm{kN})$$

（3）写出单元在整体坐标系中的等效节点荷载向量。只有单元（1）、（2）、（4）上有单元荷载，各单元等效节点荷载向量如下。

单元（1）是水平单元，始末节点分别为 4 和 3，倾角 $\alpha=0°$。查表 10-8，得

$$\bar{\boldsymbol{F}}_{\mathrm{F}}^{(1)} = \left\{ \begin{matrix} +24 \\ 0 \\ +24 \\ 0 \end{matrix} \right\}(\mathrm{kN}), \quad \bar{\boldsymbol{F}}_{\mathrm{E}}^{(1)} = -\bar{\boldsymbol{F}}_{\mathrm{F}}^{(1)} = \left\{ \begin{matrix} -24 \\ 0 \\ -24 \\ 0 \end{matrix} \right\}(\mathrm{kN})$$

$$\boldsymbol{F}_{\mathrm{E}}^{(1)} = \boldsymbol{T}^{(1)\mathrm{T}}\bar{\boldsymbol{F}}_{\mathrm{E}}^{(1)} = \boldsymbol{I}\,\bar{\boldsymbol{F}}_{\mathrm{E}}^{(1)} = \bar{\boldsymbol{F}}_{\mathrm{E}}^{(1)} = \begin{matrix} 0 \\ 0 \\ 3 \\ 4 \end{matrix} \left\{ \begin{matrix} -24 \\ 0 \\ -24 \\ 0 \end{matrix} \right\}(\mathrm{kN})$$

为了手算时书写方便，可以删掉 0 总码对应的元素，得到"缩减单元等效节点荷载向量"，即

$$\boldsymbol{F}_{\mathrm{E}}^{(1)} = \begin{matrix} 3 \\ 4 \end{matrix} \left\{ \begin{matrix} -24 \\ 0 \end{matrix} \right\}(\mathrm{kN})$$

单元（2）是铅直单元，始末节点分别为 3 和 2，倾角 $\alpha=-90°$。查表 10-8，得

$$\bar{\boldsymbol{F}}_{\mathrm{F}}^{(2)} = \left\{ \begin{matrix} -20 \\ 0 \\ -40 \\ 0 \end{matrix} \right\}(\mathrm{kN}), \quad \bar{\boldsymbol{F}}_{\mathrm{E}}^{(2)} = -\bar{\boldsymbol{F}}_{\mathrm{F}}^{(2)} = \left\{ \begin{matrix} +20 \\ 0 \\ +40 \\ 0 \end{matrix} \right\}(\mathrm{kN})$$

$$\boldsymbol{F}_{\mathrm{E}}^{(2)} = \boldsymbol{T}^{(2)\mathrm{T}}\bar{\boldsymbol{F}}_{\mathrm{E}}^{(2)} = \left[\begin{matrix} 0 & -1 & 0 & 0 \\ +1 & 0 & 0 & 0 \\ 0 & 0 & 0 & -1 \\ 0 & 0 & +1 & 0 \end{matrix} \right]^{\mathrm{T}} \left\{ \begin{matrix} +20 \\ 0 \\ +40 \\ 0 \end{matrix} \right\} = \begin{matrix} 3 \\ 4 \\ 1 \\ 2 \end{matrix} \left\{ \begin{matrix} 0 \\ -20 \\ 0 \\ -40 \end{matrix} \right\}(\mathrm{kN})$$

单元（4）是倾斜单元，始末节点分别为 1 和 3，倾角为 α，$\cos\alpha=0.8$，$\sin\alpha=0.6$。查表 10-8，得

$$\bar{\boldsymbol{F}}_{\mathrm{F}}^{(4)} = \left\{ \begin{matrix} -10 \\ 0 \\ -30 \\ 0 \end{matrix} \right\}(\mathrm{kN}), \quad \bar{\boldsymbol{F}}_{\mathrm{E}}^{(4)} = -\bar{\boldsymbol{F}}_{\mathrm{F}}^{(4)} = \left\{ \begin{matrix} +10 \\ 0 \\ +30 \\ 0 \end{matrix} \right\}(\mathrm{kN})$$

$$\boldsymbol{F}_{\mathrm{E}}^{(4)} = \boldsymbol{T}^{(4)\mathrm{T}}\bar{\boldsymbol{F}}_{\mathrm{E}}^{(4)} = \left[\begin{matrix} 0.8 & 0.6 & 0 & 0 \\ -0.6 & 0 & 0 & 0 \\ 0 & 0 & 0.8 & 0.6 \\ 0 & 0 & -0.6 & 0.8 \end{matrix} \right]^{\mathrm{T}} \left\{ \begin{matrix} +10 \\ 0 \\ +30 \\ 0 \end{matrix} \right\} = \begin{matrix} 0 \\ 0 \\ 3 \\ 4 \end{matrix} \left\{ \begin{matrix} +8 \\ +6 \\ +24 \\ +18 \end{matrix} \right\}(\mathrm{kN})$$

其"缩减单元等效节点荷载向量"为

$$\boldsymbol{F}_{\mathrm{E}}^{(4)} = \begin{matrix} 3 \\ 4 \end{matrix} \left\{ \begin{matrix} +24 \\ +18 \end{matrix} \right\}(\mathrm{kN})$$

（4）结构的总体等效节点荷载向量中有 4 个元素，按"对号入座"的原则，组集单元等效节点荷载向量中元素，得

$$\boldsymbol{F}_{E} = \begin{array}{c} 1 \\ 2 \\ 3 \\ 4 \end{array}\left\{\begin{array}{c} 0 \\ -40 \\ 0 \\ -2 \end{array}\right\}(\mathrm{kN})$$

（5）求出综合节点荷载向量。叠加直接节点荷载向量和等效节点荷载向量，得

$$\boldsymbol{F}_{C} = \boldsymbol{F}_{D} + \boldsymbol{F}_{E} = \begin{array}{c} 1 \\ 2 \\ 3 \\ 4 \end{array}\left\{\begin{array}{c} 30 \\ 0 \\ 10 \\ -18 \end{array}\right\} + \begin{array}{c} 1 \\ 2 \\ 3 \\ 4 \end{array}\left\{\begin{array}{c} 0 \\ -40 \\ 0 \\ -2 \end{array}\right\} = \begin{array}{c} 1 \\ 2 \\ 3 \\ 4 \end{array}\left\{\begin{array}{c} +30 \\ -40 \\ +10 \\ -20 \end{array}\right\}(\mathrm{kN})$$

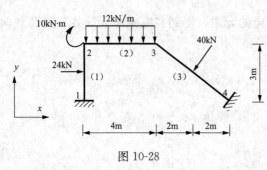

图 10-28

【例 10-4】 图 10-28 所示刚架结构，所有杆件的 EI 和 EA 均相同且为常数，两个垂直于杆件的集中力均作用在相应杆件的中点。结构离散为 4 个节点、3 个单元。试求结构的综合节点荷载向量。

解 （1）编写总码：1（0，0，0），2（1，2，3），3（4，5，6），4（0，0，0）。

（2）写出直接节点荷载向量。最大总码为 6，所以 $\boldsymbol{F}_{D}$ 中有 6 个元素，即

$$\boldsymbol{F}_{D} = \begin{array}{c} 1 \\ 2 \\ 3 \\ 4 \\ 5 \\ 6 \end{array}\left\{\begin{array}{c} 0 \\ 0 \\ -10\mathrm{kN}\cdot\mathrm{m} \\ 0 \\ 0 \\ 0 \end{array}\right\}$$

（3）写出单元在整体坐标系中的等效节点荷载向量，单元（1）、（2）、（3）上都有单元荷载，各个单元的等效节点荷载向量如下。

单元（1）是铅直单元，始末节点分别为 2 和 1，倾角 $\alpha=-90°$。查表 10-9，得

$$\bar{\boldsymbol{F}}_{F}^{(1)} = \left\{\begin{array}{c} 0 \\ -12\mathrm{kN} \\ -9\mathrm{kN}\cdot\mathrm{m} \\ 0 \\ -12\mathrm{kN} \\ +9\mathrm{kN}\cdot\mathrm{m} \end{array}\right\}, \bar{\boldsymbol{F}}_{E}^{(1)} = -\bar{\boldsymbol{F}}_{F}^{(1)} = \left\{\begin{array}{c} 0 \\ +12\mathrm{kN} \\ +9\mathrm{kN}\cdot\mathrm{m} \\ 0 \\ +12\mathrm{kN} \\ -9\mathrm{kN}\cdot\mathrm{m} \end{array}\right\}$$

$$\boldsymbol{F}_{E}^{(1)} = \boldsymbol{T}^{(1)\mathrm{T}}\bar{\boldsymbol{F}}_{E}^{(1)} = \left[\begin{array}{cccccc} 0 & -1 & 0 & 0 & 0 & 0 \\ +1 & 0 & 0 & 0 & 0 & 0 \\ 0 & 0 & +1 & 0 & 0 & 0 \\ 0 & 0 & 0 & 0 & -1 & 0 \\ 0 & 0 & 0 & +1 & 0 & 0 \\ 0 & 0 & 0 & 0 & 0 & +1 \end{array}\right]^{\mathrm{T}}\left\{\begin{array}{c} 0 \\ +12\mathrm{kN} \\ +9\mathrm{kN}\cdot\mathrm{m} \\ 0 \\ +12\mathrm{kN} \\ -9\mathrm{kN}\cdot\mathrm{m} \end{array}\right\} = \begin{array}{c} 1 \\ 2 \\ 3 \\ 0 \\ 0 \\ 0 \end{array}\left\{\begin{array}{c} +12\mathrm{kN} \\ 0 \\ +9\mathrm{kN}\cdot\mathrm{m} \\ +12\mathrm{kN} \\ +12\mathrm{kN} \\ -9\mathrm{kN}\cdot\mathrm{m} \end{array}\right\}$$

单元（2）是水平单元，始末节点分别为 2 和 3，倾角 $\alpha = 0°$。查表 10-9，得

$$\bar{F}_F^{(2)} = \begin{Bmatrix} 0 \\ +24\text{kN} \\ +16\text{kN} \cdot \text{m} \\ 0 \\ +24\text{kN} \\ -16\text{kN} \cdot \text{m} \end{Bmatrix}, \bar{F}_E^{(2)} = -\bar{F}_F^{(2)} = \begin{Bmatrix} 0 \\ -24\text{kN} \\ -16\text{kN} \cdot \text{m} \\ 0 \\ -24\text{kN} \\ +16\text{kN} \cdot \text{m} \end{Bmatrix}$$

$$\boldsymbol{F}_E^{(2)} = \boldsymbol{T}^{(2)\mathrm{T}}\bar{\boldsymbol{F}}_E^{(1)} = \boldsymbol{I}\bar{\boldsymbol{F}}_E^{(2)} = \bar{\boldsymbol{F}}_E^{(2)} = \begin{matrix} 1 \\ 2 \\ 3 \\ 4 \\ 5 \\ 6 \end{matrix} \begin{Bmatrix} 0 \\ -24\text{kN} \\ -16\text{kN} \cdot \text{m} \\ 0 \\ -24\text{kN} \\ +16\text{kN} \cdot \text{m} \end{Bmatrix}$$

单元（3）是倾斜单元，始末节点分别为 3 和 4，倾角为 α，$\cos\alpha = 0.8$，$\sin\alpha = -0.6$。查表 10-9，得

$$\bar{F}_F^{(3)} = \begin{Bmatrix} 0 \\ +20\text{kN} \\ +25\text{kN} \cdot \text{m} \\ 0 \\ +20\text{kN} \\ -25\text{kN} \cdot \text{m} \end{Bmatrix}, \bar{F}_E^{(3)} = -\bar{F}_F^{(3)} = \begin{Bmatrix} 0 \\ -20\text{kN} \\ -25\text{kN} \cdot \text{m} \\ 0 \\ -20\text{kN} \\ +25\text{kN} \cdot \text{m} \end{Bmatrix}$$

$$\boldsymbol{F}_E^{(3)} = \boldsymbol{T}^{(3)\mathrm{T}}\bar{\boldsymbol{F}}_E^{(3)} = \begin{bmatrix} 0.8 & -0.6 & 0 & 0 & 0 & 0 \\ +0.6 & 0.8 & 0 & 0 & 0 & 0 \\ 0 & 0 & +1 & 0 & 0 & 0 \\ 0 & 0 & 0 & 0.8 & -0.6 & 0 \\ 0 & 0 & 0 & +0.6 & 0.8 & 0 \\ 0 & 0 & 0 & 0 & 0 & +1 \end{bmatrix}^{\mathrm{T}} \begin{Bmatrix} 0 \\ -20\text{kN} \\ -25\text{kN} \cdot \text{m} \\ 0 \\ -20\text{kN} \\ +25\text{kN} \cdot \text{m} \end{Bmatrix} = \begin{matrix} 4 \\ 5 \\ 6 \\ 0 \\ 0 \\ 0 \end{matrix} \begin{Bmatrix} -12\text{kN} \\ -16\text{kN} \\ -25\text{kN} \cdot \text{m} \\ -12\text{kN} \\ -16\text{kN} \\ +25\text{kN} \cdot \text{m} \end{Bmatrix}$$

（4）总体等效节点荷载向量中有 6 个元素，按"对号入座"的原则，组集单元等效节点荷载向量中元素，得

$$\boldsymbol{F}_E = \begin{matrix} 1 \\ 2 \\ 3 \\ 4 \\ 5 \\ 6 \end{matrix} \begin{Bmatrix} +12\text{kN} \\ -24\text{kN} \\ -7\text{kN} \cdot \text{m} \\ -12\text{kN} \\ -40\text{kN} \\ -9\text{kN} \cdot \text{m} \end{Bmatrix}$$

（5）求出综合节点荷载向量。叠加直接节点荷载向量和等效节点荷载向量，得

$$\boldsymbol{F}_{\mathrm{C}}=\boldsymbol{F}_{\mathrm{D}}+\boldsymbol{F}_{\mathrm{E}}=\begin{matrix}1\\2\\3\\4\\5\\6\end{matrix}\left\{\begin{matrix}0\\0\\-10\mathrm{kN\cdot m}\\0\\0\\0\end{matrix}\right\}+\begin{matrix}1\\2\\3\\4\\5\\6\end{matrix}\left\{\begin{matrix}+12\mathrm{kN}\\-24\mathrm{kN}\\-7\mathrm{kN\cdot m}\\-12\mathrm{kN}\\-40\mathrm{kN}\\-9\mathrm{kN\cdot m}\end{matrix}\right\}=\begin{matrix}1\\2\\3\\4\\5\\6\end{matrix}\left\{\begin{matrix}+12\mathrm{kN}\\-24\mathrm{kN}\\-17\mathrm{kN\cdot m}\\-12\mathrm{kN}\\-40\mathrm{kN}\\-9\mathrm{kN\cdot m}\end{matrix}\right\}$$

10.5.5　单元荷载作用下桁架结构算例

由本章前面内容可知，用矩阵位移法计算杆件结构内力包含以下五个主要步骤：

（1）预处理。建立坐标系，把结构划分为单元和节点，形成模型数据，编写节点总码。

（2）单元分析。包括两个主要方面：①建立由单元杆端位移计算单元杆端内力的关系式，形成单元刚度矩阵。②求出单元荷载作用下的单元固端内力，转化为单元等效节点荷载。

（3）整体分析。包括两个主要方面：①组集单元刚度矩阵形成总体刚度矩阵。②组集单元等效节点荷载和直接节点荷载，形成综合节点荷载向量。

（4）单元再分析。利用单元杆端位移，求出单元杆端内力，与单元固端内力叠加，形成最终单元杆端内力。

（5）画内力图。利用分段叠加法，依次画出所有单元的内力图，得到整个结构的内力图。

为了掌握矩阵位移法求解桁架结构的方法，下面给出两个算例，介绍详细过程。

【例 10-5】 一个桁架结构如图 10-29 所示。所有杆件 EA 相同且为常数。试用矩阵位移法求解，画出轴力图。

解 本例从手算的角度，来讲述求解过程。（坐标系不用准确，不需要节点坐标）

（一）预处理

（1）建立整体坐标系，离散结构，结果如图 10-30 所示。

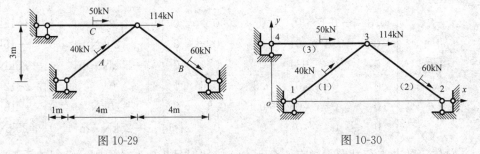

图 10-29　　　　　　　　　　　　　图 10-30

（2）根据约束条件，编写节点总码：1（0，0），2（0，0），3（1，2），4（0，0）。

（二）单元分析

（3）写出单元单刚，并标注总码。

单元（1）的始末节点分别为 1 和 3，长度等于 5m，$\cos\alpha=0.8$，$\sin\alpha=0.6$，单刚及对应的总码为

$$\boldsymbol{k}^{(1)}=\begin{matrix}0\\0\\1\\2\end{matrix}\dfrac{EA}{5}\begin{matrix}\overset{0}{}&\overset{0}{}&\overset{1}{}&\overset{2}{}\\[2pt]\left[\begin{matrix}0.64&0.48&-0.64&-0.48\\0.48&0.36&-0.48&-0.36\\\hdashline-0.64&-0.48&0.64&0.48\\-0.48&-0.36&0.48&0.36\end{matrix}\right]\end{matrix}$$

手算时，为了方便，可以删掉 0 总码所对应的行和列，简写为

$$\boldsymbol{k}^{(1)} = \frac{1}{2}\frac{EA}{5}\begin{bmatrix} 0.64 & 0.48 \\ 0.48 & 0.36 \end{bmatrix} \quad \begin{matrix}1 & 2\end{matrix}$$

称为单元（1）的缩减单元刚度矩阵，简称缩减单刚。

单元（2）的始末节点分别为 3 和 2，长度等于 5m，$\cos\alpha=0.8$，$\sin\alpha=-0.6$，单刚为

$$\boldsymbol{k}^{(2)} = \frac{EA}{5}\begin{bmatrix} 0.64 & -0.48 & -0.64 & 0.48 \\ -0.48 & 0.36 & 0.48 & -0.36 \\ -0.64 & 0.48 & 0.64 & -0.48 \\ 0.48 & -0.36 & -0.48 & 0.36 \end{bmatrix}$$

缩减单刚为

$$\boldsymbol{k}^{(2)} = \frac{1}{2}\frac{EA}{5}\begin{bmatrix} 0.64 & -0.48 \\ -0.48 & 0.36 \end{bmatrix}$$

单元（3）的始末节点分别为 4 和 3，长度等于 5m，是水平单元，单刚为

$$\boldsymbol{k}^{(3)} = \frac{EA}{5}\begin{bmatrix} 1 & 0 & -1 & 0 \\ 0 & 0 & 0 & 0 \\ -1 & 0 & 1 & 0 \\ 0 & 0 & 0 & 0 \end{bmatrix}$$

缩减单刚为

$$\boldsymbol{k}^{(3)} = \frac{1}{2}\frac{EA}{5}\begin{bmatrix} 1 & 0 \\ 0 & 0 \end{bmatrix}$$

（4）求单元等效节点荷载。整体坐标系中单元固端力已经在 10.5.2 中求出，这里直接求出单元等效节点荷载，并标注上总码

$$\boldsymbol{F}_{\mathrm{E}}^{(1)} = -\boldsymbol{F}_{\mathrm{F}}^{(1)} = \begin{matrix}0\\0\\1\\2\end{matrix}\begin{Bmatrix} +16 \\ +12 \\ +16 \\ +12 \end{Bmatrix}(\mathrm{kN})$$

$$\boldsymbol{F}_{\mathrm{E}}^{(2)} = -\boldsymbol{F}_{\mathrm{F}}^{(2)} = \begin{matrix}1\\2\\0\\0\end{matrix}\begin{Bmatrix} +16 \\ -12 \\ +32 \\ -24 \end{Bmatrix}(\mathrm{kN})$$

$$\boldsymbol{F}_{\mathrm{E}}^{(3)} = -\boldsymbol{F}_{\mathrm{F}}^{(3)} = \begin{matrix}0\\0\\1\\2\end{matrix}\begin{Bmatrix} +25 \\ 0 \\ +25 \\ 0 \end{Bmatrix}(\mathrm{kN})$$

（三）整体分析

（5）形成总刚。根据单刚左侧及上侧的总码，按照元素"对号入座"的原则，把单刚中元素组集到总刚中。总刚如下

$$K = \begin{matrix} 1 \\ 2 \end{matrix} \frac{EA}{5} \begin{matrix} 1 & 2 \\ \begin{bmatrix} 2.28 & 0 \\ 0 & 0.72 \end{bmatrix} \end{matrix}$$

（6）形成综合节点荷载向量。根据单元等效节点荷载左侧的总码，按照元素"对号入座"的原则，形成总体等效节点荷载向量如下

$$F_E = \begin{matrix} 1 \\ 2 \end{matrix} \begin{Bmatrix} +57 \\ 0 \end{Bmatrix} (kN)$$

直接等效节点荷载如下

$$F_D = \begin{matrix} 1 \\ 2 \end{matrix} \begin{Bmatrix} +114 \\ 0 \end{Bmatrix} (kN)$$

综合节点荷载向量为

$$F_C = F_D + F_E = \begin{Bmatrix} +171 \\ 0 \end{Bmatrix} (kN)$$

（7）求解总体刚度方程，得到节点位移。总体刚度方程为

$$\frac{EA}{5} \begin{bmatrix} 2.28 & 0 \\ 0 & 0.72 \end{bmatrix} \begin{Bmatrix} D_1 \\ D_2 \end{Bmatrix} = \begin{Bmatrix} 171 \\ 0 \end{Bmatrix}$$

求解得

$$\begin{Bmatrix} D_1 \\ D_2 \end{Bmatrix} = \frac{1}{EA} \begin{Bmatrix} 375 \\ 0 \end{Bmatrix}$$

（四）单元再分析

（8）求节点荷载作用下局部坐标系中的单元杆端内力。

$$D^{(1)} = \begin{Bmatrix} u_1 \\ v_1 \\ u_3 \\ v_3 \end{Bmatrix} = \begin{Bmatrix} 0 \\ 0 \\ D_1 \\ D_2 \end{Bmatrix} = \begin{Bmatrix} 0 \\ 0 \\ \dfrac{375}{EA} \\ 0 \end{Bmatrix}$$

$$\bar{D}^{(1)} = T^{(1)} D^{(1)} = \begin{bmatrix} 0.8 & 0.6 & 0 & 0 \\ -0.6 & 0.8 & 0 & 0 \\ 0 & 0 & 0.8 & 0.6 \\ 0 & 0 & -0.6 & 0.8 \end{bmatrix} \begin{Bmatrix} 0 \\ 0 \\ \dfrac{375}{EA} \\ 0 \end{Bmatrix} = \begin{Bmatrix} 0 \\ 0 \\ \dfrac{300}{EA} \\ -\dfrac{225}{EA} \end{Bmatrix}$$

$$\bar{F}_N^{(1)} = \bar{k}^{(1)} \bar{D}^{(1)} = \frac{EA}{5} \begin{bmatrix} 1 & 0 & -1 & 0 \\ 0 & 0 & 0 & 0 \\ -1 & 0 & 1 & 0 \\ 0 & 0 & 0 & 0 \end{bmatrix} \begin{Bmatrix} 0 \\ 0 \\ \dfrac{300}{EA} \\ -\dfrac{225}{EA} \end{Bmatrix} = \begin{Bmatrix} -60 \\ 0 \\ +60 \\ 0 \end{Bmatrix} (kN)$$

$$\boldsymbol{D}^{(2)} = \begin{Bmatrix} u_3 \\ v_3 \\ u_2 \\ v_2 \end{Bmatrix} = \begin{Bmatrix} D_1 \\ D_2 \\ 0 \\ 0 \end{Bmatrix} = \begin{Bmatrix} \dfrac{375}{EA} \\ 0 \\ 0 \\ 0 \end{Bmatrix}$$

$$\bar{\boldsymbol{D}}^{(2)} = \boldsymbol{T}^{(2)} \boldsymbol{D}^{(2)} = \begin{bmatrix} 0.8 & -0.6 & 0 & 0 \\ 0.6 & 0.8 & 0 & 0 \\ 0 & 0 & 0.8 & -0.6 \\ 0 & 0 & 0.6 & 0.8 \end{bmatrix} \begin{Bmatrix} \dfrac{375}{EA} \\ 0 \\ 0 \\ 0 \end{Bmatrix} = \begin{Bmatrix} \dfrac{300}{EA} \\ \dfrac{225}{EA} \\ 0 \\ 0 \end{Bmatrix}$$

$$\bar{\boldsymbol{F}}_{\mathrm{N}}^{(2)} = \bar{\boldsymbol{k}}^{(2)} \bar{\boldsymbol{D}}^{(2)} = \frac{EA}{5} \begin{bmatrix} 1 & 0 & -1 & 0 \\ 0 & 0 & 0 & 0 \\ -1 & 0 & 1 & 0 \\ 0 & 0 & 0 & 0 \end{bmatrix} \begin{Bmatrix} \dfrac{300}{EA} \\ \dfrac{225}{EA} \\ 0 \\ 0 \end{Bmatrix} = \begin{Bmatrix} +60 \\ 0 \\ -60 \\ 0 \end{Bmatrix} (\mathrm{kN})$$

$$\boldsymbol{D}^{(3)} = \begin{Bmatrix} u_4 \\ v_4 \\ u_3 \\ v_3 \end{Bmatrix} = \begin{Bmatrix} 0 \\ 0 \\ D_1 \\ D_2 \end{Bmatrix} = \begin{Bmatrix} 0 \\ 0 \\ \dfrac{375}{EA} \\ 0 \end{Bmatrix}$$

$$\bar{\boldsymbol{D}}^{(3)} = \boldsymbol{T}^{(3)} \boldsymbol{D}^{(3)} = \begin{bmatrix} 1 & 0 & 0 & 0 \\ 0 & 1 & 0 & 0 \\ 0 & 0 & 1 & 0 \\ 0 & 0 & 0 & 1 \end{bmatrix} \begin{Bmatrix} 0 \\ 0 \\ \dfrac{375}{EA} \\ 0 \end{Bmatrix} = \begin{Bmatrix} 0 \\ 0 \\ \dfrac{375}{EA} \\ 0 \end{Bmatrix}$$

$$\bar{\boldsymbol{F}}_{\mathrm{N}}^{(3)} = \boldsymbol{k}^{(3)} \bar{\boldsymbol{D}}^{(3)} = \frac{EA}{5} \begin{bmatrix} 1 & 0 & -1 & 0 \\ 0 & 0 & 0 & 0 \\ -1 & 0 & 1 & 0 \\ 0 & 0 & 0 & 0 \end{bmatrix} \begin{Bmatrix} 0 \\ 0 \\ \dfrac{375}{EA} \\ 0 \end{Bmatrix} = \begin{Bmatrix} -75 \\ 0 \\ +75 \\ 0 \end{Bmatrix} (\mathrm{kN})$$

（9）求局部坐标系中最终单元杆端内力。在节点荷载作用下单元杆端内力向量上，叠加单元固端内力向量即可，$\bar{\boldsymbol{F}}^{(e)} = \bar{\boldsymbol{F}}_{\mathrm{N}}^{(e)} + \bar{\boldsymbol{F}}_{\mathrm{F}}^{(e)}$。

$$\bar{\bar{\boldsymbol{F}}}^{(1)} = \bar{\boldsymbol{F}}_{\mathrm{N}}^{(1)} + \bar{\boldsymbol{F}}_{\mathrm{F}}^{(1)} = \begin{Bmatrix} -60 \\ 0 \\ +60 \\ 0 \end{Bmatrix} + \begin{Bmatrix} -20 \\ 0 \\ -20 \\ 0 \end{Bmatrix} = \begin{Bmatrix} -80 \\ 0 \\ +40 \\ 0 \end{Bmatrix} (\mathrm{kN})$$

$$\bar{\boldsymbol{F}}^{(2)} = \bar{\boldsymbol{F}}_N^{(2)} + \bar{\boldsymbol{F}}_F^{(2)} = \begin{Bmatrix} +60 \\ 0 \\ -60 \\ 0 \end{Bmatrix} + \begin{Bmatrix} -20 \\ 0 \\ -40 \\ 0 \end{Bmatrix} = \begin{Bmatrix} +40 \\ 0 \\ -100 \\ 0 \end{Bmatrix} (\text{kN})$$

$$\bar{\boldsymbol{F}}^{(3)} = \bar{\boldsymbol{F}}_N^{(3)} + \bar{\boldsymbol{F}}_F^{(3)} = \begin{Bmatrix} -75 \\ 0 \\ +75 \\ 0 \end{Bmatrix} + \begin{Bmatrix} -25 \\ 0 \\ -25 \\ 0 \end{Bmatrix} = \begin{Bmatrix} -100 \\ 0 \\ +50 \\ 0 \end{Bmatrix} (\text{kN})$$

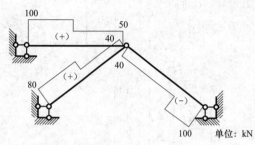

图 10-31

（五）画内力图

（10）根据最终单元杆端内力和单元荷载，画出轴力图，如图 10-31 所示。图中，正号表示拉力，负号表示压力。

10.5.6　单元荷载作用下刚架结构算例

【例 10-6】　图 10-32 所示刚架结构，所有杆件的弹性模量 E、截面惯性矩 I、截面面积 A 均相同，$E=2.1\times10^8\,\text{kN/m}^2$，$A=2\times10^{-3}\,\text{m}^2$，$I=3\times10^{-6}\,\text{m}^4$。结构中的单元荷载及直接节点荷载如图中所示。试用矩阵位移法求解该结构。

解　（1）设立整体坐标系，离散结构，结果如图 10-33 所示。

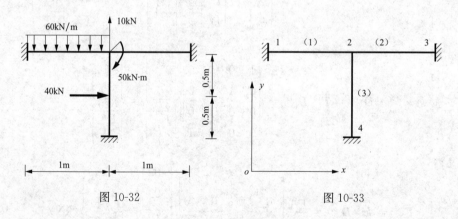

图 10-32　　　　　　　　　图 10-33

（2）编写总码：1（0，0，0），2（1，2，3），3（0，0，0），4（0，0，0）。最大总码为 3。

（3）写出直接节点荷载向量

$$\boldsymbol{F}_D = \begin{matrix} 1 \\ 2 \\ 3 \end{matrix} \begin{Bmatrix} 0 \\ +10\text{kN} \\ -50\text{kN}\cdot\text{m} \end{Bmatrix}$$

（4）计算总体等效节点荷载向量。单元（1）和单元（3）上有单元荷载，依次计算出这两个单元的等效节点荷载，组集成总体等效节点荷载。

单元（1）的始末节点号为 1 和 2，是水平单元，倾角 $\alpha=0°$。查表得

$$\bar{\boldsymbol{F}}_{\mathrm{F}}^{(1)} = \left\{ \begin{array}{c} 0 \\ +30\mathrm{kN} \\ +5\mathrm{kN \cdot m} \\ 0 \\ +30\mathrm{kN} \\ -5\mathrm{kN \cdot m} \end{array} \right\}, \quad \bar{\boldsymbol{F}}_{\mathrm{E}}^{(1)} = -\bar{\boldsymbol{F}}_{\mathrm{F}}^{(1)} = \left\{ \begin{array}{c} 0 \\ -30\mathrm{kN} \\ -5\mathrm{kN \cdot m} \\ 0 \\ -30\mathrm{kN} \\ +5\mathrm{kN \cdot m} \end{array} \right\}$$

$$\boldsymbol{F}_{\mathrm{E}}^{(1)} = \boldsymbol{T}^{(1)\mathrm{T}} \bar{\boldsymbol{F}}_{\mathrm{E}}^{(1)} = \boldsymbol{I}\bar{\boldsymbol{F}}_{\mathrm{E}}^{(1)} = \bar{\boldsymbol{F}}_{\mathrm{E}}^{(1)} = \begin{array}{c} 0 \\ 0 \\ 0 \\ 1 \\ 2 \\ 3 \end{array} \left\{ \begin{array}{c} 0 \\ -30\mathrm{kN} \\ -5\mathrm{kN \cdot m} \\ 0 \\ -30\mathrm{kN} \\ +5\mathrm{kN \cdot m} \end{array} \right\}$$

单元（3）的始末节点号为 2 和 4，是铅直单元，倾角 $\alpha = -90°$。查表得

$$\bar{\boldsymbol{F}}_{\mathrm{F}}^{(3)} = \left\{ \begin{array}{c} 0 \\ -20\mathrm{kN} \\ -5\mathrm{kN \cdot m} \\ 0 \\ -20\mathrm{kN} \\ +5\mathrm{kN \cdot m} \end{array} \right\}, \quad \bar{\boldsymbol{F}}_{\mathrm{E}}^{(3)} = -\bar{\boldsymbol{F}}_{\mathrm{F}}^{(3)} = \left\{ \begin{array}{c} 0 \\ +20\mathrm{kN} \\ +5\mathrm{kN \cdot m} \\ 0 \\ +20\mathrm{kN} \\ -5\mathrm{kN \cdot m} \end{array} \right\}$$

$$\boldsymbol{F}_{\mathrm{E}}^{(3)} = \boldsymbol{T}^{(3)\mathrm{T}} \bar{\boldsymbol{F}}_{\mathrm{E}}^{(3)} = \begin{bmatrix} 0 & -1 & 0 & 0 & 0 & 0 \\ +1 & 0 & 0 & 0 & 0 & 0 \\ 0 & 0 & +1 & 0 & 0 & 0 \\ 0 & 0 & 0 & 0 & -1 & 0 \\ 0 & 0 & 0 & +1 & 0 & 0 \\ 0 & 0 & 0 & 0 & 0 & +1 \end{bmatrix}^{\mathrm{T}} \left\{ \begin{array}{c} 0 \\ +20\mathrm{kN} \\ +5\mathrm{kN \cdot m} \\ 0 \\ +20\mathrm{kN} \\ -5\mathrm{kN \cdot m} \end{array} \right\} = \begin{array}{c} 1 \\ 2 \\ 3 \\ 0 \\ 0 \\ 0 \end{array} \left\{ \begin{array}{c} +20\mathrm{kN} \\ 0 \\ +5\mathrm{kN \cdot m} \\ +20\mathrm{kN} \\ 0 \\ -5\mathrm{kN \cdot m} \end{array} \right\}$$

求总体等效节点荷载向量

$$\boldsymbol{F}_{\mathrm{E}} = \begin{array}{c} 1 \\ 2 \\ 3 \end{array} \left\{ \begin{array}{c} +20\mathrm{kN} \\ -30\mathrm{kN} \\ +10\mathrm{kN \cdot m} \end{array} \right\}$$

（5）求综合节点荷载向量

$$\boldsymbol{F}_{\mathrm{C}} = \boldsymbol{F}_{\mathrm{D}} + \boldsymbol{F}_{\mathrm{E}} = \begin{array}{c} 1 \\ 2 \\ 3 \end{array} \left\{ \begin{array}{c} 0 \\ +10\mathrm{kN} \\ -50\mathrm{kN \cdot m} \end{array} \right\} + \begin{array}{c} 1 \\ 2 \\ 3 \end{array} \left\{ \begin{array}{c} +20\mathrm{kN} \\ -30\mathrm{kN} \\ +10\mathrm{kN \cdot m} \end{array} \right\} = \begin{array}{c} 1 \\ 2 \\ 3 \end{array} \left\{ \begin{array}{c} +20\mathrm{kN} \\ -20\mathrm{kN} \\ -40\mathrm{kN \cdot m} \end{array} \right\}$$

（6）至此，此题变为用矩阵位移法求解图 10-34 所示结构，这和［例 10-2］完全相同。根据［例 10-2］，可以知道，综合节点荷载作用下，三个单元的局部坐标系中的杆端内力为

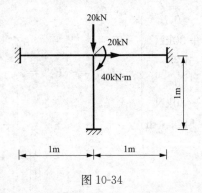

图 10-34

$$\bar{\boldsymbol{F}}_{\mathrm{N}}^{(1)}=\left\{\begin{array}{c}-19.866\mathrm{kN}\\-19.743\mathrm{kN}\\-6.523\mathrm{kN\cdot m}\\+19.866\mathrm{kN}\\+19.743\mathrm{kN}\\-13.220\mathrm{kN\cdot m}\end{array}\right\},\quad\bar{\boldsymbol{F}}_{\mathrm{N}}^{(2)}=\left\{\begin{array}{c}+19.866\mathrm{kN}\\-20.438\mathrm{kN}\\-13.568\mathrm{kN\cdot m}\\-19.866\mathrm{kN}\\+20.438\mathrm{kN}\\-6.871\mathrm{kN\cdot m}\end{array}\right\},\quad\bar{\boldsymbol{F}}_{\mathrm{N}}^{(3)}=\left\{\begin{array}{c}+19.303\mathrm{kN}\\-19.733\mathrm{kN}\\-13.215\mathrm{kN\cdot m}\\-19.303\mathrm{kN}\\+19.733\mathrm{kN}\\-6.518\mathrm{kN\cdot m}\end{array}\right\}$$

（7）求局部坐标系中最终单元杆端内力。在节点荷载作用下单元杆端内力向量上，叠加单元固端内力向量即可，$\bar{\boldsymbol{F}}^{(e)}=\bar{\boldsymbol{F}}_{\mathrm{N}}^{(e)}+\bar{\boldsymbol{F}}_{\mathrm{F}}^{(e)}$。

$$\bar{\boldsymbol{F}}^{(1)}=\bar{\boldsymbol{F}}_{\mathrm{N}}^{(1)}+\bar{\boldsymbol{F}}_{\mathrm{F}}^{(1)}=\left\{\begin{array}{c}-19.866\mathrm{kN}\\-19.743\mathrm{kN}\\-6.523\mathrm{kN\cdot m}\\+19.866\mathrm{kN}\\+19.743\mathrm{kN}\\-13.220\mathrm{kN\cdot m}\end{array}\right\}+\left\{\begin{array}{c}0\\+30\mathrm{kN}\\+5\mathrm{kN\cdot m}\\0\\+30\mathrm{kN}\\-5\mathrm{kN\cdot m}\end{array}\right\}=\left\{\begin{array}{c}-19.866\mathrm{kN}\\+10.257\mathrm{kN}\\-1.523\mathrm{kN\cdot m}\\+19.866\mathrm{kN}\\+49.743\mathrm{kN}\\-18.220\mathrm{kN\cdot m}\end{array}\right\}$$

$$\bar{\boldsymbol{F}}^{(2)}=\bar{\boldsymbol{F}}_{\mathrm{N}}^{(2)}+\bar{\boldsymbol{F}}_{\mathrm{F}}^{(2)}=\bar{\boldsymbol{F}}_{\mathrm{N}}^{(2)}=\left\{\begin{array}{c}+19.866\mathrm{kN}\\-20.438\mathrm{kN}\\-13.568\mathrm{kN\cdot m}\\-19.866\mathrm{kN}\\+20.438\mathrm{kN}\\-6.871\mathrm{kN\cdot m}\end{array}\right\}$$

$$\bar{\boldsymbol{F}}^{(3)}=\bar{\boldsymbol{F}}_{\mathrm{N}}^{(3)}+\bar{\boldsymbol{F}}_{\mathrm{F}}^{(3)}=\left\{\begin{array}{c}+19.303\mathrm{kN}\\-19.733\mathrm{kN}\\-13.215\mathrm{kN\cdot m}\\-19.303\mathrm{kN}\\+19.733\mathrm{kN}\\-6.518\mathrm{kN\cdot m}\end{array}\right\}+\left\{\begin{array}{c}0\\-20\mathrm{kN}\\-5\mathrm{kN\cdot m}\\0\\-20\mathrm{kN}\\+5\mathrm{kN\cdot m}\end{array}\right\}=\left\{\begin{array}{c}+19.303\mathrm{kN}\\-39.733\mathrm{kN}\\-18.215\mathrm{kN\cdot m}\\-19.303\mathrm{kN}\\-0.267\mathrm{kN}\\-1.518\mathrm{kN\cdot m}\end{array}\right\}$$

（8）画结构的内力图。根据单元的杆端内力和单元荷载，采用叠加法，画出结构的三个内力图，如图 10-35～图 10-37 所示。

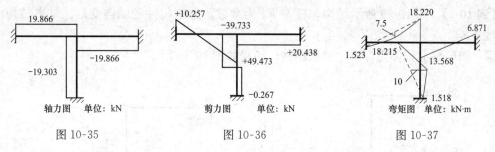

图 10-35　　　　　　　图 10-36　　　　　　　图 10-37

为了使读者更深刻地理解以上求解过程，现在用图形来表示。在图 10-38 中，（a）图为原结构，等于（b）图（直接节点荷载）加（c）图（单元荷载）；（c）图等于（d）图（先加约束，后加荷载，产生固端内力）加（e）图（抵消后加约束中的反力，等效节点荷载）；（b）图加（e）图等于（f）图（综合节点荷载）。于是，原结构等于（d）图加（f）图。（d）图中的单元荷载作用下局部坐标系中的单元的固端内力通过查表求出；而（f）图通过矩阵位移法求解，得到局部坐标系中的单元杆端内力，与单元的固端内力叠加得到最终的单元杆端内力，进而画出内力图。

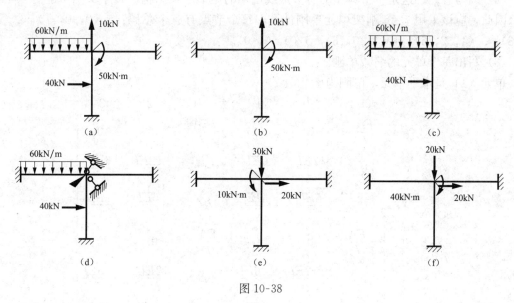

图 10-38

§10.6　一些特殊问题的处理方法

10.6.1　忽略单元轴向变形的有线位移矩形刚架

在用经典的力法、位移法、力矩分配等面向手算的方法求解刚架结构时，为了方便，通常要忽略杆件的轴向变形。在用矩阵位移法求解刚架结构时，忽略杆件的轴向变形能否带来方便，要看怎样使用矩阵位移法。如果是"面向手算"，会大大减少未知量的个数，当然会带来方便；如果是"面向电算"，会给程序编写和使用带来诸多不便。这里介绍一些简单的矩形刚架问题的手算解法，亦即"面向手算"的矩阵位移法。这里所说的矩形框架，是指由水平杆件和铅直杆件构成的框架结构，没有倾斜的杆件。计算过程中，忽略杆件的轴向变形，也不试图确定杆件中的轴力。

【例 10-7】 图 10-39 所示结构，杆件 EI 为常数，忽略构件的轴向变形。试求结构的整体刚度矩阵。

解 （1）建立整体坐标系，离散结构，结果如图 10-40 所示。

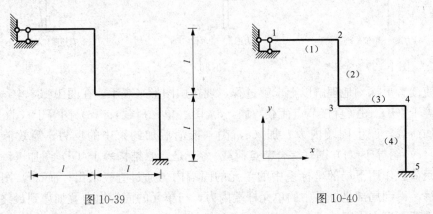

图 10-39　　　　　　　　　　　　　图 10-40

（2）编写总码。这是一个典型的有节点线位移的矩形刚架结构。每个节点可能有三个位移，因此，应该采用 6×6 刚架单元单刚计算，每个节点有三个总码：1（0，0，1），2（0，2，3），3（4，2，5），4（4，0，6），5（0，0，0）。

（3）写出每个单元的缩减单刚。

单元（1）是水平单元，单刚为

$$
\boldsymbol{k}^{(1)} =
\begin{array}{c}
0 \\ 0 \\ 1 \\ 0 \\ 2 \\ 3
\end{array}
\begin{array}{cccccc}
\;0\; & \;0\; & \;1\; & \;0\; & \;2\; & \;3\; \\
\left[\begin{array}{cccccc}
\dfrac{EA}{l} & 0 & 0 & -\dfrac{EA}{l} & 0 & 0 \\[2mm]
0 & \dfrac{12EI}{l^3} & \dfrac{6EI}{l^2} & 0 & -\dfrac{12EI}{l^3} & \dfrac{6EI}{l^2} \\[2mm]
0 & \dfrac{6EI}{l^2} & \dfrac{4EI}{l} & 0 & -\dfrac{6EI}{l^2} & \dfrac{2EI}{l} \\[2mm]
-\dfrac{EA}{l} & 0 & 0 & \dfrac{EA}{l} & 0 & 0 \\[2mm]
0 & -\dfrac{12EI}{l^3} & -\dfrac{6EI}{l^2} & 0 & \dfrac{12EI}{l^3} & -\dfrac{6EI}{l^2} \\[2mm]
0 & \dfrac{6EI}{l^2} & \dfrac{2EI}{l} & 0 & -\dfrac{6EI}{l^2} & \dfrac{4EI}{l}
\end{array}\right]
\end{array}
$$

考虑到忽略轴向变形，式中的 EA 为∞。删掉 0 总码所对应的行和列，单元（1）的缩减单刚为

$$
\boldsymbol{k}^{(1)} =
\begin{array}{c}
1 \\ 2 \\ 3
\end{array}
\begin{array}{ccc}
\;\;1\;\; & \;\;2\;\; & \;\;3\;\; \\
\left[\begin{array}{ccc}
\dfrac{4EI}{l} & -\dfrac{6EI}{l^2} & \dfrac{2EI}{l} \\[2mm]
-\dfrac{6EI}{l^2} & \dfrac{12EI}{l^3} & -\dfrac{6EI}{l^2} \\[2mm]
\dfrac{2EI}{l} & -\dfrac{6EI}{l^2} & \dfrac{4EI}{l}
\end{array}\right]
\end{array}
$$

单元（2）是铅直单元，单刚为

$$\boldsymbol{k}^{(2)} = \begin{array}{c} 0 \\ 2 \\ 3 \\ 4 \\ 2 \\ 5 \end{array} \begin{bmatrix} \dfrac{12EI}{l^3} & 0 & \dfrac{6EI}{l^2} & -\dfrac{12EI}{l^3} & 0 & \dfrac{6EI}{l^2} \\[2mm] 0 & \dfrac{EA}{l} & 0 & 0 & -\dfrac{EA}{l} & 0 \\[2mm] \dfrac{6EI}{l^2} & 0 & \dfrac{4EI}{l} & -\dfrac{6EI}{l^2} & 0 & \dfrac{2EI}{l} \\[2mm] -\dfrac{12EI}{l^3} & 0 & -\dfrac{6EI}{l^2} & \dfrac{12EI}{l^3} & 0 & -\dfrac{6EI}{l^2} \\[2mm] 0 & -\dfrac{EA}{l} & 0 & 0 & \dfrac{EA}{l} & 0 \\[2mm] \dfrac{6EI}{l^2} & 0 & \dfrac{2EI}{l} & -\dfrac{6EI}{l^2} & 0 & \dfrac{4EI}{l} \end{bmatrix} \begin{array}{l} \\ \\ \\ \\ \\ \end{array}$$

$$\begin{array}{cccccc} 0 & 2 & 3 & 4 & 2 & 5 \end{array}$$

删掉 0 总码所对应的行和列，同时删掉相同总码 2 所对应的行和列（因为两端相同总码，意味着总有相同的位移，亦即是刚体位移，不产生杆端内力），单元（2）的缩减单刚为

$$\boldsymbol{k}^{(2)} = \begin{array}{c} 3 \\ 4 \\ 5 \end{array} \begin{bmatrix} \dfrac{4EI}{l} & -\dfrac{6EI}{l^2} & \dfrac{2EI}{l} \\[2mm] -\dfrac{6EI}{l^2} & \dfrac{12EI}{l^3} & -\dfrac{6EI}{l^2} \\[2mm] \dfrac{2EI}{l} & -\dfrac{6EI}{l^2} & \dfrac{4EI}{l} \end{bmatrix}$$

$$\begin{array}{ccc} 3 & 4 & 5 \end{array}$$

单元（3）是水平单元，单刚为

$$\boldsymbol{k}^{(3)} = \begin{array}{c} 4 \\ 2 \\ 5 \\ 4 \\ 0 \\ 6 \end{array} \begin{bmatrix} \dfrac{EA}{l} & 0 & 0 & -\dfrac{EA}{l} & 0 & 0 \\[2mm] 0 & \dfrac{12EI}{l^3} & \dfrac{6EI}{l^2} & 0 & -\dfrac{12EI}{l^3} & \dfrac{6EI}{l^2} \\[2mm] 0 & \dfrac{6EI}{l^2} & \dfrac{4EI}{l} & 0 & -\dfrac{6EI}{l^2} & \dfrac{2EI}{l} \\[2mm] -\dfrac{EA}{l} & 0 & 0 & \dfrac{EA}{l} & 0 & 0 \\[2mm] 0 & -\dfrac{12EI}{l^3} & -\dfrac{6EI}{l^2} & 0 & \dfrac{12EI}{l^3} & -\dfrac{6EI}{l^2} \\[2mm] 0 & \dfrac{6EI}{l^2} & \dfrac{2EI}{l} & 0 & -\dfrac{6EI}{l^2} & \dfrac{4EI}{l} \end{bmatrix}$$

$$\begin{array}{cccccc} 4 & 2 & 5 & 4 & 0 & 6 \end{array}$$

删掉 0 总码和一对相同总码所对应的行和列，单元（3）的缩减单刚为

$$\boldsymbol{k}^{(3)} = \begin{array}{c} 2 \\ 5 \\ 6 \end{array} \begin{bmatrix} \dfrac{12EI}{l^3} & \dfrac{6EI}{l^2} & \dfrac{6EI}{l^2} \\[2mm] \dfrac{6EI}{l^2} & \dfrac{4EI}{l} & \dfrac{2EI}{l} \\[2mm] \dfrac{6EI}{l^2} & \dfrac{2EI}{l} & \dfrac{4EI}{l} \end{bmatrix}$$

$$\begin{array}{ccc} 2 & 5 & 6 \end{array}$$

单元（4）是铅直单元，单刚为

$$
\boldsymbol{k}^{(4)} = \begin{array}{c} \\ 4 \\ 0 \\ 6 \\ 0 \\ 0 \\ 0 \end{array}
\begin{array}{cccccc}
\;\;4\;\; & \;\;0\;\; & \;\;6\;\; & \;\;0\;\; & \;\;0\;\; & \;\;0\;\; \\
\left[\begin{array}{cccccc}
\dfrac{12EI}{l^3} & 0 & \dfrac{6EI}{l^2} & -\dfrac{12EI}{l^3} & 0 & \dfrac{6EI}{l^2} \\[2mm]
0 & \dfrac{EA}{l} & 0 & 0 & -\dfrac{EA}{l} & 0 \\[2mm]
\dfrac{6EI}{l^2} & 0 & \dfrac{4EI}{l} & -\dfrac{6EI}{l^2} & 0 & \dfrac{2EI}{l} \\[2mm]
-\dfrac{12EI}{l^3} & 0 & -\dfrac{6EI}{l^2} & \dfrac{12EI}{l^3} & 0 & -\dfrac{6EI}{l^2} \\[2mm]
0 & -\dfrac{EA}{l} & 0 & 0 & \dfrac{EA}{l} & 0 \\[2mm]
\dfrac{6EI}{l^2} & 0 & \dfrac{2EI}{l} & -\dfrac{6EI}{l^2} & 0 & \dfrac{4EI}{l}
\end{array}\right]
\end{array}
$$

删掉 0 总码所对应的行和列，单元（4）的缩减单刚为

$$
k^{(4)} = \begin{array}{c} \\ 4 \\ 6 \end{array}
\begin{array}{cc}
\;\;\;4\;\;\; & \;\;\;6\;\;\; \\
\left[\begin{array}{cc}
\dfrac{12EI}{l^3} & \dfrac{6EI}{l^2} \\[3mm]
\dfrac{6EI}{l^2} & \dfrac{4EI}{l}
\end{array}\right]
\end{array}
$$

（4）形成总刚。最大总码为 6，所以，总刚为 6×6 方阵，根据元素"对号入座"的原则，把单刚中元素组集到总刚中，得到总刚

$$
\boldsymbol{K} = \begin{array}{c} \\ 1 \\ 2 \\ 3 \\ 4 \\ 5 \\ 6 \end{array}
\begin{array}{cccccc}
\;\;1\;\; & \;\;2\;\; & \;\;3\;\; & \;\;4\;\; & \;\;5\;\; & \;\;6\;\; \\
\left[\begin{array}{cccccc}
\dfrac{4EI}{l} & -\dfrac{6EI}{l^2} & \dfrac{2EI}{l} & 0 & 0 & 0 \\[2mm]
-\dfrac{6EI}{l^2} & \dfrac{24EI}{l^3} & -\dfrac{6EI}{l^2} & 0 & \dfrac{6EI}{l^2} & \dfrac{6EI}{l^2} \\[2mm]
\dfrac{2EI}{l} & -\dfrac{6EI}{l^2} & \dfrac{8EI}{l} & -\dfrac{6EI}{l^2} & \dfrac{2EI}{l} & 0 \\[2mm]
0 & 0 & -\dfrac{6EI}{l^2} & \dfrac{24EI}{l^3} & -\dfrac{6EI}{l^2} & \dfrac{6EI}{l^2} \\[2mm]
0 & \dfrac{6EI}{l^2} & \dfrac{2EI}{l} & -\dfrac{6EI}{l^2} & \dfrac{8EI}{l} & \dfrac{2EI}{l} \\[2mm]
0 & \dfrac{6EI}{l^2} & 0 & \dfrac{6EI}{l^2} & \dfrac{2EI}{l} & \dfrac{8EI}{l}
\end{array}\right]
\end{array}
$$

【例 10-8】 图 10-41 所示结构，杆件 EI 为常数，忽略构件的轴向变形。试求结构的整体刚度矩阵。

解 （1）建立整体坐标系，离散结构，结果如图 10-42 所示。因为铰结点两侧的转角位移不同，所以两侧要取为 3、4 两个不同的节点。

（2）编写总码。这是一个典型的有节点线位移的矩形刚架结构。每个节点可能有三个位移，因此，应该采用 6×6 刚架单元单刚计算，每个节点有三个总码：1（0，0，0），2（1，

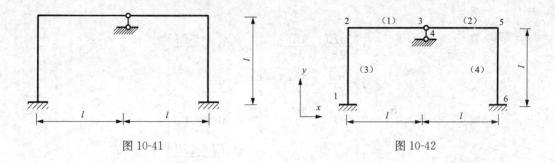

图 10-41   图 10-42

0，2），3 (1，0，3)，4 (1，0，4)，5 (1，0，5)，6 (0，0，0)。

（3）写出每个单元的缩减单刚。

单元（1）是水平单元，在 6×6 的水平刚架单元单刚中，删掉 0 总码及两个节点的相同总码 1 所对应的行和列，缩减单刚为

$$
\boldsymbol{k}^{(1)} = \begin{array}{c} \\ 2 \\ 3 \end{array}
\begin{array}{cc} 2 & 3 \\ \left[\begin{array}{cc} \dfrac{4EI}{l} & \dfrac{2EI}{l} \\[2ex] \dfrac{2EI}{l} & \dfrac{4EI}{l} \end{array}\right] \end{array}
$$

同理，单元（2）的缩减单刚为

$$
\boldsymbol{k}^{(2)} = \begin{array}{c} \\ 4 \\ 5 \end{array}
\begin{array}{cc} 4 & 5 \\ \left[\begin{array}{cc} \dfrac{4EI}{l} & \dfrac{2EI}{l} \\[2ex] \dfrac{2EI}{l} & \dfrac{4EI}{l} \end{array}\right] \end{array}
$$

单元（3）是铅直单元，在 6×6 的铅直刚架单元单刚中，删掉 0 总码及两个节点的相同总码 1 所对应的行和列，缩减单刚为

$$
\boldsymbol{k}^{(3)} = \begin{array}{c} \\ 1 \\ 2 \end{array}
\begin{array}{cc} 1 & 2 \\ \left[\begin{array}{cc} \dfrac{12EI}{l^3} & \dfrac{6EI}{l^2} \\[2ex] \dfrac{6EI}{l^2} & \dfrac{4EI}{l} \end{array}\right] \end{array}
$$

同理，单元（4）的缩减单刚为

$$
\boldsymbol{k}^{(4)} = \begin{array}{c} \\ 1 \\ 5 \end{array}
\begin{array}{cc} 1 & 5 \\ \left[\begin{array}{cc} \dfrac{12EI}{l^3} & \dfrac{6EI}{l^2} \\[2ex] \dfrac{6EI}{l^2} & \dfrac{4EI}{l} \end{array}\right] \end{array}
$$

（4）形成总刚。最大总码为 5，所以，总刚为 5×5 方阵，根据元素"对号入座"的原则，把单刚中元素组集到总刚中，得到总刚

$$
\boldsymbol{K} = \begin{array}{c} \\ 1 \\ 2 \\ 3 \\ 4 \\ 5 \end{array}
\begin{array}{ccccc}
1 & 2 & 3 & 4 & 5 \\
\end{array}
\left[\begin{array}{ccccc}
\dfrac{24EI}{l^3} & \dfrac{6EI}{l^2} & 0 & 0 & \dfrac{6EI}{l^2} \\[2mm]
\dfrac{6EI}{l^2} & \dfrac{8EI}{l} & \dfrac{2EI}{l} & 0 & 0 \\[2mm]
0 & \dfrac{2EI}{l} & \dfrac{4EI}{l} & 0 & 0 \\[2mm]
0 & 0 & 0 & \dfrac{4EI}{l} & \dfrac{2EI}{l} \\[2mm]
\dfrac{6EI}{l^2} & 0 & 0 & \dfrac{2EI}{l} & \dfrac{8EI}{l}
\end{array}\right]
$$

10.6.2　忽略单元轴向变形的有线位移梁

这里所说的有线位移梁是指所有构件都在一条直线上的杆件结构，经离散后，节点可能存在垂直于杆件的线位移。这种梁，可以用 6×6 的刚架单元来求解。考虑到忽略轴向变形，节点没有轴向位移，仅有一个切向线位移和一个转角位移，每个节点有两个总码，可以用忽略轴向变形的 4×4 的无轴向变形梁单元来计算。无轴向变形梁单元的单刚为

$$
\boldsymbol{k}^e = \left[\begin{array}{cccc}
\dfrac{12EI}{l^3} & \dfrac{6EI}{l^2} & -\dfrac{12EI}{l^3} & \dfrac{6EI}{l^2} \\[2mm]
\dfrac{6EI}{l^2} & \dfrac{4EI}{l} & -\dfrac{6EI}{l^2} & \dfrac{2EI}{l} \\[2mm]
-\dfrac{12EI}{l^3} & -\dfrac{6EI}{l^2} & \dfrac{12EI}{l^3} & -\dfrac{6EI}{l^2} \\[2mm]
\dfrac{6EI}{l^2} & \dfrac{2EI}{l} & -\dfrac{6EI}{l^2} & \dfrac{4EI}{l}
\end{array}\right]
\tag{10-54}
$$

【例 10-9】　图 10-43 所示变截面梁，各段梁的刚度如图所示，不计梁的轴向变形。试求其总刚。

解　此题可以设每个节点有三个总码，用 6×6 的刚架单元的单刚来求解。考虑到忽略轴向变形，此题也可以设每个节点有两个总码，用 4×4 的梁单元的单刚来求解。下面给出用无轴向变形梁单元的求解过程。

（1）建立整体坐标系，离散结构，结果如图 10-44 所示。

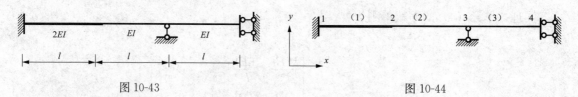

图 10-43　　　　　　　　　　　　　　　　　图 10-44

（2）编写总码。这是一个典型的有节点线位移的多跨梁结构。由于不计轴向变形，每个节点可能有两个位移，因此，每个节点有两个总码。各节点总码为：1 (0，0)，2 (1，2)，3 (0，3)，4 (4，0)。注意，第 1 个总码是切向位移编码，第 2 个总码是转角位移编码。

（3）写出每个单元的缩减单刚。

单元（1）的单刚及总码为

$$
\boldsymbol{k}^{(1)} = \begin{array}{c} \\ 0 \\ 0 \\ 1 \\ 2 \end{array}
\begin{array}{cccc} 0 & 0 & 1 & 2 \end{array}
\left[\begin{array}{cccc}
\dfrac{12(2EI)}{l^3} & \dfrac{6(2EI)}{l^2} & -\dfrac{12(2EI)}{l^3} & \dfrac{6(2EI)}{l^2} \\[2mm]
\dfrac{6(2EI)}{l^2} & \dfrac{4(2EI)}{l} & -\dfrac{6(2EI)}{l^2} & \dfrac{2(2EI)}{l} \\[2mm]
-\dfrac{12(2EI)}{l^3} & -\dfrac{6(2EI)}{l^2} & \dfrac{12(2EI)}{l^3} & -\dfrac{6(2EI)}{l^2} \\[2mm]
\dfrac{6(2EI)}{l^2} & \dfrac{2(2EI)}{l} & -\dfrac{6(2EI)}{l^2} & \dfrac{4(2EI)}{l}
\end{array}\right]
$$

单元（1）的缩减单刚为

$$
\boldsymbol{k}^{(1)} = \begin{array}{c} \\ 1 \\ 2 \end{array}
\begin{array}{cc} 1 & 2 \end{array}
\left[\begin{array}{cc}
\dfrac{24EI}{l^3} & -\dfrac{12EI}{l^2} \\[2mm]
-\dfrac{12EI}{l^2} & \dfrac{8EI}{l}
\end{array}\right]
$$

单元（2）的缩减单刚为

$$
\boldsymbol{k}^{(2)} = \begin{array}{c} \\ 1 \\ 2 \\ 3 \end{array}
\begin{array}{ccc} 1 & 2 & 3 \end{array}
\left[\begin{array}{ccc}
\dfrac{12EI}{l^3} & \dfrac{6EI}{l^2} & \dfrac{6EI}{l^2} \\[2mm]
\dfrac{6EI}{l^2} & \dfrac{4EI}{l} & \dfrac{2EI}{l} \\[2mm]
\dfrac{6EI}{l^2} & \dfrac{2EI}{l} & \dfrac{4EI}{l}
\end{array}\right]
$$

单元（3）的缩减单刚为

$$
\boldsymbol{k}^{(3)} = \begin{array}{c} \\ 3 \\ 4 \end{array}
\begin{array}{cc} 3 & 4 \end{array}
\left[\begin{array}{cc}
\dfrac{4EI}{l} & -\dfrac{6EI}{l^2} \\[2mm]
-\dfrac{6EI}{l^2} & \dfrac{12EI}{l^3}
\end{array}\right]
$$

（4）形成总刚。最大总码为 4，所以，总刚为 4×4 方阵，根据元素"对号入座"的原则，把单刚中元素组集到总刚中，得到总刚

$$
\boldsymbol{K} = \begin{array}{c} \\ 1 \\ 2 \\ 3 \\ 4 \end{array}
\begin{array}{cccc} 1 & 2 & 3 & 4 \end{array}
\left[\begin{array}{cccc}
\dfrac{36EI}{l^3} & -\dfrac{6EI}{l^2} & \dfrac{6EI}{l^2} & 0 \\[2mm]
-\dfrac{6EI}{l^2} & \dfrac{12EI}{l} & \dfrac{2EI}{l} & 0 \\[2mm]
\dfrac{6EI}{l^2} & \dfrac{2EI}{l} & \dfrac{8EI}{l} & -\dfrac{6EI}{l^2} \\[2mm]
0 & 0 & -\dfrac{6EI}{l^2} & \dfrac{12EI}{l^3}
\end{array}\right]
$$

10.6.3 忽略单元轴向变形的连续梁

这里的连续梁是指杆件轴线共线且结点只有转角位移的杆件结构。经离散后，节点没有线位移，只有转角位移。这种连续梁，可以和有线位移的矩形刚架一样，用 6×6 的刚架单元来求解，也可以用 4×4 的无轴向变形梁单元来计算。此外，还可以用 2×2 的只有转角位移的连续梁单元来计算。只有转角位移的连续梁单元，每个节点只有一个转角位移，因此，每个节点只有一个总码。只有转角位移的连续梁单元的单刚为

$$\boldsymbol{k}^e = \begin{bmatrix} \frac{4EI}{l} & \frac{2EI}{l} \\ \frac{2EI}{l} & \frac{4EI}{l} \end{bmatrix} \tag{10-55}$$

【例 10-10】 图 10-45 所示连续梁，杆件刚度如图所示，忽略轴向变形。试求结构的总刚。

解 （1）建立整体坐标系，离散结构，结果如图 10-46 所示。

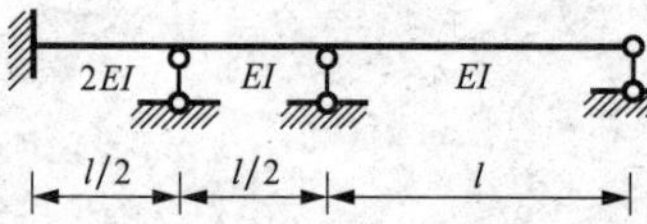

图 10-45

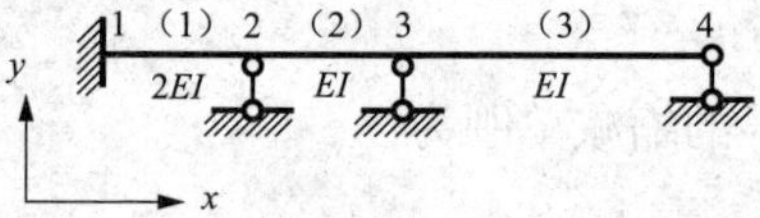

图 10-46

（2）编写总码。这是一个典型的连续梁结构，每个节点都只有转角位移，因此，可以只编写一个总码，采用只有转角位移的连续梁单元求解该结构。各节点总码为：1（0），2（1），3（2），4（3）。

（3）写出每个单元的缩减单刚。

单元（1）的单刚及总码为

$$\boldsymbol{k}^{(1)} = \begin{array}{c} \\ 0 \\ 1 \end{array} \begin{array}{c} \begin{array}{cc} 0 & 1 \end{array} \\ \begin{bmatrix} \frac{4(2EI)}{(l/2)} & \frac{2(2EI)}{(l/2)} \\ \frac{2(2EI)}{(l/2)} & \frac{4(2EI)}{(l/2)} \end{bmatrix} \end{array}$$

单元（1）的缩减单刚为

$$\boldsymbol{k}^{(1)} = \begin{array}{c} \\ 1 \end{array} \begin{array}{c} 1 \\ \begin{bmatrix} \frac{16EI}{l} \end{bmatrix} \end{array}$$

单元（2）的缩减单刚为

$$\boldsymbol{k}^{(2)} = \begin{array}{c} \\ 1 \\ 2 \end{array} \begin{array}{c} \begin{array}{cc} 1 & 2 \end{array} \\ \begin{bmatrix} \frac{4EI}{(l/2)} & \frac{2EI}{(l/2)} \\ \frac{2EI}{(l/2)} & \frac{4EI}{(l/2)} \end{bmatrix} \end{array} = \begin{array}{c} \\ 1 \\ 2 \end{array} \begin{array}{c} \begin{array}{cc} 1 & 2 \end{array} \\ \begin{bmatrix} \frac{8EI}{l} & \frac{4EI}{l} \\ \frac{4EI}{l} & \frac{8EI}{l} \end{bmatrix} \end{array}$$

单元（3）的缩减单刚为

$$k^{(3)} = \begin{array}{c} \\ 2 \\ 3 \end{array} \overset{\displaystyle 2 \qquad\quad 3}{\begin{bmatrix} \dfrac{4EI}{l} & \dfrac{2EI}{l} \\[3mm] \dfrac{2EI}{l} & \dfrac{4EI}{l} \end{bmatrix}}$$

（4）形成总刚。最大总码为 3，所以，总刚为 3×3 方阵，根据元素"对号入座"的原则，把单刚中元素组集到总刚中，得到总刚

$$K = \begin{array}{c} \\ 1 \\ 2 \\ 3 \end{array} \overset{\displaystyle 1 \qquad\qquad 2 \qquad\qquad 3}{\begin{bmatrix} \dfrac{24EI}{l} & \dfrac{4EI}{l} & 0 \\[3mm] \dfrac{4EI}{l} & \dfrac{12EI}{l} & \dfrac{2EI}{l} \\[3mm] 0 & \dfrac{2EI}{l} & \dfrac{4EI}{l} \end{bmatrix}}$$

10.6.4　忽略单元轴向变形的无线位移矩形刚架

如果矩形刚架中的节点没有线位移，只有转角位移，那么每个节点只有一个总码，可以用只有转角位移的连续梁单元来求解这种刚架，过程会得到简化。

【**例 10-11**】　图 10-47 所示刚架，所有杆件的抗弯刚度均为 EI，忽略杆件的轴向变形。试求结构的总刚。

解　（1）建立整体坐标系，离散结构，结果如图 10-48 所示。因为铰结点两侧的转角位移不同，所以铰结点两侧要取为 3、4 两个不同的节点。

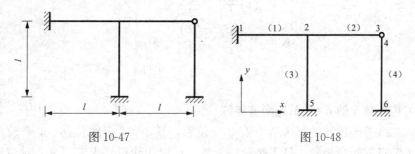

图 10-47　　　　　　　　　　　图 10-48

（2）编写总码。这是一个典型的节点无线位移刚架，每个节点都只有转角位移，因此，可以只编写一个总码，采用只有转角位移的连续梁单元求解该刚架。各节点总码为：1 (0)，2 (1)，3 (2)，4 (3)，5 (0)，6 (0)。

（3）写出每个单元的缩减单刚。

单元（1）的单刚及总码为

$$k^{(1)} = \begin{array}{c} \\ 0 \\ 1 \end{array} \overset{\displaystyle 0 \qquad\quad 1}{\begin{bmatrix} \dfrac{4EI}{l} & \dfrac{2EI}{l} \\[3mm] \dfrac{2EI}{l} & \dfrac{4EI}{l} \end{bmatrix}}$$

单元（1）的缩减单刚为

$$\boldsymbol{k}^{(1)} = 1\begin{array}{c}1\\[4pt]\left[\dfrac{4EI}{l}\right]\end{array}$$

单元（2）的缩减单刚为

$$\boldsymbol{k}^{(2)} = \begin{array}{cc}&1\quad\ \ 2\\[2pt]\begin{array}{c}1\\2\end{array}&\left[\begin{array}{cc}\dfrac{4EI}{l}&\dfrac{2EI}{l}\\[8pt]\dfrac{2EI}{l}&\dfrac{4EI}{l}\end{array}\right]\end{array}$$

单元（3）的缩减单刚为

$$\boldsymbol{k}^{(3)} = 1\begin{array}{c}1\\[4pt]\left[\dfrac{4EI}{l}\right]\end{array}$$

单元（4）的缩减单刚为

$$\boldsymbol{k}^{(4)} = 3\begin{array}{c}3\\[4pt]\left[\dfrac{4EI}{l}\right]\end{array}$$

（4）形成总刚。最大总码为 3，所以，总刚为 3×3 方阵，根据元素"对号入座"的原则，把单刚中元素组集到总刚中，得到总刚

$$\boldsymbol{K} = \begin{array}{c}\\1\\2\\3\end{array}\begin{array}{ccc}1\quad\quad\ 2\quad\quad\ 3\\\left[\begin{array}{ccc}\dfrac{12EI}{l}&\dfrac{2EI}{l}&0\\[8pt]\dfrac{2EI}{l}&\dfrac{4EI}{l}&0\\[8pt]0&0&\dfrac{4EI}{l}\end{array}\right]\end{array}$$

10.6.5　桁架单元的 6×6 单元刚度矩阵

实际上，二维桁架单元的每个节点有 3 个位移，其中，2 个线位移、1 个转角位移。特殊的是，两个节点的转角相同，且不是独立变量，可以用线位移求解出来。对应地，可以认为二维桁架单元的端部有 6 个内力，其中，2 个集中力、1 个弯矩。特殊的是，无论杆端位移等于多少，两个弯矩恒为 0，在局部坐标系中，两个剪力恒为 0，只有轴力。

这里，假设桁架单元在局部坐标系中的杆端位移向量有 6 个元素（$\bar{\theta}_i=\bar{\theta}_j$，且可由线位移求出），杆端内力向量也有 6 个元素，即

$$\begin{aligned}\bar{\boldsymbol{F}}^e &= \{\bar{F}_{N,i}\quad \bar{F}_{Q,i}\quad \bar{M}_i\ \vdots\ \bar{F}_{N,j}\quad \bar{F}_{Q,j}\quad \bar{M}_j\}^T\\&= \{\bar{F}_{N,i}\quad 0\quad 0\ \vdots\ \bar{F}_{N,j}\quad 0\quad 0\}^T\end{aligned}\qquad(10\text{-}56)$$

$$\bar{\boldsymbol{D}}^e = \{\bar{u}_i\quad \bar{v}_i\quad \bar{\theta}_i\ \vdots\ \bar{u}_j\quad \bar{v}_j\quad \bar{\theta}_j\}^T\qquad(10\text{-}57)$$

可以推出，局部坐标系中桁架单元单刚的新型表达式为

$$\bar{k}^e = \frac{EA}{l} \begin{bmatrix} 1 & 0 & 0 & -1 & 0 & 0 \\ 0 & 0 & 0 & 0 & 0 & 0 \\ 0 & 0 & 0 & 0 & 0 & 0 \\ -1 & 0 & 0 & 1 & 0 & 0 \\ 0 & 0 & 0 & 0 & 0 & 0 \\ 0 & 0 & 0 & 0 & 0 & 0 \end{bmatrix} \tag{10-58}$$

坐标（系）变换矩阵和刚架单元的坐标（系）变换矩阵相同，即

$$\boldsymbol{T} = \begin{bmatrix} \cos\alpha & \sin\alpha & 0 & & \\ -\sin\alpha & \cos\alpha & 0 & & 0 & \\ 0 & 0 & 1 & & & \\ & & & \cos\alpha & \sin\alpha & 0 \\ & 0 & & -\sin\alpha & \cos\alpha & 0 \\ & & & 0 & 0 & 1 \end{bmatrix} \tag{10-59}$$

可以推出，整体坐标系中倾斜桁架单元单刚的新型表达式为

$$\boldsymbol{k}^e = \frac{EA}{l} \begin{bmatrix} \cos^2\alpha & \cos\alpha\sin\alpha & 0 & -\cos^2\alpha & -\cos\alpha\sin\alpha & 0 \\ \cos\alpha\sin\alpha & \sin^2\alpha & 0 & -\cos\alpha\sin\alpha & -\sin^2\alpha & 0 \\ 0 & 0 & 0 & 0 & 0 & 0 \\ -\cos^2\alpha & -\cos\alpha\sin\alpha & 0 & \cos^2\alpha & \cos\alpha\sin\alpha & 0 \\ -\cos\alpha\sin\alpha & -\sin^2\alpha & 0 & -\cos\alpha\sin\alpha & \sin^2\alpha & 0 \\ 0 & 0 & 0 & 0 & 0 & 0 \end{bmatrix} \tag{10-60}$$

整体坐标系中水平桁架单元单刚的新型表达式为

$$\boldsymbol{k}^e_{\alpha=0} = \frac{EA}{l} \begin{bmatrix} 1 & 0 & 0 & -1 & 0 & 0 \\ 0 & 0 & 0 & 0 & 0 & 0 \\ 0 & 0 & 0 & 0 & 0 & 0 \\ -1 & 0 & 0 & 1 & 0 & 0 \\ 0 & 0 & 0 & 0 & 0 & 0 \\ 0 & 0 & 0 & 0 & 0 & 0 \end{bmatrix} \tag{10-61}$$

整体坐标系中铅直桁架单元单刚的新型表达式为

$$\boldsymbol{k}^e_{\alpha=-90°} = \frac{EA}{l} \begin{bmatrix} 0 & 0 & 0 & 0 & 0 & 0 \\ 0 & 1 & 0 & 0 & -1 & 0 \\ 0 & 0 & 0 & 0 & 0 & 0 \\ 0 & 0 & 0 & 0 & 0 & 0 \\ 0 & -1 & 0 & 0 & 1 & 0 \\ 0 & 0 & 0 & 0 & 0 & 0 \end{bmatrix} \tag{10-62}$$

可以看出，如果令刚架单元的 6×6 单刚中的参数 $EI=0$，便可得到 6×6 桁架单元单刚。引入了桁架单元的 6×6 新型单刚表达式以后，分析组合结构时，就可以使桁架单元和刚架单元共用节点，避免采用不同节点而需要设定位移耦合信息带来的麻烦，也会给程序编写带来方便。这个桁架单元的 6×6 新型单刚表达式也可以扩展到直线弹簧单元，为分析有直线弹簧单元的结构带来方便。

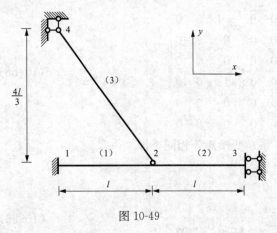

图 10-49

【例 10-12】 图 10-49 所示组合结构，拉杆的抗拉刚度为 EA，横梁的抗弯刚度为 EI，不计横梁的轴向变形。试求结构的总刚。

解 （1）建立整体坐标系，离散结构。拉杆和横梁均采用 6×6 单刚，共用节点 2。

（2）编写总码。结果为：1 (0, 0, 0)，2 (0, 1, 2)，3 (0, 3, 0)，4 (0, 0, 0)。值得注意的是节点 2 和节点 4。节点 2 既属于刚架单元，又属于桁架单元，所以总码为 (0, 1, 2)，第 3 个总码对于桁架单元不起作用，仅对刚架单元起作用。节点 4 是桁架单元的节点，前两个总码根据约束条件确定，第 3 个总码直接设定为 0。

（3）写出单元的单刚，并根据总码，形成缩减单刚。

单元（1）的始末节点号为 1 和 2，单刚及总码为

$$
\boldsymbol{k}^{(1)} =
\begin{array}{c}
\\ 0 \\ 0 \\ 0 \\ 0 \\ 1 \\ 2
\end{array}
\!\!\!\!
\begin{array}{cccccc}
\;\;\,0 & \quad 0 & \quad 0 & \quad 0 & \quad 1 & \quad 2 \\
\end{array}
\!\!\!\!
\left[
\begin{array}{cccccc}
\dfrac{EA}{l} & 0 & 0 & -\dfrac{EA}{l} & 0 & 0 \\[2mm]
0 & \dfrac{12EI}{l^3} & \dfrac{6EI}{l^2} & 0 & -\dfrac{12EI}{l^3} & \dfrac{6EI}{l^2} \\[2mm]
0 & \dfrac{6EI}{l^2} & \dfrac{4EI}{l} & 0 & -\dfrac{6EI}{l^2} & \dfrac{2EI}{l} \\[2mm]
-\dfrac{EA}{l} & 0 & 0 & \dfrac{EA}{l} & 0 & 0 \\[2mm]
0 & -\dfrac{12EI}{l^3} & -\dfrac{6EI}{l^2} & 0 & \dfrac{12EI}{l^3} & -\dfrac{6EI}{l^2} \\[2mm]
0 & \dfrac{6EI}{l^2} & \dfrac{2EI}{l} & 0 & -\dfrac{6EI}{l^2} & \dfrac{4EI}{l}
\end{array}
\right]
$$

单元（1）的缩减单刚为

$$
\boldsymbol{k}^{(1)} =
\begin{array}{c} \\ 1 \\ 2 \end{array}
\begin{array}{c} 1 \qquad\quad 2 \\ \end{array}
\!\!\!
\left[
\begin{array}{cc}
\dfrac{12EI}{l^3} & -\dfrac{6EI}{l^2} \\[2mm]
-\dfrac{6EI}{l^2} & \dfrac{4EI}{l}
\end{array}
\right]
$$

单元（2）的始末节点号为 2 和 3，缩减单刚为

$$
\boldsymbol{k}^{(2)} =
\begin{array}{c} \\ 1 \\ 2 \\ 3 \end{array}
\begin{array}{c} 1 \qquad\quad 2 \qquad\quad 3 \\ \end{array}
\!\!\!
\left[
\begin{array}{ccc}
\dfrac{12EI}{l^3} & \dfrac{6EI}{l^2} & -\dfrac{12EI}{l^3} \\[2mm]
\dfrac{6EI}{l^2} & \dfrac{4EI}{l} & -\dfrac{6EI}{l^2} \\[2mm]
-\dfrac{12EI}{l^3} & -\dfrac{6EI}{l^2} & \dfrac{12EI}{l^3}
\end{array}
\right]
$$

单元（3）的始末节点号为 4 和 2，$\cos\alpha = 0.6$，$\sin\alpha = -0.8$，长度为 $\dfrac{5l}{3}$，单刚及总码为

$$
k^{(3)} =
\begin{matrix} 0 \\ 0 \\ 0 \\ 0 \\ 1 \\ 2 \end{matrix}
\frac{EA}{\left(\dfrac{5l}{3}\right)}
\begin{bmatrix}
\cos^2\alpha & \cos\alpha\sin\alpha & 0 & -\cos^2\alpha & -\cos\alpha\sin\alpha & 0 \\
\cos\alpha\sin\alpha & \sin^2\alpha & 0 & -\cos\alpha\sin\alpha & -\sin^2\alpha & 0 \\
0 & 0 & 0 & 0 & 0 & 0 \\
-\cos^2\alpha & -\cos\alpha\sin\alpha & 0 & \cos^2\alpha & \cos\alpha\sin\alpha & 0 \\
-\cos\alpha\sin\alpha & -\sin^2\alpha & 0 & -\cos\alpha\sin\alpha & \sin^2\alpha & 0 \\
0 & 0 & 0 & 0 & 0 & 0
\end{bmatrix}
\begin{matrix} 0 & 0 & 0 & 0 & 1 & 2 \end{matrix}
$$

单元（3）的缩减单刚为

$$
k^{(3)} = \begin{matrix} 1 \\ 2 \end{matrix} \frac{EA}{\left(\dfrac{5l}{3}\right)}
\begin{bmatrix} \sin^2\alpha & 0 \\ 0 & 0 \end{bmatrix}
= \begin{matrix} 1 \\ 2 \end{matrix} \frac{EA}{l}
\begin{bmatrix} 0.384 & 0 \\ 0 & 0 \end{bmatrix}
\begin{matrix} 1 & 2 \end{matrix}
$$

或者

$$
k^{(3)} = 1 \begin{bmatrix} \dfrac{0.384EA}{l} \end{bmatrix}
$$

（4）形成总刚。总刚为

$$
K =
\begin{matrix} 1 \\ 2 \\ 3 \end{matrix}
\begin{bmatrix}
\left(\dfrac{24EI}{l^3} + \dfrac{0.384EA}{l}\right) & 0 & -\dfrac{12EI}{l^3} \\
0 & \dfrac{8EI}{l} & -\dfrac{6EI}{l^2} \\
-\dfrac{12EI}{l^3} & -\dfrac{6EI}{l^2} & \dfrac{12EI}{l^3}
\end{bmatrix}
\begin{matrix} 1 & 2 & 3 \end{matrix}
$$

10.6.6　弹性支座及弹性结点

本章前面的例题中，所有的支座都是刚性支座。刚性支座不允许所支撑的节点发生位移，除非发生支座移动。另一种常见的支座是弹性支座，弹性支座包括直线弹簧支座和卷曲弹簧支座。弹性支座既可以用弹簧单元来模拟，也可以根据总码把弹簧刚度直接叠加到总刚中相应的对角线元素上。

另外，结构中还存在着弹性结点，例如，连接两个杆件的铰结点处，用一个卷曲弹簧连接起来。弹性节点可以用直线弹簧单元或者卷曲弹簧单元来模拟。下面介绍直线弹簧单元和卷曲弹簧单元。

直线弹簧仅在弹簧轴线方向具有轴向刚度，因此，推导直线弹簧在整体坐标系中单元刚度矩阵的方法和处理桁架单元类似。弹簧的刚度通常用符号 k 表示，单位一般为 kN/m。在桁架结构中，直线弹簧单元每个端点有两个线位移，通常采用 4×4 的单刚。刚架结构中，可以采用 6×6 的单刚。这里直接给出弹簧单元在整体坐标系中的单刚。

倾斜直线弹簧单元整体坐标系中 4×4 的单刚为

$$\boldsymbol{k}^e = k \left[\begin{array}{cc:cc} \cos^2\alpha & \cos\alpha \sin\alpha & -\cos^2\alpha & -\cos\alpha \sin\alpha \\ \cos\alpha \sin\alpha & \sin^2\alpha & -\cos\alpha \sin\alpha & -\sin^2\alpha \\ \hdashline -\cos^2\alpha & -\cos\alpha \sin\alpha & \cos^2\alpha & \cos\alpha \sin\alpha \\ -\cos\alpha \sin\alpha & -\sin^2\alpha & \cos\alpha \sin\alpha & \sin^2\alpha \end{array} \right] \tag{10-63}$$

水平直线弹簧单元整体坐标系中 4×4 的单刚为

$$\boldsymbol{k}^e_{\alpha=0} = k \left[\begin{array}{cc:cc} 1 & 0 & -1 & 0 \\ 0 & 0 & 0 & 0 \\ \hdashline -1 & 0 & 1 & 0 \\ 0 & 0 & 0 & 0 \end{array} \right] \tag{10-64}$$

铅直直线弹簧单元整体坐标系中 4×4 的单刚为

$$\boldsymbol{k}^e_{\alpha=-90°} = k \left[\begin{array}{cc:cc} 0 & 0 & 0 & 0 \\ 0 & 1 & 0 & -1 \\ \hdashline 0 & 0 & 0 & 0 \\ 0 & -1 & 0 & 1 \end{array} \right] \tag{10-65}$$

倾斜直线弹簧单元整体坐标系中 6×6 的单刚为

$$\boldsymbol{k}^e = k \left[\begin{array}{ccc:ccc} \cos^2\alpha & \cos\alpha \sin\alpha & 0 & -\cos^2\alpha & -\cos\alpha \sin\alpha & 0 \\ \cos\alpha \sin\alpha & \sin^2\alpha & 0 & -\cos\alpha \sin\alpha & -\sin^2\alpha & 0 \\ 0 & 0 & 0 & 0 & 0 & 0 \\ \hdashline -\cos^2\alpha & -\cos\alpha \sin\alpha & 0 & \cos^2\alpha & \cos\alpha \sin\alpha & 0 \\ -\cos\alpha \sin\alpha & -\sin^2\alpha & 0 & -\cos\alpha \sin\alpha & \sin^2\alpha & 0 \\ 0 & 0 & 0 & 0 & 0 & 0 \end{array} \right] \tag{10-66}$$

水平直线弹簧单元整体坐标系中 6×6 的单刚为

$$\boldsymbol{k}^e_{\alpha=0} = k \left[\begin{array}{ccc:ccc} 1 & 0 & 0 & -1 & 0 & 0 \\ 0 & 0 & 0 & 0 & 0 & 0 \\ 0 & 0 & 0 & 0 & 0 & 0 \\ \hdashline -1 & 0 & 0 & 1 & 0 & 0 \\ 0 & 0 & 0 & 0 & 0 & 0 \\ 0 & 0 & 0 & 0 & 0 & 0 \end{array} \right] \tag{10-67}$$

铅直直线弹簧单元整体坐标系中 6×6 的单刚为

$$\boldsymbol{k}^e_{\alpha=-90°} = k \left[\begin{array}{ccc:ccc} 0 & 0 & 0 & 0 & 0 & 0 \\ 0 & 1 & 0 & 0 & -1 & 0 \\ 0 & 0 & 0 & 0 & 0 & 0 \\ \hdashline 0 & 0 & 0 & 0 & 0 & 0 \\ 0 & -1 & 0 & 0 & 1 & 0 \\ 0 & 0 & 0 & 0 & 0 & 0 \end{array} \right] \tag{10-68}$$

　　值得说明的是，直线弹簧可能用在桁架结构、刚架结构、混合结构中。在纯桁架结构中，弹簧单元可以和桁架单元共用节点，都采用 4×4 单刚。在刚架结构、梁结构、组合结构中含有直线弹簧时，所有单元都采用 6×6 单刚会带来很大方便。

卷曲弹簧能够提供力矩，因此，不能出现在桁架结构中，可能出现在刚架结构、梁结构或者组合结构中。卷曲弹簧两端发生单位相对转角时会产生力矩 k_φ，k_φ 为卷曲弹簧的刚度，单位一般 $kN \cdot m/rad$，由于卷曲弹簧提供转动刚度，因此，可以和刚架单元、梁单元共用节点。卷曲弹簧连接刚架结构中的杆件时，卷曲弹簧的两个端点各有 3 个自由度，相对线位移不产生内力，卷曲弹簧的刚度矩阵为

$$\boldsymbol{k}^e = k_\varphi \left[\begin{array}{ccc|ccc} 0 & 0 & 0 & 0 & 0 & 0 \\ 0 & 0 & 0 & 0 & 0 & 0 \\ 0 & 0 & 1 & 0 & 0 & -1 \\ \hline 0 & 0 & 0 & 0 & 0 & 0 \\ 0 & 0 & 0 & 0 & 0 & 0 \\ 0 & 0 & -1 & 0 & 0 & 1 \end{array} \right] \tag{10-69}$$

每个节点有一个线位移一个转角位移时，卷曲弹簧的刚度矩阵为

$$\boldsymbol{k}^e = k_\varphi \left[\begin{array}{cc|cc} 0 & 0 & 0 & 0 \\ 0 & 1 & 0 & -1 \\ \hline 0 & 0 & 0 & 0 \\ 0 & -1 & 0 & 1 \end{array} \right] \tag{10-70}$$

每个节点只有一个转角位移时，卷曲弹簧的刚度矩阵为

$$\boldsymbol{k}^e = k_\varphi \begin{bmatrix} 1 & -1 \\ -1 & 1 \end{bmatrix} \tag{10-71}$$

【例 10-13】 图 10-50 所示结构，不计杆件的轴向变形，弹性支座的直线弹簧的刚度为 k。试确定结构的总刚。

解 此题特殊的地方在于有一个直线弹簧支座，通常把弹簧作为一个单元。

（1）建立整体坐标系，离散结构，结果如图 10-51 所示。此例中的梁单元和直线弹簧单元都采用 6×6 单刚，可以共用节点 2。

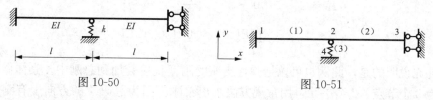

图 10-50   图 10-51

（2）编写总码。每个节点有 3 个自由度，总码为：1（0，0，0），2（0，1，2），3（0，3，0），4（0，0，0）。节点 2 的第 3 个总码对直线弹簧单元（3）不起作用，仅对刚架单元起作用。

（3）写出单元的缩减单刚。

单元（1）的缩减单刚为

$$\boldsymbol{k}^{(1)} = \begin{array}{c} \\ 1 \\ 2 \end{array} \begin{array}{c} \begin{array}{cc} 1 \qquad\qquad 2 \end{array} \\ \begin{bmatrix} \dfrac{12EI}{l^3} & -\dfrac{6EI}{l^2} \\[3mm] -\dfrac{6EI}{l^2} & \dfrac{4EI}{l} \end{bmatrix} \end{array}$$

单元（2）的缩减单刚为

$$
\boldsymbol{k}^{(2)} = \begin{array}{c} \\ 1 \\ 2 \\ 3 \end{array}
\begin{array}{ccc} 1 \qquad\quad 2 \qquad\quad 3 \end{array}
\begin{bmatrix}
\dfrac{12EI}{l^3} & \dfrac{6EI}{l^2} & -\dfrac{12EI}{l^3} \\[2mm]
\dfrac{6EI}{l^2} & \dfrac{4EI}{l} & -\dfrac{6EI}{l^2} \\[2mm]
-\dfrac{12EI}{l^3} & -\dfrac{6EI}{l^2} & \dfrac{12EI}{l^3}
\end{bmatrix}
$$

单元（3）的单刚为

$$
\boldsymbol{k}^{(3)} = \begin{array}{c} 0 \\ 1 \\ 2 \\ 0 \\ 0 \\ 0 \end{array}
\; k \;
\begin{array}{cccccc} 0 \quad 1 \quad 2 \quad 0 \quad 0 \quad 0 \end{array}
\left[
\begin{array}{ccc:ccc}
0 & 0 & 0 & 0 & 0 & 0 \\
0 & 1 & 0 & 0 & -1 & 0 \\
0 & 0 & 0 & 0 & 0 & 0 \\ \hdashline
0 & 0 & 0 & 0 & 0 & 0 \\
0 & -1 & 0 & 0 & 1 & 0 \\
0 & 0 & 0 & 0 & 0 & 0
\end{array}
\right]
$$

单元（3）的缩减单刚为

$$
\boldsymbol{k}^{(3)} = \begin{array}{c} 1 \\ 2 \end{array}
\; k \;
\begin{array}{cc} 1 \quad 2 \end{array}
\begin{bmatrix} 1 & 0 \\ 0 & 0 \end{bmatrix}
\qquad \text{或者} \qquad
\boldsymbol{k}^{(3)} = 1\begin{array}{c}1\end{array}[\,k\,]
$$

（4）形成总刚。最大总码为3，所以，总刚为3×3方阵，根据元素"对号入座"的原则，把单刚中元素组集到总刚中，得到总刚

$$
\boldsymbol{K} = \begin{array}{c} 1 \\ 2 \\ 3 \end{array}
\begin{array}{ccc} 1 \qquad\qquad 2 \qquad\quad 3 \end{array}
\begin{bmatrix}
\left(\dfrac{24EI}{l^3}+k\right) & 0 & -\dfrac{12EI}{l^3} \\[2mm]
0 & \dfrac{8EI}{l} & -\dfrac{6EI}{l^2} \\[2mm]
-\dfrac{12EI}{l^3} & -\dfrac{6EI}{l^2} & \dfrac{12EI}{l^3}
\end{bmatrix}
$$

需要补充说明的是，此例也可以把弹性支座的刚度直接叠加到总刚中。具体做法是：把结构划分为3个节点、2个单元，用常规方法求出总刚。因为总码1的方向上有刚度为k的直线弹簧支座，所以，在总刚中的元素$k_{1,1}$上，直接叠加弹簧的刚度k。

【例 10-14】 图 10-52 所示结构，不计杆件的轴向变形，弹性结点的卷曲弹簧的刚度为k_φ。试确定结构的总刚。

解 该题特殊的地方在于铰结点两侧有一个卷曲弹簧连接，把弹簧作为一个单元处理即可。

（1）建立整体坐标系，离散结构，结果如图 10-53 所示。铰结点两侧设置2和3两个节点，卷曲弹簧的两个节点分别是2和3。

（2）编写总码。这是一个忽略杆件轴向变形的有线位移矩形刚架，采用6×6刚架单元

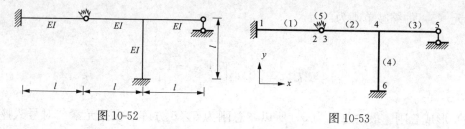

图 10-52　　　　　　　　　　　　图 10-53

计算，每个节点有 3 个自由度，总码为：1（0，0，0），2（0，1，2），3（0，1，3），4（0，0，4），5（0，0，5），6（0，0，0）。

（3）写出单元的缩减单刚。

单元（1）的缩减单刚为

$$\boldsymbol{k}^{(1)} = \begin{array}{c} 1 \\ 2 \end{array} \begin{bmatrix} \dfrac{12EI}{l^3} & -\dfrac{6EI}{l^2} \\ -\dfrac{6EI}{l^2} & \dfrac{4EI}{l} \end{bmatrix} \begin{array}{l} 1 \quad\quad 2 \end{array}$$

单元（2）的缩减单刚为

$$\boldsymbol{k}^{(2)} = \begin{array}{c} 1 \\ 3 \\ 4 \end{array} \begin{bmatrix} \dfrac{12EI}{l^3} & \dfrac{6EI}{l^2} & \dfrac{6EI}{l^2} \\ \dfrac{6EI}{l^2} & \dfrac{4EI}{l} & \dfrac{2EI}{l} \\ \dfrac{6EI}{l^2} & \dfrac{2EI}{l} & \dfrac{4EI}{l} \end{bmatrix} \begin{array}{l} 1 \quad 3 \quad 4 \end{array}$$

单元（3）的缩减单刚为

$$\boldsymbol{k}^{(3)} = \begin{array}{c} 4 \\ 5 \end{array} \begin{bmatrix} \dfrac{4EI}{l} & \dfrac{2EI}{l} \\ \dfrac{2EI}{l} & \dfrac{4EI}{l} \end{bmatrix} \begin{array}{l} 4 \quad 5 \end{array}$$

单元（4）的缩减单刚为

$$\boldsymbol{k}^{(4)} = 4 \begin{bmatrix} \dfrac{4EI}{l} \end{bmatrix} \begin{array}{l} 4 \end{array}$$

单元（5）是卷曲弹簧单元，单刚为

$$\boldsymbol{k}^{(5)} = \begin{array}{c} 0 \\ 1 \\ 2 \\ 0 \\ 1 \\ 3 \end{array} k_{\varphi} \begin{bmatrix} 0 & 0 & 0 & 0 & 0 & 0 \\ 0 & 0 & 0 & 0 & 0 & 0 \\ 0 & 0 & 1 & 0 & 0 & -1 \\ 0 & 0 & 0 & 0 & 0 & 0 \\ 0 & 0 & 0 & 0 & 0 & 0 \\ 0 & 0 & -1 & 0 & 0 & 1 \end{bmatrix} \begin{array}{l} 0 \; 1 \; 2 \; 0 \; 1 \; 3 \end{array}$$

单元（5）的缩减单刚为

$$\boldsymbol{k}^{(5)} = \begin{array}{c} 2 \\ 3 \end{array} k_\varphi \begin{bmatrix} \overset{2}{1} & \overset{3}{-1} \\ -1 & 1 \end{bmatrix}$$

（4）形成总刚。最大总码为5，所以，总刚为5×5方阵，根据元素"对号入座"的原则，把单刚中元素组集到总刚中，得到总刚

$$\boldsymbol{K} = \begin{array}{c} 1 \\ 2 \\ 3 \\ 4 \\ 5 \end{array} \begin{bmatrix} \dfrac{24EI}{l^3} & -\dfrac{6EI}{l^2} & \dfrac{6EI}{l^2} & \dfrac{6EI}{l^2} & 0 \\ -\dfrac{6EI}{l^2} & \left(\dfrac{4EI}{l}+k_\varphi\right) & -k_\varphi & 0 & 0 \\ \dfrac{6EI}{l^2} & -k_\varphi & \left(\dfrac{4EI}{l}+k_\varphi\right) & \dfrac{2EI}{l} & 0 \\ \dfrac{6EI}{l^2} & 0 & \dfrac{2EI}{l} & \dfrac{12EI}{l} & \dfrac{2EI}{l} \\ 0 & 0 & 0 & \dfrac{2EI}{l} & \dfrac{4EI}{l} \end{bmatrix}$$

【例 10-15】 图 10-54 所示组合结构，1个受弯构件，3个轴力构件。杆件的轴向刚度和抗弯刚度如图中所示，受弯构件忽略轴向变形，弹性支座的直线弹簧的刚度为 k。试求结构的总刚。

解 （1）建立整体坐标系，离散结构，结果如图 10-55 所示。刚架单元（1）和桁架单元（2）、（3）共用节点2，桁架单元（2）、（4）和直线弹簧单元（5）共用节点3。

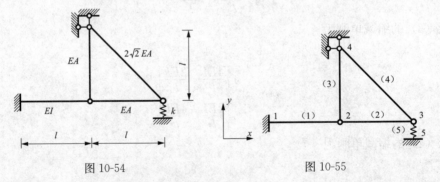

图 10-54 图 10-55

（2）编写总码。所有单元均采用 6×6 单刚，每个节点有3个自由度，总码为：1 (0, 0, 0)，2 (0, 1, 2)，3 (3, 4, 0)，4 (0, 0, 0)，5 (0, 0, 0)。值得注意的是节点3，节点3属于桁架单元和直线弹簧单元，第3个总码不起作用，直接设定为0。

（3）写出单元的缩减单刚。

单元（1）的始末节点为1和2，缩减单刚为

$$\boldsymbol{k}^{(1)} = \begin{array}{c} 1 \\ 2 \end{array} \begin{bmatrix} \overset{1}{\dfrac{12EI}{l^3}} & \overset{2}{-\dfrac{6EI}{l^2}} \\ -\dfrac{6EI}{l^2} & \dfrac{4EI}{l} \end{bmatrix}$$

单元（2）的始末节点为 2 和 3，单刚为

$$\boldsymbol{k}^{(2)} = \begin{matrix} 0 \\ 1 \\ 2 \\ 3 \\ 4 \\ 0 \end{matrix} \frac{EA}{l} \begin{bmatrix} \begin{matrix} 0 & 1 & 2 & 3 & 4 & 0 \end{matrix} \\ \begin{array}{ccc|ccc} 1 & 0 & 0 & -1 & 0 & 0 \\ 0 & 0 & 0 & 0 & 0 & 0 \\ 0 & 0 & 0 & 0 & 0 & 0 \\ \hline -1 & 0 & 0 & 1 & 0 & 0 \\ 0 & 0 & 0 & 0 & 0 & 0 \\ 0 & 0 & 0 & 0 & 0 & 0 \end{array} \end{bmatrix}$$

单元（2）的缩减单刚为

$$\boldsymbol{k}^{(2)} = \begin{matrix} 1 \\ 2 \\ 3 \\ 4 \end{matrix} \frac{EA}{l} \begin{bmatrix} \begin{matrix} 1 & 2 & 3 & 4 \end{matrix} \\ 0 & 0 & 0 & 0 \\ 0 & 0 & 0 & 0 \\ 0 & 0 & 1 & 0 \\ 0 & 0 & 0 & 0 \end{bmatrix} \qquad 或者 \qquad \boldsymbol{k}^{(2)} = \begin{matrix} 1 \\ 3 \\ 4 \end{matrix} \frac{EA}{l} \begin{bmatrix} \begin{matrix} 1 & 3 & 4 \end{matrix} \\ 0 & 0 & 0 \\ 0 & 1 & 0 \\ 0 & 0 & 0 \end{bmatrix}$$

单元（3）的始末节点为 4 和 2，单刚为

$$\boldsymbol{k}^{(3)} = \begin{matrix} 0 \\ 0 \\ 0 \\ 0 \\ 1 \\ 2 \end{matrix} \frac{EA}{l} \begin{bmatrix} \begin{matrix} 0 & 0 & 0 & 0 & 1 & 2 \end{matrix} \\ \begin{array}{ccc|ccc} 0 & 0 & 0 & 0 & 0 & 0 \\ 0 & 1 & 0 & 0 & -1 & 0 \\ 0 & 0 & 0 & 0 & 0 & 0 \\ \hline 0 & 0 & 0 & 0 & 0 & 0 \\ 0 & -1 & 0 & 0 & 1 & 0 \\ 0 & 0 & 0 & 0 & 0 & 0 \end{array} \end{bmatrix}$$

单元（3）的缩减单刚为

$$\boldsymbol{k}^{(3)} = \begin{matrix} 1 \\ 2 \end{matrix} \frac{EA}{l} \begin{bmatrix} \begin{matrix} 1 & 2 \end{matrix} \\ 1 & 0 \\ 0 & 0 \end{bmatrix} \qquad 或者 \qquad \boldsymbol{k}^{(3)} = 1 \begin{matrix} & 1 \\ \left[\dfrac{EA}{l} \right] \end{matrix}$$

单元（4）的始末节点为 4 和 3，倾角 $\alpha = -45°$，$\cos\alpha = \dfrac{\sqrt{2}}{2}$，$\sin\alpha = -\dfrac{\sqrt{2}}{2}$，单刚为

$$\boldsymbol{k}^{(4)} = \begin{matrix} 0 \\ 0 \\ 0 \\ 3 \\ 4 \\ 0 \end{matrix} \frac{2\sqrt{2}EA}{\sqrt{2}l} \begin{bmatrix} \begin{matrix} 0 & 0 & 0 & 3 & 4 & 0 \end{matrix} \\ \begin{array}{ccc|ccc} 0.5 & -0.5 & 0 & -0.5 & 0.5 & 0 \\ -0.5 & 0.5 & 0 & 0.5 & -0.5 & 0 \\ 0 & 0 & 0 & 0 & 0 & 0 \\ \hline -0.5 & 0.5 & 0 & 0.5 & -0.5 & 0 \\ 0.5 & -0.5 & 0 & -0.5 & 0.5 & 0 \\ 0 & 0 & 0 & 0 & 0 & 0 \end{array} \end{bmatrix}$$

单元（4）的缩减单刚为

$$\boldsymbol{k}^{(4)} = \begin{matrix} 3 \\ 4 \end{matrix} \frac{EA}{l} \begin{bmatrix} \begin{matrix} 3 & 4 \end{matrix} \\ 1 & -1 \\ -1 & 1 \end{bmatrix}$$

单元（5）的始末节点为 3 和 5，单刚为

$$
\boldsymbol{k}^{(5)} = k \begin{array}{c} 3 \\ 4 \\ 0 \\ 0 \\ 0 \\ 0 \end{array}
\begin{array}{cccccc} 3 & 4 & 0 & 0 & 0 & 0 \end{array}
\left[\begin{array}{ccc:ccc}
0 & 0 & 0 & 0 & 0 & 0 \\
0 & 1 & 0 & 0 & -1 & 0 \\
0 & 0 & 0 & 0 & 0 & 0 \\ \hdashline
0 & 0 & 0 & 0 & 0 & 0 \\
0 & -1 & 0 & 0 & 1 & 0 \\
0 & 0 & 0 & 0 & 0 & 0
\end{array}\right]
$$

单元（5）的缩减单刚为

$$
\boldsymbol{k}^{(5)} = \begin{array}{c} 3 \\ 4 \end{array} k \begin{array}{cc} 3 & 4 \end{array} \left[\begin{array}{cc} 0 & 0 \\ 0 & 1 \end{array}\right]
$$

（4）形成总刚。最大总码为 4，所以，总刚为 4×4 方阵，根据元素"对号入座"的原则，把单刚中元素组集到总刚中，得到总刚

$$
\boldsymbol{K} = \begin{array}{c} 1 \\ 2 \\ 3 \\ 4 \end{array}
\begin{array}{cccc} 1 & \quad 2 & \quad 3 & \quad 4 \end{array}
\left[\begin{array}{cccc}
\left(\dfrac{12EI}{l^3} + \dfrac{EA}{l}\right) & -\dfrac{6EI}{l^2} & 0 & 0 \\
-\dfrac{6EI}{l^2} & \dfrac{4EI}{l} & 0 & 0 \\
0 & 0 & \dfrac{2EA}{l} & -\dfrac{EA}{l} \\
0 & 0 & -\dfrac{EA}{l} & \left(\dfrac{EA}{l} + k\right)
\end{array}\right]
$$

§10.7　本　章　小　结

用矩阵位移法分析杆件结构具有明显的阶段性，可以划分为表 10-10 所示的六个阶段，用计算机软件计算时，也遵循完全相同的流程。其中的第（一）阶段，也称为前处理阶段，可以用前处理器完成，形成模型数据文件。第（二）~（五）阶段，是数值计算阶段，也是本书重点讲述的内容。鉴于总码的重要性，把编写总码称为预处理，紧接着单元分析、整体分析、单元再分析三个阶段。第（六）阶段是后处理阶段，可以根据计算结果，利用后处理器，画出结构的内力图、变形图。

表 10-10　　　　　　　　　　　　矩阵位移法解题流程

			建立整体坐标系	
（一）建立分析模型	结构信息：单元类型，始末节点，节点坐标，材料信息，截面信息	联系信息：约束信息，耦合信息	荷载信息	
			单元荷载：类型，数值，位置	直接节点荷载：数值，位置
（二）预处理		确定节点类型，编写节点总码，确定最大总码 N		

续表

（三）单元分析	局系单刚：$\bar{k}^e$； 坐标变换矩阵：T^e； 总系单刚：$k^e = T^{eT} \bar{k} T^e$	标注单元始末点总码	局系单元固端内力：$\bar{F}_F^{(e)}$； 局系单元等效节点荷载： $\bar{F}_E^e = -\bar{F}_F^e$； 坐标变换矩阵：$T^{(e)}$； 整系单元等效节点荷载： $F_E^e = T^{(e)T} \bar{F}_E^e$	
（四）整体分析	依据总码，单刚 k^e 中元素对号入座，形成总体刚度矩阵 $K_{N \times N}$	未知节点位移向量 $D_{N \times 1}$	依据总码，F_E 中元素对号入座，形成总体等效节点荷载向量 F_E	依据总码，形成直接节点荷载向量 F_D
			综合节点荷载向量： $F_{N \times 1} = F_C = F_D + F_E$	
	解结构刚度方程：$KD = F$，得到所有 N 个位置节点位移			
（五）单元再分析	单元总系杆端位移向量： D^e； 坐标变换矩阵：$T^{(e)}$； 单元局系杆端位移向量： $\bar{D}^{(e)} = T^{(e)} D^{(e)}$； 单元局系单刚：$\bar{k}^e$； 节点荷载作用下局系单元杆端内力向量：$\bar{F}_N^{(e)} = \bar{k}^{(e)} \bar{D}^{(e)}$	根据单元始末点总码，确定单元总系杆端位移向量	单元荷载作用下局系单元固端内力 $\bar{F}_F^{(e)}$	
	最终局系单元固端内力：$\bar{F}^{(e)} = \bar{F}_N^{(e)} + \bar{F}_F^{(e)}$			
（六）画内力图	根据固端内力和单元荷载，采用分段叠加法，画出内力图		单元荷载	

结构被离散为单元和节点以后，明确联系信息很重要。联系信息可以分为内部联系信息和外部联系信息两类。内部联系信息是指单元之间的联系信息，桁架单元之间，默认为光滑铰结点；刚架单元之间，默认为刚节点；桁架单元与刚架单元之间，默认为铰结点。刚架单元与刚架单元之间的特殊连接关系（如铰节点），需要通过位移耦合信息来描述。外部联系信息是指结构与基础之间的联系，亦即约束条件或者支撑条件。弹性节点和弹性约束用弹簧单元来描述比较方便。总码主要取决于联系信息。

总码是矩阵位移法的灵魂，形成总刚、形成荷载向量等工作都要依据总码进行。叠加原理是推导公式的重要依据，包括局部坐标系中单刚的推导，单元荷载的等效过程等。平衡方程在矩阵位移法的各个阶段都起着重要作用，推导总刚、推导等效节点荷载都需要在非 0 总码的方向上列出平衡方程。位移协调条件比较简单，单元的杆端位移和结构的节点位移之间通常有着相等的关系。

本书给出了桁架单元的 6×6 单刚，配合刚架单元的 6×6 单刚，可以用于求解绝大部分二维杆件结构，包括桁架、刚架、连续梁、组合结构等。

为了便于记忆，也可以把刚架单元的 6×6 单刚稍作变化，得到桁架单元的 6×6 单刚，具体做法是：令刚架单元的 6×6 单刚中的所有 EI 均等于 0。

弹性结点需要采用弹簧单元模拟。弹性支座既可以用弹簧单元模拟，也可以根据总码把弹簧刚度直接叠加到总刚中相应的对角线元素上。

形成总刚有先处理法和后处理法两种方法。先处理法更适合编写程序，所以本书仅介绍先处理法；后处理法的具体内容，可以参考其他相关文献。

忽略轴向变形的有斜杆刚架，不能用矩阵位移法求解。求解无斜杆矩形刚架时忽略轴向变形，会给手算带来方便，可以用先处理法求解，但不能用后处理法求解。

忽略轴向变形的矩形刚架结构，不能用单刚乘以杆端位移向量来求轴力，一些刚架可以根据节点平衡求出轴力，还有一些刚架根本无法求出轴力。电算的时候，不宜引入"忽略轴向变形"的假定，否则会给程序的编写和应用带来很大麻烦。

为了加深对矩阵位移法的理解，应当对计算程序有所了解。本书附录 A 介绍了用 VB 6.0 编写的计算矩阵位移法软件 MDMS 的计算程序，附录 B 给出了 MDMS 的算例。MDMS 程序的源代码以及配套的前处理器、后处理器、使用说明书、应用实例等电子资源可以在沈阳建筑大学结构力学课程网站上免费下载，网址为：http：//202.199.64.166/jiaowu/jp/2008/jglx/0.htm，也可以直接与主编联系，邮箱为：ceyjliu@sjzu.edu.cn。

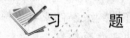

思 考 题

10-1 列举矩阵位移法与传统位移法的异同。

10-2 局部坐标系中单元刚度矩阵有哪些性质？解释其中元素的物理意义。

10-3 局部坐标系中刚架单元的单刚中存在哪些平衡关系？

10-4 总体刚度矩阵有哪些性质？总体刚度矩阵是否有逆矩阵？为什么？

10-5 等效节点荷载中"等效"的含义是什么？

10-6 什么叫单元等效节点荷载向量？什么叫总体等效节点荷载向量？

10-7 如何求总体等效节点荷载向量？

10-8 矩阵位移法能否用于求解静定结构？

10-9 能否用刚架单元求解连续梁结构？需要注意哪些问题？

10-10 刚架单元和桁架单元能否共用节点？应该注意哪些问题？

习   题

10-1 试用矩阵位移法计算图示静定桁架结构，并画出轴力图。杆件的 EA 相同，均为常数。

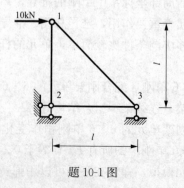

题 10-1 图

10-2 试求图示结构的总体刚度矩阵 K。杆件的 EI 和 EA 相同，均为常数。

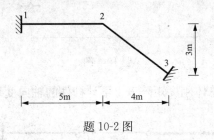

题 10-2 图

10-3 图示桁架结构，杆件 EA 为常数，设支座有沉降 Δ。试求（总体）等效节点荷载向量。

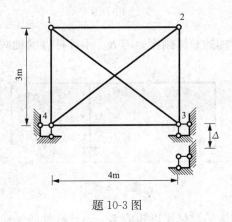

题 10-3 图

10-4 试求图示结构的（总体）等效节点荷载向量。杆件的 EI 和 EA 相同，均为常数。

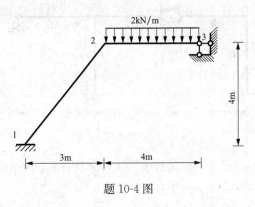

题 10-4 图

10-5 试求图示结构的总体刚度矩阵 K。不计杆件轴向变形。

题 10-5 图

10-6 试求图示结构的总体刚度矩阵 K。不计杆件轴向变形。

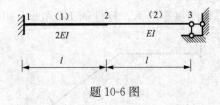

题 10-6 图

10-7 试求图示结构的总体刚度矩阵 **K**。不计杆件的轴向变形。

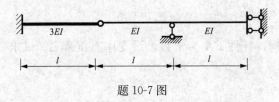

题 10-7 图

10-8 试求图示刚架结构的总体刚度矩阵 **K**。不计杆件的轴向变形。

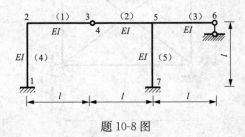

题 10-8 图

10-9 试求图示刚架结构的总体刚度矩阵 **K**。不计杆件的轴向变形。

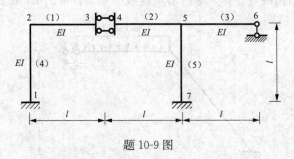

题 10-9 图

10-10 试求图示结构的总体刚度矩阵 **K**。不计受弯杆件的轴向变形。

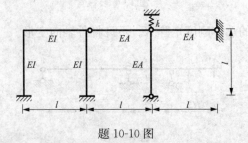

题 10-10 图

10-11 计算图示结构等效结点荷载向量 **F**E。不计杆件的轴向变形。

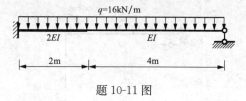

题 10-11 图

10-12　计算图示结构等效结点荷载向量 F_E。不计杆件的轴向变形。

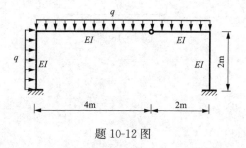

题 10-12 图

10-13　计算图示连续梁的综合节点荷载向量 F_C。不计杆件的轴向变形。

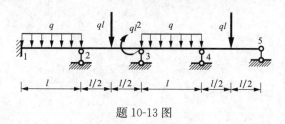

题 10-13 图

10-14　用矩阵位移法计算图示结构，并画出弯矩图。不计杆件的轴向变形。

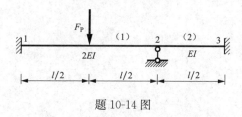

题 10-14 图

10-15　用矩阵位移法计算图示结构，并画出弯矩图。杆件抗弯刚度均为 EI，不计杆件的轴向变形。

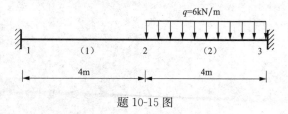

题 10-15 图

10-16　用矩阵位移法计算图示结构，并画出弯矩图。不计杆件的轴向变形。

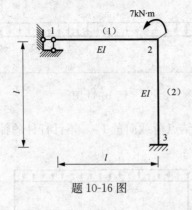

题 10-16 图

第11章 结构动力计算

本 章 目 录

§11.1 概 述

11.1.1 动力荷载的概念

前面各章讨论了结构在静力荷载作用下的计算问题,在此基础上,本章将讨论结构在动力荷载作用下的振动问题。结构动力学是研究结构动力特性及其在动力荷载作用下动力响应（也称动力反应）的分析原理和计算方法的一门学科，本章内容仅介绍结构动力学的基础知识。

工程结构设计和分析过程中，首先面对的是静力问题，即结构在静力荷载作用下的强度、刚度、稳定性的问题；同时，结构设计中总是要面对一些动力问题的，而且，这些动力问题往往是导致结构破坏的主要原因，例如地震作用下结构的振动；风荷载作用下高层结构、高耸结构以及大型桥梁的振动；风、浪、流、冰作用下的海洋平台的振动；大型机器运转引起的设备基础振动；车辆行驶引起的路面或桥面振动；爆炸荷载使结构受到冲击振动等。尽管，现行相关设计规范中采用了一些拟静力简化计算方法，但是对于一些必要的设计参数，如结构的周期、振型等，还是需要通过结构动力分析来确定。

引起结构静力响应和动力响应不同的原因是承受荷载的不同。根据作用性质的不同，荷载可以分为静荷载和动荷载。静荷载的大小、方向和位置不随时间变化或变化相对缓慢，不会使结构产生明显的加速度，计算过程中可忽略惯性力的影响。结构上的恒载都是静荷载。只考虑位置改变，不考虑动力效应的移动荷载也是静荷载，如绘制影响线中的移动荷载等。在实际工程中，绝大多数荷载都是随着时间变化的。为了简化计算，从工程实用角度来说，动荷载（也称为干扰力）是指荷载随时间快速变化的荷载。动荷载将使结构产生明显的加速度，因而计算过程中惯性力的影响不能忽略，这一点也是区分静荷载与动荷载的基本原则。

结构动力分析的基本任务包括：确定结构的动力特性，如结构的自振频率及相应的振型、阻尼参数等；确定结构在外界动力荷载作用下的动力响应，如位移、内力等随时间变化的规律。研究结构的动力响应是结构动力分析的基本内容。

与结构静力分析相比，结构动力分析具有以下特点。

（1）结构的位移、内力不仅是位置坐标 x、y 的函数，还是时间 t 的函数。

（2）在动力荷载作用下，结构将产生惯性力 $F_{\text{I}}=m\ddot{u}$，惯性力 F_{I} 与结构质量分布、结构加速度 $\ddot{u}$ 有关，结构的惯性力不可忽略。

11.1.2　常见的动力荷载

土木工程中，地震作用、风荷载、车辆荷载、行人荷载、爆炸荷载、冲击荷载等都是常见的动力荷载。在结构动力分析过程中，需要将实际动力荷载简化并以数学形式表达出来。某些动力荷载很容易根据观测和实验来确定；而某些动力荷载比较难以确定，需要结合工程师的经验进行判断；某些动力荷载的数据，例如地震作用和风荷载，可以在设计规范中查找；其他不常见的动力荷载，需要查阅相关文献获得数据。

根据动力荷载的变化规律及其对结构作用的变化特点，将动力荷载分为以下几类。

1. 简谐荷载

按简谐规律随时间连续变化其量值的荷载，称为简谐荷载，可以用正弦或余弦函数表示，它是工程中最常见的动力荷载。图 11-1（a）所示为具有偏心质量的回转机器，当其匀速转动时，由偏心质量 m 产生的离心力 $F_{\text{P}}=mr\omega^2$ 传到结构上，其垂直分力 $F_{\text{P}}\sin\omega t$ 和水平分力 $F_{\text{P}}\cos\omega t$ 就是简谐荷载。简谐荷载的波形图如图 11-1（b）所示。

2. 一般周期荷载

荷载随着时间作周期性变化，但是不能简单地用简谐函数进行表达，称为一般周期荷载。图 11-2（a）所示的曲柄连杆机构，匀速转动时产生的水平干扰力的变化规律为图 11-2（b）所示的周期性波形。

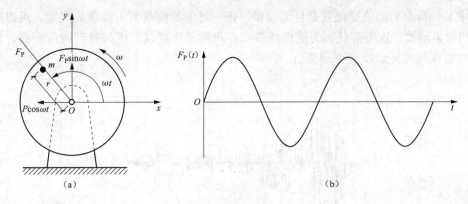

图 11-1

简谐荷载与一般周期荷载均为周期荷载，简谐荷载是最常见、最简单的一种周期荷载。对于一般周期性变化的动力作用，例如平稳情况下波浪对堤坝的动水压力、轮船螺旋桨产生的推力等，均可以按照傅里叶级数展开为多个简谐项之和。

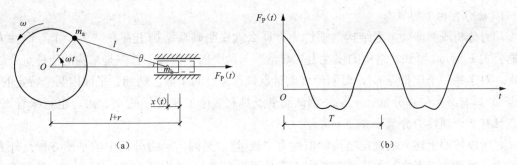

图 11-2

3. 突加、爆炸、冲击荷载

这类荷载是指在短时间内作用于结构上、荷载值急剧增大或急剧减小的荷载。突加荷载是指外部作用以某一定值突然施加于结构，并在相当一段时间内（与结构基本周期相比较）基本保持不变，例如突加重量荷载、吊车制动力对厂房的水平荷载等，其荷载波形如图 11-3（a）所示。爆炸荷载、冲击荷载的区分并不是很严格，根据实际荷载情况进行相应的简化处理，其波形分别如图 11-3（b）、图 11-3（c）所示。

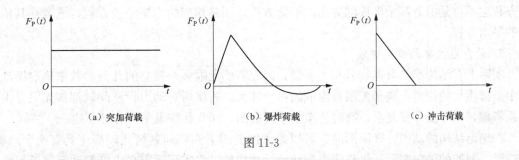

图 11-3

4. 随机荷载

以上类型的动力荷载均可以表达为以时间 t 为自变量的确定性函数，称为确定性荷载。

自然界中某些荷载的幅值变化复杂且无规律，任一时刻的荷载值不能事先确定，难以表达为时间 t 的解析函数，这类荷载称为随机荷载或者非确定性荷载，例如脉动风压荷载、地震作用等。地震作用的波形如图 11-4 所示。

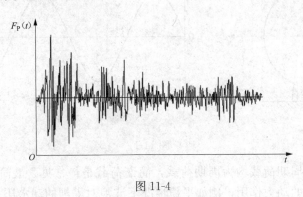

图 11-4

11.1.3　体系的动力自由度

1. 动力自由度的概念

动力分析既然需要考虑结构的惯性力，那么就要明确在结构上存在"多少个"惯性力？根据公式 $F_1 = m\ddot{u}$ 可知，结构的惯性力"数量"与两个因素有关。首先是结构的质量点个数；其次，对于每一个质量点 m_i，要明确该质量点位移分量的个数。例如：平面内某个特定的质量点 m_i 具有 2 个位移分量 u_x、u_y，则该质量点具有 2 个加速度分量 $\ddot{u}_x$、$\ddot{u}_y$，也意味着该质量点具有 2 个惯性力分量 $m_i\ddot{u}_x$、$m_i\ddot{u}_y$。

之所以按照上述方法确定结构的惯性力"数量"，是因为动力分析中的平衡方程是外力、恢复力、惯性力三者之间的平衡。平衡方程是以质量点 m_i 为分析对象，建立关于质量点 m_i 的沿着各个位移方向的平衡方程。确定了结构的惯性力"数量"，也就确定了动力分析中平衡方程的数量。在结构动力学中，将该数量称为结构的动力自由度，即动力分析中为确定体系任一时刻全部质量的几何位置所需要的独立几何参数的数目，它与结构的质量分布、质量运动状态有关。

在结构动力计算中，总是以质量的位移作为基本未知量，这是为了方便表达结构质量点的惯性力。需要指明的是，体系任一时刻全部质量的独立几何参数，不仅仅局限于质量的线位移，也可以是某个质量杆件的转角位移，或者是其他广义量。当然，此时所对应的动力平衡方程也不再是沿着某个坐标轴方向的平衡方程，而是相应的力矩平衡方程，或者是其他形式的平衡方程。

2. 动力自由度的确定方法

实际上，结构都具有连续分布的质量，因此需要无限多个独立的几何参数来确定振动过程中全部质量的位置，属于无限自由度的振动体系。若将所有动力计算问题都按无限自由度体系考虑，则不仅计算复杂，有时甚至是不可能的，而且往往也是没有必要的。

在确定结构的动力计算简图时，可以略去次要因素而将问题简化。简化具有两个原则：忽略梁、刚架的轴向变形；忽略集中质量的转动惯量。将实际无限自由度振动问题近似地转化为有限自由度振动问题的方法，主要有集中质量法、广义坐标法等。

（1）集中质量法。集中质量法是将体系连续分布的质量按照一定规则集中到结构的某个或某些位置，而其余位置不存在质量，这是一种近似处理方法。

图 11-5（a）所示的简支梁跨中安装一台电动机。当梁本身的质量远小于电动机质量时，可以忽略不计梁自身的质量，取图 11-5（b）所示的计算简图。如前所述，当忽略电动机质量的转动惯量时，电动机的集中质量可以视为质点；当忽略梁的轴向变形时，电动机质量只能在竖直 y 方向振动。因此，质量 m 的几何位置可以由挠度 $y(t)$ 确定，该体系的动力自由度等于 1，这种体系称为单自由度体系。

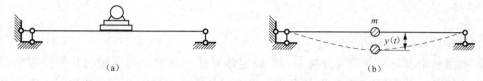

图 11-5

图 11-6（a）所示的厂房，相对于柱子而言，桁架屋顶质量较大，可以简化为集中质量 m，并将两根柱子合并为一根柱子，抗弯刚度为 $2EI$，如图 11-6（b）所示，该体系动力自由度为 1。

图 11-7（a）所示两层平面刚架在水平动力荷载作用下作水平振动时，横梁沿竖直方向的振动很小，可以忽略不计。计算时可把梁柱的质量集中在结点上，如图 11-7（b）所示，简化后的体系有 4 个集中质量，对应于 4 个水平位移。若忽略梁、柱的轴向变形，则 $y_1 = y_2$、$y_3 = y_4$，故该体系有 2 个动力自由度。

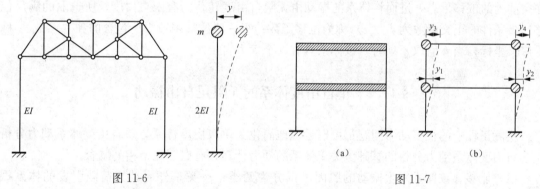

图 11-6   图 11-7

图 11-8 所示悬臂刚架的计算简图，梁端部有一集中质量。刚架振动时，集中质量既有水平位移 x，又有竖向位移 y。决定质量位置的独立几何参数有 2 个，因此该体系具有 2 个动力自由度。

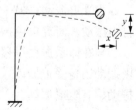

图 11-8

由上面例子可以得到以下结论：

1）体系的动力自由度数目不一定等于体系的集中质量数目。

2）体系的动力自由度数目与体系的静定或超静定性质无关。

3）体系的动力自由度数目与计算精度有关，例如图 11-7（b）所示的刚架，若考虑梁、柱的轴向变形，则体系的动力自由度数目将相应地增加。

（2）广义坐标法。图 11-9 所示的外伸梁截面抗弯刚度 $EI = \infty$，表示该梁不能发生弯曲变形，只能发生刚体转动。虽然体系具有 3 个集中质量 m_1、m_2 和 m_3，但是这 3 个集中质量的位置只用一个几何参数 $\alpha(t)$ 便可确定，因此该体系具有 1 个动力自由度。

体系的动力自由度是一个数字，例如图 11-9 所示外伸梁的动力自由度为 1，描述该动力自由度的几何参数是 $\alpha(t)$。为了方便，以下直接叙述为"该体系具有 1 个动力自由度 $\alpha(t)$"。

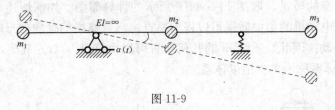

图 11-9

由本例可以得到以下结论：

1）动力自由度是指在动力分析中，为确定体系任一时刻全部质量的几何位置所需要的"独立"几何参数的数目，"独立"的含义是指确定各质量位置的几何参数之间不能存在几何相关性。在本例中，确定 3 个集中质量 m_1、m_2 和 m_3 的位置时，可以采用 3 个竖向坐标 y_1、y_2 和 y_3 进行描述，但是根据相似三角形原理可以看出 y_1、y_2 和 y_3 之间存在几何相关性，均与梁的刚体转角 $\alpha(t)$ 有关。

2）在本例中，采用了梁的刚体转角 $\alpha(t)$ 作为该体系的动力自由度，而前面几个例子则采用集中质量的水平位移 x、竖向位移 y 作为体系的动力自由度。由此可见，描述体系动力自由度的参数并不仅仅局限于集中质量的线位移，也可以采用某质量杆件的转角位移。进一步推广，还可以从数学角度采用其他形式的参数或者函数来描述体系的位移形态。

广义坐标法是从数学角度选取满足位移边界条件的正交函数列 $\phi_k(x)$，构造出质量运动在空间上的位移形态，进而将体系的振动由无限自由度转化为有限自由度。所选取的满足位移边界条件的正交函数列 $\phi_k(x)$ 称为位移函数；每一项位移函数中所包含的独立参数 α_k 称为广义坐标；当 k 值取 n 项时，该体系具有 n 个动力自由度。

§11.2　单自由度体系的无阻尼自由振动

实际工程中的很多动力问题都可以近似地简化为单自由度体系，单自由度体系动力分析是多自由度体系动力分析的基础。关于体系的动力计算，有以下几个相关概念。

（1）能够导致体系发生振动的原因可以分为两类：一类是外界动力荷载引发的体系振动，称为受迫振动；另一类是通过对质量施加初始位移或者初始速度而激发的体系振动，称为自由振动。研究自由振动是研究受迫振动的基础。

（2）在体系振动过程中，由于摩擦等原因而引起的振动能量耗散效应称为阻尼。无论是自由振动还是受迫振动，都可以根据实际情况决定是否考虑阻尼效应。体系振动可分为无阻尼振动、有阻尼振动。

在结构动力学中，将描述体系质量运动随时间变化规律的方程称为体系的动力方程，一般可以通过两种途径建立体系的动力方程。

（1）根据达朗贝尔（D'Alembert）原理引入惯性力的概念，认为在质量运动的每一瞬间，作用于质量上的所有外力除了外荷载之外，还存在假想的惯性力。质量在任一瞬时均处于假想的平衡状态，称为动平衡状态。这种方法是将建立体系动力方程的问题转化为静力学问题，称为动静法。当采用动静法建立体系动力方程时，可以从力系平衡的角度出发，称为刚度法；也可以从位移协调的角度出发，称为柔度法；还可以应用虚功原理建立体系动力方程，称为虚功法。

（2）利用哈密顿（Hamilton）原理或者拉格朗日（Lagrange）原理，通过对表示能量关系的泛函的变分建立体系的动力方程。

11.2.1　刚度法计算单自由度体系的无阻尼自由振动

1. 刚度法建立单自由度体系的动力方程

刚度法是取体系质量为隔离体，由隔离体的动平衡条件建立质量动力方程的方法。图 11-10（a）所示的悬臂柱顶端有一集中质量 m，并受到动力荷载 F_P（t）的作用。当柱本身的质量与集中质量 m 相比可以忽略时，可以采用图 11-10（b）所示的计算简图，由刚体质量、无质量的弹簧以及代表对运动产生阻力的阻尼器所构成的体系作为分析模型，图中的 k 和 c 分别表示弹簧的刚度系数和阻尼器的阻尼系数。现以质量的静平衡位置作为平衡原点，以 y 表示质量的动位移，其速度 $\dot{y}$ 和加速度 $\ddot{y}$ 均取与 y 方向相同为正。取任一瞬间的质量为隔离体，如图 11-10（c）所示。

沿运动方向作用于质量隔离体上的荷载有：

（1）动力荷载 F_P（t）。

（2）弹性恢复力 F_S，即弹簧对质量的作用力。F_S 大小与质量位移 y 成正比，但方向相反，起到使质量返回静平衡位置的作用，即

$$F_S = -ky \qquad (a)$$

式中：k 称为体系的动力刚度系数，它表示使质量沿动力自由度方向发生单位位移时所需施加的力。

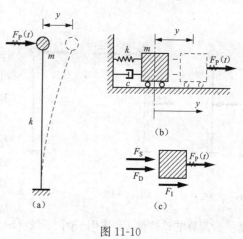

图 11-10

（3）阻尼力 F_D，它反映了结构变形中材料的内摩擦、结构与支承之间的摩擦以及周围介质的作用等因素所引起的对质量运动的阻力。有关阻尼的理论有很多种，通常采用粘滞阻尼理论，它假设运动体系的能量耗散是由阻尼引起的，阻尼力与质量运动的速度成正比，而方向与速度方向相反，即

$$F_D = -c\dot{y} \qquad (b)$$

式中：c 称为粘滞阻尼系数。

其他类型的阻尼也常可化作等效粘滞阻尼处理。

（4）惯性力 F_I，它的大小等于质量 m 与其加速度 $\ddot{y}$ 的乘积，而方向与加速度方向相反，即

$$F_I = -m\ddot{y} \qquad (c)$$

根据达朗贝尔原理，可列出图 11-10（c）所示质量隔离体的动平衡方程

$$F_I + F_D + F_S + F_P(t) = 0 \qquad (d)$$

将式（a）～式（c）代入式（d），可得

$$m\ddot{y} + c\dot{y} + ky = F_P(t) \qquad (11-1)$$

式（11-1）就是单自由度体系的一般动力方程，它是一个二阶常系数线性微分方程。

在采用刚度法建立单自由度体系动力方程式（11-1）时，需注意以下两个问题。

(1) 在建立质量隔离体的动平衡方程式（11-1）时，涉及的所有力均是直接作用在质量上的，并且是沿着质量动力自由度的方向建立平衡方程。有时候动力荷载并不直接作用在质量上，例如图 11-11（a）所示的体系。这种情况下，如图 11-11（b）所示首先在质量上附加一个支座链杆，此时附加支座链杆将产生支座反力 $F_E(t)$；然后如图 11-11（c）所示将支座反力 $F_E(t)$ 反方向施加在质量上。从受力角度来看，图 11-11（a）所示体系等于图 11-11（b）和图 11-11（c）两种状态的叠加；从位移角度来看，图 11-11（b）所示体系中的质量位移为零。因此可以推断出：对于质量 m 而言，图 11-11（a）所示体系的质量位移与图 11-11（c）所示体系的质量位移完全相同。

结构动力分析的目标首先是分析体系质量的运动情况，因此从质量位移这个角度来看，可以通过计算图 11-11（c）所示体系的质量位移来代替图 11-11（a）所示体系的质量位移。当然，如果计算图 11-11（a）杆件上其他点的位移，则必须是图 11-11（b）、图 11-11（c）杆件位移二者之和。因此，当动力荷载并不直接作用在质量上时，单自由度体系的一般动力方程式（11-1）可以写作

$$m\ddot{y} + c\dot{y} + ky = F_E(t)$$

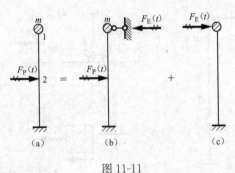

图 11-11

式中：$F_E(t)$ 称为等效动力荷载，可以根据位移法中单跨超静定梁的载常数来确定，参见图 11-11（b）。当体系不是单跨超静定梁时，可以采用力法或其他方法计算出附加支座链杆的支座反力 $F_E(t)$。

(2) 常量力（即静力荷载）仅使体系产生静位移和静内力，对体系的动位移和动内力无任何影响。式（11-1）中的质量位移 y 是指由静平衡位置起算的动位移。例如，图 11-12（a）所示体系质量的竖向总位移由两部分组成：重力作用下的静位移 y_{st}、由静平衡位置起算的动位移 y。作用于图 11-12（b）所示隔离体上的力除了动力荷载 $F_P(t)$ 以外，还有弹性恢复力 $F_S = -k(y_{st}+y)$、惯性力 $F_I = -m(\ddot{y}_{st}+\ddot{y})$，阻尼力 $F_D = -c(\dot{y}_{st}+\dot{y})$ 以及重力 W。根据质量隔离体的平衡条件，并注意 y_{st} 是与时间 t 无关的常数，即 $\dot{y}_{st}=\ddot{y}_{st}=0$，则有

$$m\ddot{y} + c\dot{y} + k(y_{st}+y) = F_P(t) + W$$

将 $W=ky_{st}$ 代入上式，即可得到式（11-1）的动力方程。可见，无论静位移是否存在，质量的动力方程仍然是相同的。图 11-10（a）与图 11-12（a）两种情况下的动位移和动内力相同，而总位移和总内力是不同的。

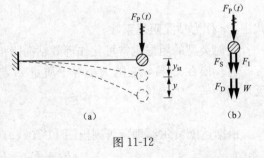

图 11-12

如前所述，体系的动力自由度不仅仅局限于质量沿着某个方向的线位移，也可以是转角位移。刚度法是以质量为研究对象，建立"相应于该质量的每一个动力自由度方向"上的动平衡方程。当体系动力自由度是转角位移的时候，动平衡方程将是关于某一点的力矩平衡方程。

【例 11-1】 试用刚度法建立图 11-13（a）所示体系的动力方程。设 AB 为弹性杆，质量可以忽略；BC 为刚性杆，单位长度上的质量为 $\bar{m}$。

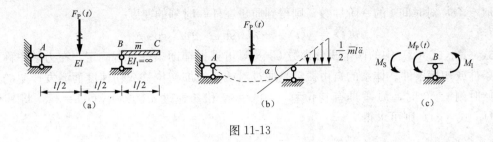

图 11-13

解　该体系仅有一个动力自由度，可设 B 截面的转角 α 为广义坐标，如图 11-13（b）所示。此时，作用于分布质量 $\bar{m}$ 上的惯性力呈三角形分布，其端部集度为 $\frac{1}{2}\bar{m}l\ddot{\alpha}$。

B 结点的隔离体如图 11-13（c）所示，惯性力对 B 结点的力矩为

$$M_{\mathrm{I}} = -\frac{1}{2}\times\frac{l}{2}\times\frac{1}{2}\bar{m}l\ddot{\alpha}\times\frac{2}{3}\times\frac{l}{2} = -\frac{\bar{m}l^3}{24}\ddot{\alpha}$$

动力荷载以及弹性恢复力所引起的 B 截面上的弯矩，可以根据位移法中单跨超静定梁的载常数、形常数直接求得，即

$$M_{\mathrm{P}}(t) = \frac{3l}{16}F_{\mathrm{P}}(t)$$

$$M_{\mathrm{S}} = -\frac{3EI}{l}\alpha$$

根据 B 结点的力矩平衡条件 $M_{\mathrm{I}}+M_{\mathrm{P}}+M_{\mathrm{S}}=0$，可以求得体系的动力方程为

$$\bar{m}\ddot{\alpha}+\frac{72EI}{l^4}\alpha = \frac{9}{2l^2}F_{\mathrm{P}}(t)$$

2. 单自由度体系无阻尼自由振动微分方程的求解

单自由度体系的刚度型动力方程如式（11-1）所示，它是一个二阶常系数线性微分方程。在没有动力荷载作用的情况下所发生的振动称为自由振动，体系的自由振动可以通过对质量施加初始位移或初始速度而激发产生。自由振动规律反映了体系自身所固有的动力特性，与外界动力荷载的形式没有任何关系。但是，体系在动力荷载作用下的受迫振动响应，却与体系自身的动力特性密切相关。

体系的自由振动可分为无阻尼、有阻尼两种情况。在式（11-1）中取 $F_{\mathrm{P}}(t)=0$，并除去粘滞阻尼力 $c\dot{y}$ 项，即可得到单自由度体系无阻尼自由振动的刚度法动力方程

$$m\ddot{y}+ky=0 \tag{11-2}$$

令

$$\omega^2 = \frac{k}{m} \tag{e}$$

则式（11-2）可写作

$$\ddot{y}+\omega^2 y=0 \tag{11-3}$$

式（11-3）是一个常系数齐次线性微分方程。常系数是指 $\ddot{y}$、y 的系数 1、ω^2 均为常数；齐次是指方程的常数项（即不包含未知量的项）为 0；线性是指方程中的每一项仅由 $\ddot{y}$、y 构成，不存在耦合项 $\ddot{y}\dot{y}$、$\ddot{y}y$ 等。齐次微分方程的全解仅由方程的通解构成，式（11-3）的通解为

$$y(t) = C_1\cos\omega t + C_2\sin\omega t \tag{f}$$

取 $y(t)$ 对时间 t 的一阶导数，则得到质量在任一时刻的速度

$$v(t) = \dot{y}(t) = -\omega C_1 \sin\omega t + \omega C_2 \cos\omega t \tag{g}$$

式（f）、式（g）中的两个积分常数 C_1、C_2 可根据辅助条件进行确定，在力学中称之为边界条件或初始条件。体系的自由振动是通过对质量施加初位移或初速度而激发产生的，设在初始时刻 $t=0$ 时，质量具有初位移 $y(0)=y_0$ 和初速度 $v(0)=\dot{y}(0)=v_0$，将其代入式（f）、式（g），则可求得

$$C_1 = y_0, \quad C_2 = \frac{v_0}{\omega}$$

于是，动位移 $y(t)$ 的表达式（f）可写为

$$y(t) = y_0\cos\omega t + \frac{v_0}{\omega}\sin\omega t \tag{11-4}$$

可见，单自由度体系无阻尼自由振动时，质量的动位移由变化频率相同的两部分组成：一部分是由初位移 y_0 引起的，并以 y_0 为幅值按余弦规律振动；另一部分是由初速度 v_0 引起的，并以 $\dfrac{v_0}{\omega}$ 为幅值按正弦规律振动，两者之间的相位差为 $\dfrac{\pi}{2}$。

将式（11-4）按照三角变换规律改写成单项式的形式

$$y(t) = A\sin(\omega t + \alpha) \tag{11-5a}$$

其中

$$\begin{cases} A = \sqrt{y_0^2 + \left(\dfrac{v_0}{\omega}\right)^2} \\ \alpha = \arctan\dfrac{y_0\omega}{v_0} \end{cases} \tag{11-5b}$$

由式（11-5）可知，单自由度体系无阻尼自由振动的质量是以其静平衡位置为中心作往复简谐振动。参数 A 代表了振动的最大位移幅度，称为振幅；α 称为初始相位角。质量的动位移 $y(t)$ 随时间 t 的变化规律称为位移时程曲线。单自由度体系无阻尼自由振动的位移时程曲线如图 11-14 所示。

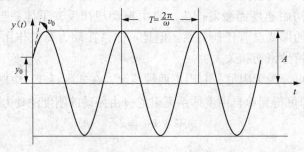

图 11-14

3. 单自由度体系无阻尼自由振动的自振周期、自振频率

单自由度体系无阻尼自由振动是一种周期性的简谐运动，质量完成一周简谐运动所需的时间 T 称为体系的自振周期，单位为 s（秒），其计算公式为

$$T = \frac{2\pi}{\omega} \tag{11-6}$$

体系在单位时间内的振动次数称为体系的工程频率 f，其常用单位为 Hz（赫兹），且

$$f = \frac{1}{T} \tag{11-7}$$

由式（11-6）可以看出，旋转向量的角速度 ω 是体系在 2π 秒内振动的次数，故将 ω 称为角频率。在结构动力学中，通常将体系自由振动时的角频率 ω 称为自振频率；当体系作有阻尼自由振动时，其自振频率会发生相应变化。

由式（e）可以得到自振频率 ω 的计算公式为

$$\omega = \sqrt{\frac{k}{m}} \tag{11-8}$$

相应地，结构自振周期 T 的计算公式为

$$T = 2\pi\sqrt{\frac{m}{k}} \tag{11-9}$$

自振频率是结构重要的动力特性之一，由以上分析可以得到以下结论：

（1）自振频率仅取决于体系自身的质量和刚度，与外界激发振动的原因无关。它是体系自身所固有的属性，也称为固有频率。同理，自振周期也称为固有周期。T 和 ω 是反映结构动力特性的重要参数。

（2）单自由度体系的自振频率和"刚度与质量比值的平方根"成正比。刚度越大或质量越小，则自振频率越高；反之则自振频率越低。因体系在外界动荷载作用下（即受迫振动）的响应与自振频率有关，所以在结构设计时，可以利用这种规律调整体系的自振频率，以达到结构减振的目的。

在应用式（11-8）、式（11-9）求体系的自振频率、自振周期时，通常要首先求出体系的动力刚度系数 k。需要注意的是，这里的 k 并不是某根杆件或者某个弹簧的刚度系数；k 是使质量沿着动力自由度方向发生单位位移时，需要在质量上沿着动力自由度方向施加的力。对于超静定结构来说，有时候可以利用位移法中的形常数比较方便地求出动力刚度系数 k。但是应注意，为了计算动力刚度系数 k 而假设质量发生单位线位移，并采用单跨超静定梁的形常数时，体系各结点的转角并未像在位移法中那样具有附加刚臂的约束。因此，由单位位移引起的杆端内力有时候需要结合弯矩分配法或位移法求得。

【例 11-2】　图 11-15（a）所示为一门式刚架。两立柱的截面抗弯刚度分别为 E_1I_1 和 E_2I_2，立柱高度为 h，横梁的截面抗弯刚度 $EI=\infty$，横梁总质量为 m，立柱质量不计。求刚架作水平振动时的自振频率。

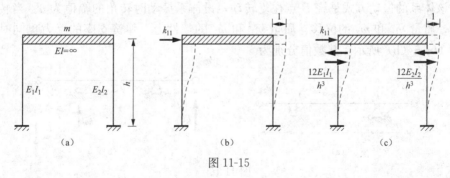

图 11-15

解　如果忽略杆件的轴向变形，则横梁上各质点的水平位移相等；由于横梁的截面抗弯刚度 $EI=\infty$，则横梁不会发生弯曲变形。因此该体系动力自由度为 1，即横梁质量作水平线位移运动。

该体系为超静定结构，体系的动力刚度系数 k 如图 11-15（b）中所示的 k_{11}。注意到横梁的截面抗弯刚度 $EI=\infty$，横梁不会发生弯曲变形，即梁柱结点的转角位移为 0，因此可通

过两端固定端的单跨超静定梁的形常数，得到横梁产生单位水平位移时的左右两柱的柱端剪力分别为 $\dfrac{12E_1 I_1}{h^3}$、$\dfrac{12E_2 I_2}{h^3}$。因而，使横梁产生单位水平位移需要在横梁质量上所施加的力 k_{11}〔见图 11-15（c）〕为

$$k_{11} = \frac{12}{h^3}(E_1 I_1 + E_2 I_2)$$

由式（11-8）可求得刚架水平振动时的自振频率为

$$\omega = \sqrt{\frac{k_{11}}{m}} = \sqrt{\frac{12(E_1 I_1 + E_2 I_2)}{mh^3}}$$

4. 单自由度体系无阻尼自由振动的幅值方程

简谐自由振动是最基本的振动形式，式（11-5a）给出了简谐自由振动的位移公式，由此可以推导出简谐自由振动时质量的加速度为

$$\ddot{y}(t) = -A\omega^2 \sin(\omega t + \alpha)$$

进一步可以得到质量的惯性力为

$$F_1(t) = -m\ddot{y}(t) = mA\omega^2 \sin(\omega t + \alpha)$$

由此可知，在无阻尼自由振动中，位移 $y(t)$、加速度 $\ddot{y}(t)$ 和惯性力 $F_1(t)$ 均按正弦规律作相位角相同的同步运动。因此，这三者将在同一时刻〔即当 $\sin(\omega t + \alpha) = 1$ 时〕同时达到各自的最大值（幅值），分别为

$$y_{\max} = A, \quad \dot{y}_{\max} = -A\omega^2, \quad F_{I,\max} = mA\omega^2 \tag{11-10}$$

体系振动的动力方程表达了体系质量在某一瞬时 t 时刻的动平衡状态，建立在 $\sin(\omega t + \alpha) = 1$ 时刻的动平衡方程，则单自由度体系无阻尼自由振动的动力方程式（11-2）变为

$$-mA\omega^2 + kA = 0 \tag{11-11}$$

在 $\sin(\omega t + \alpha) = 1$ 时刻，质量的位移、惯性力均处于最大值（幅值）状态，此时式（11-11）中将不包含时间 t。于是，微分方程式（11-2）转化为代数方程式（11-11），使计算得到简化。这种方法建立的方程称为体系振动的幅值方程，由幅值方程式（11-11）可以很方便地计算出体系的自振频率 ω。

【例 11-3】 求图 11-16（a）所示体系的自振频率，支座 C 的弹簧刚度系数为 k。

解 该体系的振动方式是绕 B 点往复转动，设体系振动时转角的幅值为 α。当转角达到幅值 α 时，质量 m_1 和 m_2 的位移、质量 m_1 和 m_2 的惯性力、弹簧支座的反力也同时达到幅值，如图 11-16（b）所示，其数值分别为

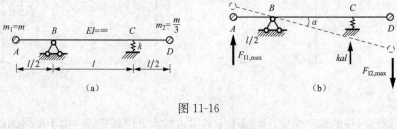

图 11-16

$$F_{I1,\max} = m_1 \omega^2 A_1 = \frac{1}{2}m\omega^2 \alpha l$$

$$F_{I2,\max} = m_2 \omega^2 A_2 = \frac{m}{3}\omega^2 \cdot \frac{3\alpha l}{2} = \frac{1}{2}m\omega^2 \alpha l$$

在幅值处列出 B 点的弯矩平衡方程（即幅值方程）

$$\sum M_B = 0, \quad \frac{1}{2}m\omega^2 \alpha l \cdot \frac{l}{2} + \frac{1}{2}m\omega^2 \alpha l \cdot \frac{3}{2}l - k\alpha l \cdot l = 0$$

由上式可以求得体系的自振频率为

$$\omega = \sqrt{\frac{k}{m}}$$

11.2.2　柔度法计算单自由度体系的无阻尼自由振动

1. 柔度法建立单自由度体系的动力方程

柔度法是按照位移条件来导出体系动力方程。尽管我们的目的是研究质量的位移，但是柔度法通常并不以质量为分析对象，而是以体系结构为隔离体，并以"与质量相连接的体系连接点"为分析对象，例如与质量相连接的杆件端部或者弹簧端部等。仍以图 11-10（b）所示的体系为例，柔度法是以"与质量相连接的弹簧端部"为分析对象，旨在推导出"与质量相连接的弹簧端部"的位移，当然这也就是质量的位移。为此，首先要分析作用在体系上的荷载。

如图 11-10（c）所示，根据质量的平衡方程可以得到弹性恢复力为

$$F_S = -[F_I + F_D + F_P(t)] \tag{h}$$

当以质量为分析对象时，质量受到的弹性恢复力 F_S 如式（h）所示；当以弹簧为分析对象时，弹簧端部受到的荷载则为

$$F_S' = -F_S = F_I + F_D + F_P(t) \tag{i}$$

由此可知，"与质量相连接的弹簧端部"的位移（也就是质量的位移）为

$$y(t) = \delta[F_I + F_D + F_P(t)] \tag{j}$$

式中：δ 称为动力柔度系数，表示单位力作用下弹簧发生的位移，其值与式（11-1）中的动力刚度系数 k 互为倒数。

将阻尼力 F_D 表达式（b）、惯性力 F_I 表达式（c）代入式（j），可得以动力柔度系数 δ 表示的单自由度体系动力方程为

$$m\ddot{y} + c\dot{y} + \frac{1}{\delta}y = F_P(t) \tag{11-12}$$

可以将式（j）理解为：在振动过程中，质量产生的惯性力 F_I、质量受到的阻尼力 F_D 和外界动力荷载 $F_P(t)$，都直接作用在体系结构上，然后以体系结构为分析对象，采用柔度法建立"体系与质量相连接点"处的位移表达式，这也就是质量的位移。

当动力荷载不是沿动力自由度方向直接作用于质量上时，式（j）中的动力柔度系数 δ 应作相应处理。例如对于图 11-11（a）所示的体系，动力荷载 $F_P(t)$ 作用在杆件的点 2 位置处。我们知道，无论动力荷载 $F_P(t)$ 作用在什么位置，惯性力 F_I、阻尼力 F_D 永远作用在质量上。因此，如果以图 11-11（a）所示体系中的悬臂柱为分析对象，那么该悬臂柱上总共作用着三种外荷载：质量的惯性力 F_I、阻尼力 F_D 作用在点 1 处；外界动力荷载 $F_P(t)$ 作用在点 2 处。因此，悬臂柱点 1 的位移（即质量的位移）表达式为

$$y(t) = \delta_{11}F_I + \delta_{11}F_D + \delta_{12}F_P(t) \tag{k}$$

式中：δ_{11} 为点 1 施加单位力所引起的点 1 位移；δ_{12} 为点 2 施加单位力所引起的点 1 位移。

将阻尼力 F_D 表达式（b）、惯性力 F_I 表达式（c）代入式（k），可以得到柔度法表示的动力方程为

$$my\ddot{y} + c\dot{y} + \frac{1}{\delta_{11}}y = \frac{\delta_{12}}{\delta_{11}}F_P(t) \qquad (1)$$

令 $F_E(t) = \dfrac{\delta_{12}}{\delta_{11}}F_P(t)$，则 $F_E(t)$ 即为图 11-11（c）中的等效动力荷载。

【例 11-4】 试用柔度法建立图 11-13（a）所示体系的动力方程。

解　本题的目的是推导出体系的动力自由度 α 的表达式，即体系的动力方程。由图 11-13 可知，杆件 AB 上作用着两个外部荷载：一个是质量 BC 的惯性力对杆件 B 截面施加的集中力偶 M_I，计算表达式参见 [例 11-1]；另一个是在杆件 AB 中点施加的动力荷载 $F_P(t)$。在这两个外部荷载共同作用下，杆件 B 截面的转角 α 表达式为

$$\alpha = \delta_{11}M_I + \delta_{12}F_P(t)$$

式中：δ_{11} 为在 B 结点施加单位力矩所引起的 B 截面转角；δ_{12} 为在梁 AB 中点施加单位力所引起的 B 截面转角，如图 11-17 所示。

利用图 11-17 所示的单位弯矩图，采用图乘法可计算柔度系数为

$$\delta_{11} = \frac{1}{EI} \times \frac{l}{2} \times 1 \times \frac{2}{3} = \frac{l}{3EI}, \quad \delta_{12} = \frac{1}{EI} \times \frac{l}{2} \times \frac{l}{4} \times \frac{1}{2} = \frac{l^2}{16EI}$$

将柔度系数 δ_{11}、δ_{11} 和惯性力矩 $M_I = -\dfrac{\overline{m}l^3}{24}\ddot{\alpha}$ 代入 B 截面转角 α 的表达式中，可得体系的动力方程为

$$\overline{m}\ddot{\alpha} + \frac{72EI}{l^4}\alpha = \frac{9}{2l^2}F_P(t)$$

这与 [例 11-1] 中采用刚度法得到的结果相同。

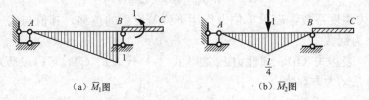

(a) $\overline{M}_1$图　　　　　　　　　　(b) $\overline{M}_2$图

图 11-17

2. 单自由度体系无阻尼自由振动微分方程的求解

单自由度体系的柔度型动力方程如式（11-12）所示，在式（11-12）中取 $F_P(t)=0$，并除去粘滞阻尼力 $c\dot{y}$ 项，即可得到单自由度体系无阻尼自由振动的柔度法动力方程

$$m\ddot{y} + \frac{1}{\delta}y = 0 \qquad (11\text{-}13)$$

对比式（11-2）和式（11-13）可知，单自由度体系无阻尼自由振动的柔度型动力方程求解过程与刚度型动力方程求解过程（参见 11.2.1 节）完全相同，只需将 $k = \dfrac{1}{\delta}$ 代入即可。

3. 单自由度体系无阻尼自由振动的自振周期、自振频率

将 $k = \dfrac{1}{\delta}$ 代入式（11-8），可以得到以动力柔度系数 δ 表达的自振频率 ω 为

$$\omega = \sqrt{\frac{k}{m}} = \sqrt{\frac{1}{m\delta}} \qquad (11\text{-}14)$$

将 $k=\dfrac{1}{\delta}$ 代入式（11-9），可以得到以动力柔度系数 δ 表达的自振周期 T 为

$$T = 2\pi \sqrt{\frac{m}{k}} = 2\pi \sqrt{m\delta} \tag{11-15}$$

在应用式（11-14）、式（11-15）求体系自振频率、自振周期时，通常要首先求出体系的动力柔度系数 δ。需要注意的是，这里的 δ 并不是某根杆件或者某个弹簧的柔度系数；δ 是在质量上沿着动力自由度方向施加单位力时，质量沿着动力自由度方向所发生的位移。

一般地说，静定结构在单位荷载作用下的弯矩图容易获得，因此动力柔度系数 δ 可比较容易地通过图乘法求得；而对于超静定结构来说，大多数情况下获得动力刚度系数 k 较为方便。

【例 11-5】 图 11-18（a）所示为一水塔的简化图形，设顶端集中重物重 W，塔身的截面抗弯刚度 EI 为常数。求塔顶重物的水平自振周期。

解　该水塔的计算简图如图 11-18（b）所示，该体系具有 1 个动力自由度，即集中重物 W 沿水平方向的线位移。该体系为静定结构，求体系的动力柔度系数 δ 较为方便。求解 δ 的问题就是静定结构在单位荷载作用下的位移计算问题，$\overline{M}_1$ 图如图 11-18（c）所示，采用图乘法计算出体系动力柔度系数 δ 为

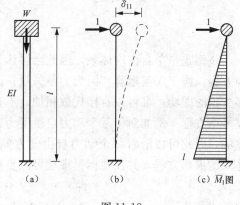

图 11-18

$$\delta_{11} = \frac{l^3}{3EI}$$

由式（11-14）、式（11-15）求得体系自振频率和自振周期为

$$\omega = \sqrt{\frac{1}{m\delta_{11}}} = \sqrt{\frac{g}{W\delta_{11}}} = \sqrt{\frac{3EIg}{Wl^3}}, \quad T = \frac{2\pi}{\omega} = 2\pi \sqrt{\frac{Wl^3}{3EIg}}$$

*4. 虚功法建立单自由度体系的动力方程

建立单自由度体系动力方程的方法除了刚度法、柔度法之外，有时候还会用到虚功法。虚功法是以原体系作为真实的力状态，同时对体系瞬时动平衡位置施加无限小的虚位移，并以此作为虚拟的位移状态，通过对体系建立虚功方程，进而得到体系的动力方程。

仍以图 11-10（b）所示的体系为例，并将原体系作为真实的力状态，如图 11-19（a）所示。对体系瞬时动平衡位置施加无限小的虚位移 δu，并以此作为虚拟的位移状态，如图 11-19（b）所示。

如果以质量块为分析对象，则作用在质量块隔离体上的外力包括惯性力 F_I、恢复力 F_S、阻尼力 F_D、外界动力荷载 $F_P(t)$，如图 11-19（c）所示。将质量块视为刚体（即虚变形能为 0），则虚功方程为

$$F_I \cdot \delta u + F_D \cdot \delta u + F_S \cdot \delta u + F_P(t) \cdot \delta u = 0 \tag{m}$$

如果以质量块和弹簧共同组成的体系作为分析对象，则体系上的外力包括惯性力 F_I、阻尼力 F_D、外界动力荷载 $F_P(t)$，而恢复力 F_S 将作为质量块与弹簧之间的体系内力，此时建立的体系虚功方程的实质是外力虚功等于体系所接受的虚变形能。在图 11-19（b）所示的体系中，

能够产生虚变形能的部件只有弹簧，注意到弹簧的内力为$-F_S$，则体系的虚变形能为$-F_S \cdot \delta u$。因此，体系的虚功方程为

$$F_I \cdot \delta u + F_D \cdot \delta u + F_P(t) \cdot \delta u = -F_S \cdot \delta u \tag{n}$$

显然，式（m）和式（n）是完全等效的，将式中的虚位移 δu 约去，可以得到与前面相同的动力方程。

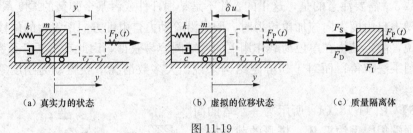

（a）真实力的状态　　　（b）虚拟的位移状态　　　（c）质量隔离体

图 11-19

该例题是单自由度体系，因此会误认为虚功法并没有显著优点。静力法是建立体系的平衡方程，属于矢量运算，因为力是矢量；而虚功法中的每一项虚功都是标量，无论体系中有多少项的虚功，都可以直接代数相加，不必像静力法那样必须沿着各动力自由度方向分别建立平衡方程。例如对于某个动力自由度为 n 的体系，由于动力自由度之间的位移都是相互独立的，因此可以沿着每个动力自由度方向分别施加微小的虚位移 δu_1、δu_2、$\cdots$、δu_n，建立体系的虚功方程，并注意标量虚功可以直接进行代数相加，将得到如下形式的虚功方程

$$f_1 \cdot \delta u_1 + f_2 \cdot \delta u_2 + \cdots + f_n \cdot \delta u_n = 0$$

由于虚位移 δu_1、δu_2、$\cdots$、δu_n 是任意的，因此保证上式恒等于 0 的条件是

$$f_1 = 0, \quad f_2 = 0, \quad \cdots, \quad f_n = 0$$

上式就是按照静力法得到的 n 个动力方程，采用虚功法可以一次性获得 n 个动力方程。当体系发生虚位移的几何变形图很容易获得时（例如体系仅能发生刚体位移），采用虚功法建立多自由度体系的动力方程更加方便些。

§11.3　单自由度体系的无阻尼受迫振动

11.3.1　简谐荷载作用下单自由度体系的无阻尼受迫振动

体系在动力荷载作用下产生的振动称为受迫振动，研究体系受迫振动的规律是结构动力学的主要目的。当 $F_P(t) \neq 0$ 时，运动一般方程式（11-1）为二阶常系数非齐次微分方程，非齐次是指微分方程的常数项非零。根据常微分方程理论可知，此时微分方程的全解由两部分组成：一是相应齐次方程［即 $F_P(t)=0$］的通解，即自由振动的解答；二是非齐次方程的特解。微分方程的全解是通解与特解之和。

在式（11-1）中去除阻尼项 $c\dot{y}$，即可得到单自由度体系无阻尼受迫振动的动力方程

$$m\ddot{y} + ky = F_P(t) \tag{11-16}$$

或

$$\ddot{y} + \omega^2 y = \frac{F_P(t)}{m} \tag{11-17}$$

微分方程式（11-16）的全解是通解与特解之和，而对于不同类型的外界动力荷载

$F_P(t)$，其相应的特解是不同的，本节讨论简谐荷载作用下单自由度体系的无阻尼受迫振动。

1. 动位移分析

简谐荷载是一种常见动力作用，一般可表达为

$$F_P(t) = F\sin\theta t \tag{a}$$

式中：θ 为简谐荷载的角频率，F 为简谐荷载的幅值。

将式（a）代入式（11-17），可得简谐荷载作用下的单自由度无阻尼体系的动力方程为

$$\ddot{y} + \omega^2 y = \frac{F}{m}\sin\theta t \tag{11-18}$$

先求解式（11-18）的特解，特解的解答并不是唯一的，只要能够满足式（11-18）的解答，都可以作为式（11-18）的一个特解。设式（11-18）的一个特解为

$$y^*(t) = A\sin\theta t \tag{b}$$

代入式（11-18），并消去共同因子 $\sin\theta t$ 后得

$$A = \frac{F}{m(\omega^2 - \theta^2)}$$

故式（11-18）的一个特解可表示为

$$y^*(t) = \frac{F}{m(\omega^2 - \theta^2)}\sin\theta t \tag{c}$$

式（11-18）的齐次通解仍为 11.2.1 节中式（f）的形式，因此式（11-18）的全解为

$$y(t) = C_1\cos\omega t + C_2\sin\omega t + \frac{F}{m(\omega^2 - \theta^2)}\sin\theta t \tag{d}$$

其中积分常数 C_1 和 C_2 可由初始条件（初始位移 y_0、初始速度 v_0）确定，分别为

$$C_1 = y_0, \quad C_2 = \frac{1}{\omega}\left(v_0 - \frac{F\theta}{m\omega^2} \cdot \frac{1}{1 - \frac{\theta^2}{\omega^2}}\right) \tag{e}$$

将式（c）代入式（d），可以得到简谐荷载作用下的单自由度无阻尼体系动力方程的全解为

$$y(t) = \frac{v_0}{\omega}\sin\omega t + y_0\cos\omega t - \frac{F}{m(\omega^2 - \theta^2)} \cdot \frac{\theta}{\omega}\sin\omega t + \frac{F}{m(\omega^2 - \theta^2)}\sin\theta t \tag{11-19}$$

式（11-19）中的前三项都是频率为 ω 的自由振动。其中第一、第二两项是由初始速度、初始位移引起的；第三项与初始条件无关，是伴随着动荷载产生的，称为伴生自由振动。第四项则是由激振力所引起的，并且与激振力的频率 θ 相同，称为纯受迫振动。当有阻尼存在时，前三项所代表的自由振动都将迅速衰减。因此，在实际问题中，具有重要性的主要是纯受迫振动。由于它的振幅和频率都是恒定的，因而称为稳态受迫振动。由此可见，单自由度无阻尼体系在简谐荷载作用下的稳态响应为

$$y(t) = \frac{F}{m(\omega^2 - \theta^2)}\sin\theta t = \frac{1}{1 - \frac{\theta^2}{\omega^2}} \cdot \frac{F}{m\omega^2}\sin\theta t = \mu y_{st}\sin\theta t \tag{11-20}$$

式中：y_{st} 为将动力荷载幅值 F 作为静力荷载作用于体系时所引起的静位移；而

$$\mu = \frac{y_{max}}{y_{st}} = \frac{1}{1 - \frac{\theta^2}{\omega^2}} \tag{11-21}$$

代表动位移幅值 y_{max} 与静位移 y_{st} 之比，因此 μ 称为位移动力系数。当荷载是静力荷载 F 时，质量发生静位移 y_{st}；当荷载是动力荷载 $F\sin\theta t$ 时，质量发生动位移 $y_{max}\sin\theta t$，其幅值 $y_{max}=\mu y_{st}$。静力荷载 F 和动力荷载 $F\sin\theta t$ 对体系的区别就在于是否存在惯性力，因此，位移动力系数 μ 反映了惯性力对体系位移的影响。

当计算单自由度无阻尼体系在简谐荷载作用下的稳态响应时，可以应用式（11-20）、式（11-21）方便地计算出体系的稳态位移响应，即首先计算出静位移 y_{st} 和位移动力系数 μ，然后将静位移 y_{st} 放大 μ 倍得到动位移幅值 y_{max}，最后乘以 $\sin\theta t$ 即可。

2. 动内力分析

实际工程中，我们不但关心体系的稳态位移响应，也关心体系的稳态内力响应，尤其是动内力的幅值是结构设计的重要依据之一。假设在静力荷载 F 作用下，体系某点弯矩为 M_{st}；在动力荷载 $F\sin\theta t$ 作用下，体系该点弯矩幅值为 $M_{max}=\mu_P M_{st}$，则 μ_P 称为内力动力系数。

需要注意的是，位移动力系数 μ 和内力动力系数 μ_P 并不一定相等，而且位移动力系数有时候也不能直接采用式（11-21）计算。在计算位移动力系数 μ 和内力动力系数 μ_P 过程中，总体来说要把握以下几个原则：

（1）对于单自由度体系无阻尼受迫振动，可认为体系同时承受两个外荷载：一个是外界动力荷载，一个是质量运动产生的惯性力。无论外界动力荷载作用在体系什么位置，惯性力的作用点永远都在质量处。

（2）当动力荷载作用在单自由度体系的质量上时，动力荷载与质量惯性力的作用点相同，因此可以合并为一个合力，作用点不变。质量的动位移幅值与静位移之所以不同，是因为惯性力的存在，可以定性地理解为 $(F+F_I):F=y_{max}:y_{st}=\mu$。因此，任意一点的内力动力系数 μ_P 与位移动力系数 μ 相同，可以直接采用式（11-21）计算。

（3）当动力荷载不直接作用在单自由度体系的质量上时，质量处的位移动力系数 μ 仍可采用式（11-21）计算，但此时计算质量的静位移 y_{st} 时，要采用等效动力荷载 F_E，参见11.2.1节。

（4）当动力荷载不直接作用在单自由度体系的质量上时，非质量处的位移动力系数 μ 以及各点的内力动力系数 μ_P，不能直接采用式（11-21）计算，需考虑其他途径进行计算。

（5）多自由度体系中，不仅位移动力系数 μ 和内力动力系数 μ_P 不同，而且不同截面上的位移动力系数 μ 和内力动力系数 μ_P 也各不相同，不能直接采用式（11-21）计算，需考虑其他途径进行计算。

3. 位移动力系数 μ 的变化规律

位移动力系数 μ 是描述受迫振动的一个重要指标。为进一步说明单自由度无阻尼体系在简谐荷载作用下的动力特性，现在讨论位移动力系数 μ 的变化规律。

令动荷载频率与自振频率的比值为频比，即

$$\beta=\frac{\theta}{\omega} \tag{11-22}$$

则式（11-21）可改写为

$$\mu=\frac{1}{1-\frac{\theta^2}{\omega^2}}=\frac{1}{1-\beta^2} \tag{11-23}$$

由式（11-23）可知，位移动力系数 μ 的取值取决于频比 β，两者之间的关系如图 11-20

所示。图中纵坐标取为 μ 的绝对值，当动力荷载作用于质量上时，μ 的正负号的实际意义并不大。

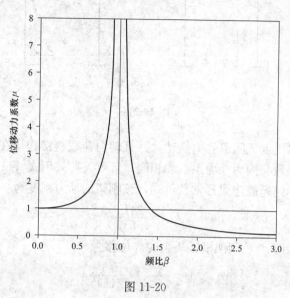

图 11-20

图 11-20 表明，对于简谐荷载作用下的单自由度无阻尼体系，稳态振动具有如下的主要特征：

（1）稳态受迫振动的频率与荷载的变化频率相同，且动位移、惯性力以及体系的内力均与激振力同时达到幅值。

（2）当 $\theta/\omega \to 0$ 时，$\mu \to 1$，表示荷载变化得很慢，可当作静力荷载处理。通常当 $\theta/\omega < 0.2$ 时，即可当作静力荷载处理。

（3）当 $0 < \theta/\omega < 1$ 时，$\mu > 1$，并且 μ 随 θ/ω 的增大而增大。

（4）当 $\theta/\omega \to 1$ 时，$\mu \to \infty$，即当荷载频率接近于自振频率时，振幅会无限增大，称为共振。实际结构中由于阻尼的存在，振幅不可能趋于无穷大，但它仍将远大于静位移的值。通常把 $0.75 < \theta/\omega < 1.25$ 的区域称为共振区。

（5）当 $\theta/\omega > 1$ 时，μ 的绝对值随 θ/ω 的增大而减小。

（6）当 θ 很大时，$\mu \to 0$，荷载变化很快，结构来不及反应，因此动位移将趋向于零。

（7）在共振前区，即 $0.75 < \theta/\omega < 1.0$ 时，为使振幅减小，可设法增大结构的自振频率，这种方法称为刚性方案；在共振后区，即 $1.0 < \theta/\omega < 1.25$ 时，则应设法减小结构的自振频率以减小振幅，这种方法称为柔性方案。例如，如果某根梁的设计频比 $\theta/\omega > 1$，处于共振后区。此时若将梁的横截面尺寸加大，则该梁的刚度增大，即体系自振频率 ω 增大，这将导致位移动力系数 μ 迅速增加，造成梁的最大应力和挠度都远超过允许值。此外，动力系数过大也容易引发钢梁的疲劳破坏。因此，在工程设计中为了避免共振现象的发生，要根据实际情况采用相应的刚性方案或柔性方案。

（8）共振现象的形成有一个能量聚集过程，所引起的振幅是由小逐渐变大的。例如，在电动机启动时，转速骤增，迅速通过共振区时，一般不会引起结构过大的内力和变形。

【例 11-6】 图 11-21（a）所示刚架，横梁 $EI_1 = \infty$，质量 m 集中于横梁。在横梁处施加动荷载 $F_P\sin\theta t$，且 $\theta = 0.5\omega$，求体系振幅和动弯矩幅值图。

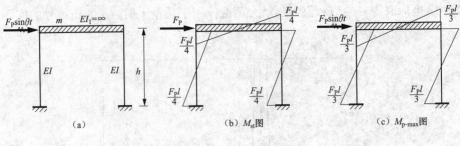

图 11-21

解 该体系是单自由度无阻尼受迫振动，并且动力荷载直接作用在质量上。因此，该体系各点处的位移动力系数与内力动力系数均相同，且可直接采用式（11-21）进行计算。

由两端固定端的单跨超静定梁形常数可知，该刚架的动力刚度为

$$k_{11} = \frac{24EI}{h^3}$$

在静力荷载 P 作用下，该刚架横梁质量的静位移为

$$y_{st} = \frac{F_P}{k_{11}} = \frac{F_P h^3}{24EI}$$

该刚架体系的位移动力系数为

$$\mu = \frac{1}{1 - \theta^2/\omega^2} = \frac{4}{3}$$

因此，该刚架体系在动力荷载 $P\sin\theta t$ 作用下的振幅为

$$A = y_{st}\mu = \frac{1}{18} \cdot \frac{F_P h^3}{EI}$$

采用位移法计算出在静力荷载 P 作用下的刚架静弯矩图 M_{st}，如图 11-21（b）所示。由于动力荷载直接作用在刚架体系的质量上，因此该体系各点处的内力动力系数均相等，且与位移动力系数相同。将静弯矩图 M_{st} 与位移动力系数 μ 相乘，即可得到在动力荷载 $F_P\sin\theta t$ 作用下的动弯矩幅值图 M_{p-max}，如图 11-21（c）所示。

【**例 11-7**】 图 11-22（a）所示的简支梁跨中有一集中质量 m，支座 A 处受简谐变化的动力偶 $M\sin\theta t$ 作用。梁的质量不计，且梁的截面抗弯刚度 EI 为常数。试求质量 m 的动位移幅值、支座 A 处截面动转角幅值、简支梁跨中处的动弯矩幅值。

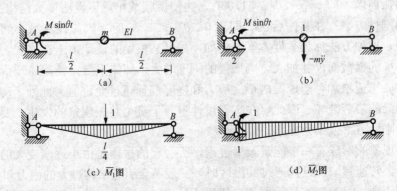

图 11-22

解 该体系是单自由度无阻尼受迫振动，但是动力荷载并未直接作用在质量上。因此，该体系各点处的内力动力系数与位移动力系数不同，不能直接采用式（11-21）进行计算。

（1）求质量 m 的动位移幅值。首先根据体系情况建立质量的动力方程，由于该体系是静定结构，宜采用柔度法。可以认为该体系同时作用有动力偶 $M\sin\theta t$、质量惯性力 $-m\ddot{y}$，标记与质量相连接的简支梁跨中处为点 1，标记动力偶作用处为点 2，如图 11-22（b）所示。采用柔度法建立质量动力方程时，是以"与质量相连接的杆件处"（即简支梁跨中处点 1）为分析对象，因为简支梁跨中处点 1 的位移与质量的位移相同。

根据叠加原理可知，简支梁点 1 的位移为

$$y(t) = \delta_{11}(-m\ddot{y}) + \delta_{12}M\sin\theta t$$

式中的柔度系数可由图 11-22（c）、图 11-22（d）所示 $\overline{M}_1$ 图、$\overline{M}_2$ 图进行图乘计算，可得

$$\delta_{11} = \frac{l^3}{48EI}, \quad \delta_{12} = \frac{l^2}{16EI}, \quad \delta_{22} = \frac{l}{3EI}$$

体系的动力刚度系数 k 的物理含义是：当质量沿着动力自由度方向发生单位位移时，需在质量上沿着动力自由度方向所施加的荷载数值。因此，对于该体系而言有 $k = \frac{1}{\delta_{11}}$，则该体系动力方程也可写作

$$m\ddot{y} + ky = \frac{\delta_{12}}{\delta_{11}}M\sin\theta t$$

这与 11.2.2 节中式（l）所述的等效动力荷载 $F_E(t) = \frac{\delta_{12}}{\delta_{11}}F_P(t)$ 相同。

将等效动力荷载幅值 $\frac{\delta_{12}}{\delta_{11}}M$ 作为静力荷载直接作用在质量处，此时质量的静位移为

$$y_{st} = \delta_{11} \cdot \frac{\delta_{12}}{\delta_{11}}M = \frac{Ml^2}{16EI}$$

体系自振频率为

$$\omega = \sqrt{\frac{1}{m\delta_{11}}} = \sqrt{\frac{48EI}{ml^3}}$$

位移动力系数仍采用式（11-21），即

$$\mu = \frac{y_{max}}{y_{st}} = \frac{1}{1 - \frac{\theta^2}{\omega^2}} = \frac{1}{1 - \frac{m\theta^2 l^3}{48EI}}$$

则质量 m 的动位移幅值为

$$y_{max} = \mu y_{st} = \mu \cdot \frac{Ml^2}{16EI}$$

（2）求支座 A 处截面动转角幅值。由图 11-22（b）可知，支座 A 处截面动转角可以采用柔度法表示为

$$\phi_A(t) = \delta_{21}(-m\ddot{y}) + \delta_{22}M\sin\theta t$$

质量 m 的动位移可表示为

$$y(t) = y_{max}\sin\theta t = \mu \cdot \frac{Ml^2}{16EI}\sin\theta t$$

质量 m 的加速度可表示为

$$\ddot{y}(t) = -\mu\theta^2 \cdot \frac{Ml^2}{16EI}\sin\theta t$$

将质量 m 的加速度、各柔度系数代入，可得支座 A 处截面动转角为

$$\phi_A(t) = \frac{Ml}{3EI} \cdot \frac{1 - \frac{7}{16}\left(\frac{\theta}{\omega}\right)^2}{1 - \left(\frac{\theta}{\omega}\right)^2} \cdot \sin\theta t = \frac{Ml}{3EI} \cdot \mu_A \cdot \sin\theta t$$

式中：$\frac{Ml}{3EI}$ 为动力荷载幅值 M 所引起的支座 A 处截面的静转角；μ_A 为相应的位移动力系数。

由此可见，当动力荷载不直接作用在质量上时，各点处的位移动力系数不同。

（3）求简支梁跨中处的动弯矩幅值。结合图 11-22（c）、图 11-22（d），由图 11-22（b）可知，简支梁跨中处的动弯矩可以根据叠加原理表示为

$$M_d(t) = \frac{M}{2}\sin\theta t + \frac{l}{4}(-m\ddot{y})$$

将质量 m 的加速度代入，可得

$$M_d(t) = \frac{M}{2} \cdot \left(1 + \frac{m\theta^2 l^3}{32EI}\mu\right) \cdot \sin\theta t = \frac{M}{2} \cdot \mu_P \cdot \sin\theta t$$

式中：$\frac{M}{2}$ 为动力荷载幅值 M 所引起的简支梁跨中处的静弯矩，μ_P 为相应的内力动力系数。

由此可见，当动力荷载不直接作用在质量上时，位移动力系数与内力动力系数不同。

4. 任意周期荷载作用下的单自由度无阻尼体系的受迫振动

在获得简谐荷载作用下的体系响应后，就可以方便地分析单自由度无阻尼体系在任意周期性荷载作用下的响应。简谐荷载是一种最简单、最具代表性的周期荷载，而任意周期性荷载均可以按照傅里叶级数分解成若干个简谐荷载的代数和。

对于任意的周期荷载 $F_P(t)$，可以按傅里叶级数展开为

$$F_P(t) = a_0 + \sum_{n=1}^{\infty} a_n\cos\frac{2n\pi}{T_P}t + \sum_{n=1}^{\infty} b_n\sin\frac{2n\pi}{T_P}t \tag{11-24a}$$

其中 T_P 为任意周期荷载的周期，其他系数为

$$\begin{cases} a_0 = \dfrac{1}{T_P}\displaystyle\int_0^{T_P} F_P(t)\mathrm{d}t \\[2mm] a_n = \dfrac{2}{T_P}\displaystyle\int_0^{T_P} F_P(t)\cos\dfrac{2n\pi}{T_P}t\,\mathrm{d}t \\[2mm] b_n = \dfrac{2}{T_P}\displaystyle\int_0^{T_P} F_P(t)\sin\dfrac{2n\pi}{T_P}t\,\mathrm{d}t \end{cases} \tag{11-24b}$$

式（11-24a）中的第一项表示动力荷载中的静力分量，第二、三项均为简谐荷载。如果体系是线弹性体系，则可以采用叠加原理，体系的动力响应为各项简谐荷载响应之和，即

$$y(t) = \frac{1}{k}\left[a_0 + \sum_{n=1}^{\infty} \frac{1}{1 - \left(\frac{2n\pi}{\omega T_P}\right)^2}\left(a_n\cos\frac{2n\pi}{T_P}t + b_n\sin\frac{2n\pi}{T_P}t\right)\right] \tag{11-25}$$

11.3.2　一般荷载作用下单自由度体系的无阻尼受迫振动——杜哈梅积分

在实际工程中，很多动力荷载不是周期性荷载，而是随时间任意变化的荷载，需要采用更通用的方法来研究任意荷载作用下的体系动力响应问题。一般来说，主要有两种方法，其

一是采用杜哈梅（Duhamel）积分的时域分析方法；其二是采用傅里叶变换的频域分析方法。本节介绍杜哈梅积分法。

1. 单位脉冲响应函数

如图 11-23（a）所示，设在 $t = \tau$ 时刻，一个单位脉冲作用在单自由度体系上，使结构的质量获得一个单位冲量 1。设体系原处于静止状态（即初始动量为 0），则在单位脉冲结束后，质量获得初速度 $\dot{y}(\tau + \mathrm{d}\tau)$。根据动量守恒定律，质量在时间 $\mathrm{d}\tau$ 内动量的变化等于作用于质量的冲量，即

$$m\dot{y}(\tau + \mathrm{d}\tau) - 0 = \int_{\tau}^{\tau + \mathrm{d}\tau} F_P(t)\mathrm{d}t = 1 \tag{f}$$

当 $\mathrm{d}\tau \to 0$ 时，由式（f）可知在 τ 时刻，质量获得了一个初始速度 $\dot{y}(\tau) = \dfrac{1}{m}$。假设在 τ 时刻之前，质量的位移和速度均为 0，则对于单自由度无阻尼体系，根据式（11-4）可知，在 t 时刻质量位移为

$$y(t) = h(t - \tau) = \begin{cases} \dfrac{1}{m\omega}\sin[\omega(t - \tau)] & t \geqslant \tau \\ 0 & t < \tau \end{cases} \tag{11-26}$$

式（11-26）所表达的 $h(t - \tau)$ 称为单自由度无阻尼体系的单位脉冲响应函数。

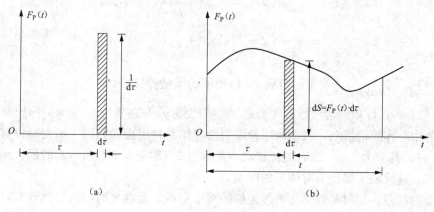

图 11-23

2. 杜哈梅积分

对于作用于结构体系的一般动力荷载 $F_P(t)$，首先将其离散成一系列脉冲冲量，在任意瞬时时间段（τ，$\tau + \mathrm{d}\tau$）内，结构体系受到的瞬时脉冲冲量 $\mathrm{d}S = F_P(\tau) \cdot \mathrm{d}\tau$，如图 11-23（b）所示。该瞬时脉冲冲量使质量在 t 时刻（$t \geqslant \tau$）产生的位移增量为

$$\mathrm{d}y(t) = F_P(\tau) \cdot \mathrm{d}\tau \cdot h(t - \tau) \tag{g}$$

假设在 $t = 0$ 时刻，质量的初始位移和初始速度均为 0。则在任意时刻 t，质量的位移响应等于 t 时刻以前所有脉冲作用下的位移响应之和，即

$$y(t) = \int_0^t \mathrm{d}y(t) = \int_0^t F_P(\tau) \cdot h(t - \tau) \cdot \mathrm{d}\tau \tag{h}$$

将式（11-26）代入式（h），可得一般动力荷载作用下的单自由度无阻尼体系的位移响应为

$$y(t) = \frac{1}{m\omega}\int_0^t F_P(\tau) \cdot \sin[\omega(t - \tau)] \cdot \mathrm{d}\tau \tag{11-27}$$

式（11-27）的重叠积分在动力学中称为杜哈梅（Duhamel）积分，在数学上称为卷积或褶积。杜哈梅积分给出的解答是一个由动力荷载引起的相应于零初始条件的特解；如果初始条件不为 0，则需要再叠加由非零初始条件引起的自由振动解答（即通解），其解的形式如式（11-4）所示。因此质量动力响应的全解为

$$y(t) = y_0\cos\omega t + \frac{v_0}{\omega}\sin\omega t + \frac{1}{m\omega}\int_0^t F_P(\tau) \cdot \sin[\omega(t-\tau)] \cdot \mathrm{d}\tau \tag{11-28}$$

这就是一般动力荷载作用下的单自由度无阻尼体系的动力方程全解。

3. 单自由度无阻尼体系在一般动力荷载作用下的位移响应

以下应用杜哈梅积分推导几种常见动力荷载作用下单自由度无阻尼体系的位移响应公式。

（1）突加荷载。突加荷载是指以某一定值 F_{P0} 突然施加于结构且保持不变的荷载，其荷载形式可参见图 11-3（a），其荷载函数为

$$F_P(t) = \begin{cases} 0 & t < 0 \\ F_{P0} & t > 0 \end{cases} \tag{11-29}$$

将式（11-29）代入式（11-28），可得质量的位移响应为

$$\begin{aligned} y(t) &= y_0\cos\omega t + \frac{v_0}{\omega}\sin\omega t + \frac{F_{P0}}{m\omega^2}(1 - \cos\omega t) \\ &= y_0\cos\omega t + \frac{v_0}{\omega}\sin\omega t + y_{st}(1 - \cos\omega t) \end{aligned} \tag{11-30}$$

式中：$y_{st} = F_{P0} \cdot \delta = \dfrac{F_{P0}}{m\omega^2}$，为常量荷载 F_{P0} 作用下的质量静位移。

由式（11-30）可知，若初始条件为 0，即初位移 y_0 和初速度 v_0 为 0，则质量是以其静平衡位置为中心作简谐振动，振动频率和周期均与体系自由振动相同，最大动位移首先发生在 $t = T/2$ 时，其值为 $2y_{st}$，此时的位移动力系数为 2，即突加荷载所引起的最大动位移是静位移的 2 倍，这反映了惯性力对体系的影响。

（2）短时荷载。短时荷载是指突然施加的常量荷载，且在短时内又突然卸载，其荷载可表示为

$$F_P(t) = \begin{cases} 0 & t < 0 \\ F_{P0} & 0 < t < t_1 \\ 0 & t > t_1 \end{cases} \tag{11-31}$$

第一阶段 $(0 \leqslant t \leqslant t_1)$：此阶段的荷载情况与突加荷载相同，故动位移仍采用式（11-30）。

第二阶段 $(t \geqslant t_1)$：此阶段荷载已卸除，质量是以 $t = t_1$ 时刻的位移和速度作为初位移和初速度作自由振动，仍可根据式（11-30）推导。

综上所述，短时荷载作用下单自由度无阻尼体系的位移响应为

$$y(t) = \begin{cases} y_0\cos\omega t + \dfrac{v_0}{\omega}\sin\omega t + y_{st}(1 - \cos\omega t) & 0 \leqslant t < t_1 \\ y_0\cos\omega t + \dfrac{v_0}{\omega}\sin\omega t + 2y_{st}\sin\dfrac{\omega t_1}{2}\sin\omega\left(t - \dfrac{t_1}{2}\right) & t \geqslant t_1 \end{cases} \tag{11-32}$$

式（11-32）中的 y_{st} 为将式（11-31）中的 F_{P0} 作为静力荷载作用时的静位移。

短时荷载作用下单自由度无阻尼体系的最大动位移与荷载作用的时间 t_1 有关。若初始条件为 0，即初位移 y_0 和初速度 v_0 均为 0，当 $t_1 \geqslant T/2$ 时，最大动位移发生在第一阶段，位移动力系数为

$$\mu = 2$$

当 $t_1 < T/2$ 时，最大动位移发生在第二阶段，由式（11-32）可得动位移的最大值为

$$y_{\max} = 2y_{st} \sin \frac{\omega t_1}{2}$$

因此，位移动力系数为

$$\mu = 2\sin \frac{\omega t_1}{2} = 2\sin \frac{\pi t_1}{T} \tag{11-33}$$

由此可见，位移动力系数的值与加载持续时间 t_1 相对于自振周期 T 的长短有关。当 $\frac{t_1}{T} > \frac{1}{2}$ 时，短时荷载作用下的位移动力系数与突加荷载作用时相同，这也就是工程上之所以可将吊车制动力对厂房的水平作用视为突加荷载处理的原因。

（3）三角形冲击荷载。与体系的基本周期相比，若荷载作用时间较短，而且荷载值较大，则称为冲击荷载。工程中遇到的有些冲击荷载，例如爆炸冲击荷载，可简化为三角形冲击荷载，其荷载形式参见图 11-3（c），其荷载函数为

$$F_P(t) = \begin{cases} F_{P0}\left(1 - \dfrac{t}{t_1}\right) & 0 \leqslant t < t_1 \\ 0 & t \geqslant t_1 \end{cases} \tag{11-34}$$

在零初始条件时，三角形冲击荷载作用下单自由度无阻尼体系的位移响应可分为两个阶段，并按式（11-27）经分部积分求得

$$y(t) = \begin{cases} y_0\cos\omega t + \dfrac{v_0}{\omega}\sin\omega t + y_{st}\left[1 - \cos\omega t + \dfrac{1}{t_1}\left(\dfrac{\sin\omega t}{\omega} - t\right)\right] & 0 \leqslant t < t_1 \\ y_0\cos\omega t + \dfrac{v_0}{\omega}\sin\omega t + y_{st}\left\{\dfrac{1}{\omega t_1}\left[\sin\omega t - \sin\omega(t - t_1)\right] - \cos\omega t\right\} & t \geqslant t_1 \end{cases} \tag{11-35a}$$

或写为

$$y(t) = \begin{cases} y_0\cos\omega t + \dfrac{v_0}{\omega}\sin\omega t + y_{st}\left[1 - \cos2\pi\left(\dfrac{t}{T}\right) + \dfrac{1}{2\pi}\left(\dfrac{T}{t_1}\right)\sin2\pi\left(\dfrac{t}{T}\right) - \dfrac{t}{t_1}\right] & 0 \leqslant t < t_1 \\ y_0\cos\omega t + \dfrac{v_0}{\omega}\sin\omega t + y_{st}\left\{\dfrac{1}{2\pi}\left(\dfrac{T}{t_1}\right)\left[\sin2\pi\left(\dfrac{t}{T}\right) - \sin2\pi\left(\dfrac{t}{T} - \dfrac{t_1}{T}\right)\right] - \cos2\pi\left(\dfrac{t}{T}\right)\right\} & t \geqslant t_1 \end{cases} \tag{11-35b}$$

式（11-35）中的 y_{st} 为将式（11-34）中的 F_{P0} 作为静力荷载作用时的静位移。

质量的最大动位移可根据速度（即位移一阶导数）为零的极值条件求得，其出现时间与 $\frac{t_1}{T}$ 的值有关。可以证明：当 $\frac{t_1}{T} \geqslant 0.371$ 时，最大位移响应发生在第一阶段（$0 \leqslant t \leqslant t_1$）；当 $\frac{t_1}{T} < 0.371$ 时，则发生在第二阶段（$t \geqslant t_1$）的自由振动状态下；当 $\frac{t_1}{T} \to \infty$ 时，$\mu \to 2$，相当于突加荷载作用时的情况。

§11.4　阻尼对单自由度体系的影响

11.4.1　阻尼的概念

体系在无阻尼振动时，由于能量无耗散，其振动将无休止地延续下去，这只是一种理想化情况。在结构的实际振动过程中，不可避免地会产生一些对振动的阻力，不断地消耗体系的能量，这种物理现象称为阻尼作用。阻尼的概念是建立在振动过程中能量发生损耗的基础上。

振动过程中产生阻尼的原因主要有以下几种情况：在结构振动过程中，材料之间的内摩擦力；支座、结点等构件连接处的摩擦力；地基土等的内摩擦力；周围介质对振动的阻力以及人为设置的阻尼等。阻尼的性质比较复杂，而且对于一个结构来说，往往同时存在几种不同性质的阻尼因素，这使得阻尼的计算十分困难，通常要采用简化的阻尼模型。目前常用的阻尼模型是粘滞阻尼理论，它假设阻尼力 $F_C(t)$ 的大小与质量的速度成正比，方向与质量的速度方向相反，即

$$F_C(t) = -c\dot{y}$$

式中：c 称为粘滞阻尼系数，通常由实验测定。

粘滞阻尼理论假设阻尼力与质量速度成正比，这样得到的体系动力方程仍是线性微分方程，因而便于振动问题的求解。对于其他类型的阻尼力，可将其转化为等效粘滞阻尼力来分析。

11.4.2　单自由度体系的有阻尼自由振动

1. 单自由度体系有阻尼自由振动微分方程的求解

令单自由度体系运动一般方程式（11-1）中的 $F_P(t)=0$，即得到单自由度体系有阻尼自由动力方程

$$m\ddot{y} + c\dot{y} + ky = 0 \tag{11-36}$$

记

$$\xi = \frac{c}{2m\omega} \tag{11-37}$$

并注意到 $\omega^2 = \frac{k}{m}$，式（11-36）可改写为

$$\ddot{y} + 2\xi\omega\dot{y} + \omega^2 y = 0 \tag{11-38}$$

式中：ω 为自振频率；ξ 反映了阻尼的大小，称为阻尼因子或阻尼比。

式（11-38）是一个二阶常系数线性微分方程，它的通解解答的特征方程为

$$\lambda^2 + 2\xi\omega\lambda + \omega^2 = 0 \tag{a}$$

其特征根为

$$\lambda_{1,2} = \omega(-\xi \pm \sqrt{\xi^2 - 1}) \tag{b}$$

按照常微分方程的理论可知，式（11-38）的通解取决于式（b）中根号内的数值（其值可能为正、负或零）。按照特征根的性质不同，式（11-38）的通解具有以下三种不同情况。

（1）$\xi < 1$（低阻尼情况）。此时，特征根 λ_1、λ_2 是两个共轭复数

$$\lambda_{1,2} = \omega(-\xi \pm i\sqrt{1 - \xi^2}) \tag{c}$$

微分方程式（11-38）的通解为

$$y(t) = \mathrm{e}^{-\xi\omega t}(C_1\cos\omega_\mathrm{d}t + C_2\sin\omega_\mathrm{d}t) \qquad\qquad (d)$$

其中

$$\omega_\mathrm{d} = \omega\sqrt{1-\xi^2} \qquad\qquad (11\text{-}39)$$

习惯上称 ω_d 为有阻尼自由振动的角频率。相应地，有阻尼自由振动的自振周期为

$$T_\mathrm{d} = \frac{2\pi}{\omega_\mathrm{d}} = \frac{2\pi}{\omega\sqrt{1-\xi^2}} = \frac{T}{\sqrt{1-\xi^2}} \qquad\qquad (11\text{-}40)$$

式（d）中的积分常数 C_1 和 C_2 仍可由初始条件确定。于是，可得动位移的表达式为

$$y(t) = \mathrm{e}^{-\xi\omega t}\left(y_0\cos\omega_\mathrm{d}t + \frac{v_0+\xi\omega y_0}{\omega_\mathrm{d}}\sin\omega_\mathrm{d}t\right) \qquad\qquad (11\text{-}41a)$$

式（11-41a）也可表达为

$$y(t) = \mathrm{e}^{-\xi\omega t}A_\mathrm{d}\sin(\omega_\mathrm{d}t + \alpha_\mathrm{d}) \qquad\qquad (11\text{-}41b)$$

其中常数

$$\begin{cases} A_\mathrm{d} = \sqrt{y_0^2 + \dfrac{(v_0+\xi\omega y_0)^2}{\omega_\mathrm{d}^2}} \\[3mm] \alpha_\mathrm{d} = \arctan\dfrac{y_0\omega_\mathrm{d}}{v_0+\xi\omega y_0} \end{cases} \qquad\qquad (11\text{-}41c)$$

由式（11-41）可以绘制出单自由度有阻尼自由振动的 y-t 位移时程曲线，这是一条逐渐衰减的波动曲线，如图 11-24 所示。

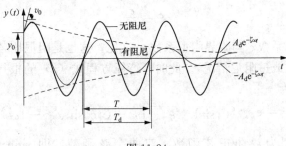

图 11-24

从上述分析可以看出，有阻尼自由振动具有以下主要特征：

1) 体系的运动含有简谐振动的因子，其角频率 ω_d 及周期 T_d 仍为常数，但是振幅 $A_\mathrm{d}\mathrm{e}^{-\xi\omega t}$ 随时间 t 按指数规律减小。阻尼比 ξ 越大，则振幅衰减越快。严格地说，此时运动已没有周期性，可称为衰减振动。

2) 对于一般的建筑结构来说，阻尼比 ξ 的值很小，约在 $0.01\sim0.1$ 之间。由式（11-39）、式（11-40）可知，有阻尼自由振动的频率、周期与无阻尼时十分接近。在实际计算中，可以近似地取 $\omega_\mathrm{d}\approx\omega$、$T_\mathrm{d}\approx T$。

（2）$\xi=1$（临界阻尼情况）。此时，特征方程式（a）的根是一对重根 $\lambda_1=\lambda_2=-\omega$，微分方程式（11-38）的通解为

$$y = (C_1 + C_2 t)\mathrm{e}^{-\omega t} \qquad\qquad (e)$$

引入初始条件可以确定式（e）中的积分常数 C_1 和 C_2，于是可以得到动位移的表达式为

$$y(t) = [y_0(1+\omega t) + v_0 t]e^{-\omega t} \tag{11-42}$$

其相应的 y-t 位移时程曲线如图 11-25 所示，它表示体系从初始位移开始运动，逐渐返回静平衡位置不再产生运动。这是由于阻尼的作用较大，体系受到干扰后离开平衡位置所积蓄的能量在恢复到平衡位置的过程中，全部消耗于克服阻尼的作用，再没有多余的能量引起振动，此时体系的运动已不具有波动性质。

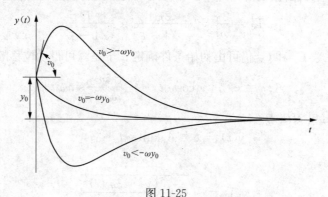

图 11-25

若将 $\xi = 1$ 时所对应的阻尼系数称为临界阻尼系数 c_{cr}，则由式（11-37）可得临界阻尼系数 c_{cr} 为

$$c_{cr} = 2m\omega = 2\sqrt{mk} \tag{11-43}$$

此时，阻尼比可表达为

$$\xi = \frac{c}{c_{cr}} \tag{11-44}$$

阻尼比 ξ 等于实际阻尼系数 c 与临界阻尼系数 c_{cr} 之比，这也是阻尼比名称的由来。

（3）$\xi > 1$（强阻尼或过阻尼情况）。此时，特征方程式（a）的根是两个负实数，微分方程式（11-38）的通解为

$$y = e^{-\xi\omega t}\left(C_1 \sinh \sqrt{\xi^2 - 1}\,\omega t + C_2 \cosh \sqrt{\xi^2 - 1}\,\omega t\right) \tag{11-45}$$

式中：sinh、cosh 分别为双曲正弦函数、双曲余弦函数，即 $\sinh x = \dfrac{e^x - e^{-x}}{2}$，$\cosh x = \dfrac{e^x + e^{-x}}{2}$。

式（11-45）不含有简谐振动的因子，说明体系在受到初始干扰后，其能量在恢复平衡位置的过程中，全部消耗于克服阻尼，不足以引起体系的振动，相应的 y-t 位移时程曲线与图 11-25 所示曲线相类似。在实际工程中，通常不会发生 $\xi \geq 1$ 的情况。

2. 阻尼比的试验测定

工程中，一般建筑结构的阻尼比 ξ 的值很小，约在 $0.01 \sim 0.1$ 之间，一般不会超过 0.2，属于低阻尼情况。低阻尼体系的阻尼对结构自由振动的影响很大，因而，合理地确定体系的阻尼是结构动力问题研究中的一项重要工作。由于阻尼对体系的衰减自由振动曲线影响大，因此通过对体系衰减曲线的分析，可以有效地分辨出不同体系的阻尼比。

在图 11-24 所示的低阻尼体系自由振动过程中，每经过时间间隔 T_d，相邻两个振幅 y_k 与 y_{k+1} 的比值为

$$\frac{y_k}{y_{k+1}} = \frac{e^{-\xi\omega t_k}}{e^{-\xi\omega(t_k+T_d)}} = e^{\xi\omega T_d}$$

可见，振幅是按公比为 $e^{\xi\omega T_d}$ 的几何级数规律递减的。将上式等号两边取对数，有

$$\ln\frac{y_k}{y_{k+1}} = \xi\omega T_d = \xi\omega\frac{2\pi}{\omega_d} \approx 2\pi\xi \tag{11-46}$$

这里，$\ln\dfrac{y_k}{y_{k+1}}$ 称为振幅的对数折减率。在经过 n 次波动后有

$$\ln\frac{y_k}{y_{k+n}} \approx 2n\pi\xi$$

于是，阻尼比 ξ 可表达为

$$\xi \approx \frac{1}{2n\pi}\ln\frac{y_k}{y_{k+n}} \tag{11-47}$$

这样，只要从实验中测得振幅 y_k 与 y_{k+n}，即可按式（11-47）确定振动体系的阻尼比 ξ。

【例 11-8】　图 11-26 所示刚架，横梁 $EI=\infty$，质量 m 集中于横梁。在横梁处施加一水平力 $F_P=9.8\text{kN}$，刚架发生横向位移 $A_0=0.5\text{cm}$，然后突然卸载使刚架产生水平自由振动。测得周期 $T_d=1.5\text{s}$ 及一个周期后刚架的侧移 $A_1=0.4\text{cm}$。求刚架的阻尼比 ξ 和阻尼系数 c。

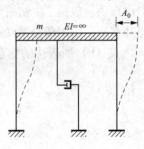

图 11-26

解　由式（11-46）可知该刚架自由振动的振幅对数减缩率为

$$\delta = \ln\frac{A_0}{A_1} = \ln\frac{0.5}{0.4} = 0.223$$

则阻尼比为

$$\xi = \frac{\delta}{2\pi} = \frac{0.223}{2\pi} = 0.0355$$

由式（11-40）可知该刚架的有阻尼自由振动的角频率为

$$\omega_d = \frac{2\pi}{T_d} = \frac{2\pi}{1.5} = 4.189(\text{s}^{-1})$$

由于阻尼比 ξ 很小，因此近似地认为无阻尼、有阻尼时的自振频率相等，即 $\omega_d \approx \omega$。该刚架振动时的动力刚度系数为

$$k_{11} = \frac{F_P}{A_0} = \frac{9.8 \times 10^3}{0.005} = 196 \times 10^4(\text{N/m})$$

由式（11-8）推断出刚架横梁质量为

$$m = \frac{k_{11}}{\omega^2} = \frac{196 \times 10^4}{(4.189)^2} = 111695(\text{kg})$$

阻尼系数为

$$c = \xi \cdot 2m\omega = 0.0355 \times 2 \times 111695 \times 4.189 = 33220(\text{N}\cdot\text{s/m})$$

11.4.3　单自由度体系的有阻尼受迫振动

1. 简谐荷载作用下单自由度体系的有阻尼受迫振动

将 $F_P(t)=F\sin\theta t$ 带入式（11-1），即得到简谐荷载作用下单自由度有阻尼体系受迫振动的动力方程

$$\ddot{y} + 2\xi\omega\dot{y} + \omega^2 y = \frac{F}{m}\sin\theta t \tag{11-48}$$

式中：$\omega^2 = \dfrac{k}{m}$，$\xi = \dfrac{c}{2m\omega}$。

设方程的特解为

$$y(t) = A_1\sin\theta t + A_2\cos\theta t \tag{f}$$

代入式（11-48）中，经整理可得

$$\begin{cases} A_1 = \dfrac{F}{m}\cdot\dfrac{\omega^2-\theta^2}{(\omega^2-\theta^2)+4\xi^2\omega^2\theta^2} \\[3mm] A_2 = \dfrac{F}{m}\cdot\dfrac{-2\xi\omega\theta}{(\omega^2-\theta^2)+4\xi^2\omega^2\theta^2} \end{cases} \tag{g}$$

将特解式（f）与齐次方程的通解 [即单自由度体系有阻尼自由振动的解答，见 11.4.2 节中的式（d）] 相叠加，即得动力方程式（11-48）的全解为

$$y(t) = e^{-\xi\omega t}(C_1\cos\omega_d t + C_2\sin\omega_d t) + (A_1\sin\theta t + A_2\cos\theta t) \tag{h}$$

其中积分常数 C_1 和 C_2 可由初始条件确定。式（h）等号右边的前面部分是频率为 ω_d 的有阻尼自由振动，包括了由初始条件所引起的自由振动和伴生自由振动，它们均因阻尼的作用随时间迅速衰减；后面部分为以动力荷载频率 θ 振动的有阻尼稳态受迫振动，这是工程上主要关心的。

式（h）所表达的稳态位移响应可以表示为

$$y(t) = A\sin(\theta t - \alpha) \tag{11-49a}$$

其中

$$\begin{cases} A = \dfrac{F}{m\omega^2}\cdot\dfrac{1}{\sqrt{\left(1-\dfrac{\theta^2}{\omega^2}\right)^2 + 4\xi^2\dfrac{\theta^2}{\omega^2}}} = y_{st}\mu \\[6mm] \alpha = \arctan\left[\dfrac{2\xi\dfrac{\theta}{\omega}}{1-\dfrac{\theta^2}{\omega^2}}\right] \end{cases} \tag{11-49b}$$

分别为有阻尼稳态响应的振幅和相位角。

结合式（11-49a）稳态位移响应表达式，并将频率比 θ/ω 以 β 表示，则可将动力荷载 $F_P(t)$、惯性力 $F_I(t)$、阻尼力 $F_D(t)$、恢复力 $F_S(t)$ 表达为

$$F_P(t) = F\sin\theta t \tag{i}$$

$$F_I(t) = -m\ddot{y} = \beta^2 F\mu\sin(\theta t - \alpha) \tag{j}$$

$$F_D(t) = -c\dot{y} = -2\xi\beta F\mu\cos(\theta t - \alpha) \tag{k}$$

$$F_S(t) = -ky = -F\mu\sin(\theta t - \alpha) \tag{l}$$

由式（11-49b）可知，位移动力系数 μ 可表示为

$$\mu = \dfrac{1}{\sqrt{\left(1-\dfrac{\theta^2}{\omega^2}\right)^2 + 4\xi^2\dfrac{\theta^2}{\omega^2}}} \tag{11-50}$$

式（11-50）表明，对于单自由度体系的有阻尼受迫振动，位移动力系数 μ 不仅与频率比 θ/ω 有关，还与阻尼比 ξ 有关，如图 11-27 所示。由式（i）～式（l）可知，动力荷载 $F_P(t)$、惯性力 $F_I(t)$、阻尼力 $F_D(t)$、恢复力 $F_S(t)$ 之间存在确定的相位关系，即惯性力 $F_I(t)$、阻尼力 $F_D(t)$、恢复力 $F_S(t)$ 三者之间各自相差 90° 相位，且惯性力 $F_I(t)$ 与恢复力 $F_S(t)$ 之间相差 180° 相位，如图 11-28 所示。

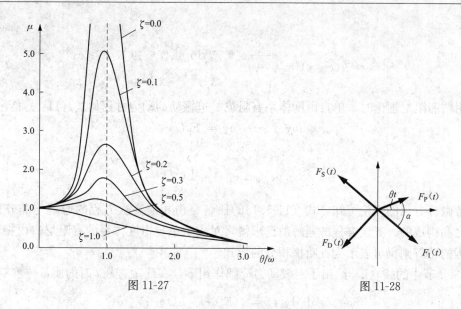

图 11-27　　　　　　　　　　　　　　　　　　　图 11-28

由图 11-27、图 11-28 可知，简谐荷载作用下单自由度有阻尼体系的稳态振动有如下主要特征：

（1）阻尼对简谐荷载下的位移动力系数影响较大，位移动力系数 μ 随阻尼比 ξ 的增大而迅速减小。特别是在频率比 θ/ω 趋近 1 时，μ 的峰值因阻尼作用而显著下降。

（2）当 $\theta/\omega \to 0$，即 $\theta \ll \omega$ 时，$\alpha \to 0$，$\mu \to 1$。表明：当动荷载频率很小（相对于体系自振频率 ω 而言，下同）时，$y(t)$ 与 $F_P(t)$ 趋于同向；$F_I(t)$ 与 $F_D(t) \to 0$；动力荷载 $F_P(t)$ 主要由恢复力 $F_S(t)$ 平衡，与静力作用的情况相似。

（3）当 $\theta/\omega \to \infty$，即 $\theta \gg \omega$ 时，$\alpha \to \pi$，$\mu \to 0$。表明：当动荷载频率很大时，$y(t)$ 与 $F_P(t)$ 趋于反向；体系动位移 $y(t) \to 0$，可理解为动荷载方向变换速度太快，以至于体系来不及反应；动力荷载 $F_P(t)$ 主要由惯性力 $F_I(t)$ 平衡；体系动内力也趋向于零。

（4）当 $\theta/\omega \to 1$，即 $\theta \approx \omega$ 时，$\alpha \to \pi/2$，$\mu \to \dfrac{1}{2\xi}$。表明：当动荷载频率接近体系自振频率时，体系发生共振现象，体系动位移 $y(t)$ 数值很大，但由于阻尼的影响，$y(t)$ 不会无限大，且随着 ξ 的增大而迅速下降；动力荷载 $F_P(t)$ 主要由阻尼力 $F_D(t)$ 平衡。

（5）在频率比 $\theta/\omega = 1$ 的共振情况下，由式（11-50）可得此时的位移动力系数为

$$\mu = \frac{1}{2\xi} \tag{11-51}$$

实际上，位移动力系数 μ 的最大值并不恰好发生在 $\theta/\omega = 1$ 处，而是发生在 θ/ω 值接近于 1 处。令式（11-50）对 θ/ω 的导数为零，可求得位移动力系数的最大值为

$$\mu_{\max} = \frac{1}{2\xi \sqrt{1-\xi^2}}$$

由于实际工程中的阻尼比 ξ 值很小，因此可以近似地按式（11-51）计算 $\mu_{\max}$。

（6）当频率比 θ/ω 远离共振区时，各条曲线较为密集，此时 ξ 对 μ 的影响不显著。可定性认为：在频率比 $0.75 \leqslant \theta/\omega \leqslant 1.25$ 的共振区内，阻尼对体系的动力响应将起重要作用。

2. 一般荷载作用下单自由度体系的有阻尼受迫振动

类似于 11.3.2 节中的式（11-26）的推导过程，可得单自由度有阻尼体系的单位脉冲响

应函数为

$$y(t) = h(t-\tau) = \begin{cases} \dfrac{1}{m\omega_d} e^{-\xi\omega(t-\tau)} \sin[\omega_d(t-\tau)] & t \geqslant \tau \\ 0 & t < \tau \end{cases} \quad (11\text{-}52)$$

采用粘滞阻尼理论时，单自由度体系有阻尼受迫振动的动力方程如式（11-1）所示，即

$$m\ddot{y} + c\dot{y} + ky = F_P(t)$$

或写成

$$\ddot{y} + 2\xi\omega\dot{y} + \omega^2 y = \frac{F_P(t)}{m} \quad (11\text{-}53)$$

由常微分方程的理论可知，式（11-53）的通解是由相应齐次方程的通解与非齐次方程的特解之和构成的。齐次方程的通解前已求得，对应于单自由度体系的有阻尼自由振动；非齐次方程的特解则仍可表示为杜哈梅积分的形式。

11.3.2 节中的式（h）给出了一般动力荷载作用下，在任意时刻 t 时的质量位移响应为

$$y(t) = \int_0^t dy(t) = \int_0^t F_p(\tau) \cdot h(t-\tau) \cdot d\tau$$

将式（11-52）代入上式，可得一般动力荷载作用下的单自由度有阻尼体系的位移响应（特解）为

$$y(t) = \frac{1}{m\omega_d} \int_0^t F_P(\tau) \cdot e^{-\xi\omega(t-\tau)} \cdot \sin[\omega_d(t-\tau)] \cdot d\tau \quad (11\text{-}54)$$

如果初始条件不为零，则需要再叠加由非零初始条件引起的有阻尼自由振动解答（即通解）。例如，对于低阻尼体系（$\xi < 1$），自由振动的通解解答如式（11-41）所示。因此，当存在非零初始条件（即初位移 y_0 和初速度 v_0 不为 0）时，一般动力荷载作用下的单自由度有阻尼体系的位移响应的全解为

$$y(t) = e^{-\xi\omega t}\left(y_0\cos\omega_d t + \frac{v_0 + \xi\omega y_0}{\omega_d}\sin\omega_d t\right) + \frac{1}{m\omega_d}\int_0^t F_P(\tau) \cdot e^{-\xi\omega(t-\tau)} \cdot \sin[\omega_d(t-\tau)] \cdot d\tau$$

$$(11\text{-}55)$$

这就是一般动力荷载作用下的单自由度有阻尼体系的动力方程式（11-1）的全解。由于阻尼的存在，式（11-55）中的由于初始条件所引起的自由振动部分（即通解部分）将随时间按照 $e^{-\xi\omega t}$ 规律快速衰减乃至消失，式（11-54）为体系受迫振动的稳态响应表达式。

（1）冲击荷载。冲击荷载因作用时间短，所以结构在很短的时间内即达到最大响应。此时，阻尼所引起的能量耗散作用不明显，在计算最大响应值时可以忽略阻尼的影响。

（2）突加荷载。将作用与质量上的突加荷载式（11-29）代入稳态位移响应式（11-54），经积分可得

$$y(t) = \frac{F_{P0}}{m\omega^2}\left[1 - e^{-\xi\omega t}\left(\cos\omega_d t + \frac{\xi\omega}{\omega_d}\sin\omega_d t\right)\right]$$
$$= y_{st}\left[1 - e^{-\xi\omega t}\left(\cos\omega_d t + \frac{\xi\omega}{\omega_d}\sin\omega_d t\right)\right] \quad (11\text{-}56)$$

式（11-56）表明，质量 m 的稳态动位移由两部分组成：一是由荷载引起的静位移；二是以静平衡位置为中心的含有简谐因子的衰减振动。若不考虑阻尼影响，则式（11-56）可简化为式（11-30）中的特解部分。

对式（11-56）求导并令其为 0，可知当 $t=\dfrac{\pi}{\omega_d}$ 时，质量的动位移最大，为

$$y_{max}=y_{st}\Big[1+\exp\Big(-\frac{\xi\omega\pi}{\omega_d}\Big)\Big]$$

因此，位移动力系数为

$$\mu=\frac{y_{max}}{y_{st}}=\Big[1+\exp\Big(-\frac{\xi\omega\pi}{\omega_d}\Big)\Big] \tag{11-57}$$

对于一般建筑物，通常 $0.01<\xi<0.1$，此时可以近似地取 $\omega_d\approx\omega$，因而式（11-57）可简化为

$$\mu=1+e^{-\xi\omega} \tag{11-58}$$

当 $0.01<\xi<0.1$ 时，由式（11-58）可知位移动力系数取值范围为 $1.73\leqslant\mu\leqslant1.97$。

（3）支承动力作用。除了动力荷载的作用之外，工程中还常有支承动力作用的响应问题。结构物受地震作用，车辆在不平的道路上行驶或机械设备基础受临近设备振动的影响等均属于这一类问题。

当单自由度体系受基础的动力作用时，设基础的动位移为 $y_g(t)$，质量 m 相对于基础的相对位移为 $y(t)$，如图 11-29（a）所示，则质量 m 的总位移为 $y_g(t)+y(t)$。作用于质量上的惯性力是由其总位移的加速度所决定的，为 $-m(\ddot{y}+\ddot{y}_g)$，而弹性恢复力、阻尼力仍是由质量与基础之间的相对位移 $y(t)$、相对速度 $\dot{y}(t)$ 决定的。因此，可由动平衡条件得到质量的动力方程为

$$-m(\ddot{y}+\ddot{y}_g)-c\dot{y}-ky=0$$

即

$$m\ddot{y}-c\dot{y}-ky=-m\ddot{y}_g \tag{11-59}$$

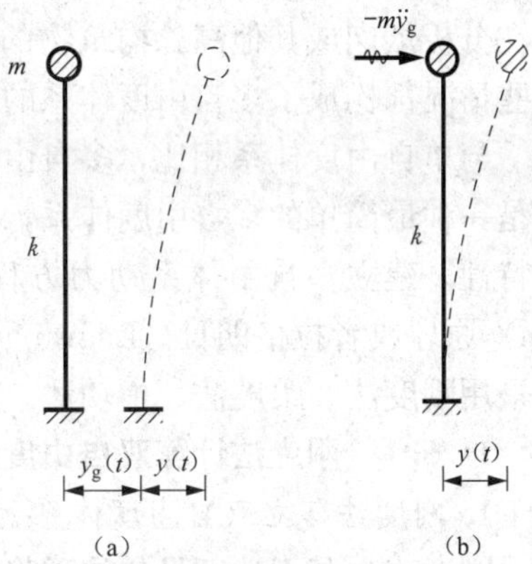

将式（11-59）与单自由度体系运动的一般方程式（11-1）

图 11-29

比较可知，支承的运动对于体系的动力作用就相当于在质量上施加动力荷载 $-m\ddot{y}_g$，如图 11-29（b）所示。这也是抗震试验常用的方法，即在试验构件（例如柱子）顶部施加低周水平往复荷载以模拟地震情况。

应用杜哈梅积分，将式（11-54）中的 $F_P(\tau)$ 以 $-m\ddot{y}_g(\tau)$ 代入，即为式（11-59）的稳态响应解答（即特解），因此地震作用下的结构稳态相对位移为

$$y(t)=\frac{-1}{\omega_d}\int_0^t \ddot{y}_g(\tau)\cdot e^{-\xi\omega(t-\tau)}\cdot\sin[\omega_d(t-\tau)]\cdot d\tau \tag{11-60}$$

对于一般建筑物，通常 $0.01<\xi<0.1$，此时可以近似地取 $\omega_d\approx\omega$，即在计算地震作用下的结构相对位移时，可采用无阻尼情况的自振频率作近似计算，因而式（11-60）可简化为

$$y(t)=\frac{-1}{\omega}\int_0^t \ddot{y}_g(\tau)\cdot e^{-\xi\omega(t-\tau)}\cdot\sin[\omega(t-\tau)]\cdot d\tau \tag{11-61}$$

式（11-61）表明，当地震动给定时，即 $\ddot{y}_g(t)$ 给定时，地震作用下的结构相对位移 $y(t)$ 仅与结构的阻尼比 ξ 和结构的自振频率 ω 有关，而与结构的形式、几何尺寸等因素无关。同时需要注意，式（11-61）表达的是结构与基础之间的相对位移，而不是结构的绝对位移。但是，结构的内力是与相对位移有关的。

此外，将式（11-61）对时间 t 求二次导数，并与 $\ddot{y}_g(t)$ 相加，可得结构的绝对加速度为

$$\ddot{y}(t) + \ddot{y}_g(t) = \omega \int_0^t \ddot{y}_g(\tau) \cdot \mathrm{e}^{-\xi\omega(t-\tau)} \cdot \sin[\omega(t-\tau)] \cdot \mathrm{d}\tau \tag{11-62}$$

对比式（11-61）与式（11-62）可知，结构绝对加速度与相对位移之间存在关系式

$$\ddot{y}(t) + \ddot{y}_g(t) = -\omega^2 \cdot y(t) \tag{11-63}$$

式（11-63）简化了建筑结构的抗震设计过程，具体计算过程可参考相关文献。

§11.5 双自由度体系的无阻尼自由振动

在实际工程中，许多振动问题需要简化为多自由度体系进行分析，例如在分析多层房屋或不等高排架的水平振动时，一般是将体系的质量全部集中到各楼层处及屋盖处。此外，在分析有些问题时，为了满足精度方面的要求，也常需要将实际结构简化为多自由度体系，例如在分析烟囱或其他高耸构筑物的水平振动时，一般需将分布质量沿高度集中于若干点处，这些情况都构成了多自由度体系的振动问题。

与单自由度体系相比，多自由度体系的动力特性具有一个新的概念：振型。双自由度体系是一种最简单的多自由度体系，通过对双自由度体系的分析，可以理解多自由度体系的动力特性。建立多自由体系动力方程的方法仍然主要有两种：动静法、基于哈密顿（Hamilton）原理或者拉格朗日（Lagrange）原理的变分法。当采用动静法建立体系的动力方程时，可采用刚度法、柔度法、虚功法。

11.5.1 刚度法计算双自由度体系的无阻尼自由振动

1. 刚度法建立双自由度体系无阻尼自由振动的微分方程

刚度法是基于达朗贝尔原理将惯性力视为一种外荷载施加在体系的质量上，并以质量为隔离体，沿着每个动力自由度方向建立质量的瞬时动平衡方程，进而得到体系质量的动力方程，体系的瞬时动平衡方程数量与动力自由度数相等。这里所提及的"动力自由度方向"是一个广义概念。

无阻尼自由振动是指不考虑阻尼力，并且没有外界动力荷载作用，体系的振动是由质量的初始位移、初始速度激发的。以图 11-30（a）所示体系为例，该体系的动力自由度为 2（梁的质量忽略不计），即质量 m_1 和 m_2 的竖向动位移为 $y_1(t)$ 和 $y_2(t)$。取体系的集中质量 m_1 和 m_2 为隔离体，如图 11-30（b）所示，根据达朗贝尔原理，沿着每个动力自由度方向可以列出质量的瞬时动平衡方程

$$\begin{cases} -m_1\ddot{y}_1 + F_{S1} = 0 \\ -m_2\ddot{y}_2 + F_{S2} = 0 \end{cases} \tag{a}$$

式中：F_{S1}、F_{S2} 分别为简支梁作用于质量 m_1、m_2 上的恢复力，对于线弹性振动体系，这种恢复力可以按照叠加原理表示为

$$\begin{cases} F_{S1} = -(k_{11}y_1 + k_{12}y_2) \\ F_{S2} = -(k_{21}y_1 + k_{22}y_2) \end{cases} \tag{b}$$

式中 k_{ij} 为体系的动力刚度系数，其物理意义为：当与"体系的第 j 个动力自由度"相对应的点，沿着"体系的第 j 个动力自由度"方向发生单位位移时，体系产生的与"体系的第 i 个

动力自由度"相对应的恢复力，如图 11-30（c）、图 11-30（d）所示。之所以叙述为与"体系的第 j 个动力自由度"相对应，而不是叙述为"第 j 个质量"，是因为体系的某一个质量可能具有多个动力自由度。例如，图 11-8 所示悬臂刚架具有 1 个集中质量，但是该集中质量具有 2 个动力自由度。在本例中，由于图 11-30（a）所示的体系具有 2 个集中质量 m_1 和 m_2，每个集中质量恰巧均具有 1 个动力自由度，因此容易误解动力刚度系数 k_{ij} 的下角标 i、j 是与质量相对应的。事实上，动力刚度系数 k_{ij} 的下角标 i、j 是与动力自由度相对应的。

将式（b）代入式（a），可得以动力刚度系数表达的双自由度体系无阻尼自由振动微分方程

$$\begin{cases} m_1\ddot{y}_1 + k_{11}y_1 + k_{12}y_2 = 0 \\ m_2\ddot{y}_2 + k_{21}y_1 + k_{22}y_2 = 0 \end{cases} \tag{11-64}$$

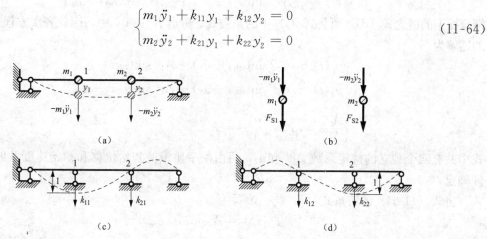

图 11-30

2. 刚度法求解双自由度无阻尼体系的主振型

式（11-64）是齐次线性微分方程，它的通解是两个独立特解的线性组合。式（11-64）有很多的特解，只要能够满足式（11-64）的解答都是它的一个特解。在众多的特解中，选出任意两个相互线性无关的特解，齐次方程式（11-64）的通解是这两个独立（独立的含义是指线性无关）特解的线性组合。例如，假设式（11-64）的两个线性无关的特解可表示为

$$\begin{cases} y_1^{(1)}(t) = A_1^{(1)}\sin(\omega_1 t + \alpha_1) \\ y_2^{(1)}(t) = A_2^{(1)}\sin(\omega_1 t + \alpha_1) \end{cases}, \quad \begin{cases} y_1^{(2)}(t) = A_1^{(2)}\sin(\omega_2 t + \alpha_2) \\ y_2^{(2)}(t) = A_2^{(2)}\sin(\omega_2 t + \alpha_2) \end{cases} \tag{c}$$

式中：A 为质量的位移幅值，ω 为体系的自振频率；$y_j^{(i)}(t)$、$A_j^{(i)}$、ω_i、α_i 的角标 i 对应于第 i 个特解，角标 j 对应于体系的第 j 个动力自由度。例如，对于图 11-30（a）所示的体系，$y_2^{(1)}(t)$ 表示第 1 个特解中的质量 m_2 的竖向动位移。

式（c）表示：对于式（11-64）的第 i 个特解而言，质量沿着动力自由度方向的两个运动 $y_1^{(i)}(t)$、$y_2^{(i)}(t)$ 是同频率 ω_i、同位相 α_i 的简谐振动。此外，相应于第 i 个特解的两个位移幅值 $A_1^{(i)}$、$A_2^{(i)}$ 的具体数值，需要根据自由振动的初始条件来确定。但是，无论初始条件是什么样的，对应于第 i 个特解的这两个位移 $y_1^{(i)}(t)$、$y_2^{(i)}(t)$ 在任意时刻始终保持不变的比值（称为位移模态），即

$$\frac{y_2^{(i)}(t)}{y_1^{(i)}(t)} = \frac{A_2^{(i)}}{A_1^{(i)}} = \rho_i \quad (i = 1,2) \tag{d}$$

体系中各个质量位移模态保持不变的振动形式称为主振型，简称为振型。当 $i=1$ 时对应

于第一主振型，当 $i=2$ 时对应于第二主振型。

齐次方程式（11-64）的通解为两个独立特解式（c）的线性组合，即

$$\begin{cases} y_1(t) = \beta_1 y_1^{(1)}(t) + \beta_2 y_1^{(2)}(t) \\ y_2(t) = \beta_1 y_2^{(1)}(t) + \beta_2 y_2^{(2)}(t) \end{cases} \quad (e)$$

式中：β_1、β_2 为两个特解线性组合的系数。

将式（c）代入式（e），可将齐次方程式（11-64）的通解写为

$$\begin{cases} y_1(t) = \beta_1 A_1^{(1)} \sin(\omega_1 t + \alpha_1) + \beta_2 A_1^{(2)} \sin(\omega_2 t + \alpha_2) \\ y_2(t) = \beta_1 A_2^{(1)} \sin(\omega_1 t + \alpha_1) + \beta_2 A_2^{(2)} \sin(\omega_2 t + \alpha_2) \end{cases} \quad (f)$$

结合振型的概念式（d），可将式（f）中的系数 β_1、β_2 合并在 $A_j^{(i)}$ 中，因此齐次方程式（11-64）的通解为

$$\begin{cases} y_1(t) = A_1^{(1)} \sin(\omega_1 t + \alpha_1) + A_1^{(2)} \sin(\omega_2 t + \alpha_2) \\ y_2(t) = A_2^{(1)} \sin(\omega_1 t + \alpha_1) + A_2^{(2)} \sin(\omega_2 t + \alpha_2) \\ \dfrac{A_2^{(1)}}{A_1^{(1)}} = \rho_1, \quad \dfrac{A_2^{(2)}}{A_1^{(2)}} = \rho_2 \end{cases} \quad (11\text{-}65)$$

式中共有四个独立的待定系数 $A_j^{(i)}$ 和 α_i，可由两个质量的初始位移和初始速度共四个初始条件确定。

将式（11-64）的特解式（c）统一改写为

$$\begin{cases} y_1(t) = A_1 \sin(\omega t + \alpha) \\ y_2(t) = A_2 \sin(\omega t + \alpha) \end{cases} \quad (g)$$

将式（g）代入式（11-64），消去公因子 $\sin(\omega t + \alpha)$，可得

$$\begin{cases} (k_{11} - \omega^2 m_1)A_1 + k_{12}A_2 = 0 \\ k_{21}A_1 + (k_{22} - \omega^2 m_2)A_2 = 0 \end{cases} \quad (11\text{-}66)$$

式（11-66）称为振型方程或特征向量方程，是关于振幅 A_1 和 A_2 的齐次线性代数方程。显然，$A_1 = A_2 = 0$ 是方程的一组解答，它表示体系并未发生振动，所以不是所需要的解答。为了使式（11-66）具有非零解，其系数行列式必须为零，即

$$D = \begin{vmatrix} (k_{11} - \omega^2 m_1) & k_{12} \\ k_{21} & (k_{22} - \omega^2 m_2) \end{vmatrix} = 0 \quad (11\text{-}67a)$$

将式（11-67a）展开，并令 $\Delta = \omega^2$，可得

$$\Delta^2 - \left(\frac{k_{11}}{m_1} + \frac{k_{22}}{m_2}\right)\Delta + \frac{k_{11}k_{22} - k_{12}k_{21}}{m_1 m_2} = 0 \quad (11\text{-}67b)$$

式（11-67）称为频率方程或特征方程，求解此关于 Δ 的一元二次方程，可得两个根 Δ_1、Δ_2 为

$$\Delta_{1,2} = \frac{1}{2}\left[\left(\frac{k_{11}}{m_1} + \frac{k_{22}}{m_2}\right) \mp \sqrt{\left(\frac{k_{11}}{m_1} + \frac{k_{22}}{m_2}\right)^2 - 4\left(\frac{k_{11}k_{22} - k_{12}k_{21}}{m_1 m_2}\right)}\right] \quad (11\text{-}68a)$$

则体系的两个固有频率为

$$\omega_1 = \sqrt{\Delta_1}, \quad \omega_2 = \sqrt{\Delta_2} \quad (11\text{-}68b)$$

两个自由度体系共有两个自振频率。用 ω_1 表示其中最小的圆频率，称为第一圆频率或基本圆频率（简称基频），ω_2 则称为第二圆频率。由于 ω_1、ω_2 使振型方程式（11-66）的系

数行列式为零，因此振型方程式（11-66）中的两个方程是线性相关的。将 ω_1、ω_2 依次代入振型方程式（11-66）中的任意一个方程，可以得到对应于 ω_i 的两个位移幅值 $A_1^{(i)}$、$A_2^{(i)}$ 之间的比值，即第一主振型和第二主振型为

$$\begin{cases} \rho_1 = \dfrac{A_2^{(1)}}{A_1^{(1)}} = \dfrac{m_1\omega_1^2 - k_{11}}{k_{12}} \\ \rho_2 = \dfrac{A_2^{(2)}}{A_1^{(2)}} = \dfrac{m_1\omega_2^2 - k_{11}}{k_{12}} \end{cases} \tag{11-69}$$

当初始条件未确定时，对应于自振频率 ω_i 的两个位移幅值 $A_1^{(i)}$、$A_2^{(i)}$ 的具体数值是无法确定的。为了使主振型向量中的元素具有确定的值，可令其中某一个元素的值等于 1［通常是令 $A_1^{(i)}=1$］，则其余元素的值可按照上述比例关系求得，这样求得的主振型称为标准化主振型。

综上所述，刚度法求解双自由度无阻尼体系自振频率与主振型的步骤如下：

（1）由频率方程式（11-67）、式（11-68）解出体系的两个自振频率 ω_1、ω_2，其中较小的作为第一频率 ω_1。对于多自由度体系而言，其自振频率的个数与体系的动力自由度数相等。

（2）将两个自振频率 ω_1、ω_2 依次代入振型方程式（11-66），并标准化，得到标准化主振型。体系的自振频率和主振型均为体系固有的动力特性，与外界因素无关。

（3）双自由度体系无阻尼自由振动的位移响应通解如式（11-65）所示，其中包含四个独立的待定系数 $A_1^{(1)}$、$A_1^{(2)}$、α_1、α_2，而待定系数 $A_2^{(1)}$ 与 $A_1^{(1)}$、$A_2^{(2)}$ 与 $A_1^{(2)}$ 之间存在固定比例关系。当四个初始条件（即体系质量沿两个动力自由度方向上的初始位移和初始速度）给定时，可以求出式（11-65）中四个独立的待定系数的具体数值，进而得到位移响应的通解解答。

由式（11-65）可知，双自由度无阻尼体系的自由振动可以分解为对应于各个自振频率的主振型简谐振动。一般情况下，由式（11-65）确定的体系自由振动不再是简谐振动。如果体系按照某一主振型发生简谐振动，那么体系各个质量的初始条件（即初始位移、初始速度）必须是特定的，初始条件必须与该主振型相一致。例如，假设体系按照第一主振型发生振动，由式（11-65）可知体系自由振动的位移响应为

$$\begin{cases} y_1(t) = A_1^{(1)} \sin(\omega_1 t + \alpha_1) \\ y_2(t) = A_2^{(1)} \sin(\omega_1 t + \alpha_1) \end{cases} \tag{h}$$

注意到式（11-65）所示的第一主振型中两个位移幅值之间的比例关系 $\dfrac{A_2^{(1)}}{A_1^{(1)}}=\rho_1$，则在 $t=0$ 时刻，体系质量的初始位移、初始速度分别为

$$\begin{cases} y_1(0) = A_1^{(1)} \sin\alpha_1 \\ y_2(0) = A_2^{(1)} \sin\alpha_1 = \rho_1 A_1^{(1)} \sin\alpha_1 = \rho_1 y_1(0) \end{cases} \tag{i}$$

$$\begin{cases} \dot{y}_1(0) = A_1^{(1)} \omega_1 \cos\alpha_1 \\ \dot{y}_2(0) = A_2^{(1)} \omega_1 \cos\alpha_1 = \rho_1 A_1^{(1)} \omega_1 \cos\alpha_1 = \rho_1 \dot{y}_1(0) \end{cases} \tag{j}$$

式（i）、式（j）表明，只有当质量 2 的初始位移、初始速度均分别为质量 1 的初始位移、初始速度的 ρ_1 倍时，体系才会以第一主振型的形式振动。这种在特定初始条件下出现的运动形式，在数学上称为动力方程的特解，而主振型则是体系在某种特定初始条件下的所发生的振动形态。

【例 11-9】 图 11-31（a）所示刚架，横梁 $EI_1=\infty$，质量 m 集中于横梁，柱的截面抗弯刚度均为 EI。试求该体系的自振频率和主振型。

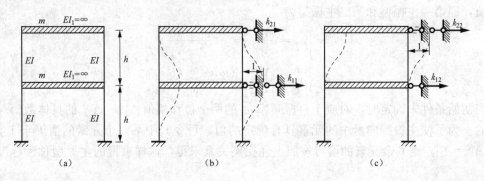

图 11-31

解 该刚架是双自由度体系，两个动力自由度分别为横梁质量的水平位移。动力刚度系数如图 11-31（b）、图 11-31（c）所示，根据单跨超静定梁的形常数可以求得动力刚度系数为

$$k_{11}=\frac{48EI}{h^3}, \quad k_{12}=k_{21}=\frac{-24EI}{h^3}, \quad k_{22}=\frac{24EI}{h^3}$$

令 $k=\dfrac{24EI}{h^3}$，则

$$k_{11}=2k, \quad k_{12}=k_{21}=-k, \quad k_{22}=k$$

代入频率方程式（11-67），可得

$$(2k-\omega^2 m)(k-\omega^2 m)-k^2=0$$

解得该体系的自振频率为

$$\omega_1=0.618\sqrt{\frac{k}{m}}, \quad \omega_2=1.618\sqrt{\frac{k}{m}}$$

将体系自振频率 ω_1、ω_2 依次代入振型方程式（11-66）中的任意一个方程中，并令 $A_1^{(i)}=1$，可以得到与自振频率 ω_1、ω_2 相对应的两个主振型为

$$\begin{cases}\dfrac{A_1^{(1)}}{A_2^{(1)}}=\dfrac{k_{12}}{k_{11}-\omega_1^2 m_1}=\dfrac{1}{1.618}\\[3mm]\dfrac{A_1^{(2)}}{A_2^{(2)}}=\dfrac{k_{12}}{k_{11}-\omega_2^2 m_1}=\dfrac{1}{-0.618}\end{cases}$$

将主振型写成向量的形式，即为

$$\begin{Bmatrix}A_1\\A_2\end{Bmatrix}^{(1)}=\begin{Bmatrix}1\\1.618\end{Bmatrix}, \quad \begin{Bmatrix}A_1\\A_2\end{Bmatrix}^{(2)}=\begin{Bmatrix}1\\-0.618\end{Bmatrix}$$

体系的上述振型如图 11-32 所示。

11.5.2 柔度法计算双自由度体系的无阻尼自由振动

1. 柔度法建立双自由度体系无阻尼自由振动的微分方程

双自由度体系表示各个质量所具有的独立运动方式的总数量为 2。为了描述该体系的动力响应，需要在每个动力自由度的方向上均表达出所对应的质量位移 $y_i(t)$（$i=1$，2）。以图 11-33（a）所示的体系为例，该体系的动力自由度为 2，即质量 m_1 和 m_2 的竖向动位移 $y_1(t)$ 和 $y_2(t)$，这也是梁在点 1、点 2 处沿着动力自由度方向的动位移。在本例中，柔度法

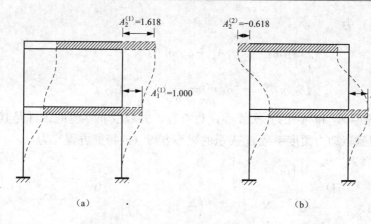

图 11-32

是以图 11-33（a）所示的梁为研究对象，按照位移条件推导出梁在点 1、点 2 处沿着动力自由度方向的动位移方程。

首先要明确图 11-33（a）所示的简支梁所受到的荷载情况。如图 11-33（b）所示，F_{S1}、F_{S2} 是梁施加在质量 m_1、m_2 上的恢复力，即

$$\begin{cases} F_{S1} = m_1 \ddot{y}_1 \\ F_{S2} = m_2 \ddot{y}_2 \end{cases} \tag{k}$$

则梁在点 1、点 2 处分别受到质量施加的反作用力 $-F_{S1}$、$-F_{S2}$。取梁为分析对象，对于线弹性体系而言，可应用叠加原理列出梁在点 1、点 2 处的动位移为

$$\begin{cases} y_1(t) = -(\delta_{11}F_{S1} + \delta_{12}F_{S2}) \\ y_2(t) = -(\delta_{21}F_{S1} + \delta_{22}F_{S2}) \end{cases} \tag{l}$$

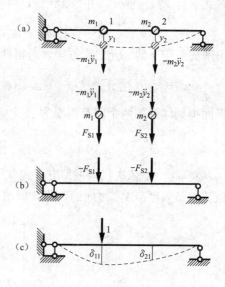

式中 δ_{ij} 为体系的动力柔度系数，其物理意义为：在与"体系的第 j 个动力自由度"相对应的点处，沿着"体系的第 j 个动力自由度"方向施加单位荷载时，体系产生的与"体系的第 i 个动力自由度"相对应的位移，如图 11-33（c）、图 11-33（d）所示。

图 11-33

将式（k）代入式（i），可得以动力柔度系数表达的双自由度体系无阻尼自由振动微分方程

$$\begin{cases} y_1(t) = -\delta_{11}m_1\ddot{y}_1 - \delta_{12}m_2\ddot{y}_2 \\ y_2(t) = -\delta_{21}m_1\ddot{y}_1 - \delta_{22}m_2\ddot{y}_2 \end{cases} \tag{11-70}$$

2. 柔度法求解双自由度无阻尼体系的主振型

式（11-70）是齐次线性微分方程，它的通解是两个独立特解的线性组合。假设式（11-70）的两个线性无关的特解仍为

$$\begin{cases} y_1(t) = A_1\sin(\omega t + \alpha) \\ y_2(t) = A_2\sin(\omega t + \alpha) \end{cases} \tag{m}$$

将式（m）代入式（11-70），消去公因子 $\sin(\omega t + \alpha)$，可得以动力柔度系数 δ_{ij} 表示的振型方

程（或特征向量方程）为

$$\begin{cases} \left(\delta_{11}m_1 - \dfrac{1}{\omega^2}\right)A_1 + \delta_{12}m_2 A_2 = 0 \\ \delta_{21}m_1 A_1 + \left(\delta_{22}m_2 - \dfrac{1}{\omega^2}\right)A_2 = 0 \end{cases} \tag{11-71}$$

式（11-71）是关于振幅 A_1 和 A_2 的齐次线性代数方程，方程取非零解的条件是其系数行列式必须为零，由此得到以动力柔度系数 δ_{ij} 表示的频率方程（或特征方程）为

$$D = \begin{vmatrix} \left(\delta_{11}m_1 - \dfrac{1}{\omega^2}\right) & \delta_{12}m_2 \\ \delta_{21}m_1 & \left(\delta_{22}m_2 - \dfrac{1}{\omega^2}\right) \end{vmatrix} = 0 \tag{11-72a}$$

将式（11-72a）展开，并令 $\lambda = \dfrac{1}{\omega^2}$，可得

$$\lambda^2 - (\delta_{11}m_1 + \delta_{22}m_2)\lambda + (\delta_{11}\delta_{22} - \delta_{12}\delta_{21})m_1 m_2 = 0 \tag{11-72b}$$

求解此关于 λ 的一元二次方程，可得两个根 λ_1、λ_2 为

$$\lambda_{1,2} = \frac{1}{2}\left[(\delta_{11}m_1 + \delta_{22}m_2) \pm \sqrt{(\delta_{11}m_1 + \delta_{22}m_2)^2 - 4(\delta_{11}\delta_{22} - \delta_{12}\delta_{21})m_1 m_2}\right] \tag{11-73a}$$

进而得到体系的两个固有频率为

$$\omega_1 = \frac{1}{\sqrt{\lambda_1}}, \quad \omega_2 = \frac{1}{\sqrt{\lambda_2}} \tag{11-73b}$$

将 ω_1、ω_2 依次代入振型方程式（11-71）中的任意一个方程，可以得到对应于 ω_i 的两个位移幅值 $A_1^{(i)}$、$A_2^{(i)}$ 之间的比值，即第一主振型和第二主振型为

$$\begin{cases} \rho_1 = \dfrac{A_2^{(1)}}{A_1^{(1)}} = \dfrac{\dfrac{1}{\omega_1^2} - \delta_{11}m_1}{\delta_{12}m_2} \\ \rho_2 = \dfrac{A_2^{(2)}}{A_1^{(2)}} = \dfrac{\dfrac{1}{\omega_2^2} - \delta_{11}m_1}{\delta_{12}m_2} \end{cases} \tag{11-74}$$

当初始条件未确定时，对应于自振频率 ω_i 的两个位移幅值 $A_1^{(i)}$、$A_2^{(i)}$ 的具体数值是无法确定的。为了使主振型向量中的元素具有确定的值，可令其中某一个元素的值等于 1〔通常是令 $A_1^{(i)} = 1$〕，则其余元素的值可按照上述比例关系求得，即标准化主振型。

综上所述，柔度法求解双自由度无阻尼体系主振型的步骤如下：

（1）由频率方程式（11-72）、式（11-73）解出体系的两个自振频率 ω_1、ω_2，其中较小的频率 ω_1 称为第一频率或者基本频率，它对应于第一振型（或称为基本振型）；而 ω_2 则称为第二频率，它对应于第二振型。

（2）将两个自振频率 ω_1、ω_2 依次代入振型方程式（11-71），并标准化，得到标准化主振型。

（3）双自由度体系无阻尼自由振动的位移响应通解如式（11-65）所示，其中包含四个独立的待定系数 $A_1^{(1)}$、$A_1^{(2)}$、α_1、α_2，而待定系数 $A_2^{(1)}$ 与 $A_1^{(1)}$、$A_2^{(2)}$ 与 $A_1^{(2)}$ 之间存在固定比例关系。当四个初始条件（即体系质量沿两个动力自由度方向上的初始位移和初始速度）给定时，可以求出式（11-65）中四个独立的待定系数的具体数值，进而得到位移响应的通解

解答。

【**例 11-10**】 图 11-34 （a）所示体系有集中质量 $m_1 = m$、$m_2 = 2m$，试求其自振频率和振型。

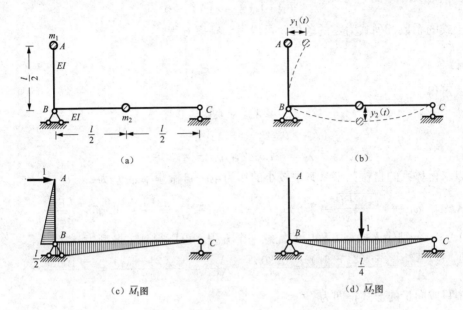

图 11-34

解 该体系动力自由度为 2，即质量 m_1、m_2 在任意瞬时的位移 $y_1(t)$、$y_2(t)$，如图 11-34 （b）所示。

首先求出体系的动力柔度系数，为此作出单位弯矩图 $\overline{M}_1$、$\overline{M}_2$，如图 11-34 （c）、图 11-34 （d）所示。由图乘法可以求得动力柔度系数

$$\delta_{11} = \frac{l^3}{8EI}, \quad \delta_{22} = \frac{l^3}{48EI}, \quad \delta_{12} = \delta_{21} = \frac{l^3}{32EI}$$

将以上动力柔度系数和已知的集中质量值代入式（11-71），得到振型方程为

$$
\begin{cases}
\left(\dfrac{l^3}{8EI}m - \dfrac{1}{\omega^2} \right)A_1 + \dfrac{l^3}{32EI} \times 2mA_2 = 0 \\[3mm]
\dfrac{l^3}{32EI}mA_1 + \left(\dfrac{l^3}{48EI} \times 2m - \dfrac{1}{\omega^2} \right)A_2 = 0
\end{cases}
$$

将上式通分，使得每一项 $\delta_{ij}m_j$ 具有相同的分母，则上式变为

$$
\begin{cases}
\left(\dfrac{24ml^3}{192EI} - \dfrac{1}{\omega^2} \right)A_1 + \dfrac{12ml^3}{192EI}A_2 = 0 \\[3mm]
\dfrac{6ml^3}{192EI}A_1 + \left(\dfrac{8ml^3}{192EI} - \dfrac{1}{\omega^2} \right)A_2 = 0
\end{cases}
$$

将上式中的各项乘以 $\dfrac{192EI}{ml^3}$ 以消除相应项的分数形式，可得

$$
\begin{cases}
\left(24 - \dfrac{192EI}{ml^3\omega^2} \right)A_1 + 12A_2 = 0 \\[3mm]
6A_1 + \left(8 - \dfrac{192EI}{ml^3\omega^2} \right)A_2 = 0
\end{cases}
$$

构造参数 $\lambda = \dfrac{192EI}{ml^3\omega^2}$，使得上述振型方程中仅包含 λ、A_i，即

$$\begin{cases} (24-\lambda)A_1 + 12A_2 = 0 \\ 6A_1 + (8-\lambda)A_2 = 0 \end{cases}$$

由上式的系数行列式为零的条件，可以得到频率方程

$$D = \begin{vmatrix} 24-\lambda & 12 \\ 64 & 8-\lambda \end{vmatrix} = 0$$

展开上式可得

$$\lambda^2 - 32\lambda + 120 = 0$$

解得

$$\lambda_1 = 27.662, \quad \lambda_2 = 4.338$$

据此可以求得体系的自振频率（其中较小的作为第一自振频率 ω_1）为

$$\omega_1 = \sqrt{\dfrac{192EI}{ml^3\lambda_1}} = 2.635\sqrt{\dfrac{EI}{ml^3}}, \quad \omega_2 = \sqrt{\dfrac{192EI}{ml^3\lambda_2}} = 6.653\sqrt{\dfrac{EI}{ml^3}}$$

将 λ_1、λ_2 分别代入振型方程中的任意一个方程，可以得到主振型为

$$\dfrac{A_2^{(1)}}{A_1^{(1)}} = \dfrac{-(24-\lambda_1)}{12} = \dfrac{0.305}{1}, \quad \dfrac{A_2^{(2)}}{A_1^{(2)}} = \dfrac{-(24-\lambda_2)}{12} = \dfrac{-1.639}{1}$$

将主振型写成向量的形式，即为

$$\begin{Bmatrix} A_1 \\ A_2 \end{Bmatrix}^{(1)} = \begin{Bmatrix} 1 \\ 0.305 \end{Bmatrix}, \quad \begin{Bmatrix} A_1 \\ A_2 \end{Bmatrix}^{(2)} = \begin{Bmatrix} 1 \\ -1.639 \end{Bmatrix}$$

体系的上述振型如图 11-35 所示。

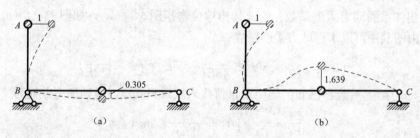

图 11-35

11.5.3　结构对称性的利用

在静力学中曾经讲过对称结构的基本特点是：在对称荷载作用下，结构的变形和内力都是对称的；在反对称荷载作用下，结构的变形和内力都是反对称的。对于体系的主振型而言，具有相类似的结论：当结构和质量分布都对称时，体系的主振型必定是正对称或反对称的，其中较低频率下的主振型所对应的体系应变能也相对较小。

以双自由度体系为例，对于结构和质量分布都对称的体系，其动力柔度系数存在如下关系

$$m_1 = m_2 = m, \quad \delta_{11} = \delta_{22}, \quad \delta_{12} = \delta_{21}$$

代入振型方程式（11-71）可得对称体系的振型方程为

$$\begin{cases} \alpha A_1 + \beta A_2 = 0 \\ \beta A_1 + \alpha A_2 = 0 \end{cases}$$

式中：$\alpha = \delta_{11}m - \dfrac{1}{\omega^2} = \delta_{22}m - \dfrac{1}{\omega^2}$,　　$\beta = \delta_{12}m = \delta_{21}m$。

该振型方程具有非零解的条件是其系数行列式必须为零，即频率方程变为

$$D = \begin{vmatrix} \alpha & \beta \\ \beta & \alpha \end{vmatrix} = 0$$

由此可得

$$\alpha = \beta \quad 或 \quad \alpha = -\beta$$

进而可知体系的主振型为

$$\frac{A_2}{A_1} = 1 \quad 或 \quad \frac{A_2}{A_1} = -1$$

上式表示体系的主振型是正对称的或者反对称的。

【例 11-11】 图 11-36（a）所示的简支梁，在三分点处有两个相等的集中质量 m，不计梁自身重量，梁的截面抗弯刚度为 EI。试求该体系的自振频率和主振型。

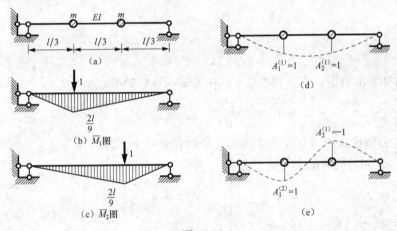

图 11-36

解　该结构是双自由度体系，两个动力自由度分别为集中质量的竖向位移。动力柔度系数可通过图乘法获得，单位弯矩图如图 11-36（b）、图 11-36（c）所示，动力柔度系数为

$$\delta_{11} = \delta_{22} = \frac{4l^3}{243EI}, \quad \delta_{12} = \delta_{21} = \frac{7l^3}{486EI}$$

体系的各集中质量为

$$m_1 = m_2 = m$$

将以上柔度系数和已知的集中质量值代入式（11-71），得到振型方程为

$$\begin{cases} \left(\dfrac{4l^3}{243EI}m - \dfrac{1}{\omega^2} \right)A_1 + \dfrac{7l^3}{486EI}mA_2 = 0 \\[3mm] \dfrac{7l^3}{486EI}mA_1 + \left(\dfrac{4l^3}{243EI}m - \dfrac{1}{\omega^2} \right)A_2 = 0 \end{cases}$$

将上式通分，使得每一项 $\delta_{ij}m_j$ 具有相同的分母，则上式变为

$$\begin{cases} \left(\dfrac{8ml^3}{486EI} - \dfrac{1}{\omega^2} \right)A_1 + \dfrac{7ml^3}{486EI}A_2 = 0 \\[3mm] \dfrac{7ml^3}{486EI}A_1 + \left(\dfrac{8ml^3}{486EI} - \dfrac{1}{\omega^2} \right)A_2 = 0 \end{cases}$$

将上式中的各项乘以 $\dfrac{486EI}{ml^3}$ 以消除相应项的分数形式，可得

$$\begin{cases} \left(8-\dfrac{486EI}{ml^3\omega^2}\right)A_1+7A_2=0 \\[2mm] 7A_1+\left(8-\dfrac{486EI}{ml^3\omega^2}\right)A_2=0 \end{cases}$$

构造参数 $\lambda=\dfrac{486EI}{ml^3\omega^2}$，使得上述振型方程中仅包含 λ、A_i，即

$$\begin{cases} (8-\lambda)A_1+7A_2=0 \\ 7A_1+(8-\lambda)A_2=0 \end{cases}$$

由上式的系数行列式为零的条件，可以得到频率方程

$$D=\begin{vmatrix} 8-\lambda & 7 \\ 7 & 8-\lambda \end{vmatrix}=0$$

展开上式可得

$$(8-\lambda)^2-49=0$$

解得

$$\lambda_1=15,\quad \lambda_2=1$$

据此可以求得体系的自振频率（其中较小的作为第一自振频率 ω_1）为

$$\omega_1=5.69\sqrt{\dfrac{EI}{ml^3}},\quad \omega_2=22.05\sqrt{\dfrac{EI}{ml^3}}$$

将 λ_1、λ_2 分别代入振型方程式（11-71）中的任意一个方程，并令 $A_1^{(1)}=1$，可以得到与自振频率 ω_1、ω_2 相对应的两个主振型为

$$A^{(1)}=\begin{Bmatrix}1\\1\end{Bmatrix},\quad A^{(2)}=\begin{Bmatrix}1\\-1\end{Bmatrix}$$

该体系的主振型如图 11-36（d）、图 11-36（e）所示。

对于本例题，可以取半边结构计算体系的自振频率。假设某一主振型是正对称的，则体系的半边结构如图 11-37（a）所示；假设某一主振型是反对称的，则体系的半边结构如图 11-37（b）所示。

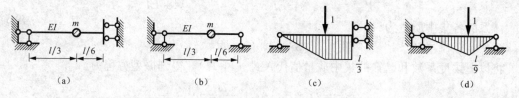

图 11-37

图 11-37（a）、图 11-37（b）所示的半边结构均为单自由度体系，当忽略梁的轴向变形时，这两个半边结构均为静定结构，因此计算柔度系数方便些。单位荷载作用下的弯矩图如图 11-37（c）、图 11-37（d）所示，图乘法得到两个半边结构的动力柔度系数分别为

$$\delta_1=\dfrac{5l^3}{162EI},\quad \delta_2=\dfrac{l^3}{486EI}$$

则两个半边结构的自振频率分别为

$$\omega_1 = \sqrt{\frac{1}{m\delta_1}} = 5.69\sqrt{\frac{EI}{ml^3}}, \quad \omega_2 = \sqrt{\frac{1}{m\delta_2}} = 22.05\sqrt{\frac{EI}{ml^3}}$$

其中较小的自振频率作为第一频率 ω_1，对应于图 11-37（a）所示的半边结构，表示原体系的第一主振型为正对称的，如图 11-36（d）所示；第二频率 ω_2 对应于图 11-37（b）所示的半边结构，表示原体系的第二主振型为反对称的，如图 11-36（e）所示。需要说明的是，第一主振型可能是正对称的，也可能是反对称的。但是，较低频率下的主振型所对应的体系应变能也相对较小。例如，图 11-36（d）所示的正对称振型中，杆件的变形较为平缓；相比之下，图 11-36（e）所示的反对称振型中，杆件的变形较为激烈，表明反对称振型所对应的体系应变能较大。因此，图 11-36（d）所示的正对称振型为第一主振型。

【**例 11-12**】　试求图 11-38（a）所示的集中质量对称布置的对称刚架的自振频率和主振型。

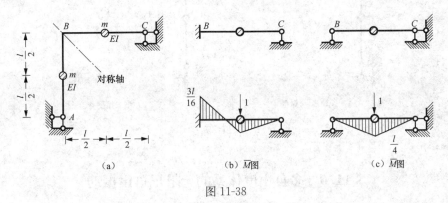

图 11-38

解　该结构是双自由度体系，两个动力自由度为两个集中质量分别沿着垂直于所在杆件方向的运动。该结构为超静定对称结构，对称轴如图 11-38（a）所示。当忽略杆件轴向变形时，点 B 是不动点（不动点是指该点不能发生线位移）。当结构发生正对称变形时，点 B 转角位移为 0，半结构在点 B 处视为固定端，考虑到忽略杆件轴向变形，因此半结构在点 C 处视为可动铰支座，如图 11-38（b）所示。当结构发生反对称变形时，点 B 可以发生转角位移，考虑到忽略杆件轴向变形，因此半结构在点 B 处视为可动铰支座，如图 11-38（c）所示。

图 11-38（b）、图 11-38（c）所示的半结构均为单自由度体系，为了计算动力柔度系数，首先画出单位荷载作用下的弯矩图。图 11-38（b）所示的半结构为单跨超静定梁，根据载常数可以得到单位荷载作用下的弯矩图；图 11-38（c）所示的半结构为静定梁，单位荷载作用下的弯矩图也容易绘制。通过图乘法可以得到动力柔度系数为

$$\delta_1 = \frac{7l^3}{768EI}, \quad \delta_2 = \frac{l^3}{48EI}$$

式中：δ_1 为图 11-38（b）所示半结构的动力柔度系数，对应于原体系正对称主振型；δ_2 为图 11-38（c）所示半结构的动力柔度系数，对应于原体系反对称主振型。
则两个半边结构的自振频率分别为

$$\omega_1^* = \sqrt{\frac{1}{m\delta_1}} = 10.47\sqrt{\frac{EI}{ml^3}}, \quad \omega_2^* = \sqrt{\frac{1}{m\delta_2}} = 6.93\sqrt{\frac{EI}{ml^3}}$$

其中较小的自振频率应作为第一频率 ω_1，即

$$\omega_1 = 6.93\sqrt{\frac{EI}{ml^3}}, \quad \omega_2 = 10.47\sqrt{\frac{EI}{ml^3}}$$

第一频率 ω_1 对应于图 11-38（c）所示的半边结构，表示原体系的第一主振型为反对称的，如图 11-39（a）所示；第二频率 ω_2 对应于图 11-38（b）所示的半边结构，表示原体系的第二主振型为正对称的，如图 11-39（b）所示。在图 11-39（a）所示的反对称振型中，杆件的变形较为平缓；相比之下，图 11-39（b）所示的正对称振型中，杆件的变形较为激烈，表明图 11-39（b）所示的正对称振型所对应的体系应变能较大。因此，图 11-39（a）所示的反对称振型为第一主振型。

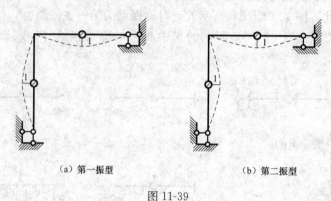

（a）第一振型　　　　　　　　　（b）第二振型

图 11-39

§11.6　多自由度体系的无阻尼自由振动

如前所述，许多振动问题需要简化为多自由度体系进行分析，双自由度体系是一种最简单的多自由度体系，已在 11.5 节中讨论过。对于更一般的多自由度体系，通常采用矩阵的形式分析其动力响应。

11.6.1　刚度法计算多自由度体系的无阻尼自由振动

1. 刚度法建立多自由度体系无阻尼自由振动的微分方程

刚度法是基于达朗贝尔原理将惯性力视为一种外荷载施加在体系的质量上，并以质量为隔离体，沿着每个动力自由度方向，建立质量的瞬时动平衡方程，进而得到体系质量的动力方程，体系的瞬时动平衡方程数量与体系动力自由度数相等。这里所提及的"动力自由度方向"是一个广义概念。

无阻尼自由振动是指不考虑阻尼力，并且没有外界动力荷载作用，体系的振动是由质量的初始位移、初始速度激发的。以图 11-40（a）所示的体系为例，该体系的动力自由度为 n（梁的质量忽略不计），即各个质量的竖向位移 $y_i(t)$（$i=1, 2, \cdots, n$）。取体系的各个集中质量 m_i 为隔离体，如图 11-40（b）所示，根据达朗贝尔原理，沿着每个动力自由度方向列出质量的瞬时动平衡方程为

$$-m_i\ddot{y}_i + F_{Si} = 0 \quad (i=1,2,\cdots,n) \tag{a}$$

式中：F_{Si} 为简支梁作用于质量 m_i 上的恢复力，对于线弹性振动体系，恢复力可以按照叠加原理表示为

$$F_{Si} = -(k_{i1}y_1 + k_{i2}y_2 + \cdots + k_{in}y_n) \quad (i=1,2,\cdots,n) \tag{b}$$

式中 k_{ij} 为体系的动力刚度系数，其物理意义为：当与"体系的第 j 个动力自由度"相对应的点，沿着"体系的第 j 个动力自由度"方向发生单位位移时，体系产生的与"体系的第 i 个动力自由度"相对应的恢复力，如图 11-40 （c）、图 11-40 （d）所示。动力刚度系数 k_{ij} 的下角标 i、j 是与动力自由度相对应的。

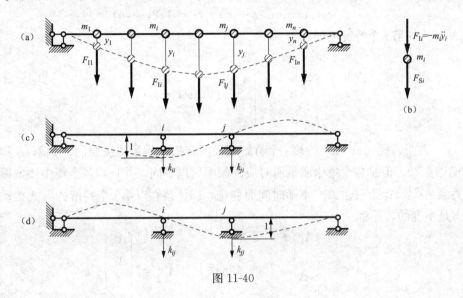

图 11-40

将式（b）代入式（a），得到以动力刚度系数表达的多自由度体系无阻尼自由振动微分方程

$$\begin{cases} m_1\ddot{y}_1 + (k_{11}y_1 + k_{12}y_2 + \cdots + k_{1n}y_n) = 0 \\ m_2\ddot{y}_2 + (k_{21}y_1 + k_{22}y_2 + \cdots + k_{2n}y_n) = 0 \\ \qquad\qquad\qquad\vdots \\ m_n\ddot{y}_n + (k_{n1}y_1 + k_{n2}y_2 + \cdots + k_{nn}y_n) = 0 \end{cases} \tag{11-75a}$$

上式可用矩阵形式表达为

$$\begin{bmatrix} m_1 & & & \\ & m_2 & & \\ & & \ddots & \\ & & & m_n \end{bmatrix}\begin{Bmatrix} \ddot{y}_1 \\ \ddot{y}_2 \\ \vdots \\ \ddot{y}_n \end{Bmatrix} + \begin{bmatrix} k_{11} & k_{12} & \cdots & k_{1n} \\ k_{21} & k_{22} & \cdots & k_{2n} \\ \vdots & \vdots & & \vdots \\ k_{n1} & k_{n2} & \cdots & k_{nn} \end{bmatrix}\begin{Bmatrix} y_1 \\ y_2 \\ \vdots \\ y_n \end{Bmatrix} = \begin{Bmatrix} 0 \\ 0 \\ \vdots \\ 0 \end{Bmatrix} \tag{11-75b}$$

或简写为

$$\boldsymbol{M}\ddot{\boldsymbol{y}} + \boldsymbol{K}\boldsymbol{y} = \boldsymbol{0} \tag{11-75c}$$

式中：$\boldsymbol{M}$、$\boldsymbol{K}$ 分别为体系的质量矩阵、动力刚度矩阵；$\ddot{\boldsymbol{y}}$、$\boldsymbol{y}$ 分别为体系的加速度列向量、位移列向量，即

$$\boldsymbol{M} = \begin{bmatrix} m_1 & & & \\ & m_2 & & \\ & & \ddots & \\ & & & m_n \end{bmatrix}, \quad \boldsymbol{K} = \begin{bmatrix} k_{11} & k_{12} & \cdots & k_{1n} \\ k_{21} & k_{22} & \cdots & k_{2n} \\ \vdots & \vdots & & \vdots \\ k_{n1} & k_{n2} & \cdots & k_{nn} \end{bmatrix}, \quad \ddot{\boldsymbol{y}} = \begin{Bmatrix} \ddot{y}_1 \\ \ddot{y}_2 \\ \vdots \\ \ddot{y}_n \end{Bmatrix}, \quad \boldsymbol{y} = \begin{Bmatrix} y_1 \\ y_2 \\ \vdots \\ y_n \end{Bmatrix}, \quad \boldsymbol{0} = \begin{Bmatrix} 0 \\ 0 \\ \vdots \\ 0 \end{Bmatrix}$$

$$\text{(c)}$$

以上的 $\boldsymbol{K}$ 为 n 阶对称方阵；在采用集中质量的体系中，$\boldsymbol{M}$ 为对角矩阵。

2. 刚度法求解多自由度无阻尼体系的主振型

齐次线性微分方程式（11-75）的通解是 n 个独立特解的线性组合，设式（11-75）的特解形式为

$$\boldsymbol{y}^{(i)} = \boldsymbol{A}^{(i)}\sin(\omega_i t + \alpha_i) \quad (i = 1, 2, \cdots, n) \tag{d}$$

即式（11-75）的第 i 个特解可展开为

$$\begin{bmatrix} y_1 \\ y_2 \\ \vdots \\ y_n \end{bmatrix}^{(i)} = \begin{bmatrix} A_1 \\ A_2 \\ \vdots \\ A_n \end{bmatrix}^{(i)} \sin(\omega_i t + \alpha_i) \tag{e}$$

式（e）表明，式（11-75）的第 i 个特解假设所有集中质量均按照同一频率 ω_i 和同一相位 α_i 作简谐振动，但是各个集中质量所对应的振幅可以不同，并且，各个集中质量振幅之间的比例关系 $A_1^{(i)} : A_2^{(i)} : \cdots : A_n^{(i)}$ 不随时间而变化，即体系在以第 i 个特解的方式振动时，振动的形态是不变的，并将

$$\boldsymbol{A}^{(i)} = \begin{bmatrix} A_1 \\ A_2 \\ \vdots \\ A_n \end{bmatrix}^{(i)} \quad \text{或者写作} \quad \boldsymbol{A}^{(i)} = \begin{bmatrix} A_{1i} \\ A_{2i} \\ \vdots \\ A_{ni} \end{bmatrix} \tag{f}$$

称为多自由度体系自由振动的主振型向量，简称振型向量。

为了使主振型向量中的元素具有确定值，可令式（f）中的某一个元素的值等于 1 [通常令 $A_1^{(i)} = 1$]，则其余元素的值可按上述比例关系求得，这样求得的主振型称为标准化主振型。另一种标准化的做法是规定主振型满足条件

$$\boldsymbol{A}^{(i)\mathrm{T}} \boldsymbol{M} \boldsymbol{A}^{(i)} = 1 \tag{11-76}$$

从数学角度讲，式（11-76）是以 $\boldsymbol{M}$ 为权函数的两个向量的点积，由于点积的两个向量均为 $\boldsymbol{A}^{(i)}$，因此式（11-76）的数学意义是：以质量矩阵 $\boldsymbol{M}$ 为权函数，使向量 $\boldsymbol{A}^{(i)}$ 的模 $|\boldsymbol{A}^{(i)}| = 1$。

微分方程式（11-75）的通解是上述 n 组按各自振频率 ω_i 作同步简谐振动的特解的线性组合，而组合后质量的运动一般不再是简谐振动。式（11-75）的通解为

$$\boldsymbol{y} = \sum_{i=1}^{n} \beta_i \boldsymbol{y}^{(i)} = \sum_{i=1}^{n} \beta_i \boldsymbol{A}^{(i)} \sin(\omega_i t + \alpha_i) \tag{g}$$

进一步，考虑到振型的概念，可将系数 β_i 合并在 $\boldsymbol{A}^{(i)}$ 中，即式（11-75）的通解为

$$\boldsymbol{y} = \sum_{i=1}^{n} \boldsymbol{A}^{(i)} \sin(\omega_i t + \alpha_i) \tag{11-77}$$

注意在式（d）~式（g）中，$\boldsymbol{y}$、$\boldsymbol{y}^{(i)}$、$\boldsymbol{A}^{(i)}$ 为列向量，β_i、ω_i、α_i 为实数。

将特解式（d）简写为下面形式

$$\boldsymbol{y} = \boldsymbol{A}\sin(\omega t + \alpha) \tag{h}$$

将特解式（h）代入式（11-75），可得多自由度无阻尼体系的振型方程（特征向量方程）

$$(\boldsymbol{K} - \omega^2 \boldsymbol{M})\boldsymbol{A} = \boldsymbol{0} \tag{11-78a}$$

展开为代数方程形式，则为

$$\begin{cases} (k_{11}-m_1\omega^2)A_1+k_{12}A_2+\cdots+k_{1n}A_n=0 \\ k_{21}A_1+(k_{22}-m_2\omega^2)A_2+\cdots+k_{2n}A_n=0 \\ \qquad\qquad\qquad\vdots \\ k_{n1}A_1+k_{n2}A_2+\cdots+(k_{nn}-m_n\omega^2)A_n=0 \end{cases} \tag{11-78b}$$

式（11-78）是以 A_1，A_2，$\cdots$，A_n 为未知数的齐次线性代数方程，其取得非零解的充分必要条件是方程的系数行列式等于零，即

$$\begin{vmatrix} (k_{11}-m_1\omega^2) & k_{12} & \cdots & k_{1n} \\ k_{21} & (k_{22}-m_2\omega^2) & \cdots & k_{2n} \\ \vdots & \vdots & \cdots & \vdots \\ k_{n1} & k_{n2} & \cdots & (k_{nn}-m_n\omega^2) \end{vmatrix}=0 \tag{11-79a}$$

或简写为

$$|\boldsymbol{K}-\omega^2\boldsymbol{M}|=0 \tag{11-79b}$$

将式（11-79）行列式展开，可以得到一个以 ω^2 为未知数的 n 次代数方程，由此解得 n 个正实根，进而求得体系的 n 个自振频率 ω_1，ω_2，$\cdots$，ω_n。式（11-79）即为多自由度无阻尼体系的频率方程（特征方程）。

综上所述，刚度法求解多自由度无阻尼体系自振频率与主振型的步骤如下：

（1）由频率方程式（11-79）解出体系的自振频率 ω_i。对于多自由度体系而言，当体系动力自由度为 n 时，式（11-75）具有 n 个独立的特解，也具有 n 个自振频率 ω_i 和相对应的相位角 α_i。在实际工程中，具有较低自振频率的振动对于体系的动力响应影响较大，因此将全部自振频率 ω_1，ω_2，$\cdots$，ω_n 按照由小到大的顺序进行排列，称为频率谱或频率向量，其中最小的频率 ω_1 称为体系的第一自振频率或基本频率。

（2）由于振型方程式（11-78）的系数行列式为 0，即频率方程（11-79），因此振型方程式（11-78）中只有 $n-1$ 个方程是独立的。将体系的 n 个自振频率 ω_i 依次代入振型方程式（11-78），标准化后可以得到 n 个标准化主振型向量 $\boldsymbol{A}^{(i)}$，分别与 n 个自振频率 ω_i 相对应。

（3）多自由度体系无阻尼自由振动的位移响应通解如式（11-77）所示，其中包含 $2n$ 个独立的待定系数 $A_1^{(i)}$、$\alpha_i(i=1,2,\cdots,n)$；而第 i 个主振型中的待定系数 $A_2^{(i)}$，$A_3^{(i)}$，$\cdots$，$A_n^{(i)}$ 与 $A_1^{(i)}$ 之间存在固定比例关系，不作为独立的待定系数。当 $2n$ 个初始条件（即体系质量沿 n 个动力自由度方向上的初始位移和初始速度）给定时，可以确定式（11-77）中 $2n$ 个独立的待定系数，进而得到位移响应的通解解答。

【例 11-13】　试用刚度法求图 11-41（a）所示三层刚架的自振频率和振型。设横梁为无限刚性，体系的质量全部集中在各横梁上，分别为 $m_1=m_3=1.5m$，$m_2=m$，各层的层间侧移刚度相同均为 k，忽略阻尼的影响。

解　本刚架具有 3 个动力自由度，即各横梁质量的水平位移。动力刚度系数 k_{ij} 的下角标 i、j 是与动力自由度相对应的，假设各层横梁质量沿着各动力自由度方向分别发生单位侧移，如图 11-41（b）～图 11-41（d）所示，由此可求得体系的动力刚度系数为

$$k_{11}=k_{22}=2k,\quad k_{33}=k,\quad k_{12}=k_{21}=k_{23}=k_{32}=-k,\quad k_{13}=k_{31}=0$$

则体系的动力刚度矩阵、质量矩阵分别为

$$\boldsymbol{K}=\begin{bmatrix} 2k & -k & 0 \\ -k & 2k & -k \\ 0 & -k & k \end{bmatrix},\quad \boldsymbol{M}=\begin{bmatrix} 1.5m & 0 & 0 \\ 0 & m & 0 \\ 0 & 0 & 1.5m \end{bmatrix}$$

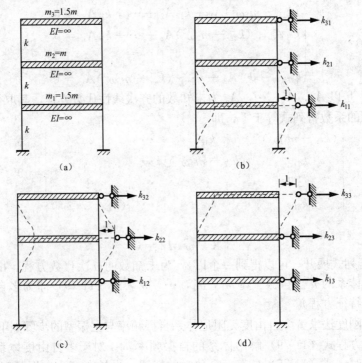

图 11-41

将动力刚度矩阵、质量矩阵代入式（11-78a），并记 $\lambda=\dfrac{m\omega^2}{k}$，可得体系的振型方程为

$$\begin{pmatrix} 4-3\lambda & -2 & 0 \\ -2 & 4-2\lambda & -2 \\ 0 & -2 & 2-3\lambda \end{pmatrix} \begin{Bmatrix} A_1 \\ A_2 \\ A_3 \end{Bmatrix} = \begin{Bmatrix} 0 \\ 0 \\ 0 \end{Bmatrix}$$

由振型方程的系数行列式等于零的非零解条件，得到体系的频率方程为

$$\begin{vmatrix} 4-3\lambda & -2 & 0 \\ -2 & 4-2\lambda & -2 \\ 0 & -2 & 2-3\lambda \end{vmatrix} = 0$$

解得

$$\lambda_1 = 0.149, \quad \lambda_2 = 1.073, \quad \lambda_3 = 2.777$$

进而求得体系的自振频率为

$$\omega_1 = 0.386\sqrt{\frac{k}{m}}, \quad \omega_2 = 1.036\sqrt{\frac{k}{m}}, \quad \omega_3 = 1.666\sqrt{\frac{k}{m}}$$

将自振频率 ω_1、ω_2、ω_3（或 λ_1、λ_2、λ_3）分别代入振型方程的任意两个式子，并令 $A_1^{(i)}=1$，可求得标准化主振型为

$$\boldsymbol{A}^{(1)} = \begin{Bmatrix} 1 \\ 1.777 \\ 2.288 \end{Bmatrix}, \quad \boldsymbol{A}^{(2)} = \begin{Bmatrix} 1 \\ 0.391 \\ -0.638 \end{Bmatrix}, \quad \boldsymbol{A}^{(3)} = \begin{Bmatrix} 1 \\ -2.166 \\ 0.683 \end{Bmatrix}$$

其相应的振型如图 11-42 所示。

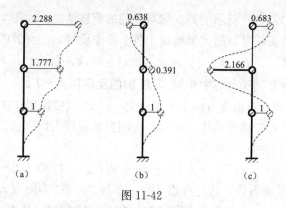

图 11-42

11.6.2　柔度法计算多自由度体系的无阻尼自由振动

1. 柔度法建立多自由度体系无阻尼自由振动的微分方程

对于动力自由度为 n 的多自由度体系，为了描述该体系的动力响应，需要在每个动力自由度的方向上均表达出对应的位移响应 $y_i(t)$（$i=1,2,\cdots,n$）。柔度法是以体系为分析对象，建立体系沿着每一个动力自由度方向上的动位移方程，体系的动位移方程数量与体系动力自由度数相等。这里所提及的"动力自由度方向"是一个广义概念。以图 11-43（a）所示的体系为例，该体系的动力自由度为 n（梁的质量忽略不计），即各个集中质量的竖向位移 $y_i(t)$（$i=1,2,\cdots,n$）。在本例中，柔度法是以图 11-43（a）所示的梁为研究对象，按照位移条件推导出梁在各个集中质量点处沿着动力自由度方向的动位移方程。

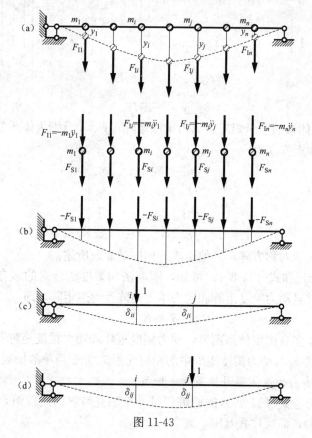

图 11-43

首先要明确图 11-43（a）所示的简支梁所受到的荷载情况。如图 11-43（b）所示，由各个集中质量的竖向平衡条件可知简支梁施加于各个集中质量 m_i 上的恢复力 $F_{\text{S}i}$ 为

$$F_{\text{S}i} = -F_{\text{I}i} = m_i \ddot{y}_i \quad (i = 1, 2, \cdots, n) \tag{i}$$

则梁在各个集中质量处分别受到集中质量 m_i 施加的反作用力 $-F_{\text{S}i} = -m_i \ddot{y}_i$。可以认为，各个集中质量 m_i 沿各个动力自由度方向上的惯性力 $-m_i \ddot{y}_i$ 直接作用于简支梁上。

取梁为分析对象，对于线弹性体系而言，应用叠加原理可以列出梁在各个集中质量处沿着各个动力自由度方向上的动位移为

$$y_i(t) = -(\delta_{i1} F_{\text{S}1} + \delta_{i2} F_{\text{S}2} + \cdots + \delta_{in} F_{\text{S}n}) \quad (i = 1, 2, \cdots, n) \tag{j}$$

式中 δ_{ij} 为体系的动力柔度系数，其物理意义为：在与"体系的第 j 个动力自由度"相对应的点处，沿着"体系的第 j 个动力自由度"方向施加单位荷载时，体系产生的与"体系的第 i 个动力自由度"相对应的位移，如图 11-43（c）、图 11-43（d）所示。

将式（i）代入式（j），得到以动力柔度系数表达的多自由度体系无阻尼自由振动微分方程

$$\begin{cases} y_1(t) = -m_1 \ddot{y}_1 \delta_{11} - m_2 \ddot{y}_2 \delta_{12} - \cdots - m_n \ddot{y}_n \delta_{1n} \\ y_2(t) = -m_1 \ddot{y}_1 \delta_{21} - m_2 \ddot{y}_2 \delta_{22} - \cdots - m_n \ddot{y}_n \delta_{2n} \\ \qquad\qquad\qquad\qquad \vdots \\ y_n(t) = -m_1 \ddot{y}_1 \delta_{n1} - m_2 \ddot{y}_2 \delta_{n2} - \cdots - m_n \ddot{y}_n \delta_{nn} \end{cases} \tag{11-80a}$$

上式可用矩阵形式表达为

$$\begin{Bmatrix} y_1 \\ y_2 \\ \vdots \\ y_n \end{Bmatrix} = - \begin{bmatrix} \delta_{11} & \delta_{12} & \cdots & \delta_{1n} \\ \delta_{21} & \delta_{22} & \cdots & \delta_{2n} \\ \vdots & \vdots & \cdots & \vdots \\ \delta_{n1} & \delta_{n2} & \cdots & \delta_{nn} \end{bmatrix} \begin{bmatrix} m_1 & & & \\ & m_2 & & \\ & & \ddots & \\ & & & m_n \end{bmatrix} \begin{Bmatrix} \ddot{y}_1 \\ \ddot{y}_2 \\ \vdots \\ \ddot{y}_n \end{Bmatrix} \tag{11-80b}$$

或简写为

$$\boldsymbol{y} = -\boldsymbol{\delta} \boldsymbol{M} \ddot{\boldsymbol{y}} \tag{11-80c}$$

式中：$\boldsymbol{M}$、$\boldsymbol{\delta}$ 分别为体系的质量矩阵、动力柔度矩阵；$\ddot{\boldsymbol{y}}$、$\boldsymbol{y}$ 分别为体系的加速度列向量、位移列向量。动力柔度矩阵 $\boldsymbol{\delta}$ 为

$$\boldsymbol{\delta} = \begin{bmatrix} \delta_{11} & \delta_{12} & \cdots & \delta_{1n} \\ \delta_{21} & \delta_{22} & \cdots & \delta_{2n} \\ \vdots & \vdots & \cdots & \vdots \\ \delta_{n1} & \delta_{n2} & \cdots & \delta_{nn} \end{bmatrix} \tag{k}$$

动力柔度矩阵 $\boldsymbol{\delta}$ 为 n 阶对称方阵，其他矩阵及列向量如前所述。

对比式（11-75c）和式（11-80c）可知，刚度法和柔度法建立的多自由度体系动力方程组是完全等价的，并且动力刚度矩阵和动力柔度矩阵互为逆矩阵，即

$$\boldsymbol{\delta} = \boldsymbol{K}^{-1} \tag{11-81}$$

应当注意的是，对于多自由度体系而言，动力刚度矩阵和动力柔度矩阵互为逆矩阵，但是动力刚度矩阵中的元素 k_{ij} 与动力柔度矩阵中的相应元素 δ_{ij} 并非简单的倒数关系。

2. 柔度法求解多自由度无阻尼体系的主振型

齐次线性微分方程式（11-80）的通解仍是 n 个独立特解的线性组合，设式（11-80）的特解形式仍如式（d），简写作式（h），即

$$y = A\sin(\omega t + \alpha)$$

将特解式（h）代入式（11-80），可得多自由度无阻尼体系的振型方程（特征向量方程）

$$\left(\boldsymbol{\delta M} - \frac{1}{\omega^2}\boldsymbol{I}\right)\boldsymbol{A} = \boldsymbol{0} \tag{11-82a}$$

式中 $\boldsymbol{I}$ 为单位矩阵，展开为代数方程形式，则为

$$\begin{cases} \left(\delta_{11}m_1 - \dfrac{1}{\omega^2}\right)A_1 + \delta_{12}m_2A_2 + \cdots + \delta_{1n}m_nA_n = 0 \\ \delta_{21}m_1A_1 + \left(\delta_{22}m_2 - \dfrac{1}{\omega^2}\right)A_2 + \cdots + \delta_{2n}m_nA_n = 0 \\ \qquad\qquad\qquad\vdots \\ \delta_{n1}m_1A_1 + \delta_{n2}m_2A_2 + \cdots + \left(\delta_{nn}m_n - \dfrac{1}{\omega^2}\right)A_n = 0 \end{cases} \tag{11-82b}$$

式（11-82）是以 A_1，A_2，$\cdots$，A_n 为未知数的齐次线性代数方程组，其取得非零解的充分必要条件是方程组的系数行列式等于零，即

$$\begin{vmatrix} \left(\delta_{11}m_1 - \dfrac{1}{\omega^2}\right) & \delta_{12}m_2 & \cdots & \delta_{1n}m_n \\ \delta_{21}m_1 & \left(\delta_{22}m_2 - \dfrac{1}{\omega^2}\right) & \cdots & \delta_{2n}m_n \\ \vdots & \vdots & & \vdots \\ \delta_{n1}m_1 & \delta_{n2}m_2 & \cdots & \left(\delta_{nn}m_n - \dfrac{1}{\omega^2}\right) \end{vmatrix} = 0 \tag{11-83a}$$

或简写为

$$\left|\boldsymbol{\delta M} - \frac{1}{\omega^2}\boldsymbol{I}\right| = 0 \tag{11-83b}$$

将式（11-83）行列式展开，可以得到一个以 ω^2 为未知数的 n 次代数方程，由此解得 n 个正实根，进而求得体系的 n 个自振频率 ω_1，ω_2，$\cdots$，ω_n。式（11-83）即为多自由度无阻尼体系的频率方程（特征方程）。

综上所述，柔度法求解多自由度无阻尼体系自振频率与主振型的步骤如下：

（1）由频率方程式（11-83）解出体系的自振频率 ω_i，并将全部自振频率 ω_1，ω_2，$\cdots$，ω_n 按照由小到大的顺序进行排列，即频率谱或频率向量，其中最小的频率 ω_1 为体系的第一自振频率或基本频率。

（2）由于振型方程式（11-82）的系数行列式为 0，即频率方程式（11-83），因此振型方程式（11-82）中只有 $n-1$ 个方程是独立的。将体系的 n 个自振频率 ω_i 依次代入振型方程式（11-82），标准化后可以得到 n 个标准化主振型向量 $\boldsymbol{A}^{(i)}$，分别与 n 个自振频率 ω_i 相对应。

（3）多自由度体系无阻尼自由振动的位移响应通解如式（11-77）所示，其中包含 $2n$ 个独立的待定系数 $A_1^{(i)}$、$\alpha_i(i=1，2，\cdots，n)$，可由 $2n$ 个初始条件（即体系质量沿 n 个动力自由度方向上的初始位移和初始速度）确定，进而得到位移响应的通解解答。

【例 11-14】 图 11-44（a）所示简支梁的等分点上有 3 个相同的集中质量 m，试求该体系的自振频率和振型。

解　该体系具有 3 个动力自由度，即各个集中质量的竖向位移。为求动力柔度系数，分

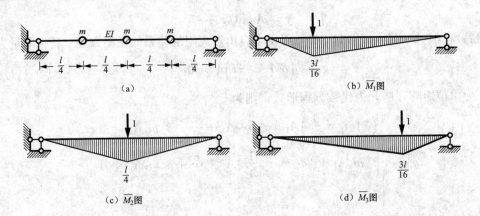

图 11-44

别作出各单位弯矩图，如图 11-44（b）～图 11-44（d）所示，并采用图乘法求出各个动力柔度系数为

$$\delta_{11} = \delta_{33} = \frac{9l^3}{768EI}, \quad \delta_{22} = \frac{16l^3}{768EI}$$

$$\delta_{12} = \delta_{21} = \delta_{23} = \delta_{32} = \frac{11l^3}{768EI}, \quad \delta_{13} = \delta_{31} = \frac{7l^3}{768EI}$$

则体系的动力柔度矩阵、质量矩阵分别为

$$\boldsymbol{\delta} = \frac{l^3}{768EI} \begin{bmatrix} 9 & 11 & 7 \\ 11 & 16 & 11 \\ 7 & 11 & 9 \end{bmatrix}, \quad \boldsymbol{M} = \begin{bmatrix} m & 0 & 0 \\ 0 & m & 0 \\ 0 & 0 & m \end{bmatrix}$$

将动力柔度矩阵、质量矩阵代入式（11-82a），并记 $\lambda = \dfrac{768EI}{ml^3\omega^2}$，可得体系的振型方程为

$$\begin{bmatrix} 9-\lambda & 11 & 7 \\ 11 & 16-\lambda & 11 \\ 7 & 11 & 9-\lambda \end{bmatrix} \begin{bmatrix} A_1 \\ A_2 \\ A_3 \end{bmatrix} = \begin{bmatrix} 0 \\ 0 \\ 0 \end{bmatrix}$$

由振型方程的系数行列式等于零的非零解条件，得到体系的频率方程为

$$\begin{vmatrix} 9-\lambda & 11 & 7 \\ 11 & 16-\lambda & 11 \\ 7 & 11 & 9-\lambda \end{vmatrix} = 0$$

解得

$$\lambda_1 = 31.556, \quad \lambda_2 = 2.000, \quad \lambda_3 = 0.444$$

进而求得体系的自振频率为

$$\omega_1 = 4.933\sqrt{\frac{EI}{ml^3}}, \quad \omega_2 = 19.596\sqrt{\frac{EI}{ml^3}}, \quad \omega_3 = 41.590\sqrt{\frac{EI}{ml^3}}$$

将自振频率 ω_1、ω_2、ω_3（或 λ_1、λ_2、λ_3）分别代入振型方程的任意两个式子，并令 $A_1^{(i)} = 1$，可求得标准化主振型为

$$\boldsymbol{A}^{(1)} = \begin{bmatrix} 1 \\ 1.414 \\ 1 \end{bmatrix}, \quad \boldsymbol{A}^{(2)} = \begin{bmatrix} 1 \\ 0 \\ -1 \end{bmatrix}, \quad \boldsymbol{A}^{(3)} = \begin{bmatrix} 1 \\ -1.414 \\ 1 \end{bmatrix}$$

其相应的振型如图 11-45 所示。

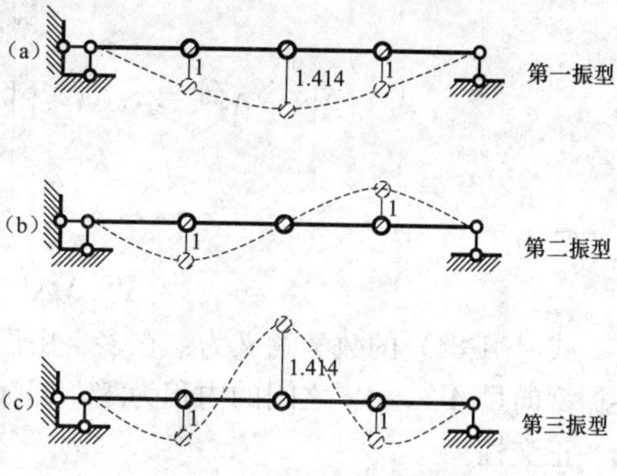

11.6.3　主振型的正交性

1. 主振型的第一正交性

动力自由度为 n 的体系具有 n 个自振频率，分别对应于 n 个主振型。利用功的互等定理可以证明各主振型之间具有正交性，利用这一特性可以将多自由度体系的受迫振动问题转化为多个单自由度体系的受迫振动问题，从而使多自由度体系的受迫振动响应计算大为简化。

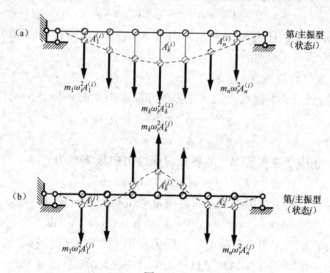

图 11-45

对于具有 n 个动力自由度的体系，体系的第 i 主振型、第 j 主振型相当于两个不同的动力平衡状态，记为状态 i、状态 j，如图 11-46 所示。图中的 $m_k\omega_i^2 A_k^{(i)}$ 和 $m_k\omega_j^2 A_k^{(j)}$（$k=1,2,\cdots,n$）分别表示第 i 主振型、第 j 主振型所对应的质量 m_k 的惯性力幅值，它们与质量 m_k 的位移幅值 $A_k^{(i)}$ 和 $A_k^{(j)}$（$k=1,2,\cdots,n$）同时发生，参见 11.2.1 节。

图 11-46

记第 i 主振型（状态 i）的惯性力在第 j 主振型（状态 j）的位移上所做的功为 W_1，则有
$$W_1 = m_1\omega_i^2 A_1^{(i)}A_1^{(j)} + \cdots + m_k\omega_i^2 A_k^{(i)}A_k^{(j)} + \cdots + m_n\omega_i^2 A_n^{(i)}A_n^{(j)}$$
同理，第 j 主振型（状态 j）的惯性力在第 i 主振型（状态 i）的位移上所做的功 W_2 为
$$W_2 = m_1\omega_j^2 A_1^{(j)}A_1^{(i)} + \cdots + m_k\omega_j^2 A_k^{(j)}A_k^{(i)} + \cdots + m_n\omega_j^2 A_n^{(j)}A_n^{(i)}$$
根据功的互等定理有 $W_1=W_2$，可得
$$(\omega_i^2 - \omega_j^2)(m_1 A_1^{(i)}A_1^{(j)} + \cdots + m_k A_k^{(i)}A_k^{(j)} + \cdots + m_n A_n^{(i)}A_n^{(j)}) = 0$$
因 $\omega_i \neq \omega_j$，故有
$$m_1 A_1^{(i)}A_1^{(j)} + \cdots + m_k A_k^{(i)}A_k^{(j)} + \cdots + m_n A_n^{(i)}A_n^{(j)} = 0 \tag{11-84a}$$
写成矩阵形式为

$$\{A_1^{(i)} \quad A_2^{(i)} \quad \cdots \quad A_n^{(i)}\} \begin{bmatrix} m_1 & & & 0 \\ & m_2 & & \\ & & \ddots & \\ 0 & & & m_n \end{bmatrix} \begin{Bmatrix} A_1^{(j)} \\ A_2^{(j)} \\ \vdots \\ A_n^{(j)} \end{Bmatrix} = 0 \tag{11-84b}$$

或简写为

$$\boldsymbol{A}^{(i)\mathrm{T}}\boldsymbol{M}\boldsymbol{A}^{(j)} = 0 \quad (i \neq j) \tag{11-84c}$$

式 (11-84) 的数学意义为：在多自由度体系中，以质量矩阵 $\boldsymbol{M}$ 作为权函数，任意两个主振型向量 $\boldsymbol{A}^{(i)}$、$\boldsymbol{A}^{(j)}$ 之间的内积为零，即存在着以质量矩阵 $\boldsymbol{M}$ 作为权函数的正交性，称为第一正交性。

2. 主振型的第二正交性

由多自由度体系的刚度型振型方程式 (11-78a) 可得

$$(\boldsymbol{K} - \omega_j^2\boldsymbol{M})\boldsymbol{A}^{(j)} = \boldsymbol{0}$$

将 $\boldsymbol{A}^{(i)\mathrm{T}}$ 左乘上式后得

$$\boldsymbol{A}^{(i)\mathrm{T}}\boldsymbol{K}\boldsymbol{A}^{(j)} = \omega_j^2\boldsymbol{A}^{(i)\mathrm{T}}\boldsymbol{M}\boldsymbol{A}^{(j)}$$

由式 (11-84c) 可知上式等号右端的值等于零，因而有

$$\boldsymbol{A}^{(i)\mathrm{T}}\boldsymbol{K}\boldsymbol{A}^{(j)} = 0 \quad (i \neq j) \tag{11-85}$$

这表明在多自由度体系中，任意两个主振型向量 $\boldsymbol{A}^{(i)}$、$\boldsymbol{A}^{(j)}$ 之间存在以动力刚度矩阵 $\boldsymbol{K}$ 为权函数的正交性，称为第二正交性。

3. 主振型正交性的物理意义

多自由度体系按照第 i 主振型、第 j 主振型作简谐振动时，体系的动位移向量可表达为

$$\boldsymbol{y}^{(i)} = \boldsymbol{A}^{(i)}\sin(\omega_i t + \alpha_i)$$
$$\boldsymbol{y}^{(j)} = \boldsymbol{A}^{(j)}\sin(\omega_j t + \alpha_j)$$

在任一时刻 t，相应于主振型 $\boldsymbol{A}^{(i)}$ 的各质量惯性力向量 $\boldsymbol{F}_1^{(i)}$ 为

$$\boldsymbol{F}_1^{(i)} = -\omega_i^2\boldsymbol{M}\boldsymbol{A}^{(i)}\sin(\omega_i t + \alpha_i)$$

在时间段 $\mathrm{d}t$ 内，相应于主振型 $\boldsymbol{A}^{(j)}$ 的各质量动位移增量向量 $\mathrm{d}\boldsymbol{y}^{(j)}$ 为

$$\mathrm{d}\boldsymbol{y}^{(j)} = \dot{\boldsymbol{y}}^{(j)} \cdot \mathrm{d}t = \omega_j\boldsymbol{A}^{(j)}\cos(\omega_j t + \alpha_j)\mathrm{d}t$$

因此，在时间段 $\mathrm{d}t$ 内，第 i 主振型的惯性力在第 j 主振型的位移上所做的功增量为

$$\mathrm{d}W = -\omega_i^2\omega_j\boldsymbol{A}^{(j)\mathrm{T}}\boldsymbol{M}\boldsymbol{A}^{(i)}\sin(\omega_i t + \alpha_i)\cos(\omega_j t + \alpha_j)\mathrm{d}t$$

由主振型的第一正交关系式 (11-84c) 可知 $\mathrm{d}W = 0$，这表明在多自由度体系振动过程中，相应于某一主振型的惯性力不会在其他主振型上做功，这就是第一正交性的物理意义。同理，第二正交性的物理意义是相应于某一主振型的弹性恢复力不会在其他主振型上做功。这样，相应于某一主振型作简谐振动的能量就不会转移到其他主振型上去。

4. 振型刚度与振型质量

对于多自由度体系，将其第 i 个自振频率 ω_i，以及相对应的第 i 主振型向量 $\boldsymbol{A}^{(i)}$，代入刚度型振型方程式 (11-78a) 中，可得

$$\boldsymbol{K}\boldsymbol{A}^{(i)} = \omega_i^2\boldsymbol{M}\boldsymbol{A}^{(i)}$$

将 $\boldsymbol{A}^{(i)\mathrm{T}}$ 左乘上式后得

$$\boldsymbol{A}^{(i)\mathrm{T}}\boldsymbol{K}\boldsymbol{A}^{(i)} = \omega_i^2\boldsymbol{A}^{(i)\mathrm{T}}\boldsymbol{M}\boldsymbol{A}^{(i)}$$

定义与第 i 个自振频率 ω_i 相对应的振型刚度 $K^{(i)}$、振型质量 $M^{(i)}$ 为

$$\begin{cases} K^{(i)} = \boldsymbol{A}^{(i)\mathrm{T}} \boldsymbol{K} \boldsymbol{A}^{(i)} \\ M^{(i)} = \boldsymbol{A}^{(i)\mathrm{T}} \boldsymbol{M} \boldsymbol{A}^{(i)} \end{cases} \tag{11-86}$$

则有

$$\omega_i = \sqrt{\frac{K^{(i)}}{M^{(i)}}} \tag{11-87}$$

注意在式（11-86）、式（11-87）中，$\boldsymbol{A}^{(i)\mathrm{T}}$ 为行向量；$\boldsymbol{A}^{(i)}$ 为列向量；$\boldsymbol{K}$、$\boldsymbol{M}$ 为 n 阶方阵；振型刚度 $K^{(i)}$、振型质量 $M^{(i)}$、自振频率 ω_i 为实数。由式（11-87）可知，采用振型刚度和振型质量计算体系第 i 个自振频率时，与单自由度体系自振频率的计算公式相似。

【例 11-15】 图 11-47 所示的三层框架结构，已知体系前两阶主振型向量为 $\boldsymbol{A}^{(1)} = \{1\ \ 2/3\ \ 1/3\}^{\mathrm{T}}$、$\boldsymbol{A}^{(2)} = \{1\ \ -2/3\ -2/3\}^{\mathrm{T}}$，试求体系的第三阶主振型向量以及各阶的自振频率。

解 1. 求解体系的第三阶主振型向量

该刚架体系的质量矩阵、刚度矩阵分别为

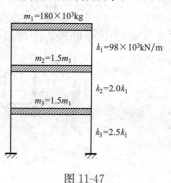

图 11-47

$$\boldsymbol{M} = \begin{bmatrix} 1.0 & 0 & 0 \\ 0 & 1.5 & 0 \\ 0 & 0 & 1.5 \end{bmatrix} m_1, \quad \boldsymbol{K} = \begin{bmatrix} 1.0 & -1.0 & 0 \\ -1.0 & 3.0 & -2.0 \\ 0 & -2.0 & 4.5 \end{bmatrix} k_1$$

设体系的第三阶主振型向量为

$$\boldsymbol{A}^{(3)} = \{1\ \ A_2^{(3)}\ \ A_3^{(3)}\}^{\mathrm{T}}$$

则根据第一正交性式（12-84c）可以得到下面的两个等式

$$\begin{cases} \boldsymbol{A}^{(1)\mathrm{T}} \boldsymbol{M} \boldsymbol{A}^{(3)} = 0 \\ \boldsymbol{A}^{(2)\mathrm{T}} \boldsymbol{M} \boldsymbol{A}^{(3)} = 0 \end{cases}$$

将主振型向量 $\boldsymbol{A}^{(1)}$、$\boldsymbol{A}^{(2)}$、$\boldsymbol{A}^{(3)}$ 和质量矩阵 $\boldsymbol{M}$ 代入上式，可得

$$\begin{cases} 1 + A_2^{(3)} + \dfrac{1}{2} A_3^{(3)} = 0 \\ 1 - A_2^{(3)} - A_3^{(3)} = 0 \end{cases}$$

解得体系的的第三阶主振型向量为

$$\boldsymbol{A}^{(3)} = \{1\ \ -3\ \ 4\}^{\mathrm{T}}$$

2. 求解体系的各阶自振频率

根据式（11-86）可计算出体系的各阶振型刚度、振型质量为

$$\begin{cases} K^{(1)} = \boldsymbol{A}^{(1)\mathrm{T}} \boldsymbol{K} \boldsymbol{A}^{(1)} = 60 \times 10^3 (\mathrm{kN/m}) \\ K^{(2)} = \boldsymbol{A}^{(2)\mathrm{T}} \boldsymbol{K} \boldsymbol{A}^{(2)} = 381 \times 10^3 (\mathrm{kN/m}) \\ K^{(3)} = \boldsymbol{A}^{(3)\mathrm{T}} \boldsymbol{K} \boldsymbol{A}^{(3)} = 15092 \times 10^3 (\mathrm{kN/m}) \end{cases}, \quad \begin{cases} M^{(1)} = \boldsymbol{A}^{(1)\mathrm{T}} \boldsymbol{M} \boldsymbol{A}^{(1)} = 33 \times 10^4 (\mathrm{kg}) \\ M^{(2)} = \boldsymbol{A}^{(2)\mathrm{T}} \boldsymbol{M} \boldsymbol{A}^{(2)} = 42 \times 10^4 (\mathrm{kg}) \\ M^{(3)} = \boldsymbol{A}^{(3)\mathrm{T}} \boldsymbol{M} \boldsymbol{A}^{(3)} = 6.93 \times 10^4 (\mathrm{kg}) \end{cases}$$

根据式（11-87）计算出体系的各阶自振频率为

$$\omega_1 = \sqrt{\frac{K^{(1)}}{M^{(1)}}} = 13.472(\mathrm{s}^{-1}), \quad \omega_2 = \sqrt{\frac{K^{(2)}}{M^{(2)}}} = 30.123(\mathrm{s}^{-1}), \quad \omega_3 = \sqrt{\frac{K^{(3)}}{M^{(3)}}} = 46.667(\mathrm{s}^{-1})$$

*§11.7　简谐荷载作用下多自由度体系的无阻尼受迫振动

本节介绍刚度法、柔度法求解简谐荷载作用下的多自由度体系无阻尼受迫振动响应。关于一般荷载作用下的多自由度体系无阻尼受迫振动问题、多自由度体系的有阻尼受迫振动问

题，通常利用体系的振型正交性进行分析，将在下节阐述。

11.7.1 刚度法求解简谐荷载作用下多自由度体系的无阻尼受迫振动响应

1. 刚度法建立多自由度体系无阻尼受迫振动的微分方程

以图 11-48（a）所示的体系为例，该体系的动力自由度为 n（梁的质量忽略不计），即各个质量的竖向位移 $y_i(t)$ （$i=1, 2, \cdots, n$）。当质量上作用有动荷载 $F_{P1}(t)$, $F_{P2}(t)$, $\cdots$, $F_{Pn}(t)$ 时，并且忽略阻尼力，取体系的各个集中质量 m_i 为隔离体，如图 11-48（b）所示，根据达朗贝尔原理沿着每个动力自由度方向列出质量的瞬时动平衡方程为

$$-m_i\ddot{y}_i + F_{Si} + F_{Pi} = 0 \quad (i=1,2,\cdots,n) \tag{a}$$

式中：F_{Si} 为简支梁作用于质量 m_i 上的恢复力，对于线弹性振动体系，恢复力可以按照叠加原理表示为

$$F_{Si} = -(k_{i1}y_1 + k_{i2}y_2 + \cdots + k_{in}y_n) \quad (i=1,2,\cdots,n) \tag{b}$$

式中：k_{ij} 为体系的动力刚度系数。

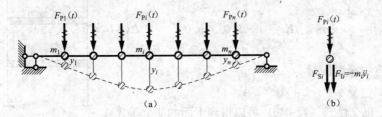

图 11-48

将式（b）代入式（a），得到以动力刚度系数表达的多自由度体系无阻尼受迫振动微分方程

$$\begin{cases} m_1\ddot{y}_1 + (k_{11}y_1 + k_{12}y_2 + \cdots + k_{1n}y_n) = F_{P1} \\ m_2\ddot{y}_2 + (k_{21}y_1 + k_{22}y_2 + \cdots + k_{2n}y_n) = F_{P2} \\ \qquad\qquad\qquad\vdots \\ m_n\ddot{y}_n + (k_{n1}y_1 + k_{n2}y_2 + \cdots + k_{nn}y_n) = F_{Pn} \end{cases} \tag{11-88a}$$

上式可用矩阵形式表达为

$$\begin{bmatrix} m_1 & & & \\ & m_2 & & \\ & & \ddots & \\ & & & m_n \end{bmatrix} \begin{bmatrix} \ddot{y}_1 \\ \ddot{y}_2 \\ \vdots \\ \ddot{y}_n \end{bmatrix} + \begin{bmatrix} k_{11} & k_{12} & \cdots & k_{1n} \\ k_{21} & k_{22} & \cdots & k_{2n} \\ \vdots & \vdots & \vdots & \vdots \\ k_{n1} & k_{n2} & \cdots & k_{nn} \end{bmatrix} \begin{bmatrix} y_1 \\ y_2 \\ \vdots \\ y_n \end{bmatrix} = \begin{bmatrix} F_{P\,1} \\ F_{P\,2} \\ \vdots \\ F_{P\,n} \end{bmatrix} \tag{11-88b}$$

或简写为

$$M\ddot{y} + Ky = F_P \tag{11-88c}$$

式中：M、K 分别为体系的质量矩阵、动力刚度矩阵；$\ddot{y}$、y、F_P 分别为体系的加速度列向量、位移列向量、动荷载列向量，即

$$M = \begin{bmatrix} m_1 & & & \\ & m_2 & & \\ & & \ddots & \\ & & & m_n \end{bmatrix}, K = \begin{bmatrix} k_{11} & k_{12} & \cdots & k_{1n} \\ k_{21} & k_{22} & \cdots & k_{2n} \\ \vdots & \vdots & \vdots & \vdots \\ k_{n1} & k_{n2} & \cdots & k_{nn} \end{bmatrix}, \ddot{y} = \begin{bmatrix} \ddot{y}_1 \\ \ddot{y}_2 \\ \vdots \\ \ddot{y}_n \end{bmatrix}, \ y = \begin{bmatrix} y_1 \\ y_2 \\ \vdots \\ y_n \end{bmatrix}, F_P = \begin{bmatrix} F_{P1} \\ F_{P2} \\ \vdots \\ F_{Pn} \end{bmatrix}$$

$$\tag{c}$$

以上的 $\mathbf{K}$ 为 n 阶对称方阵；在采用集中质量的体系中，$\mathbf{M}$ 为对角矩阵。

注意式（11-88）仅适用于集中动荷载直接作用于质量上的情况。当有集中动荷载未直接作用于质量上时，可假设在集中动荷载的作用点处存在一个质量为零的虚拟质量，然后再套用式（11-88），当然此时体系的动力自由度数目也相应地有所增加；当有分布动荷载作用于体系时，则需先转化为作用于质量处的等效集中动荷载，或者是采用柔度法建立体系的动力方程。

2. 刚度法求解简谐荷载作用下多自由度体系的无阻尼受迫振动响应

当动荷载为若干个同步的简谐荷载时，图 11-48（a）中的动荷载为

$$\begin{cases} F_{\mathrm{P1}}(t) = F_1\sin\theta t \\ F_{\mathrm{P2}}(t) = F_2\sin\theta t \\ \quad\vdots \\ F_{\mathrm{P}n}(t) = F_n\sin\theta t \end{cases} \tag{d}$$

则体系的动力方程式（11-88a）可展开为

$$\begin{cases} m_1\ddot{y}_1 + k_{11}y_1 + k_{12}y_2 \cdots + k_{1n}y_n = F_1\sin\theta t \\ m_2\ddot{y}_2 + k_{21}y_1 + k_{22}y_2 \cdots + k_{2n}y_n = F_2\sin\theta t \\ \quad\vdots \\ m_n\ddot{y}_n + k_{n1}y_1 + k_{n2}y_2 \cdots + k_{nn}y_n = F_n\sin\theta t \end{cases} \tag{11-89}$$

体系动力方程式（11-89）的全解由相应齐次方程的通解与非齐次方程的特解两部分构成，前者反映了体系的自由振动响应，由于实际上存在的阻尼作用将迅速衰减掉；而后者反映了稳态阶段的纯受迫振动响应，对实际工程有重要意义。

设体系动力方程式（11-89）的特解形式为

$$y_i = A_i\sin\theta t \tag{e}$$

将式（e）代入式（11-89），并消去公因子 $\sin\theta t$，可得

$$\begin{cases} (k_{11} - m_1\theta^2)A_1 + k_{12}A_2 + \cdots + k_{1n}A_n = F_1 \\ k_{21}A_1 + (k_{22} - m_2\theta^2)A_2 + \cdots + k_{2n}A_n = F_2 \\ \quad\vdots \\ k_{n1}A_1 + k_{n2}A_2 + \cdots + (k_{nn} - m_n\theta^2)A_n = F_n \end{cases} \tag{11-90a}$$

或写为矩阵形式

$$(\mathbf{K} - \theta^2\mathbf{M})\mathbf{A} = \mathbf{F} \tag{11-90b}$$

式中：$\mathbf{A} = \{A_1 \quad A_2 \quad \cdots \quad A_n\}^{\mathrm{T}}$ 为振幅列向量；$\mathbf{F} = \{F_1 \quad F_2 \quad \cdots \quad F_n\}^{\mathrm{T}}$ 为动荷载幅值向量。

式（11-90）为线性代数方程组，可以解出各质量在纯受迫振动中的动位移幅值 A_i，进而由式（e）得到各质量在纯受迫振动中的动位移 $y_i = A_i\sin\theta t$，同时可求得各质量惯性力为

$$F_{\mathrm{I}i} = -m_i\ddot{y}_i = m_iA_i\theta^2\sin\theta t = I_{\mathrm{I}i}\sin\theta t \tag{f}$$

式中：$I_{\mathrm{I}i} = m_iA_i\theta^2$ 为任一质量 m_i 的惯性力幅值。

由以上分析可归纳出多自由度无阻尼体系在简谐荷载作用下的稳态振动具有以下特征：

（1）当动荷载频率 θ 与体系任一自振频率 ω_i 相同时，参照式（11-79a）可知式（11-90a）的系数行列式等于零，此时动位移幅值为无穷大，即出现共振现象。动力自由度为 n 的体系

具有 n 个自振频率，因此就有 n 个共振的可能性。

（2）由式（e）和（f）可知，质量的动位移、惯性力、动荷载同时达到幅值，因此可以将惯性力幅值、动荷载幅值同时作用于体系上，按照静力方法计算出体系的内力幅值。

【例 11-16】 图 11-49（a）所示的三层框架各楼层质量（包括相应的柱子部分质量）分别为 $m_1=315\text{t}$，$m_2=270\text{t}$，$m_3=180\text{t}$，各层层间相对侧移刚度分别为 $k_1=245\times10^6\text{N/m}$、$k_2=196\times10^6\text{N/m}$、$k_3=98\times10^6\text{N/m}$。结构的第二层横梁承受水平干扰力作用，干扰力幅值为 100kN，每分钟振动 200 次，试求各层横梁的振幅以及柱子的剪力幅值。

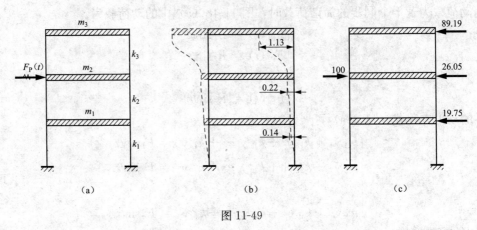

图 11-49

解 依照题意，本体系的动力刚度矩阵、质量矩阵分别为

$$\boldsymbol{K}=\begin{bmatrix}4.5 & -2 & 0\\ -2 & 3 & -1\\ 0 & -1 & 1\end{bmatrix}\times98\times10^6(\text{N/m})$$

$$\boldsymbol{M}=\begin{bmatrix}1.75 & 0 & 0\\ 0 & 1.5 & 0\\ 0 & 0 & 1\end{bmatrix}\times180\times10^3(\text{kg})$$

动荷载的角频率为

$$\theta=\frac{2\pi}{60}\times200=20.93(\text{s}^{-1})$$

荷载幅值向量为

$$\boldsymbol{F}=\{0 \quad 100 \quad 0\}^{\text{T}}(\text{kN})$$

将 $\boldsymbol{K}$、$\boldsymbol{M}$、$\boldsymbol{F}$ 代入式（11-90b），可得体系的运动幅值方程为

$$98\times10^6\times\begin{bmatrix}3.091 & -2 & 0\\ -2 & 1.792 & -1\\ 0 & -1 & 0.195\end{bmatrix}\begin{Bmatrix}A_1\\ A_2\\ A_3\end{Bmatrix}=\begin{Bmatrix}0\\ 100\\ 0\end{Bmatrix}$$

解得振幅向量为

$$\boldsymbol{A}=\{-0.14 \quad -0.22 \quad -1.13\}^{\text{T}}(\text{mm})$$

体系的振幅如图 11-49（b）所示。将振幅向量 $\boldsymbol{A}$ 代入式（f），可得各层横梁的惯性力幅值为

$$\begin{cases} I_{I1} = m_1 A_1 \theta^2 = -19.75(\text{kN}) \\ I_{I2} = m_2 A_2 \theta^2 = -26.05(\text{kN}) \\ I_{I3} = m_3 A_3 \theta^2 = -89.19(\text{kN}) \end{cases}$$

负号表示惯性力与干扰力方向相反，将惯性力幅值、动荷载幅值同时作用于体系上，如图 11-49（c）所示，可以按静力分析方法求得各层总剪力幅值为

$$\begin{cases} F_{Q1} = -34.983(\text{kN}) \\ F_{Q2} = -15.232(\text{kN}) \\ F_{Q3} = -89.187(\text{kN}) \end{cases}$$

各层总剪力的一半即为该层单根柱子的剪力幅值。

上面的例题体现了以下几点定性结论，这对实际工程具有重要的指导意义。

（1）若建筑物沿竖向的侧移刚度突变明显时，在动荷载作用下，会导致刚度突变截面的上方结构产生很大的动内力。因此，在建筑物的抗震设计中，应避免竖向结构发生过大的刚度突变。

（2）当建筑物顶部刚度骤然减小形成小塔楼时，在动荷载作用下的小塔楼的动位移幅值和动内力幅值将成倍增大，存在着严重的鞭梢效应，在建筑物的抗震设计中应予以充分注意，并采取相应措施。在上面的例题中，若第三层柱的侧移刚度和横梁的质量与以下两层相同，则第三层的动位移幅值将大为降低。

11.7.2　柔度法求解简谐荷载作用下多自由度体系的无阻尼受迫振动响应

1. 柔度法建立多自由度体系无阻尼受迫振动的微分方程

以图 11-50（a）所示的体系为例，该体系的动力自由度为 n（梁的质量忽略不计），即各个质量的竖向位移 $y_i(t)$（$i=1, 2, \cdots, n$）。当质量上作用有动荷载 $F_{P1}(t)$，$F_{P2}(t)$，$\cdots$，$F_{Pn}(t)$ 时，并且忽略阻尼力，取体系的各个集中质量 m_i 为隔离体，如图 11-50（b）所示，根据达朗贝尔原理沿着每个动力自由度方向可以列出质量的瞬时动平衡方程，如式（a）所示，由此可得简支梁作用于质量 m_i 上的恢复力 F_{Si} 为

$$F_{Si} = m_i \ddot{y}_i - F_{Pi} \quad (i = 1, 2, \cdots, n) \tag{g}$$

则梁在各个集中质量处分别受到集中质量 m_i 施加的反作用力 $-F_{Si} = -m_i \ddot{y}_i + F_{Pi}$。可以认为，各个集中质量 m_i 沿各个动力自由度方向上的惯性力 $-m_i \ddot{y}_i$、外界动荷载 F_{Pi} 都直接作用于简支梁上。

在本例中，柔度法是以图 11-50（c）所示的梁为研究对象，按照位移条件推导出梁在各个集中质量点处沿着动力自由度方向的动位移方程。取梁为分析对象，对于线弹性体系而言，应用叠加原理可以列出梁在各个集中质量处沿着各个动力自由度方向上的动位移为

$$y_i(t) = -(\delta_{i1} F_{S1} + \delta_{i2} F_{S2} + \cdots + \delta_{in} F_{Sn}) \quad (i = 1, 2, \cdots, n) \tag{h}$$

式中 δ_{ij} 为体系的动力柔度系数，其物理意义仍如图 11-43（c）、图 11-43（d）所示。

将式（g）代入式（h），得到以动力柔度系数表达的多自由度体系无阻尼受迫振动微分方程

$$\begin{cases} y_1(t) = (-m_1 \ddot{y}_1 \delta_{11} - m_2 \ddot{y}_2 \delta_{12} - \cdots - m_n \ddot{y}_n \delta_{1n}) + (\delta_{11} F_{P1} + \delta_{12} F_{P2} + \cdots + \delta_{1n} F_{Pn}) \\ y_2(t) = (-m_1 \ddot{y}_1 \delta_{21} - m_2 \ddot{y}_2 \delta_{22} - \cdots - m_n \ddot{y}_n \delta_{2n}) + (\delta_{21} F_{P1} + \delta_{22} F_{P2} + \cdots + \delta_{2n} F_{Pn}) \\ \qquad\qquad\qquad\qquad\qquad\qquad \vdots \\ y_n(t) = (-m_1 \ddot{y}_1 \delta_{n1} - m_2 \ddot{y}_2 \delta_{n2} - \cdots - m_n \ddot{y}_n \delta_{nn}) + (\delta_{n1} F_{P1} + \delta_{n2} F_{P2} + \cdots + \delta_{nn} F_{Pn}) \end{cases}$$

$$(11\text{-}91a)$$

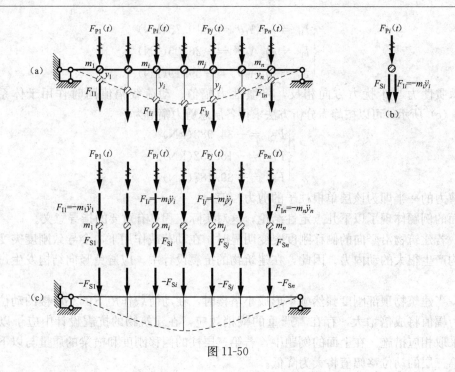

图 11-50

上式可用矩阵形式表达为

$$
\begin{Bmatrix} y_1 \\ y_2 \\ \vdots \\ y_n \end{Bmatrix} = - \begin{bmatrix} \delta_{11} & \delta_{12} & \cdots & \delta_{1n} \\ \delta_{21} & \delta_{22} & \cdots & \delta_{2n} \\ \vdots & \vdots & \cdots & \vdots \\ \delta_{n1} & \delta_{n2} & \cdots & \delta_{nn} \end{bmatrix} \begin{bmatrix} m_1 & & & \\ & m_2 & & \\ & & \ddots & \\ & & & m_n \end{bmatrix} \begin{Bmatrix} \ddot{y}_1 \\ \ddot{y}_2 \\ \vdots \\ \ddot{y}_n \end{Bmatrix} + \begin{bmatrix} \delta_{11} & \delta_{12} & \cdots & \delta_{1n} \\ \delta_{21} & \delta_{22} & \cdots & \delta_{2n} \\ \vdots & \vdots & \cdots & \vdots \\ \delta_{n1} & \delta_{n2} & \cdots & \delta_{nn} \end{bmatrix} \begin{Bmatrix} F_{P1} \\ F_{P2} \\ \vdots \\ F_{Pn} \end{Bmatrix}
$$

$$(11\text{-}91b)$$

或简写为

$$\boldsymbol{y} = -\boldsymbol{\delta M \ddot{y}} + \boldsymbol{\delta F}_{\mathrm{P}} \quad 或 \quad \boldsymbol{y} = -\boldsymbol{\delta M \ddot{y}} + \boldsymbol{\Delta}_{\mathrm{P}} \qquad (11\text{-}91c)$$

$$\boldsymbol{\delta M \ddot{y}} + \boldsymbol{y} = \boldsymbol{\delta F}_{\mathrm{P}} \quad 或 \quad \boldsymbol{\delta M \ddot{y}} + \boldsymbol{y} = \boldsymbol{\Delta}_{\mathrm{P}} \qquad (11\text{-}91d)$$

式中：$\boldsymbol{\Delta}_{\mathrm{P}} = \boldsymbol{\delta F}_{\mathrm{P}}$ 为动荷载引起的各质量沿动力自由度方向的位移列向量；$\boldsymbol{M}$、$\boldsymbol{\delta}$ 分别为体系的质量矩阵、动力柔度矩阵；$\ddot{\boldsymbol{y}}$、$\boldsymbol{y}$、$\boldsymbol{F}_{\mathrm{P}}$ 分别为体系的加速度列向量、位移列向量、动荷载列向量，即

$$
\boldsymbol{M} = \begin{bmatrix} m_1 & & & \\ & m_2 & & \\ & & \ddots & \\ & & & m_n \end{bmatrix}, \; \boldsymbol{\delta} = \begin{bmatrix} \delta_{11} & \delta_{12} & \cdots & \delta_{1n} \\ \delta_{21} & \delta_{22} & \cdots & \delta_{2n} \\ \vdots & \vdots & \cdots & \vdots \\ \delta_{n1} & \delta_{n2} & \cdots & \delta_{nn} \end{bmatrix}, \; \ddot{\boldsymbol{y}} = \begin{Bmatrix} \ddot{y}_1 \\ \ddot{y}_2 \\ \vdots \\ \ddot{y}_n \end{Bmatrix}, \; \boldsymbol{y} = \begin{Bmatrix} y_1 \\ y_2 \\ \vdots \\ y_n \end{Bmatrix}, \; \boldsymbol{F}_{\mathrm{P}} = \begin{Bmatrix} F_{P1} \\ F_{P2} \\ \vdots \\ F_{Pn} \end{Bmatrix} \; (i)
$$

以上的 $\boldsymbol{\delta}$ 为 n 阶对称方阵；在采用集中质量的体系中，$\boldsymbol{M}$ 为对角矩阵。

　　对比式（11-91d）和式（11-88c）可知，刚度法和柔度法建立的多自由度体系动力方程组是完全等价的，并且动力刚度矩阵和动力柔度矩阵互为逆矩阵，即 $\boldsymbol{\delta} = \boldsymbol{K}^{-1}$。应当注意的是，对于多自由度体系而言，动力刚度矩阵和动力柔度矩阵互为逆矩阵，但是动力刚度矩阵中的元素 k_{ij} 与动力柔度矩阵中的相应元素 δ_{ij} 并非简单的倒数关系。

式（11-91）仅适用于集中动荷载直接作用于质量上的情况，其中动荷载列向量 $\boldsymbol{F}_\mathrm{P}$ 是指动荷载沿着各动力自由度方向直接作用在各质量上。如果动荷载并未沿着各动力自由度方向直接作用在质量上，例如图 11-51（a）所示的动力自由度为 n 的体系，动荷载 $F_{\mathrm{P}k}(t)$（$k=1,2,\cdots,m$）并不是完全作用于质量上，此时可认为简支梁同时承受两类荷载：第一类荷载是 n 个质量惯性力 $F_{\mathrm{I}i}=-m_i\ddot{y}_i$（$i=1,2,\cdots,n$），如图 11-51（b）所示；第二类荷载是 m 个外界动荷载 $F_{\mathrm{P}k}(t)$（$k=1,2,\cdots,m$），如图 11-51（c）所示。按照叠加原理可知质量 m_i 的动位移 $y_i(t)$ 为

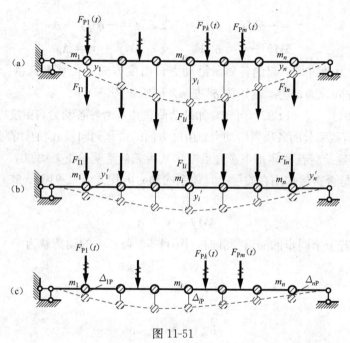

图 11-51

$$y_i(t)=y_{\mathrm{I}i}(t)+\Delta_{i\mathrm{P}}\quad(i=1,2,\cdots,n)\tag{j}$$

式（j）中的 $y_{\mathrm{I}i}(t)$ 为第一类荷载单独作用所引起质量 m_i 的动位移，即

$$y_{\mathrm{I}i}(t)=-m_1\ddot{y}_1\delta_{i1}-m_2\ddot{y}_2\delta_{i2}-\cdots-m_n\ddot{y}_n\delta_{in}\quad(i=1,2,\cdots,n)\tag{k}$$

式（j）中的 $\Delta_{i\mathrm{P}}$ 为第二类荷载单独作用所引起质量 m_i 的动位移，即

$$\Delta_{i\mathrm{P}}=(\delta_{i1}^\mathrm{P}F_{\mathrm{P}1}+\delta_{i2}^\mathrm{P}F_{\mathrm{P}2}+\cdots+\delta_{im}^\mathrm{P}F_{\mathrm{P}m})\quad(i=1,2,\cdots,n)\tag{l}$$

式（k）中的动力柔度系数 δ_{ij} 的物理意义为：在与“体系的第 j 个动力自由度”相对应的点处，沿着“体系的第 j 个动力自由度”方向施加单位荷载时，体系产生的与“体系的第 i 个动力自由度”相对应的位移。式（l）中的动力柔度系数 δ_{ij}^P 的物理意义为：当第 j 个动荷载为单位荷载时，体系产生的与“体系的第 i 个动力自由度”相对应的位移。

将式（k）、式（l）代入式（j），可得到体系的柔度型动力方程

$$\begin{cases}y_1(t)=(-m_1\ddot{y}_1\delta_{11}-m_2\ddot{y}_2\delta_{12}-\cdots-m_n\ddot{y}_n\delta_{1n})+(\delta_{11}^\mathrm{P}F_{\mathrm{P}1}+\delta_{12}^\mathrm{P}F_{\mathrm{P}2}+\cdots++\delta_{1m}F_{\mathrm{P}m})\\y_2(t)=(-m_1\ddot{y}_1\delta_{21}-m_2\ddot{y}_2\delta_{22}-\cdots-m_n\ddot{y}_n\delta_{2n})+(\delta_{21}^\mathrm{P}F_{\mathrm{P}1}+\delta_{22}^\mathrm{P}F_{\mathrm{P}2}+\cdots++\delta_{2m}F_{\mathrm{P}m})\\\qquad\qquad\vdots\\y_n(t)=(-m_1\ddot{y}_1\delta_{n1}-m_2\ddot{y}_2\delta_{n2}-\cdots-m_n\ddot{y}_n\delta_{nn})+(\delta_{n1}^\mathrm{P}F_{\mathrm{P}1}+\delta_{n2}^\mathrm{P}F_{\mathrm{P}2}+\cdots++\delta_{nm}F_{\mathrm{P}m})\end{cases}$$

$$\tag{11-92a}$$

上式可用矩阵形式表达为

$$\begin{Bmatrix} y_1 \\ y_2 \\ \vdots \\ y_n \end{Bmatrix} = - \begin{bmatrix} \delta_{11} & \delta_{12} & \cdots & \delta_{1n} \\ \delta_{21} & \delta_{22} & \cdots & \delta_{2n} \\ \vdots & \vdots & \cdots & \vdots \\ \delta_{n1} & \delta_{n2} & & \delta_{nn} \end{bmatrix} \begin{bmatrix} m_1 & & & \\ & m_2 & & \\ & & \ddots & \\ & & & m_n \end{bmatrix} \begin{Bmatrix} \ddot{y}_1 \\ \ddot{y}_2 \\ \vdots \\ \ddot{y}_n \end{Bmatrix} + \begin{bmatrix} \delta_{11}^P & \delta_{12}^P & \cdots & \delta_{1m}^P \\ \delta_{21}^P & \delta_{22}^P & \cdots & \delta_{2m}^P \\ \vdots & \vdots & \cdots & \vdots \\ \delta_{n1}^P & \delta_{n2}^P & \cdots & \delta_{nm}^P \end{bmatrix} \begin{Bmatrix} F_{P1} \\ F_{P2} \\ \vdots \\ F_{Pm} \end{Bmatrix}$$

(11-92b)

或简写为

$$\boldsymbol{y} = -\boldsymbol{\delta M \ddot{y}} + \boldsymbol{\delta^P F_P} \quad \text{或} \quad \boldsymbol{y} = -\boldsymbol{\delta M \ddot{y}} + \boldsymbol{\Delta_P} \tag{11-92c}$$

$$\boldsymbol{\delta M \ddot{y}} + \boldsymbol{y} = \boldsymbol{\delta^P F_P} \quad \text{或} \quad \boldsymbol{\delta M \ddot{y}} + \boldsymbol{y} = \boldsymbol{\Delta_P} \tag{11-92d}$$

式中：$\boldsymbol{\Delta_P} = \boldsymbol{\delta^P F_P}$ 为动荷载引起的各质量沿动力自由度方向的位移列向量。注意动力柔度矩阵 $\boldsymbol{\delta}$ 是 $n \times n$ 阶方阵，而动力柔度矩阵 $\boldsymbol{\delta^P}$ 是 $n \times m$ 阶矩阵。

对比式（11-91）、式（11-92）可知，如果动荷载并未沿着各动力自由度方向直接作用在质量上时，只是动荷载引起的各质量沿动力自由度方向的位移列向量 $\boldsymbol{\Delta_P}$ 的计算公式有所差别。

2. 柔度法求解简谐荷载作用下多自由度体系的无阻尼受迫振动响应

无论动荷载是否直接作用在质量上，体系的动力方程式（11-91d）、式（11-92d）都可统一写为

$$\boldsymbol{\delta M \ddot{y}} + \boldsymbol{y} = \boldsymbol{\Delta_P}$$

当动荷载为若干个同步的简谐荷载时，图 11-50（a）中的动荷载为

$$\begin{cases} F_{P1}(t) = F_1 \sin\theta t \\ F_{P2}(t) = F_2 \sin\theta t \\ \quad\vdots \\ F_{Pn}(t) = F_n \sin\theta t \end{cases}$$

则体系的动力方程可展开为

$$\begin{cases} m_1 \ddot{y}_1 \delta_{11} + m_2 \ddot{y}_2 \delta_{12} + \cdots + m_n \ddot{y}_n \delta_{1n} + y_1 = \Delta_{1P} \sin\theta t \\ m_1 \ddot{y}_1 \delta_{21} + m_2 \ddot{y}_2 \delta_{22} + \cdots + m_n \ddot{y}_n \delta_{2n} + y_2 = \Delta_{2P} \sin\theta t \\ \quad\vdots \\ m_1 \ddot{y}_1 \delta_{n1} + m_2 \ddot{y}_2 \delta_{n2} + \cdots + m_n \ddot{y}_n \delta_{nn} + y_n = \Delta_{nP} \sin\theta t \end{cases} \tag{11-93a}$$

或写成矩阵形式

$$\boldsymbol{\delta M \ddot{y}} + \boldsymbol{y} = \boldsymbol{\Delta_P} \sin\theta t \tag{11-93b}$$

式中：$\boldsymbol{\Delta_P} = \{\Delta_{1P}, \Delta_{2P}, \cdots, \Delta_{nP}\}^T$ 为简谐荷载幅值引起的各质量静位移向量，可由 $\boldsymbol{\Delta_P} = \boldsymbol{\delta F_P}$ 或 $\boldsymbol{\Delta_P} = \boldsymbol{\delta^P F_P}$ 计算得出，此时的 $\boldsymbol{F_P} = \{F_1, F_2, \cdots, F_n\}^T$ 为简谐荷载的幅值列向量。

体系动力方程式（11-93）的全解由相应齐次方程的通解与非齐次方程的特解两部分构成，前者反映了体系的自由振动响应，由于实际上存在的阻尼作用将迅速衰减掉；而后者反映了稳态阶段的纯受迫振动响应，对实际工程有重要意义。

设体系动力方程式（11-93）的特解形式为

$$y_i = A_i \sin\theta t \tag{m}$$

将式（m）代入式（11-93），并消去公因子 $\sin\theta t$，可得

$$\begin{cases}\left(\delta_{11}m_1-\dfrac{1}{\theta^2}\right)A_1+\delta_{12}m_2A_2+\cdots+\delta_{1n}m_nA_n+\dfrac{\Delta_{1\mathrm P}}{\theta^2}=0\\[2mm]\delta_{21}m_1A_1+\left(\delta_{22}m_2-\dfrac{1}{\theta^2}\right)A_2+\cdots+\delta_{2n}m_nA_n+\dfrac{\Delta_{2\mathrm P}}{\theta^2}=0\\[1mm]\qquad\qquad\qquad\vdots\\\delta_{n1}m_1A_1+\delta_{n2}m_2A_2+\cdots+\left(\delta_{nn}m_n-\dfrac{1}{\theta^2}\right)A_n+\dfrac{\Delta_{n\mathrm P}}{\theta^2}=0\end{cases}\tag{11-94a}$$

或写为矩阵形式

$$\left(\boldsymbol{\delta M}-\frac{1}{\theta^2}\boldsymbol{I}\right)\boldsymbol{A}+\frac{1}{\theta^2}\boldsymbol{\Delta}_{\mathrm P}=\boldsymbol{0}\tag{11-94b}$$

式中：$\boldsymbol I$ 为单位矩阵；$\boldsymbol A=\{A_1\quad A_2\quad\cdots\quad A_n\}^{\mathrm T}$ 为振幅列向量。

　　式（11-94）为线性代数方程组，可以解出各质量在纯受迫振动中的动位移幅值 A_i，进而由式（m）得到各质量在纯受迫振动中的动位移 $y_i=A_i\sin\theta t$，同时可求得各质量惯性力为

$$F_{\mathrm Ii}=-m_i\ddot y_i=m_iA_i\theta^2\sin\theta t=I_{\mathrm Ii}\sin\theta t\tag{n}$$

式中：$I_{\mathrm Ii}=m_iA_i\theta^2$ 为任一质量 m_i 的惯性力幅值。

　　若以 θ^2 乘以式（11-94a）各项，并注意到任一质量 m_i 的惯性力幅值 $I_{\mathrm Ii}=m_iA_i\theta^2$，可以得到关于各惯性力幅值 $I_{\mathrm Ii}$ 的一组线性代数方程

$$\begin{cases}\left(\delta_{11}-\dfrac{1}{m_1\theta^2}\right)I_{\mathrm I1}+\delta_{12}I_{\mathrm I2}+\cdots+\delta_{1n}I_{\mathrm In}+\Delta_{1\mathrm P}=0\\[2mm]\delta_{21}I_{\mathrm I1}+\left(\delta_{22}-\dfrac{1}{m_2\theta^2}\right)I_{\mathrm I2}+\cdots+\delta_{2n}I_{\mathrm In}+\Delta_{2\mathrm P}=0\\[1mm]\qquad\qquad\qquad\vdots\\\delta_{n1}I_{\mathrm I1}+\delta_{n2}I_{\mathrm I2}+\cdots+\left(\delta_{nn}-\dfrac{1}{m_n\theta^2}\right)I_{\mathrm In}+\Delta_{n\mathrm P}=0\end{cases}\tag{11-95a}$$

写成矩阵形式为

$$\left(\boldsymbol{\delta}-\frac{1}{\theta^2}\boldsymbol M^{-1}\right)\boldsymbol I_{\mathrm I}+\boldsymbol\Delta_{\mathrm P}=\boldsymbol0\tag{11-95b}$$

式中：$\boldsymbol I_{\mathrm I}=\{I_{\mathrm I1}，I_{\mathrm I2}，\cdots，I_{\mathrm In}\}^{\mathrm T}$ 为各质量在纯受迫振动中的惯性力幅值列向量。解方程式（11-95）可求得各质量在纯受迫振动中的惯性力幅值，并进而由 $I_{\mathrm Ii}=m_iA_i\theta^2$ 求得各动位移幅值 A_i。

　　【例 11-17】　如图 11-52（a）所示体系，集中质量 $m_1=m$、$m_2=2m$，在横梁上作用有简谐均布荷载 $q(t)=q\sin\theta t$，且 $\theta=3\sqrt{\dfrac{EI}{ml^3}}$。试求质量的最大动位移，并绘制最大动力弯矩图。

　　解　本例题为静定结构，动力柔度系数易于求解，并且动荷载未直接作用在质量上，因此采用柔度法求解比较方便。作出 $\overline M_1$ 图、$\overline M_2$ 图和 $M_{\mathrm P}$ 图，分别如图 11-52（b）~图 11-52（d）所示，可通过图乘法求出本体系的动力柔度系数、简谐荷载幅值 q 引起的质量静位移为

$$\delta_{11}=\frac{l^3}{8EI},\quad\delta_{22}=\frac{l^3}{48EI},\quad\delta_{12}=\delta_{21}=\frac{l^3}{32EI},\quad\Delta_{1\mathrm P}=\frac{ql^4}{48EI},\quad\Delta_{2\mathrm P}=\frac{5ql^4}{384EI}$$

体系的动力柔度矩阵、简谐荷载幅值引起的各质量静位移列向量分别为

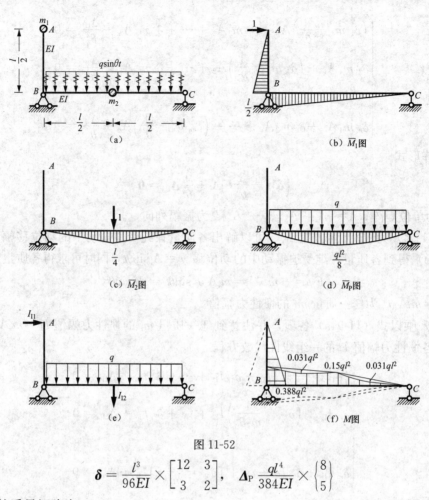

图 11-52

$$\boldsymbol{\delta} = \frac{l^3}{96EI} \times \begin{bmatrix} 12 & 3 \\ 3 & 2 \end{bmatrix}, \quad \boldsymbol{\Delta}_P \frac{ql^4}{384EI} \times \begin{Bmatrix} 8 \\ 5 \end{Bmatrix}$$

体系的质量矩阵为

$$\boldsymbol{M} = m \times \begin{bmatrix} 1 & 0 \\ 0 & 2 \end{bmatrix}$$

将 $\boldsymbol{\delta}$、$\boldsymbol{M}$、$\boldsymbol{\Delta}_p$ 以及 $\theta = 3\sqrt{\dfrac{EI}{ml^3}}$ 代入式 (11-94b)，可得

$$\begin{cases} (m\dfrac{9EI}{ml^3}\dfrac{l^3}{8EI}-1)A_1 + 2m\dfrac{9EI}{ml^3}\dfrac{l^3}{32EI}A_2 + \dfrac{ql^4}{48EI} = 0 \\ m\dfrac{9EI}{ml^3}\dfrac{l^3}{32EI}A_1 + (2m\dfrac{9EI}{ml^3}\dfrac{l^3}{48EI}-1)A_2 + \dfrac{5ql^4}{384EI} = 0 \end{cases}$$

解此方程得各动位移幅值 A_i 为

$$A_1 = \frac{-0.086ql^4}{EI}, \quad A_2 = \frac{-0.018ql^4}{EI}$$

由惯性力幅值 $I_1 = m_1\theta^2 A_1$，$I_2 = m_2\theta^2 A_2$，得

$$I_1 = -0.775ql, \quad I_2 = -0.332ql$$

将以上求得的最大惯性力 I_{11}、I_{12} 以及动荷载幅值 q 同时作用于结构，如图 11-52（e）所示，即可按照静力法求出结构的最大动弯矩图，如图 11-52（f）所示。当动荷载幅值向下作用时对应于图 11-52（f）中的实线图形，当动荷载幅值向上作用时对应于图 11-52（f）中的虚线

图形。

*§11.8 振 型 分 解 法

在讨论多自由度体系的自由振动和受迫振动时，本章前面各节均是采用几何坐标来描述质量的位移的。通常情况下，此时体系的动力刚度矩阵 K、动力柔度矩阵 δ 并不是对角矩阵，甚至质量矩阵 M 有时候也不是对角矩阵，所得的体系动力方程是一组相互耦联的微分方程，即体系动力方程是弹性耦合、惯性耦合的。此时，求解在一般动力荷载作用下的体系动力响应将变得十分困难，必须联立求解 n 个微分方程；如果考虑阻尼影响，则更加难以求解。

某个体系的动力方程是否存在耦合关系，完全取决于运动坐标的选择，而与体系自身的动力特性无关。当选择的动力坐标使体系的动力方程无耦合关系时，该动力坐标（是一种广义坐标）称为正则坐标。采用正则坐标可将体系一组相互耦联的动力方程转变为 n 个相互独立的微分方程，从而使整个求解过程大为简化。

所谓的振型分解法，是以体系自由振动时的主振型作为位移函数（类似于直角坐标系的基底 i、j、k）来描述质量的动位移，利用主振型关于质量矩阵 M、动力刚度矩阵 K 的正交性，将体系一组相互耦联的动力方程转变为 n 个相互独立的微分方程。其中，每一个微分方程只包含一个待求的未知数（广义坐标，类似于直角坐标的 x、y、z），该待求的广义坐标是对应于体系某个主振型的一种广义位移。这样，每一个微分方程相当于求解一个单自由度体系的振动问题，可以独立求解，从而使整个求解过程大为简化。振型分解法也可称为振型叠加法或正则坐标法。

1. 用振型展开体系的位移和振型（正则）坐标

对于动力自由度为 n 的体系振动问题，可将质量的动位移以位移向量的方式表达，即

$$y = \{y_1 \quad y_2 \quad \cdots \quad y_n\}^{\mathrm{T}} \tag{a}$$

从数学角度来讲，任意一个 n 维向量 y 都可以用 n 个独立的 n 维向量 $A^{(1)}$、$A^{(2)}$、$\cdots$、$A^{(n)}$ 的线性组合来表示，只要这 n 个独立的 n 维向量 $A^{(1)}$、$A^{(2)}$、$\cdots$、$A^{(n)}$ 满足正交性、完备性。

动力自由度为 n 的体系具有 n 个互相正交的主振型向量。因此，结构在任一时刻的位移向量 y 就可以用结构的 n 个主振型向量 $A^{(i)}$ 来表示，即

$$y(t) = \sum_{i=1}^{n} \eta_i(t) A^{(i)} = \eta_1(t) A^{(1)} + \eta_2(t) A^{(2)} + \cdots + \eta_n(t) A^{(n)} \tag{11-96}$$

式中：$A^{(i)} = \{A_1^{(i)} \quad A_2^{(i)} \quad \cdots \quad A_n^{(i)}\}^{\mathrm{T}}$ 为体系的第 i 个主振型向量；$\eta_i(t)$ 为与 $A^{(i)}$ 相对应的权系数。

式（11-96）的数学意义是：将质量的动位移向量 y 用主振型向量来展开，n 个主振型向量 $A^{(i)}$ 相当于 n 个互相独立的基底，$\eta_i(t)$ 为与基底 $A^{(i)}$ 相对应的振型坐标。

对于任意一个位移向量 y，当用主振型展开时，可以利用主振型的正交性来获得振型坐标 $\eta_i(t)$ 的值。例如，对式（11-96）的等号两边同时左乘 $A^{(i)\mathrm{T}}M$，可得

$$A^{(i)\mathrm{T}} M y = \eta_1 A^{(i)\mathrm{T}} M A^{(1)} + \cdots + \eta_i A^{(i)\mathrm{T}} M A^{(i)} + \cdots + \eta_n A^{(i)\mathrm{T}} M A^{(n)}$$

根据主振型的第一正交性可知，上式右端只有第 i 项不等于零，即

$$A^{(i)\mathrm{T}}My = \eta_i A^{(i)\mathrm{T}}MA^{(i)}$$

结合式（11-86）关于振型质量 $M^{(i)}$ 的定义，可以得到与基底 $A^{(i)}$ 相对应的振型坐标 $\eta_i(t)$ 为

$$\eta_i = \frac{A^{(i)\mathrm{T}}My}{A^{(i)\mathrm{T}}MA^{(i)}} = \frac{A^{(i)\mathrm{T}}My}{M^{(i)}} \tag{11-97}$$

注意在式（11-97）中，仅 $y(t)$ 和 $\eta_i(t)$ 是时间 t 的函数，且 $\eta_i(t)$ 与 $M^{(i)}$ 是实数，由式（11-96）可得位移向量 $y(t)$ 对时间 t 的一阶导数、二阶导数分别为

$$\dot{y}(t) = \sum_{i=1}^{n} \dot{\eta}_i(t)A^{(i)}, \quad \ddot{y}(t) = \sum_{i=1}^{n} \ddot{\eta}_i(t)A^{(i)} \tag{11-98}$$

2. 振型分解法求解多自由体系无阻尼受迫振动响应

多自由度体系无阻尼受迫振动的刚度型动力方程如式（11-88）所示，假设该体系位移向量 y 以 n 个主振型向量 $A^{(i)}$ 展开，如式（11-96）所示，将式（11-96）、式（11-98）代入式（11-88），可以得到以正则坐标 $\eta_i(t)$ 表达的体系动力方程

$$\sum_{i=1}^{n} \ddot{\eta}_i(t)MA^{(i)} + \sum_{i=1}^{n} \eta_i(t)KA^{(i)} = F_P(t) \tag{b}$$

用 $A^{(k)\mathrm{T}}$ 左乘上式，可得

$$\sum_{i=1}^{n} \ddot{\eta}_i(t)A^{(k)\mathrm{T}}MA^{(i)} + \sum_{i=1}^{n} \eta_i(t)A^{(k)\mathrm{T}}KA^{(i)} = A^{(k)\mathrm{T}}F_P(t) \tag{c}$$

利用主振型关于质量矩阵 M、动力刚度矩阵 K 的正交性，式（c）可简化为

$$\ddot{\eta}_k(t)A^{(k)\mathrm{T}}MA^{(k)} + \eta_k(t)A^{(k)\mathrm{T}}KA^{(k)} = A^{(k)\mathrm{T}}F_P(t) \tag{d}$$

利用式（11-86）关于与第 i 个自振频率 ω_i 相对应的振型刚度 $K^{(i)}$、振型质量 $M^{(i)}$ 的定义，可将式（d）进一步简写作

$$M^{(i)}\ddot{\eta}_i(t) + K^{(i)}\eta_i(t) = F_P^{(i)}(t) \quad (i = 1, 2, \cdots, n) \tag{11-99}$$

式中

$$F_P^{(i)}(t) = A^{(i)\mathrm{T}}F_P(t) \tag{11-100}$$

为与第 i 个自振频率 ω_i 相对应的广义动荷载。

式（11-99）即为体系与第 i 个自振频率 ω_i 相对应的用正则坐标表达的动力方程，共计有 n 个方程，并且这 n 个方程之间相互独立、无耦联关系，每一个方程均与单自由度体系的动力方程具有相同的数学形式。于是，可以按照解决单自由度问题的方法求得关于正则坐标的动力响应。

将式（11-99）改写为

$$\ddot{\eta}_i(t) + \omega_i^2 \eta_i(t) = \frac{F_P^{(i)}(t)}{M^{(i)}} \quad (i = 1, 2, \cdots, n) \tag{11-101}$$

式中：$\omega_i = \sqrt{\dfrac{K^{(i)}}{M^{(i)}}}$ 为体系的第 i 个自振频率，即式（11-87）。

与单自由度无阻尼受迫振动一样，根据广义动荷载 $F_P^{(i)}(t)$ 的形式，式（11-101）可采用不同的求解方法。当 $F_P^{(i)}(t)$ 为简谐荷载、非简谐周期荷载或者一般动荷载时，可结合式（11-19）、式（11-25）或式（11-28）求得正则坐标 $\eta_i(t)$ 的响应。例如，对于一般动荷载而言，当初始条件为零时，结合式（11-27）采用杜哈梅积分求得的正则坐标 $\eta_i(t)$ 响应为

$$\eta_i(t) = \frac{1}{M^{(i)}\omega_i}\int_0^t F_P^{(i)}(\tau)\cdot\sin[\omega_i(t-\tau)]\cdot d\tau \quad (i=1,2,\cdots,n) \tag{11-102}$$

在求得关于各正则坐标 $\eta_1(t)$，$\eta_2(t)$，$\cdots$，$\eta_n(t)$ 的响应之后，即可按照式（11-96）求得以几何坐标表示的体系动位移 $y_1(t)$，$y_2(t)$，$\cdots$，$y_n(t)$。

采用杜哈梅积分得到的解是满足零初始条件时的特解，当有非零初始条件时，需计算初始条件引起的通解，即体系的自由振动解答。根据式（11-96）、式（11-98）可以把初始条件也按照主振型展开，即

$$\boldsymbol{y}(0) = \sum_{i=1}^n \eta_i(0)\boldsymbol{A}^{(i)}, \quad \dot{\boldsymbol{y}}(0) = \sum_{i=1}^n \dot{\eta}_i(0)\boldsymbol{A}^{(i)} \tag{e}$$

用 $\boldsymbol{A}^{(k)\mathrm{T}}\boldsymbol{M}$ 左乘上式，可得

$$\begin{cases} \boldsymbol{A}^{(k)\mathrm{T}}\boldsymbol{M}\boldsymbol{y}(0) = \sum_{i=1}^n \eta_i(0)\boldsymbol{A}^{(k)\mathrm{T}}\boldsymbol{M}\boldsymbol{A}^{(i)} \\ \boldsymbol{A}^{(k)\mathrm{T}}\boldsymbol{M}\dot{\boldsymbol{y}}(0) = \sum_{i=1}^n \dot{\eta}_i(0)\boldsymbol{A}^{(k)\mathrm{T}}\boldsymbol{M}\boldsymbol{A}^{(i)} \end{cases}$$

根据主振型的正交性性质可知，上式右端只有第 k 项不等于零，即

$$\begin{cases} \boldsymbol{A}^{(k)\mathrm{T}}\boldsymbol{M}\boldsymbol{y}(0) = \eta_k(0)\boldsymbol{A}^{(k)\mathrm{T}}\boldsymbol{M}\boldsymbol{A}^{(k)} \\ \boldsymbol{A}^{(k)\mathrm{T}}\boldsymbol{M}\dot{\boldsymbol{y}}(0) = \dot{\eta}_k(0)\boldsymbol{A}^{(k)\mathrm{T}}\boldsymbol{M}\boldsymbol{A}^{(k)} \end{cases}$$

结合式（11-86）关于振型质量 $M^{(i)}$ 的定义，可以得到与基底 $\boldsymbol{A}^{(i)}$ 相对应的 $\eta_i(0)$、$\dot{\eta}_i(0)$ 为

$$\begin{cases} \eta_i(0) = \dfrac{\boldsymbol{A}^{(i)\mathrm{T}}\boldsymbol{M}\boldsymbol{y}(0)}{M^{(i)}} \\ \dot{\eta}_i(0) = \dfrac{\boldsymbol{A}^{(i)\mathrm{T}}\boldsymbol{M}\dot{\boldsymbol{y}}(0)}{M^{(i)}} \end{cases} \tag{11-103}$$

得到以振型坐标表示的初始条件后，可直接根据单自由度体系无阻尼自由振动的解答，得到由初始条件引起的与基底 $\boldsymbol{A}^{(i)}$ 相对应的自由振动响应 $\eta_i^*(t)$ 为

$$\eta_i^*(t) = \eta_i(0)\cos\omega_i t + \frac{\dot{\eta}_i(0)}{\omega_i}\sin\omega_i t \quad (i=1,2,\cdots,n) \tag{11-104}$$

则由初始条件引起的体系的自由振动解答为

$$\boldsymbol{y}^*(t) = \sum_{i=1}^n \eta_i^*(t)\boldsymbol{A}^{(i)} \tag{11-105}$$

将受迫振动引起的特解和初始条件引起的通解叠加，即可得到体系的全解。

综上所述，采用振型分解法求解一般荷载作用下的多自由度无阻尼体系动力响应的主要步骤如下：

（1）求出体系的各阶自振频率 ω_i 和主振型 $\boldsymbol{A}^{(i)}$。

（2）按照式（11-86）计算振型质量 $M^{(i)}$，按照式（11-100）计算广义动荷载 $F_P^{(i)}$。

（3）按单自由度体系求解以正则坐标表达的微分方程式（11-101），解出各正则坐标 $\eta_i(t)$。

（4）按照式（11-96）计算受迫振动引起的以几何坐标表达的特解部分 $\boldsymbol{y}(t)$。

（5）若初始条件非零，按式（11-103）计算以正则坐标表达的初始条件 $\eta_i(0)$、$\dot{\eta}_i(0)$。

（6）按照式（11-104）计算初始条件引起的以正则坐标表达的自由振动 $\eta_i^*(t)$。

（7）按照式（11-105）计算自由振动引起的以几何坐标表达的通解部分 $\boldsymbol{y}^*(t)$。

（8）将强迫振动引起的特解 $\boldsymbol{y}(t)$ 和初始条件引起的通解 $\boldsymbol{y}^*(t)$ 叠加，即为体系的全解。

从振型分解法的求解步骤可以看出，振型分解法的实质是将质量的动位移 $\boldsymbol{y}(t)$ 分解为以正则坐标 $\eta_i(t)$ 为权重的各个主振型 $\boldsymbol{A}^{(i)}$ 的叠加，因此也称为振型叠加法或正则坐标法。由于这种方法是基于叠加原理的，因而不适用于求解非线性振动体系。

【例 11-18】 如图 11-53（a）所示体系，集中质量 $m_1=m_3=1.5m$、$m_2=m$、$m=2\times10^5\,\mathrm{kg}$，各层的层间位移刚度相同，为 $k=200\times10^6\,\mathrm{N/m}$。试用振型分解法计算刚架在地面水平运动 $y_\mathrm{g}(t)=A\sin\theta t$ 作用下的动位移响应。设 $A=0.1\,\mathrm{m}$，$\theta=10\,\mathrm{s}^{-1}$。忽略阻尼的影响。

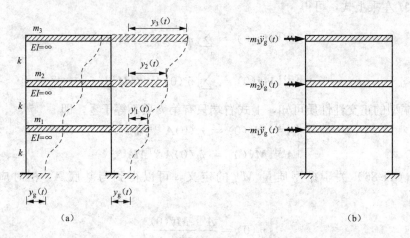

图 11-53

解 如本章前面所述，支撑动力作用下的体系位移响应，其效果相当于在质量上施加动荷载 $-m\ddot{y}_\mathrm{g}$。因此可采用 11-53（b）所示的计算模型，作用于横梁的水平动荷载分别为 $F_{\mathrm{P}1}(t)=F_{\mathrm{P}3}(t)=1.5mA\theta^2\sin\theta t$，$F_{\mathrm{P}2}(t)=mA\theta^2\sin\theta t$。

依题意可得体系的动力刚度矩阵、质量矩阵分别为

$$\boldsymbol{K}=\begin{bmatrix} 2k & -k & 0 \\ -k & 2k & -k \\ 0 & -k & k \end{bmatrix},\quad \boldsymbol{M}=\begin{bmatrix} 1.5m & 0 & 0 \\ 0 & m & 0 \\ 0 & 0 & 1.5m \end{bmatrix}$$

代入式（11-79），并记 $\lambda=\dfrac{m\omega^2}{k}$，可得体系的频率方程为

$$\begin{vmatrix} 4-3\eta & -2 & 0 \\ -2 & 4-2\eta & -2 \\ 0 & -2 & 2-3\eta \end{vmatrix}=0$$

解得

$$\lambda_1=0.149,\quad \lambda_2=1.073,\quad \lambda_3=2.777$$

进而求得体系的自振频率为

$$\omega_1=0.386\sqrt{\frac{k}{m}},\quad \omega_2=1.036\sqrt{\frac{k}{m}},\quad \omega_3=1.666\sqrt{\frac{k}{m}}$$

将自振频率 ω_1、ω_2、ω_3 分别代入式（11-78），并令 $A_1^{(i)}=1$，可求得标准化主振型为

$$\boldsymbol{A}^{(1)} = \left\{ \begin{array}{c} 1 \\ 1.777 \\ 2.288 \end{array} \right\}, \quad \boldsymbol{A}^{(2)} = \left\{ \begin{array}{c} 1 \\ 0.391 \\ -0.638 \end{array} \right\}, \quad \boldsymbol{A}^{(3)} = \left\{ \begin{array}{c} 1 \\ -2.166 \\ 0.683 \end{array} \right\}$$

按照式（11-86）计算体系的振型质量 $M^{(i)}$、按照式（11-100）计算的广义动荷载 $F_{\mathrm{P}}^{(i)}$ 为

$$M^{(1)} = \boldsymbol{A}^{(1)\mathrm{T}} \boldsymbol{M} \boldsymbol{A}^{(1)} = \{1 \quad 1.777 \quad 2.288\} \begin{bmatrix} 1.5m & 0 & 0 \\ 0 & m & 0 \\ 0 & 0 & 1.5m \end{bmatrix} \left\{ \begin{array}{c} 1 \\ 1.777 \\ 2.288 \end{array} \right\} = 12.510m$$

$$M^{(2)} = \boldsymbol{A}^{(2)\mathrm{T}} \boldsymbol{M} \boldsymbol{A}^{(2)} = \{1 \quad 0.391 \quad -0.638\} \begin{bmatrix} 1.5m & 0 & 0 \\ 0 & m & 0 \\ 0 & 0 & 1.5m \end{bmatrix} \left\{ \begin{array}{c} 1 \\ 0.391 \\ -0.638 \end{array} \right\} = 2.264m$$

$$M^{(3)} = \boldsymbol{A}^{(3)\mathrm{T}} \boldsymbol{M} \boldsymbol{A}^{(3)} = \{1 \quad -2.166 \quad 0.683\} \begin{bmatrix} 1.5m & 0 & 0 \\ 0 & m & 0 \\ 0 & 0 & 1.5m \end{bmatrix} \left\{ \begin{array}{c} 1 \\ -2.166 \\ 0.683 \end{array} \right\} = 6.892m$$

$$F_{\mathrm{P}}^{(1)}(t) = \boldsymbol{A}^{(1)\mathrm{T}} \boldsymbol{F}_{\mathrm{P}}(t) = \{1 \quad 1.777 \quad 2.288\} \left\{ \begin{array}{c} 1.5 \\ 1 \\ 1.5 \end{array} \right\} mA\theta^2 \sin\theta t = 6.709 mA\theta^2 \sin\theta t$$

$$F_{\mathrm{P}}^{(2)}(t) = \boldsymbol{A}^{(2)\mathrm{T}} \boldsymbol{F}_{\mathrm{P}}(t) = \{1 \quad 0.391 \quad -0.638\} \left\{ \begin{array}{c} 1.5 \\ 1 \\ 1.5 \end{array} \right\} mA\theta^2 \sin\theta t = 0.934 mA\theta^2 \sin\theta t$$

$$F_{\mathrm{P}}^{(3)}(t) = \boldsymbol{A}^{(3)\mathrm{T}} \boldsymbol{F}_{\mathrm{P}}(t) = \{1 \quad -2.166 \quad 0.683\} \left\{ \begin{array}{c} 1.5 \\ 1 \\ 1.5 \end{array} \right\} mA\theta^2 \sin\theta t = 0.359 mA\theta^2 \sin\theta t$$

由式（11-101）列出以正则坐标表达的动力方程

$$\ddot{\eta}_i(t) + \omega_i^2 \eta_i(t) = \frac{F_{\mathrm{P}}^{(i)}(t)}{M^{(i)}} \quad (i = 1, 2, 3)$$

由于广义动荷载 $F_{\mathrm{P}}^{(i)}(t)$ 为简谐荷载，且忽略阻尼影响，因此可利用单自由度无阻尼体系在简谐荷载作用下的稳态响应计算公式（11-20），得到本体系以正则坐标表达的稳态响应为

$$\eta_i(t) = \frac{F_{\mathrm{P}}^{(i)}(t)}{M^{(i)}(\omega_i^2 - \theta^2)} \sin\theta t \quad (i = 1, 2, 3)$$

将 $F_{\mathrm{P}}^{(1)}(t)$、$M^{(1)}$、ω_1 代入上式，可求得正则坐标 $\eta_1(t)$ 为

$$\eta_1(t) = \frac{F_{\mathrm{P}}^{(1)}(t)}{M^{(1)}(\omega_1^2 - \theta^2)} \sin\theta t = 0.109 \sin\theta t \,(\mathrm{m})$$

同理可得

$$\eta_2(t) = \frac{F_{\mathrm{P}}^{(2)}(t)}{M^{(2)}(\omega_2^2 - \theta^2)} \sin\theta t = 0.004 \sin\theta t \,(\mathrm{m})$$

$$\eta_3(t) = \frac{F_{\mathrm{P}}^{(3)}(t)}{M^{(3)}(\omega_3^2 - \theta^2)} \sin\theta t = 0.0002 \sin\theta t \,(\mathrm{m})$$

将以上正则坐标 $\eta_1(t)$、$\eta_2(t)$、$\eta_3(t)$ 代入式（11-96），得到各楼层相对于地面的动位移稳态响应 $\boldsymbol{y}(t)$ 为

$$\boldsymbol{y}(t)= \eta_1(t)\boldsymbol{A}^{(1)}+\eta_2(t)\boldsymbol{A}^{(2)}+\eta_3(t)\boldsymbol{A}^{(3)}$$

$$= 0.109\sin\theta t\left\{\begin{matrix}1\\1.777\\2.288\end{matrix}\right\}+0.004\sin\theta t\left\{\begin{matrix}1\\0.391\\-0.638\end{matrix}\right\}+0.0002\sin\theta t\left\{\begin{matrix}1\\-2.166\\0.683\end{matrix}\right\}=\left\{\begin{matrix}0.113\\0.195\\0.247\end{matrix}\right\}\sin\theta t(\mathrm{m})$$

该刚架各楼层相对于地面的动位移变形如图 11-53（a）的虚线所示。

关于振型分解法，在应用过程中应注意以下几方面问题：

（1）对于自由度很多的结构，例如具有上万个动力自由度的大型结构体系，计算全部的特征值（自振频率）和特征向量（主振型）是不需要或者是不可能的。计算中发现，对于多自由度体系的动力响应问题，一般情况下，高阶振型起的作用小，而低阶振型起的作用大。因此，在采用振型分解法分析时，通常只需考虑前几个低阶振型对结构动力响应的贡献，就可以满足对实际工程问题的精确要求。

（2）振型分解法具有计算速度快、节省时间的优点，但也存在着局限性。振型分解法最主要的局限在于采用了叠加原理，因而振型分解法原则上仅适用于分析线弹性问题，限制了其使用范围。

（3）在采用振型分解法时，需要阻尼矩阵满足关于主振型的正交条件，这样才能将多自由度体系的动力方程组进行解耦。

*§11.9　近似法求自振频率

对于多自由度体系、无限自由度体系的受迫振动，振型分解法是一种行之有效的方法。在确定前若干阶自振频率和主振型之后，任何线性结构动力响应的近似解都很容易求得。前已述及，通常基频（最小的自振频率称为基频）和较低频率所对应的主振型对结构的动力响应影响较大，因此，基频和较低的若干个频率更加受到工程上的关注。本节介绍两种求解体系自振频率的近似方法：瑞利法和等效质量法。

11.9.1　体系基频的近似求解法——瑞利法

在 11.6.3 节中证明了多自由度体系的主振型正交性，并指出其物理意义是相应于某一主振型的振动能量（包括变形能和动能）不会转移到其他主振型上去。瑞利法的基本原理是能量守恒定律，对于任意的保守系统，在相应于某一自振频率 ω_i 的该阶主振型振动过程中，其最大应变能与最大动能相等，并以此求得该阶自振频率 ω_i 近似值。此外，如本节以下内容所述，瑞利法主要用来求解体系的基频近似值。对于具有任意自由度的结构体系，采用瑞利法求其自振频率有两种应用方式：连续体系的瑞利法、离散体系的瑞利法。

1. 连续体系的瑞利法

该方法将结构视为连续体系，在相应于某一自振频率 ω_i 的该阶主振型振动过程中，设结构相应于该阶主振型的动位移 $y^{(i)}(x,t)$ 可表达为以 x 为自变量的函数 $Y^{(i)}(x)$ 与以 t 为自变量的函数 $T^{(i)}(t)$ 的乘积，即

$$y^{(i)}(x,t)=Y^{(i)}(x)\cdot T^{(i)}(t) \tag{11-106}$$

式中：$Y^{(i)}(x)$ 为假设的连续体系第 i 阶主振型；$T^{(i)}(t)$ 为假设的连续体系第 i 阶主振型随时间的变化规律。可以认为 $Y^{(i)}(x)$ 是基底，而 $T^{(i)}(t)$ 是相对应的广义坐标，并且，$Y^{(i)}$

(x) 与 $T^{(i)}(t)$ 是假设的某种函数。

在相应于某一自振频率 ω_i 的该阶主振型的自由振动过程中时，体系相应于第 i 阶主振型的弯曲应变能、动能可表示为

$$U^{(i)} = \frac{1}{2}\int_0^l EI \left[\frac{\partial^2}{\partial x^2} y^{(i)}(x,t) \right]^2 \mathrm{d}x = \frac{1}{2}\int_0^l EI \left[T^{(i)}(t) \cdot \frac{\partial^2}{\partial x^2} Y^{(i)}(x) \right]^2 \mathrm{d}x$$

$$= \frac{1}{2}[T^{(i)}(t)]^2 \int_0^l EI\{[Y^{(i)}(x)]''\}^2 \mathrm{d}x \tag{11-107}$$

$$W^{(i)} = \frac{1}{2}\int_0^l m(x) \left[\frac{\partial}{\partial t} y^{(i)}(x,t) \right]^2 \mathrm{d}x = \frac{1}{2}\int_0^l m(x) \left[Y^{(i)}(x) \cdot \frac{\partial}{\partial t} T^{(i)}(t) \right]^2 \mathrm{d}x$$

$$= \frac{1}{2}[\dot{T}^{(i)}(t)]^2 \int_0^l m(x)[Y^{(i)}(x)]^2 \mathrm{d}x \tag{11-108}$$

在相应于某一自振频率 ω_i 的该阶主振型的自由振动过程中时，在某一时刻，体系相应于该阶主振型的弯曲应变能达到最大值 $U_{\max}^{(i)}$，此时体系相应于该阶主振型的动能 $W^{(i)}=0$；在另外某一时刻，体系相应于该阶主振型的动能达到最大值 $W_{\max}^{(i)}$，此时体系相应于该阶主振型的应变能 $U^{(i)}=0$。注意到体系相应于某一主振型的振动能量（包括变形能和动能）不会转移到其他主振型上去，因此根据能量守恒定律有

$$U_{\max}^{(i)} = W_{\max}^{(i)} \tag{11-109}$$

由式（11-109）可计算出体系该阶自振频率的近似值。

以梁的自由振动为例，其相应于某一自振频率 ω_i 的动位移可表示为

$$y^{(i)}(x,t) = Y^{(i)}(x) \cdot \sin(\omega_i t + \alpha_i) \tag{11-110}$$

即假设相应于某一自振频率 ω_i 的广义坐标为简谐函数

$$T^{(i)}(t) = \sin(\omega_i t + \alpha_i)$$

在相应于某一自振频率 ω_i 的该阶主振型的自由振动过程中时，梁相应于该阶主振型的弯曲应变能式（11-107）、相应于该阶主振型的动能式（11-108）可表示为

$$U^{(i)} = \frac{1}{2}\sin^2(\omega_i t + \alpha_i) \int_0^l EI\{[Y^{(i)}(x)]''\}^2 \mathrm{d}x \tag{11-111}$$

$$W^{(i)} = \frac{1}{2}\omega_i^2 \cos^2(\omega_i t + \alpha_i) \int_0^l m(x)[Y^{(i)}(x)]^2 \mathrm{d}x \tag{11-112}$$

由式（11-111）可知，当 $\sin^2(\omega_i t + \alpha_i)=1$ 时，梁相应于该阶主振型的弯曲应变能达到最大值

$$U_{\max}^{(i)} = \frac{1}{2}\int_0^l EI\{[Y^{(i)}(x)]''\}^2 \mathrm{d}x \tag{a}$$

由式（11-112）可知，当 $\cos^2(\omega_i t + \alpha_i)=1$ 时，梁相应于该阶主振型的动能达到最大值

$$W_{\max}^{(i)} = \frac{1}{2}\omega_i^2 \int_0^l m(x)[Y^{(i)}(x)]^2 \mathrm{d}x \tag{b}$$

根据梁相应于该阶主振型的能量守恒定律式（11-109），可得

$$\omega_i^2 = \frac{\displaystyle\int_0^l EI\{[Y^{(i)}(x)]''\}^2 \mathrm{d}x}{\displaystyle\int_0^l m(x)[Y^{(i)}(x)]^2 \mathrm{d}x} \tag{11-113a}$$

这就是瑞利法求等截面梁的任意某一阶自振频率 ω_i 的计算公式。若梁上还有若干个集中质量 m_j，则在计算动能时应记入集中质量相应的动能。此时，式（11-113a）应改写为

$$\omega_i^2 = \frac{\int_0^l EI\{[Y^{(i)}(x)]''\}^2\,dx}{\int_0^l m(x)[Y^{(i)}(x)]^2\,dx + \sum_j m_j[Y^{(i)}(x_j)]^2} \tag{11-113b}$$

式中：$Y^{(i)}(x_j)$ 为假设的梁第 i 阶主振型在质量 m_j 处的动位移幅值。

由式（11-113）可以看出，在采用瑞利法计算连续体系某一阶自振频率 ω_i 近似值时，假设的连续体系第 i 阶主振型函数 $Y^{(i)}(x)$ 将直接影响到该阶自振频率 ω_i 的计算精度。如果假设的函数 $Y^{(i)}(x)$ 恰巧取为体系的第 i 阶真实的主振型函数，则瑞利法可以求得第 i 阶自振频率 ω_i 的精确值。但是一般情况下，第 i 阶主振型是未知的，在计算第 i 阶自振频率 ω_i 时，需要首先假设一个接近于第 i 阶真实主振型的函数 $Y^{(i)}(x)$，因此求得的第 i 阶自振频率 ω_i 通常是其近似值。

假设的第 i 阶主振型函数 $Y^{(i)}(x)$ 的假设原则有两点：首先是函数 $Y^{(i)}(x)$ 必须满足位移边界条件，其次是尽可能地接近于该阶主振型的实际情况。尽管如此，假设出每一阶的主振型函数 $Y^{(i)}(x)$ 并不容易，主振型形态随着阶数的增高而变得越来越复杂。通常情况下，第一频率 ω_1（基频）所对应的第一阶主振型形态较易于估计，也易于用简单的函数表达其变形形状，因此，瑞利法主要是用于求体系基频 ω_1 的近似值。理论上已证明：采用结构在某种静力荷载（例如结构自重）作用下的挠度曲线作为第一阶主振型的假设函数 $Y^{(1)}(x)$，尽管 $Y^{(1)}(x)$ 不太精确，但是通过瑞利法却能计算出一个较为精确的基频 ω_1 的近似值。

例如，对于梁的自由振动，当采用分布荷载 $q(x)$ 作用下的挠度曲线作为 $Y^{(1)}(x)$ 时，梁的相应于第一阶主振型的弯曲应变能最大值为

$$U_{\max}^{(1)} = \frac{1}{2}\int_0^l q(x)\cdot Y^{(1)}(x)\,dx \tag{c}$$

此时，式（11-113b）可以改写为

$$\omega_1^2 = \frac{\int_0^l q(x)\cdot Y^{(1)}(x)\,dx}{\int_0^l m(x)[Y^{(1)}(x)]^2\,dx + \sum_j m_j[Y^{(1)}(x_j)]^2} \tag{11-114}$$

当采用梁自重作用下的变形曲线作为 $Y^{(1)}(x)$ 时，梁的相应于第一阶主振型的弯曲应变能最大值为

$$U_{\max}^{(1)} = \frac{1}{2}\int_0^l m(x)gY^{(1)}(x)\,dx + \frac{1}{2}\sum_j m_j gY^{(1)}(x_j) \tag{d}$$

式中：g 为重力加速度。此时，式（11-113b）可以改写为

$$\omega_1^2 = \frac{\int_0^l m(x)gY^{(1)}(x)\,dx + \sum_j m_j gY^{(1)}(x_j)}{\int_0^l m(x)[Y^{(1)}(x)]^2\,dx + \sum_j m_j[Y^{(1)}(x_j)]^2} \tag{11-115}$$

此外，假设的主振型函数 $Y^{(i)}(x)$ 相当于对体系的变形增加了额外约束，从而使体系刚度增大，所以瑞利法求得的自振频率一般是高于真实值的，即为真实自振频率的上限。

【例 11-19】 试采用瑞利法求具有均布质量 $\bar{m}$ 的等截面简支梁发生横向振动时的基频近似值。忽略阻尼的影响。

解 假设均布荷载 q 作用下的简支梁挠度曲线为第一阶主振型函数 $Y^{(1)}(x)$，即

$$Y^{(1)}(x) = \frac{q}{24EI}(l^3 x - 2l x^3 + x^4)$$

将其代入式（11-114），可得简支梁基频近似值为

$$\omega_1^2 = \frac{\int_0^l q(x) \cdot Y^{(1)}(x) \, \mathrm{d}x}{\int_0^l \overline{m}[Y^{(1)}(x)]^2 \, \mathrm{d}x} = \frac{\dfrac{q^2}{24EI} \int_0^l (l^3 x - 2l x^3 + x^4) \, \mathrm{d}x}{\overline{m} \left(\dfrac{q}{24EI}\right)^2 \int_0^l (l^3 x - 2l x^3 + x^4)^2 \, \mathrm{d}x} = \frac{3024EI}{31\overline{m}l^4}$$

$$\omega_1 = \frac{9.870}{l^2}\sqrt{\frac{EI}{m}}$$

与简支梁基频 $\omega_1 = \dfrac{\pi^2}{l^2}\sqrt{\dfrac{EI}{\overline{m}}} = \dfrac{9.860}{l^2}\sqrt{\dfrac{EI}{\overline{m}}}$ 相比，用瑞利法求得的基频近似值的相对误差仅

偏高了 0.07%。如果采用真实的第一振型曲线 $Y^{(1)}(x) = A\sin\dfrac{\pi x}{l}$，则用瑞利法可以求得简支

梁基频 ω_1 的精确值。

2. 离散体系的瑞利法

将连续体系离散成若干个集中质量后，连续体系将简化为多自由度体系。对于动力自由度为 n 的多自由度体系，具有 n 个自振频率及其相对应的主振型向量。当拟求某一阶自振频率 ω_i 时，假设相对应的主振型向量为 $Y^{(i)}(x)$，则结构相应于自振频率 ω_i 的位移向量可表示为

$$\boldsymbol{y}^{(i)}(x,t) = \boldsymbol{Y}^{(i)}(x) \cdot T^{(i)}(t) \tag{11-116}$$

式（11-116）与式（11-106）的区别在于：式（11-106）表达的是无限自由度连续体系的位移，式中的 $y^{(i)}(x,\ t)$、$Y^{(i)}(x)$ 均为函数；式（11-116）表达的是多自由度体系的位移，式中的 $\boldsymbol{y}^{(i)}(x,\ t)$、$\boldsymbol{Y}^{(i)}(x)$ 均为向量。

相应于自振频率 ω_i 的体系速度向量为

$$\dot{\boldsymbol{y}}^{(i)}(x,t) = \boldsymbol{Y}^{(i)}(x) \cdot \dot{T}^{(i)}(t)$$

因此，在相应于某一自振频率 ω_i 的该阶主振型的自由振动过程中时，体系相应于第 i 阶主振型的弯曲应变能、动能可表示为

$$U^{(i)} = \frac{1}{2}\boldsymbol{y}^{(i)\mathrm{T}}\boldsymbol{K}\boldsymbol{y}^{(i)} = \frac{1}{2}T^2(t)\boldsymbol{Y}^{(i)\mathrm{T}}\boldsymbol{K}\boldsymbol{Y}^{(i)} \tag{11-117}$$

$$W^{(i)} = \frac{1}{2}\dot{\boldsymbol{y}}^{(i)\mathrm{T}}\boldsymbol{M}\dot{\boldsymbol{y}}^{(i)} = \frac{1}{2}\dot{T}^2(t)\boldsymbol{Y}^{(i)\mathrm{T}}\boldsymbol{M}\boldsymbol{Y}^{(i)} \tag{11-118}$$

式中：$\boldsymbol{K}$、$\boldsymbol{M}$ 分别为多自由度体系的动力刚度矩阵、质量矩阵。

通常情况下，假设广义坐标 $T^{(i)}(t)$ 为简谐函数 $T^{(i)}(t) = \sin(\omega_i t + \alpha_i)$，此时式（11-117）、式（11-118）可以写作

$$U^{(i)} = \frac{1}{2}\boldsymbol{y}^{(i)\mathrm{T}}\boldsymbol{K}\boldsymbol{y}^{(i)} = \frac{1}{2}\boldsymbol{Y}^{(i)\mathrm{T}}\boldsymbol{K}\boldsymbol{Y}^{(i)} \sin^2(\omega_i t + \alpha_i) \tag{11-119}$$

$$W^{(i)} = \frac{1}{2}\dot{\boldsymbol{y}}^{(i)\mathrm{T}}\boldsymbol{M}\dot{\boldsymbol{y}}^{(i)} = \frac{1}{2}\omega_i^2\boldsymbol{Y}^{(i)\mathrm{T}}\boldsymbol{M}\boldsymbol{Y}^{(i)} \cos^2(\omega_i t + \alpha_i) \tag{11-120}$$

由式（11-119）可知，当 $\sin^2(\omega_i t + \alpha_i) = 1$ 时，梁相应于该阶主振型的弯曲应变能达到最大值

$$U_{\max}^{(i)} = \frac{1}{2}\boldsymbol{Y}^{(i)\mathrm{T}}\boldsymbol{K}\boldsymbol{Y}^{(i)} \tag{11-121}$$

由式（11-120）可知，当 $\cos^2(\omega_i t + \alpha_i) = 1$ 时，梁相应于该阶主振型的动能达到最大值

$$W_{\max}^{(i)} = \frac{1}{2}\omega_i^2 \boldsymbol{Y}^{(i)\mathrm{T}} \boldsymbol{M} \boldsymbol{Y}^{(i)} \qquad (11\text{-}122)$$

根据梁相应于该阶主振型的能量守恒定律式（11-109），可得

$$\omega_i^2 = \frac{\boldsymbol{Y}^{(i)\mathrm{T}} \boldsymbol{K} \boldsymbol{Y}^{(i)}}{\boldsymbol{Y}^{(i)\mathrm{T}} \boldsymbol{M} \boldsymbol{Y}^{(i)}} \qquad (11\text{-}123)$$

式（11-123）为瑞利法求离散体系的任意某一阶自振频率 ω_i 近似值的计算公式。将式（11-123）与式（11-86）、式（11-87）对比可知，如果假设的第 i 阶主振型向量 $\boldsymbol{Y}^{(i)}(x)$ 恰巧等于真实的第 i 阶主振型向量 $\boldsymbol{A}^{(i)}$，那么式（11-123）与式（11-87）完全相同，计算出的第 i 阶自振频率 ω_i 也就是真实值。同样的道理，主振型形态随着阶数的增高而变得越来越复杂。通常情况下，第一频率 ω_1（基频）所对应的第一阶主振型形态较易于估计，因此，瑞利法主要是用于求体系基频 ω_1 的近似值。

【例 11-20】 图 11-54（a）所示体系为三层框架结构，忽略阻尼的影响，试采用瑞利法求该结构的第一自振频率。

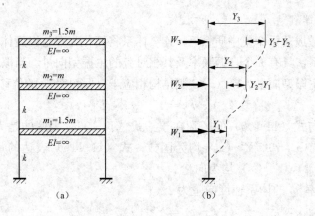

图 11-54

解 以刚架各层的自重 $W_i = m_i g$ 作为水平力作用于各楼层时的位移曲线作为假设的第一阶主振型曲线，如图 11-54（b）所示。

各楼层之间的相对水平位移等于楼层剪力与楼层侧移刚度的比值，分别为

$$Y_1^{(1)} = \frac{m_1 g + m_2 g + m_3 g}{k} = \frac{4mg}{k}$$

$$Y_2^{(1)} - Y_1^{(1)} = \frac{m_2 g + m_3 g}{k} = \frac{2.5mg}{k}$$

$$Y_3^{(1)} - Y_2^{(1)} = \frac{m_3 g}{k} = \frac{1.5mg}{k}$$

因此，各楼层位移分别为

$$Y_1^{(1)} = \frac{4mg}{k}$$

$$Y_2^{(1)} = \frac{2.5mg}{k} + Y_1^{(1)} = \frac{6.5mg}{k}$$

$$Y_3^{(1)} = \frac{1.5mg}{k} + Y_2^{(1)} = \frac{8mg}{k}$$

假设的第一阶主振型向量为

$$Y^{(1)} = \frac{mg}{k}\{4 \quad 6.5 \quad 8\}^{\mathrm{T}}$$

刚架的动力刚度矩阵、质量矩阵分别为

$$K = \begin{bmatrix} 2k & -k & 0 \\ -k & 2k & -k \\ 0 & -k & k \end{bmatrix}, \quad M = \begin{bmatrix} 1.5m & 0 & 0 \\ 0 & m & 0 \\ 0 & 0 & 1.5m \end{bmatrix}$$

将其代入式（11-123）可得刚架的基频近似值为

$$\omega_1 = 0.3886\sqrt{\frac{k}{m}}$$

该近似解仅比真实解 $\omega_1 = 0.386\sqrt{\dfrac{k}{m}}$ 偏高 0.67%。

11.9.2　等效质量法

等效质量法是把结构的分布质量在一些适当的位置集中起来，将连续质量体系转化为具有若干集中质量的体系，进而将无限自由度体系简化为有限自由度体系。显然，集中质量的数目越多，所得结果就越精确，但是相应的计算工作量也越大。不过，在求解一般实用要求的低阶频率时，集中质量的数目不需要太多即可得到满意的结果。

【例 11-21】　图 11-55（a）所示体系为具有均布质量 $\bar{m}$ 的等截面简支梁，试用等效质量法求其自振频率。忽略阻尼的影响。

解　（1）如图 11-55（b）所示，为了求最低频率，可将简支梁分为两段，并将每段的质量集中于该段的两段，使梁化为单自由度体系，然后按照单自由度体系的自振频率公式求得

$$\omega_1 = \sqrt{\frac{1}{m_1\delta_{11}}} = \sqrt{\frac{1}{\dfrac{ml}{2} \times \dfrac{l^3}{48EI}}} = \frac{9.80}{l^2}\sqrt{\frac{EI}{m}}$$

精确解 $\omega_1 = \left(\dfrac{\pi}{l}\right)^2\sqrt{\dfrac{EI}{m}} = \dfrac{9.87}{l^2}\sqrt{\dfrac{EI}{m}}$，二者比较，近似法的误差仅有 0.7%。

（2）如果需要得到简支梁的前 2 阶自振频率，则至少需要将体系化为具有 2 个动力自由度的体系。为此，可按照图 11-55（c）所示的方案将质量集中在三分点处，相关的动力柔度系数为

$$\delta_{11} = \delta_{22} = \frac{4l^3}{243EI}, \quad \delta_{12} = \delta_{21} = \frac{7l^3}{486EI} = \frac{7}{8}\delta_{11}$$

将上述动力柔度系数以及 $m_1 = m_2 = \dfrac{1}{3}ml$ 代入式（11-72a），可得

$$\omega_1 = \frac{9.86}{l^2}\sqrt{\frac{EI}{m}}, \quad \omega_2 = \frac{38.2}{l^2}\sqrt{\frac{EI}{m}}$$

前 2 阶自振频率精确解为 $\omega_1 = \dfrac{9.87}{l^2}\sqrt{\dfrac{EI}{m}}$，$\omega_2 = \dfrac{39.48}{l^2}\sqrt{\dfrac{EI}{m}}$，二者比较，近似法计算的前 2 阶自振频率误差分别为 0.1% 和 3.24%。

（3）如果需要得到简支梁的前 3 阶自振频率，则至少需要将体系化为具有 3 个动力自由度的体系。可按照图 11-55（d）所示的方案将质量集中在四分点处，按照多自由度体系自振

频率的计算方法可求得

$$\omega_1 = \frac{9.865}{l^2}\sqrt{\frac{EI}{m}}, \quad \omega_2 = \frac{39.2}{l^2}\sqrt{\frac{EI}{m}}, \quad \omega_3 = \frac{84.6}{l^2}\sqrt{\frac{EI}{m}}$$

前 3 阶自振频率精确解为 $\omega_3 = \frac{88.83}{l^2}\sqrt{\frac{EI}{m}}$，近似法计算的前 3 阶自振频率误差分别为 0.05%、0.7%和 4.8%。

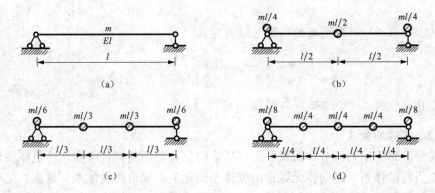

图 11-55

由本例题可以看出，集中质量法能够给出较好的近似结果，因此在工程上常被采用。特别是对于一些较为复杂的结构，例如桁架、刚架等，采用此法可以简便地获得其最低频率。但是，在选择集中质量的位置时，需要结合体系的振动形式，将质量集中在振幅较大的位置，这样能够更真实地反映出体系振动过程中的惯性力，进而使计算的频率值较为正确。例如，在计算简支梁最低频率时，由于其相应的振动形式是对称的，且跨中振幅最大，故应将质量集中在跨中；而在计算双铰拱的最低频率时，由于其相应的振动形式是反对称的，拱顶竖向位移为零，因此不宜将质量集中在该处，而应集中在拱跨的两个 1/4 点处，因为这些地方是振幅较大的位置，如图 11-56 （a）所示。又如对于图 11-56 （b）所示的刚架，当它作对称振动时，各结点无线位移，这时应将质量集中于杆件的中点；而在反对称振动时，如图 11-56 （c）所示，应将质量集中在结点处。

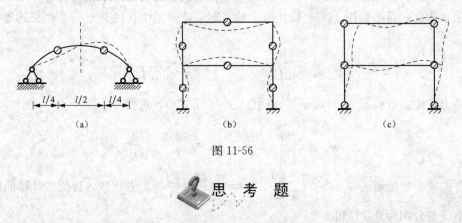

图 11-56

思 考 题

11-1 如何区分动力荷载与静力荷载？结构的动力计算与静力计算的主要区别是什么？

11-2 何谓体系的动力自由度？如何确定体系的动力自由度？

11-3 试用刚度法、柔度法推导双自由度体系的自由振动动力方程。

11-4 阻尼对结构的自振频率和振幅有什么影响？何谓临界阻尼？

11-5 求多自由度体系的自振频率时，什么情况下用刚度法方便？什么情况下用柔度法方便？

11-6 何谓主振型？在什么情况下多自由度体系才按照某一主振型振动？

11-7 什么是主振型的正交性？试证明主振型关于质量矩阵的正交性。

11-8 什么是广义坐标？怎样理解坐标变换？

11-9 用瑞利法求体系基频的理论基础是什么？它有何优缺点？

习　　题

11-1 计算图示结构自振频率，并讨论当 EI_2 变化时，结构自振频率如何变化？不计杆件自重和阻尼。

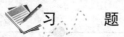

题 11-1 图

11-2 计算图示结构的自振频率，各杆 EI 相同且均为常数，不计杆件自重和阻尼。

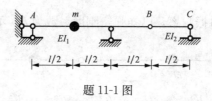

题 11-2 图

11-3 计算图示结构的自振频率，质量 m 集中在无限刚性横梁上，不计杆件自重和阻尼。

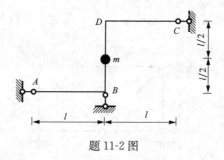

题 11-3 图

11-4 计算图示结构的自振频率。不计杆件自重和阻尼。

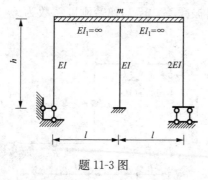

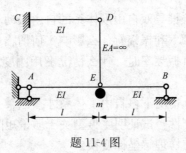

题 11-4 图

11-5 计算图示结构的自振频率，已知弹簧刚度系数 $k=\dfrac{EI}{l^3}$，不计杆件自重和阻尼。

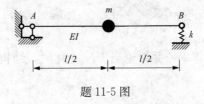

题 11-5 图

11-6 计算图示结构的自振频率，已知弹簧刚度系数为 k，不计杆件自重和阻尼。

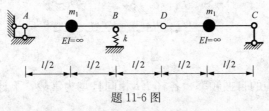

题 11-6 图

11-7 计算图示桁架的自振频率，忽略质量水平振动，各杆件 EA 相同且均为常数，不计杆件自重和阻尼。

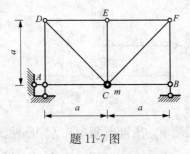

题 11-7 图

11-8 计算图示结构的自振频率，已知弹簧刚度系数为 k，不计杆件自重和阻尼，各杆 $EI=\infty$。

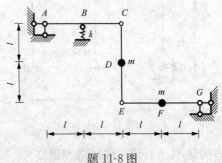

题 11-8 图

11-9　计算图示结构稳态阶段的最大动弯矩和最大动位移,已知 $\theta=0.5\omega$,ω 为结构自振频率,不计杆件自重和阻尼。

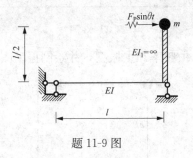

题 11-9 图

11-10　计算图示结构稳态阶段的最大动弯矩和最大动位移,已知 $\theta=\sqrt{\dfrac{18EI}{mh^3}}$,不计杆件自重和阻尼。

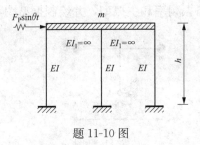

题 11-10 图

11-11　计算图示结构稳态阶段的最大动弯矩和最大动位移,已知 $\theta=\sqrt{\dfrac{EI}{ml^3}}$,阻尼比 $\xi=0.05$,不计杆件自重。

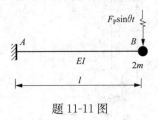

题 11-11 图

11-12　计算图示结构稳态阶段的最大动弯矩和最大动位移,已知 $\theta=\sqrt{\dfrac{3EI}{4ml^3}}$,不计杆件自重和阻尼。

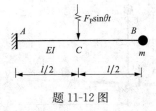

题 11-12 图

11-13　计算图示结构的自振频率和主振型,并绘制振型图,不计杆件自重和阻尼。

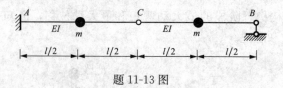

题 11-13 图

11-14 计算图示结构的自振频率和主振型，并绘制振型图，不计杆件自重和阻尼。

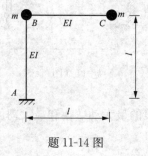

题 11-14 图

11-15 计算图示结构的自振频率和主振型，并绘制振型图，不计杆件自重和阻尼。

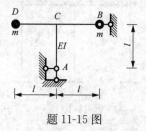

题 11-15 图

11-16 计算图示结构的自振频率和主振型，并绘制振型图，利用主振型正交性验算计算结果。不计杆件自重和阻尼。

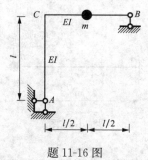

题 11-16 图

11-17 计算图示结构的自振频率和主振型，并绘制振型图，利用主振型正交性验算计算结果。不计杆件自重和阻尼。

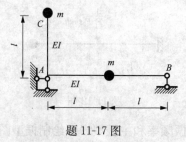

题 11-17 图

11-18 图示结构中，质量集中在无限刚性的横梁上，且有 $m_1 = nm_2$，层间侧移刚度分别为 K_1、K_2，且有 $K_1 = nK_2$，计算水平振动时的自振频率和主振型，不计杆件自重和阻尼；并思考若 n 较大时，结构振动会呈现什么情况，有何现实工程意义？

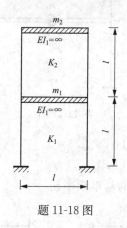

题 11-18 图

11-19 计算图示结构的自振频率和主振型，并绘制振型图，利用主振型正交性验算计算结果。不计杆件自重和阻尼。

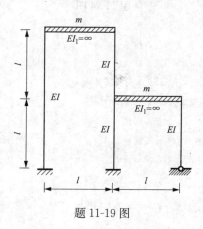

题 11-19 图

11-20 计算图示结构稳态阶段各质点的振幅，并绘制稳态阶段结构动弯矩图。已知 $\theta = \sqrt{\dfrac{48EI}{ml^3}}$，不计杆件自重和阻尼。

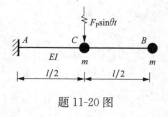

题 11-20 图

11-21 计算图示结构稳态阶段的最大动位移，已知 $\theta = \sqrt{\dfrac{K_2}{m_2}}$，层间侧移刚度分别为 K_1、K_2，不计杆件自重和阻尼，并讨论计算结果对现实工程有何参考意义？

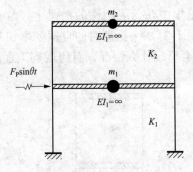

题 11-21 图

11-22 利用振型分解法计算题 11-20。

11-23 利用振型分解法计算题 11-21。

11-24 试用瑞利法求解图示梁的基本频率。

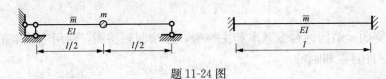

题 11-24 图

第 12 章 结构的极限荷载

本 章 目 录

---

§12.1 概 述

前面各章所介绍的结构计算都是以理想线性弹性结构为基础的，即假定材料应力与应变之间的关系遵循胡克定律，结构的位移与荷载成线性关系，荷载完全解除后，结构恢复到原来的形状而无任何残余变形。基于上述假定的杆件结构分析，称为弹性分析。与此相应的设计方法是许用应力法：根据弹性分析结果，找出各危险截面的最大应力 $\sigma_{\max}$，要求此最大应力不超过材料的许用应力 $[\sigma]$，即

$$\sigma_{\max} \leqslant [\sigma] = \frac{\sigma_{u}}{k'} \tag{12-1}$$

式中：σ_u 表示材料的极限应力，对于脆性材料（如铸铁），取强度极限 σ_b，对于塑性材料（或称延性材料，如软钢），则取其屈服极限 σ_s；k' 称为安全系数，是大于 1 的常数。

上述的设计方法是不够完善的，其主要问题是以个别危险截面上的最大应力作为整个结构承载能力的衡量标准。事实上在一般结构，特别是在超静定结构中，虽然最危险截面上的最大应力已达到弹性极限值，但考虑到材料的塑性，整个结构仍能继续承受荷载而不破坏。因此，这种许用应力的设计方法不能准确反映整个结构的强度储备，是不够经济的。

为了弥补上述设计方法的不足，在结构分析的领域中，已开辟了一个新的分析途径，即按照结构的极限状态进行分析。计算中不局限于考虑材料的弹性工作阶段，而是进一步考虑材料的塑性性质，按照结构丧失承载能力来计算结构所能承受的荷载的极限值，称为极限荷载。结构所处的这种状态，称为塑性极限状态，简称极限状态。这种分析方法称为结构的塑性分析。按照结构的塑性分析进行设计时，前述的强度条件，改为整个结构的强度条件

$$F_P \leqslant [F_P] = \frac{F_u}{k} \tag{12-2}$$

式中：F_P 为作用于结构的实际荷载；$[F_P]$ 为许用荷载；F_u 为极限荷载；k 为安全系数。由于这时的安全系数 k 是从整个结构所能承受的荷载考虑的，因此它比弹性分析中的 k' 更能准确反映结构的强度储备。在实际问题中，都有 $k > k'$。

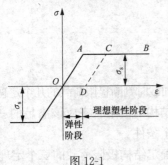

图 12-1

在结构塑性分析中，一般不考虑剪力和轴力的影响，仍采用平截面假定，并假定材料为理想弹塑性材料，其应力应变关系如图 12-1 所示。

此模型由两个阶段构成。OA 段称为弹性阶段，在此阶段内，应力应变是单值关系且成正比。OA 的斜率为弹性模量。当应力达到屈服极限 σ_s 时，材料转入理想塑性阶段 AB。AB 段的特点是应力保持不变，而应变可以持续增加。同时，假定理想弹塑性材料的受拉和受压性能完全相同。此外，还假定材料进入理想弹塑性阶段后卸载时，卸载路径平行于 AO。由此可见，材料产生塑性应变以后，应力应变关系不是一一对应的关系，同一应力可以对应不同的应变，同一应变也可能对应不同的应力。所以，结构的弹塑性计算比弹性计算要复杂得多。

§12.2　几个重要概念

12.2.1　弹性极限弯矩和弹性极限荷载

在对结构进行弹塑性分析时，会遇到一些新的概念，下面通过对简支梁的分析，来说明这些概念。

图 12-2（a）所示是一个跨度为 l、截面为矩形的理想弹塑性材料的简支梁，跨中受向下集中力 F_P。假设 F_P 从 0 开始逐步增加，随着荷载的增大，梁跨中 C 截面会经历一个弯矩逐步增大、上下表面屈服、屈服区域逐步扩展直至整个截面完全屈服的过程。各阶段 C 截面的应力分布及屈服区域的情况如图 12-2（b）~图 12-2（d）所示。在加载的初期，C 截面各处应力均未超过屈服极限 σ_s。当荷载增大到一定值时，截面 C 上下两侧的应力首先达到屈服应力 σ_s，如图 12-2（b）所示，此时截面 C 承受的弯矩称为弹性极限弯矩或屈服弯矩，用 M_s 表示，对应的荷载称为弹性极限荷载或屈服荷载，用 F_s 表示。由图 12-2（b）可知

$$M_s = 2 \cdot \frac{bh}{4}\sigma_s \cdot \frac{2}{3} \cdot \frac{h}{2} = \frac{bh^2}{6}\sigma_s \tag{12-3}$$

12.2.2　塑性极限弯矩及结构的极限荷载

在 F_s 基础上继续增加荷载（$F_P > F_s$），截面靠近上下表面部分开始屈服，形成屈服区域，中间没屈服的部分称为弹性核。随着荷载的不断增加，屈服区域逐步向中间扩展，弹性核逐步缩小，C 截面的应力分布如图 12-2（c）所示，请注意屈服区域的应力保持为常数 σ_s。当整个 C 截面都屈服，即整个截面的应力都达到 σ_s 时，截面进入塑性流动阶段，应变迅速增加。此时 C 截面承受的弯矩称为塑性极限弯矩，简称极限弯矩，用 M_u 表示。由图 12-2可知

$$M_u = 2 \cdot \frac{bh}{2}\sigma_s \cdot \frac{1}{2} \cdot \frac{h}{2} = \frac{bh^2}{4}\sigma_s \tag{12-4}$$

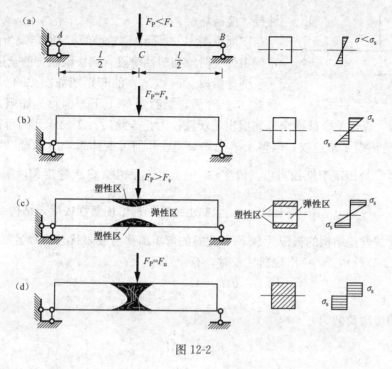

图 12-2

12.2.3　塑性铰

在 C 截面的弯矩保持不变的情况下，截面上的应变可以无限增加，因此 C 截面两侧可以产生较大的相对转角，就像 C 截面两侧是用一个铰连接到一起一样。当某一截面（例如 C 截面）的弯矩达到 M_u 时，称该截面出现了塑性铰。对于图 12-2（a）所示的静定梁，当 C 截面出现塑性铰时，结构已变为几何可变体系（称为破坏机构，简称机构），无法承受更大的荷载。当结构变成几何可变体系时，称结构达到极限状态，此时对应的荷载，称为结构的极限荷载，用符号 F_u 表示。

当加载至弹性阶段或塑性流动阶段后，进行减载，由于减载时应力增量与应变增量仍保持直线关系，截面仍恢复弹性性质。由此可知塑性铰与普通铰的区别在于：普通铰不能承受弯矩，而塑性铰则能承受弯矩；在荷载减小后，由于弯矩也随之减小，塑性铰即消失（称塑性铰闭合），不再有塑性铰的性质，也就是说，普通铰是双向铰，它的两侧可以沿两个方向发生相对转动，而塑性铰为单向铰，它的两侧只能发生与极限弯矩指向一致的相对转动。

极限弯矩与屈服弯矩之比称为截面的形状系数，用 α 表示，即

$$\alpha = \frac{M_u}{M_S} \tag{12-5}$$

α 是由截面形状决定的，称为截面形状系数。对于矩形截面，$\alpha=1.5$；对于圆形截面，$\alpha\approx1.7$，其他形状截面的 α 可参阅相关文献。

§12.3　静力法求单跨超静定梁的极限荷载

在静定梁中，只要有一个截面出现塑性铰，梁就变成机构，从而丧失承受更大荷载的能力。对于超静定结构，出现一个塑性铰时，结构一般不会变成机构，必须出现足够数目的塑

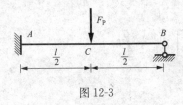

图 12-3

性铰才能破坏。

下面以图 12-3 所示等截面单跨超静定梁为例，说明超静定梁由弹性阶段到塑性阶段直到极限状态的全过程。

弹性阶段（$F_P \leqslant F_s$）的弯矩图如图 12-4（a）所示。当荷载超过 F_s 后，梁的 A 端上下表面首先屈服，随后屈服区域向中间扩展，直至整个截面全部屈服出现塑性铰为止。此后，A 端承受的弯矩保持为常数 M_u。尽管 A 处出现了塑性铰，但整个结构并未变成几何可变体系，所以可以继续承受更大的荷载，直至 C 处出现塑性铰为止。请注意，在这个过程中，C 点弯矩 M_C 并不等于 $\frac{5}{32}F_P l$，而是等于 $\left(\frac{F_P l}{4} - \frac{M_u}{2} \right)$〔见图 12-4（b）〕。当 A 处和 C 处都出现塑性铰后，结构变成破坏机构，此时对应的荷载就是结构的极限荷载 F_u，此时的弯矩图称为极限状态的弯矩图，简称极限弯矩图〔见图 12-4（c）〕。C 点出现塑性铰时，有

$$\frac{F_u l}{4} - \frac{M_u}{2} = M_u$$

由此求得极限荷载为

$$F_u = \frac{6}{l}M_u$$

以上利用极限弯矩图，由平衡方程得到结构的极限荷载的方法，称为静力法。下面用静力法求均布荷载作用下单跨超静定梁的极限荷载。

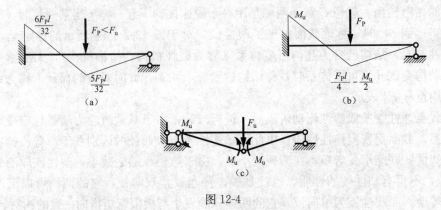

图 12-4

【例 12-1】 图 12-5 所示为一端固定、一端铰接的单跨梁，受均布荷载，已知梁截面的极限弯矩为 M_u，试求该梁的极限荷载 q_u。

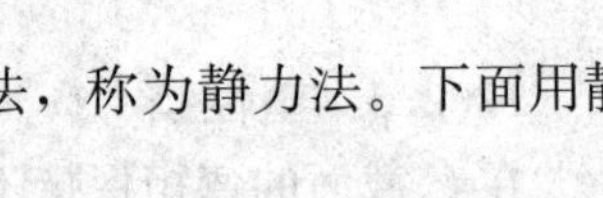

解 结构上的荷载从 0 开始增加，固定端 A 处的弯矩率先达到 M_u 而出现塑性铰，随着荷载继续增加，梁上弯矩极值点 C 处的弯矩将达到 M_u 而出现塑性铰，但铰 C 的位置需要通过计算确定。可以知道，铰 C 处的剪力等于 0。设铰 C 距离 B 端的距离为 x，取 CB 段梁为隔离体（见图 12-6），对点 B 列力矩平衡方程有

图 12-5

$$\frac{1}{2}q_u x^2 = M_u$$

取 CA 段梁为隔离体，对点 A 列力矩平衡方程有

$$\frac{1}{2}q_u (l-x)^2 = 2M_u$$

消去两个平衡方程中的 M_u 和 q_u，并整理得

$$x^2 + 2lx - l^2 = 0$$

求解得

$$x = (\sqrt{2}-1)l = 0.4142l \qquad [另一根为 -(\sqrt{2}+1)l, 不合题意, 舍去]$$

把 x 代入 CB 段梁的平衡方程得

$$q_u = \frac{6+4\sqrt{2}}{l^2}M_u = \frac{11.6568}{l^2}M_u$$

多数情况下，可以假设 C 点位于跨中，精度可以满足要求，此时，$q_u l = \frac{12}{l}M_u$。与图 12-3 所示结构的极限荷载比较可知，如果把跨中集中力改为均布荷载，结构将能承载 2 倍的荷载。

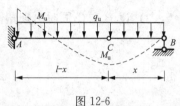

图 12-6

一般来说，用静力法求极限荷载特别是求超静定结构的极限荷载是比较麻烦的。下面介绍另一种求结构的极限荷载的方法——机动法。

§12.4 机动法求单跨超静定梁的极限荷载

机动法的理论依据是刚体的虚功原理。当图 12-2（a）所示结构 A、C 出现塑性铰而达到极限平衡状态时［见图 12-2（d）］，假设杆件为刚性，C 处铰沿荷载作用方向发生微小位移。根据虚功原理，所有作用于体系上的力包括塑性铰处极限弯矩和外载在可能的微小位移上做的功和为 0，即

$$F_u \Delta - 2M_u \frac{\Delta}{l/2} - M_u \frac{\Delta}{l/2} = 0$$

由此求得极限荷载为 $F_u = \frac{6M_u}{l}$，与静力法求得的结果一致。

机动法求极限荷载的关键是要判断哪些地方可能出现塑性铰。一般情况下，以下位置有可能出现塑性铰：①集中荷载作用点；②均布荷载中点附近；③集中力偶作用点两侧；④支座处；⑤变截面处。知道了可能出现塑性铰的位置，就可以假设结构可能的破坏情况，每一种情况用机动法求出一个可能的极限荷载，所有可能的极限荷载中的最小值，就是结构的极限荷载。

【例 12-2】 图 12-7 所示变截面梁，AB 段极限弯矩为 $4M_u$，BD 段极限弯矩为 M_u，试求该结构的极限荷载。

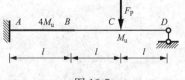

图 12-7

解 因为该梁为一次超静定结构，因此，只需两个塑性铰即可变成机构。A、B、C 三点都有可能出现塑性铰，所以，可能的破坏机构有 A 和 B、A 和 C、B 和 C 同时出现塑性铰三种情况。下面分别讨论。

（1）设 A 和 B 同时出现塑性铰，发生如图 12-8（a）所示的微小位移，则虚功方程为

$$F_{u1}\frac{\Delta}{2} - 5M_u\frac{\Delta}{l} - M_u\frac{\Delta}{2l} = 0$$

解得

$$F_{u1} = \frac{11M_u}{l}$$

（2）设 A 和 C 同时出现塑性铰，发生如图 12-8（b）所示的微小位移，则虚功方程为

$$F_{u2}\Delta - 5M_u\frac{\Delta}{2l} - M_u\frac{\Delta}{l} = 0$$

解得

$$F_{u2} = \frac{7M_u}{2l}$$

（3）设 B 和 C 同时出现塑性铰，发生如图 12-8（c）所示的微小位移，则虚功方程为

$$F_{u3}\Delta - 2M_u\frac{\Delta}{l} - M_u\frac{\Delta}{l} = 0$$

解得

$$F_{u3} = \frac{3M_u}{l}$$

经比较知，结构的极限荷载为 $F_u = F_{u3} = \dfrac{3M_u}{l}$。

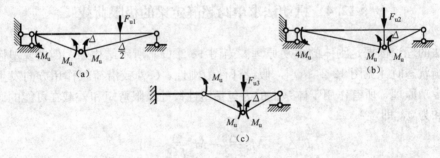

图 12-8

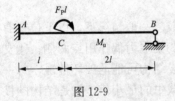

图 12-9

【例 12-3】 图 12-9 所示单跨超静定梁，试用机动法求其极限荷载。

解 结构可能在 A、C（左）、C（右）截面出现塑性铰，而结构是一次超静定，所以，只要出现两个塑性铰就变成机构。

（1）设 A 和 C（左）截面出现塑性铰，发生图 12-10（a）所示的微小位移，则虚功方程为

$$F_{u1}l \times \frac{\Delta}{2l} - 2M_u \times \frac{\Delta}{l} - M_u \times \frac{\Delta}{2l} = 0$$

解得

$$F_{u1} = \frac{5}{l}M_u$$

（2）设 A 和 C（右）截面出现塑性铰，发生图 12-10（b）所示的微小位移，则虚功方程为

$$F_{u2}l \times \frac{\Delta}{l} - 2M_u \times \frac{\Delta}{l} - M_u \times \frac{\Delta}{2l} = 0$$

解得

$$F_{u2} = \frac{5}{2l}M_u$$

（3）设 C（左）和 C（右）截面同时出现塑性铰，两铰之间的距离为 x，且 $x \to 0$，形成"节点机构"，发生图 12-10（c）所示的微小位移，则虚功方程为

$$F_{u3}l \times \frac{\Delta}{x} - 2M_u \times \frac{\Delta}{x} - M_u \times \frac{\Delta}{2l} = 0$$

解得

$$F_{u3} = \frac{2}{l}M_u$$

经比较知，结构的极限荷载为 $F_u = F_{u3} = \dfrac{2M_u}{l}$。

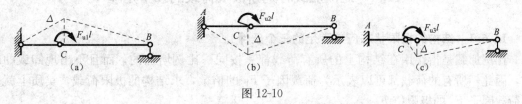

图 12-10

§12.5 连续梁的极限荷载

一个 n 次超静定的多跨连续梁，当出现 $n+1$ 个塑性铰时，则变成一个几何可变体系而破坏，但这个条件并不是必要的。事实上，当梁的某一跨的两端和跨中某截面出现三个塑性铰而形成局部破坏时，结构就已经丧失承载能力。对于每跨都为等截面，但每跨截面不一定相同的连续梁，当其承受方向相同的比例加载时，它的实际破坏情况便是如此。因此，计算连续梁的极限荷载时，可分别将各跨看作单跨超静定梁，按机动法或其他方法求出每跨的极限荷载，最小的便是连续梁的极限荷载。

【例 12-4】 试求图 12-11 所示连续梁的极限荷载。

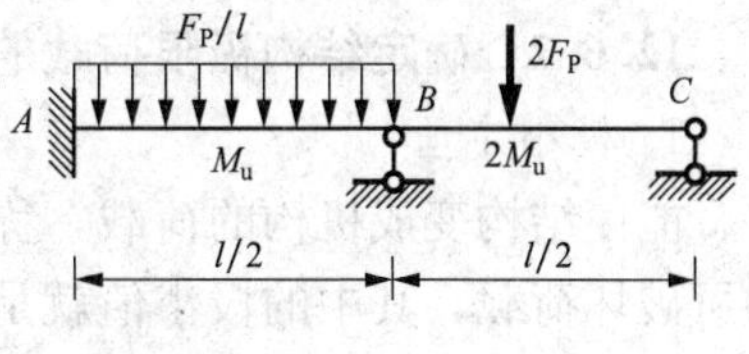

解 （1）设 A、B 及 AB 的中点出现塑性铰，发生如图 12-12（a）所示的微小位移，对应的荷载为 F_{u1}，则虚功方程为

$$\frac{F_{u1}}{l} \times \frac{l}{2} \times \frac{\Delta}{2} \times 2 - 2M_u \times \frac{\Delta}{l/2} - 2M_u \times \frac{\Delta}{l/2} = 0$$

解得

$$F_{u1} = \frac{16M_u}{l}$$

（2）设 B 及 BC 的中点出现塑性铰，发生如图 12-12（b）所示的微小位移，对应的荷载为 F_{u2}，则虚功方程为

$$2F_{u2} \times \Delta - 3M_u \times \frac{\Delta}{l/2} - 2M_u \times \frac{\Delta}{l/2} = 0$$

图 12-11

解得

$$F_{u2} = \frac{5M_u}{l}$$

经比较知，连续梁的极限荷载为　$F_u = F_{u2} = \dfrac{5M_u}{l}$。

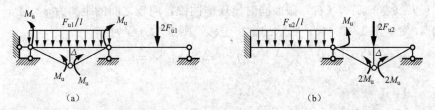

图 12-12

§12.6　比例加载时判断极限荷载的几个定理

12.6.1　结构的极限状态应该满足的三个条件

比例加载是指作用在结构上的所有荷载都是按同一比例增加的，而且不出现卸载的现象，因此，所有的荷载都可以表示为荷载因子 F_P 的倍数，求结构的极限荷载，实质上就是求荷载因子 F_P 的极限值 F_u。

由前述的极限荷载的计算可知，结构的极限状态应该同时满足以下三个条件：

（1）平衡条件。当结构处于极限状态时，仍认为它保持瞬时的平衡状态。

（2）屈服条件。当结构处于极限状态时，结构中任一截面的弯矩的绝对值都不会超过极限弯矩值，即

$$-M_u \leqslant M \leqslant M_u$$

（3）单向机构条件。当荷载达到极限值时，结构上出现足够数目的塑性铰，从而使结构变成机构，且该机构只能沿极限弯矩方向发生（相对）变形。

当上述三个条件同时被满足时，结构所承受的荷载就是该结构的极限荷载。下面给出确定结构的极限荷载的三个定理。

12.6.2　确定结构极限荷载的三个定理

1. 极小定理

能使结构变成机构的荷载，称为可破坏荷载。取结构各种可能的破坏形式，计算出相应的可破坏荷载，其中的极小值就是极限荷载。

2. 极大定理

取荷载因子为某一数值，若结构满足屈服条件，则称为可接受荷载。极限荷载是所有可接受荷载中的极大值。

3. 单值定理

若一个荷载既是可破坏荷载，又是可接受荷载，则该荷载就是极限荷载。

12.6.3　穷举法及试算法

根据极小定理和单值定理，可以获得两种求极限荷载的方法，一种是穷举法，另一种是试算法。

穷举法的基本思路是：根据经验，判断可能出现塑性铰的位置，进而列出各种可能的破坏机构，求出每种机构对应的荷载，其中的最小值就是极限荷载。例［12-2］和例［12-3］就是采用穷举法的例子。

试算法的基本思路是：假设一种破坏机构，求出对应的可破坏荷载，画出结构的弯矩图，若满足屈服条件，则该可破坏荷载也是可接受荷载，根据单值定理，它就是极限荷载。下面通过例［12-5］说明试算法的思路。

【例 12-5】　试用试算法求图 12-13 所示结构的极限荷载。

解　经分析，设 A 和 C 两点出现塑性铰，发生如图 12-14 (a) 所示的微小位移，则虚功方程为

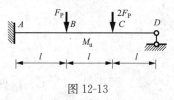

图 12-13

$$2F_u\Delta + F_u\frac{\Delta}{2} - 2M_u\frac{\Delta}{2l} - M_u\frac{\Delta}{l} = 0$$

解得

$$F_u = \frac{4M_u}{5l}$$

现在还不能确定该可破坏荷载就是极限荷载，还需验证是否满足屈服条件。为此，画出此时的弯矩图，如图 12-14 (b) 所示，由此可见，满足屈服条件，是可接受荷载。根据单值定理，该荷载就是极限荷载。

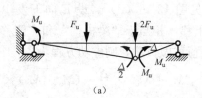

(a)

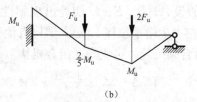

(b)

图 12-14

§12.7　刚架的极限荷载

本节研究刚架的极限荷载，采用的计算方法仍然为穷举法和试算法。与梁不同，刚架中同时存在弯矩、剪力和轴力，为了方便，忽略剪力和轴力对刚架极限荷载的影响。

现在讨论图 12-15 所示刚架的极限荷载，其中两个立柱的极限弯矩为 $M_u = 210\text{kN·m}$，横梁的极限弯矩为立柱极限弯矩的 2 倍。由弯矩图的形状可知，可能出现塑性铰的位置为 A、B（下侧）、E、C（下侧）、D 这五个截面处。此结构为 3 次超静定结构，只要出现 4 个塑性铰或者在一个直杆上出现 3 个塑性铰即成为破坏机构。因此，结构存在四种可能的破坏

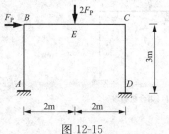

图 12-15

形式，利用穷举法，依次计算出每种可能破坏机构的名义极限荷载，其中的最小值就是真正的极限荷载。

（1）假设 B、E、C 三处出现塑性铰［见图 12-16 (a)］，横梁成为"梁机构"。设 E 向下发生微小位移 Δ，BE 杆和 CE 杆的两端分别作用一个 M_u 和一个 $2M_u$，则虚功方程为

$$2F_{u1} \times \Delta - (M_u + 2M_u) \times \frac{\Delta}{2} \times 2 = 0$$

解得

$$F_{u1} = \frac{3}{2}M_u = 315(\text{kN})$$

（2）假设 A、B、C、D 四处出现塑性铰［见图 12-16（b）］。设结构侧移，成为"侧移机构"。设横梁向右发生微小水平位移 Δ，AB 杆和 CD 杆的两端各作用一个 M_u，则虚功方程为

$$F_{u2} \times \Delta - (M_u + M_u) \times \frac{\Delta}{3} \times 2 = 0$$

解得

$$F_{u2} = \frac{4}{3}M_u = 280(\text{kN})$$

（3）假设 A、E、C、D 四处出现塑性铰［见图 12-16（c）］。设 E 向下发生微小位移 Δ，同时向右发生微小位移 1.5Δ，结构有侧移和下移，相当于"梁机构"和"侧移机构"组合到一起，成为"组合机构"，则虚功方程为

$$2F_{u3} \times \Delta + F_{u3} \times 1.5\Delta - M_u \times \frac{1.5\Delta}{3} - 2M_u \times \frac{\Delta}{2} - (2M_u + M_u) \times \frac{\Delta}{2} - (M_u + M_u) \times \frac{1.5\Delta}{3} = 0$$

解得

$$F_{u3} = \frac{8}{7}M_u = 240\text{kN}$$

（4）假设 A、B、E、D 四处出现塑性铰［见图 12-16（d）］。设 E 向下发生微小位移 Δ，同时向左发生微小位移 1.5Δ，结构有侧移和下移，相当于"梁机构"和"侧移机构"的反向机构组合到一起，也成为"组合机构"，水平荷载做负功，则虚功方程为

$$2F_{u4} \times \Delta - F_{u4} \times 1.5\Delta - M_u \times \frac{1.5\Delta}{3} - 2M_u \times \frac{\Delta}{2} - (2M_u + M_u) \times \frac{\Delta}{2} - (M_u + M_u) \times \frac{1.5\Delta}{3} = 0$$

解得

$$F_{u4} = 8M_u = 1680\text{kN}$$

结构的极限荷载应该是名义极限荷载中的最小值，经比较得

$$F_u = F_{u3} = 240\text{kN}$$

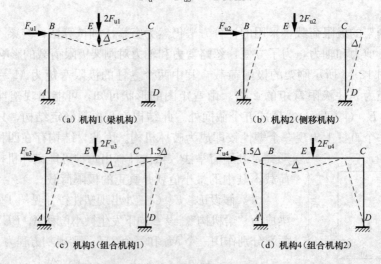

（a）机构1（梁机构）　　　　　　　（b）机构2（侧移机构）

（c）机构3（组合机构1）　　　　　　（d）机构4（组合机构2）

图 12-16　四种可能的破坏机构

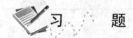

思 考 题

12-1 说明计算给定截面极限弯矩的步骤。

12-2 说明塑性铰与普通铰的区别。

12-3 连续梁只可能在各跨独立形成破坏机构，说明这一结论的适用条件。

12-4 什么是可接受荷载？什么是可破坏荷载？它们与极限荷载有什么关系？

12-5 什么叫结构的极限状态？结构处于极限状态时，应满足哪些条件？

习 题

12-1 计算图示梁的极限荷载。

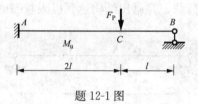

题 12-1 图

12-2 计算图示梁的极限荷载。

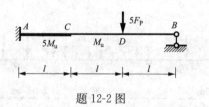

题 12-2 图

12-3 计算图示梁的极限荷载，并画出结构达到极限状态时的弯矩图。

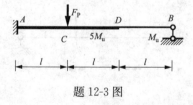

题 12-3 图

12-4 计算图示梁的极限荷载，并画出结构达到极限状态时的弯矩图。

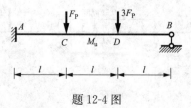

题 12-4 图

12-5 计算图示梁的极限荷载。

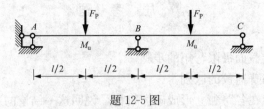

题 12-5 图

12-6 计算图示梁的极限荷载，并画出结构达到极限状态时的弯矩图。

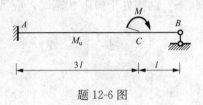

题 12-6 图

12-7 计算图示梁的极限荷载，并画出结构达到极限状态时的弯矩图。

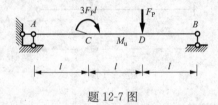

题 12-7 图

12-8 计算图示梁的极限荷载，已知 $M_{u1}=50\text{kN}\cdot\text{m}$，$M_{u2}=70\text{kN}\cdot\text{m}$，$M_{u3}=70\text{kN}\cdot\text{m}$（建议使用穷举法）。

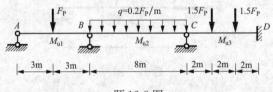

题 12-8 图

12-9 计算图示梁的极限荷载（建议设 A、D 处出现塑性铰）。

题 12-9 图

12-10 计算图示梁的极限荷载。已知 $M_u=120\text{kN}\cdot\text{m}$。

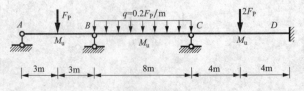

题 12-10 图

12-11　计算图示刚架的极限荷载。各杆件极限弯矩均为 M_u，已知 $M_u = 120$kN·m。

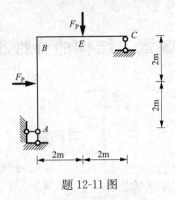

题 12-11 图

12-12　计算图示刚架的极限荷载。各杆件极限弯矩均为 M_u，已知 $M_u = 120$kN·m。

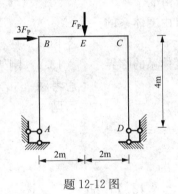

题 12-12 图

第 13 章 结构的弹性稳定

本 章 目 录

---

§13.1 概 述

1. 结构的弹性稳定性

在结构设计中,对结构进行强度验算和刚度验算是最基本的和必不可少的;而在某些情况下,结构的稳定验算同样显得尤为重要。例如图 13-1(a)所示的轴心受压杆件,当荷载逐渐增大时,除了可能发生强度破坏外,也可能发生突然弯曲的失稳破坏,如图 13-1(b)所示。压杆的实际承载能力是上述两种破坏荷载中的较小者。由此可见,当结构中的某些构件受到较大压力的作用时,结构可能在材料抗力未得到充分发挥之前就因为变形的迅速发展而丧失承载能力,这种现象称为失稳破坏,其相应的荷载称为结构的临界荷载 F_{Pcr}。

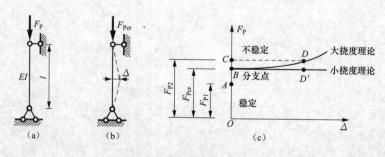

图 13-1

除了中心受压直杆之外，丧失稳定性的现象还可能发生在其他结构中。例如图 13-2（a）所示的承受均布水压力的圆环，当压力达到临界值 q_{cr} 时，原有圆形平衡形式将成为不稳定的，而可能出现新的非圆形的平衡形式。又如图 13-2（b）所示承受均布荷载的抛物线拱和图 13-2（c）所示刚架，在荷载达到临界值以前，都处于轴向受压状态；而当荷载达到临界值时，将出现同时具有压缩和弯曲变形的新的平衡形式。再如图 13-2（d）所示工字梁，当荷载达到临界值以前，它仅在其腹板平面内发生弯曲；当荷载达到临界值时，原有的平面弯曲形式不再是稳定的，梁将从腹板平面内偏离出来，发生斜弯曲和扭转。

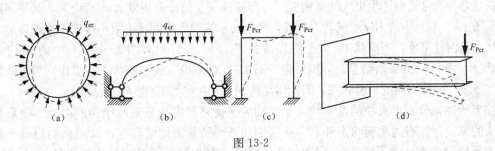

图 13-2

薄壁结构与厚壁结构相比，高强度材料的结构（如钢结构）与低强度材料的结构（如砖石结构、混凝土结构）相比，主要承压的结构与主要承拉的结构相比，前者比后者更容易丧失稳定性。随着科学技术的发展，各类高强度材料和薄壁结构在工程中被广泛采用，结构的稳定性问题变得更加突出，往往成为结构设计中的控制因素，因而稳定验算显得更为重要。

2. 三种不同性质的平衡状态

结构的稳定性是指它所处的平衡状态的稳定性。

从稳定性角度来讲，结构的平衡状态有三种：稳定平衡状态、不稳定平衡状态和中性平衡状态。假设结构原来处于某个平衡状态，由于受到轻微干扰而稍微偏离其平衡状态。当干扰消失后，如果结构能够回到原来的平衡状态，则原来的平衡状态称为稳定平衡状态，如图 13-3（a）所示；如果结构不能回到原来的平衡状态并且继续偏离，则原来的平衡状态称为不稳定平衡状态，如图 13-3（c）所示；如

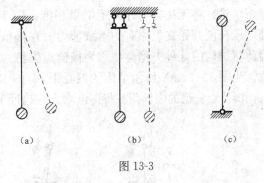

图 13-3

果结构不能回到原来的平衡状态，但是却能在新状态下保持平衡，则原来的平衡状态称为中性平衡状态，又称为随遇平衡状态，如图 13-3（b）所示。中性平衡状态是结构由稳定平衡状态过渡到不稳定平衡状态的临界状态。

3. 结构失稳的类型

对于一个结构来说，随着荷载的逐渐增大，结构的原始状态可能由稳定平衡状态转变为不稳定平衡状态，这时原始平衡状态将丧失其稳定性，称为失稳。结构稳定性分析的目的就是保证结构在正常使用情况下处于稳定平衡状态。结构的失稳有两种基本形式：分支点失稳和极值点失稳。

（1）分支点失稳，又称为第一类失稳。例如，对于图 13-1（a）所示的轴心受压直杆：

①当荷载 F_P 小于临界荷载 $F_{Pcr} = \dfrac{\pi^2 EI}{l^2}$ 时，杆件仅产生压缩变形。此时若压杆受到轻微干扰而发生弯曲，则当干扰撤销后杆件可以恢复到原始的直线平衡状态，即直线平衡状态是稳定的。荷载 F_P 与杆件中点横向挠度 Δ 之间的关系（称为平衡路径）如图 13-1（c）中的 OB 段所示，此时平衡路径是唯一的。②当荷载 F_P 大于临界荷载 F_{Pcr} 时，如果压杆未受到外界干扰，则杆件保持直线状态，即杆件中点的横向挠度 $\Delta = 0$，其平衡路径对应于图 13-1（c）中的 BC 段。若压杆受到轻微干扰而发生弯曲，则当干扰撤销后，杆件不但无法恢复到原始的直线平衡状态，而且还会产生更大的弯曲变形，即杆件中点的横向挠度 Δ 不断增大，其平衡路径对应于图 13-1（c）中的 BD 段或者 BD' 段，分别表示按照大挠度理论或小挠度理论求得的弯曲平衡状态。由此可见，当荷载 F_P 大于临界荷载 F_{Pcr} 时，压杆具有图 13-1（c）中的 BC 和 BD（或 BD'）两种不同的平衡路径，分别对应于图 13-1（b）中直线平衡状态（实线）和弯曲平衡状态（虚线）两种不同的平衡状态，因此将结构的此种失稳类型称为分支点失稳。

综上所述，分支点失稳的基本特征是结构的平衡路径发生分支，结构的内力、变形状态发生质的突变，原有的平衡状态和有本质区别的新平衡状态同时存在，即结构的原有平衡状态成为不稳定状态。除了图 13-1 所示的中心受压直杆失稳属于分支点失稳之外，图 13-2 所示结构的失稳也均属于分支点失稳。

（2）极值点失稳，又称为第二类失稳。例如，对于图 13-4（a）所示的偏心受压直杆或者图 13-4（b）所示的具有初弯曲 Δ_0 的受压杆件，从荷载一开始作用即处于弯曲平衡状态，并伴有横向挠度 Δ。因为横向挠度 Δ 会引起杆件的附加弯矩，所以 Δ 会随着荷载 F_P 的增长而呈现非线性变化，平衡路径如图 13-4（c）所示。可见，横向挠度 Δ 随荷载增加而增长的速度会越来越快。当荷载达到一定数值后，增量荷载下的变形引起的截面弯矩增量（即内力弯矩增量）将无法再与外力矩增量相抵，图 13-4（c）所示的平衡路径曲线便由上升转为下降，压杆便开始丧失原有的承载能力。在极值点 B 处，结构由稳定平衡转变为不稳定平衡，因此将结构的此种失稳类型称为极值点失稳。极值点相应的荷载称为第二类稳定性的临界荷载。当图 13-4（a）所示结构的偏心距 e、图 13-4（b）所示结构的初弯曲 Δ_0 减小并趋近于零时，极值点失稳的临界荷载将逐渐增大并趋近于分支点失稳的临界荷载，如图 13-4（c）所示。

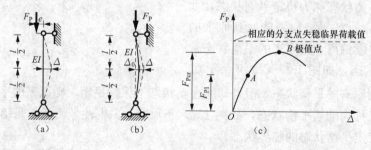

图 13-4

综上所述，极值点失稳的基本特征是结构因荷载作用而引起的变形增长，并且由于变形的迅速增长而导致结构的内力、外力之间失去平衡，从而使结构丧失承载能力，即发生失稳现象。在结构由稳定到失稳的过程中，结构的平衡形式并未发生质变，只是原有的变形迅速增长。除了图 13-4 所示结构的失稳属于极值点失稳之外，图 13-5 所示刚架的失稳也均属于极值点失稳。

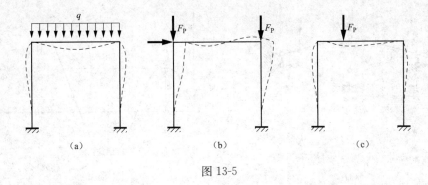

图 13-5

（3）对于扁平的拱式结构，还可能发生跳跃失稳现象。例如，对于图 13-6（a）所示的扁平拱式桁架，高跨比 $\frac{f}{l} \leqslant 1$。在跨度中点作用竖向荷载 F_P 并产生竖向位移 Δ（以向下为正），则 F_P-Δ 曲线如图 13-6（b）所示。设想通过一个控制机构进行加载，此时竖向荷载 F_P 值可为正值或负值（以向下为正）。

1）在初始加载阶段，平衡路径由图 13-6（b）中的 AB 表示，平衡状态是稳定的。在 A 点处 $F_P = 0$；在 B 点出现极值点，相应的荷载极值为 $F_P = F_{Pcr}$。

2）极值点 B 以后，平衡路径由 BCD 表示，荷载的代数值减少。在 C 点处 $F_P = 0$；在 D 点出现下极限点，且 $F_P = -F_{Pcr}$，即此时的荷载方向为向上，路径 BCD 线上的点对应于不稳定平衡。

3）下极限点 D 以后，荷载的代数值又开始上升，在 E 点处 $F_P = 0$，在 F 点处 $F_P = F_{Pcr}$；而后竖向位移 Δ 随着竖向荷载 F_P 的增加而增加，路径 DEFG 线上的点对应于稳定平衡。

4）如果不存在控制机构，则实际的 F_P-Δ 曲线为 ABFG，在极值点 B 以后有一段水平线 BF，表示当荷载超过临界值 F_{Pcr} 时，会突然由凸形转为凹形，即路径 BF 对应于不稳定平衡。

5）当结构发生跳跃后，达到 F 点对应的新平衡位置，而后进入稳定平衡路径 FG。

在上述分析过程中，注意在图 13-6（b）的 F_P-Δ 曲线中，竖向位移 Δ 以向下为正，并且一直是在增大的，即拱式桁架中点的竖向位移始终是向下不断增加的。

综上所述，跳跃失稳的基本特征是结构的变形在荷载达到临界值前后发生性质上的突变，并且在临界点处，结构位移的变化是不连续的［即图 13-6（b）中的平衡路径由 B 点跳跃到 F 点］。跳跃失稳的 F_P-Δ 曲线在临界点之后，由于在理论上存在两条不同的路径［即图 13-6（b）中的路径 BCDEFG 和 BFG］，因此将它视为一种特殊形式的分支点失稳。由于结构的几何形状在失稳过程中发生激烈改变，因此实际工程结构一般不允许发生跳跃（仪表零件除外），并且取极值点 B 相应的荷载作为临界荷载 F_{Pcr}。

（4）除了上述整体失稳之外，对于薄壁结构还可能发生局部失稳。例如图 13-2（d）所示工字梁，当板件的宽厚比过大时，在一定的荷载作用下翼缘和腹板均可能发生局部鼓曲，称为局部失稳或者局部屈曲。这种局部失稳常常会很快地导致薄壁构件乃至结构的整体失稳。当薄板板件受到的边界约束较强时，也可能出现板件发生局部屈曲之后仍可以继续承受更大荷载的情况。这种在局部失稳之后承载力并未丧失而可以继续增加荷载的情况称为超屈曲强度或屈曲后强度。例如，薄壁闭口截面压杆一般具有比较明显的超屈曲强度。局部失稳从性质上也可以分为第一类失稳和第二类失稳，其类别也是按照失稳时平衡状态是否发生突

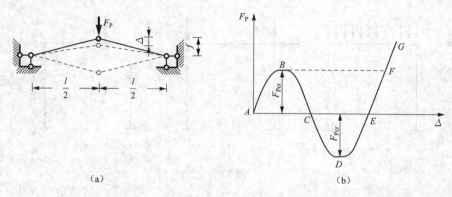

图 13-6

变来确定的。一般来说，局部失稳与整体失稳之间是相互影响的。

　　4. 结构弹性稳定计算的核心问题

　　实际工程中，因为不可避免地存在构件初弯曲、荷载初偏心、截面形状或材料性质方面的缺陷等不完美因素，所以其丧失稳定性时，严格地说都属于第二类失稳。第二类失稳属于几何非线性问题，而且当结构的变形增加到一定程度时通常还伴有材料非线性现象的出现，计算比较复杂，通常只能利用计算机通过数值分析的方法确定其临界荷载。第一类失稳的临界荷载常可以用物理概念清晰的解析式表达，这样计算就比较简单，并且有利于对影响临界荷载的各种因素形成直观的认识。如图 13-4（c）所示，第一类失稳的临界荷载实际上是第二类失稳临界荷载的上限值，对于因不完美因素引起的第二类失稳问题来说，常可以将第一类失稳临界荷载乘以一个折减系数，或对其表达式进行适当修正以求得第二类失稳问题的临界荷载，这样就比较便于设计应用。因此，第一类失稳问题具有重要的地位。

　　结构弹性稳定计算的核心问题就是确定临界荷载，主要以确定第一类失稳临界荷载为主，其计算方法包括静力法、能量法、位移法和有限单元法等。本章主要介绍求解杆系结构第一类失稳临界荷载的静力法、能量法。

§13.2　静力法确定有限自由度体系的临界荷载

13.2.1　体系的弹性失稳自由度

　　第一类失稳是分支点失稳，其基本特征是结构的平衡路径发生分支，原有的平衡状态和有本质区别的新平衡状态同时存在。当荷载为结构失稳的临界荷载时，也就是平衡路径处于分支点处时，涉及两个平衡状态（指结构的物理特性）和两个位形状态（指结构的几何特性）：一是结构在原始位形状态下（对于杆系结构，是指杆件挠度为零）达到的原始平衡状态；二是结构在新的位形状态下（对于杆系结构，是指杆件挠度不为零）达到的新平衡状态。

　　因此，为了求解结构的第一类失稳临界荷载，首先要对结构的位形进行假设分析，确定结构失稳时可能发生的新的位形状态。如何描述结构可能发生的新的位形状态呢？下面采用体系失稳自由度进行描述。体系失稳自由度，简称自由度，是指确定体系失稳时的位形形态所需要的独立几何参数的数目。例如，图 13-7（a）所示刚架，确定其失稳时所有可能的位形状态仅需要一个独立参数 θ，故此结构只有一个自由度；确定图 13-7（b）所示结构失稳时的位形状态需要两个独立参数 y_1 和 y_2，故具有两个自由度。

一般的弹性压杆或结构，其失稳都属于无限自由度问题，因为受压失稳杆件的位形通常不能用若干个独立的几何参数加以表达。例如，图 13-7（c）所示的轴心受压杆件发生失稳时，假设其失稳自由度为有限 n 个 y_1，y_2，…，y_n，如果用有限 n 个水平附加链杆限制住杆件的横向位移，则压杆还会存在失稳变形的可能性，或者说其失稳位形仍未被唯一确定，所以弹性压杆失稳自由度为无限多个，压杆上任意一点的挠度 y 均为独立的位形参数。

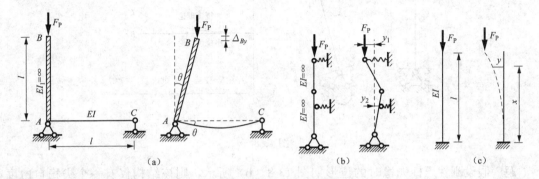

图 13-7

13.2.2　静力法求解有限自由度体系的临界荷载

用静力法确定第一类失稳临界荷载，关键是以结构失稳时的平衡二重性为依据，确定结构发生平衡分支时的荷载条件，进而求出临界荷载。求解步骤如下所述。

（1）确定结构失稳时可能发生的新的位形状态，以失稳自由度进行描述。失稳自由度是未知的几何参数，对于具有 n 个失稳自由度的结构，将采用 n 个未知的独立几何参数来描述该结构在失稳时可能发生的新的位形状态。

（2）以结构失稳时可能发生的新的位形为分析对象，根据静力平衡条件，建立结构在新的位形状态下的平衡方程。从本质上讲，平衡方程是结构内力与外力之间的平衡，内力包括轴力 F_N、剪力 F_Q、弯矩 M，或者以应力形式表达，即正应力 σ、剪应力 τ；外力包括支座反力、外荷载以及其他形式的外部作用。从形式上讲，平衡方程主要包括沿某个坐标轴方向上的力平衡方程、对某点的弯矩平衡方程。对于杆系结构而言，结构失稳主要指结构中的杆件从轴心受压状态（原始平衡状态）过渡到压弯状态（新的平衡状态）。因此，对于杆系结构，这一步骤通常是列出结构在新的位形状态下的对某点的弯矩平衡方程。对于具有 n 个失稳自由度的结构，将选取结构在新的位形状态下的 n 个平衡方程，同时注意在选取的 n 个平衡方程中，要包含外荷载（因为要求解临界荷载的大小）、n 个未知的几何参数（以几何参数具有非零解的条件来判断平衡路径具有二重性）。

（3）根据平衡具有二重性静力特征，建立特征方程，习惯上称之为稳定方程。结构在新的位形状态下的 n 个平衡方程中，包含着 n 个未知的几何参数（即 n 个失稳自由度）。如果这 n 个未知的几何参数全部为 0，则表示结构处于原始位形状态；如果这 n 个未知的几何参数不全部为 0，则表示结构处于新的位形状态。因此根据第（2）步骤所列出的 n 个平衡方程取非零解的条件（即系数行列式为零），可以建立稳定方程，这实质上是数学上的特征值问题。

（4）求解稳定方程，求出特征根，即特征荷载值。对于具有 n 个失稳自由度的结构，可以由稳定方程求解出 n 个特征荷载值，其中最小的特征荷载值即为结构的失稳临界荷载。结构所能承受的荷载必须小于这个最小特征荷载值，才能维持其稳定平衡状态。

【例 13-1】 试求图 13-8（a）所示结构的临界荷载。刚性压杆下端抗转弹簧的刚度（发生单位转角所需的力偶）为 k。

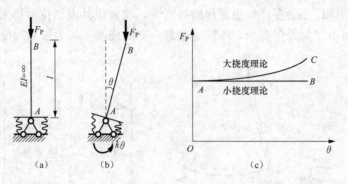

图 13-8

解 假设刚性压杆失稳时的位形如图 13-8（b）所示，则该结构仅有一个失稳自由度，选取刚性压杆的转角 θ 为失稳位形的位移坐标。

以结构失稳时的位形图 13-8（b）为分析对象，选取平衡条件 $\sum M_A = 0$，则有

$$F_P l \sin\theta - k\theta = 0 \tag{a}$$

平衡方程中包含外荷载 F 和未知的几何参数 θ。

（1）小挠度理论。当位移很微小的时候，可以近似地认为 $\sin\theta = \theta$，则式（a）可近似写作

$$(F_P l - k)\theta = 0 \tag{b}$$

式（b）是刚性压杆在失稳位形状态下的平衡方程，以几何参数 θ 为未知量。该方程有两个解答，当 $\theta = 0$ 时方程式满足，这对应于结构的原始位形，即图 13-8（a）；当 $\theta \neq 0$ 时对应于结构失稳时的位形状态，即图 13-8（b），此时满足平衡方程式（b），即

$$F_P l - k = 0 \tag{c}$$

由式（c）可解出临界荷载为

$$F_{Pcr} = \frac{k}{l} \tag{d}$$

当 $F_P = F_{Pcr}$ 时，对于 $\theta = 0$ 的原始位形，满足平衡方程式（b）；对于 $\theta \neq 0$ 的失稳构形，也满足平衡方程式（b）。因此，方程（b）反映了结构失稳时平衡形式的二重性，称为稳定方程或特征方程。此外，当 $F_P = F_{Pcr}$ 时，由平衡方程式（b）无法确定几何参数 θ 的数值，结构此时处于随遇平衡状态，即图 13-8（c）所示的水平线 AB。实际上这是由于采用了近似条件 $\sin\theta = \theta$ 所带来的假象，下面采用精确解答进行分析。

（2）大挠度理论。由平衡方程式（a）可以求得

$$F_P = \frac{k\theta}{l \sin\theta} \tag{e}$$

当 $\theta \neq 0$ 时，即在结构失稳时的新位形状态下，式（e）表达了几何参数 θ 与外荷载 F_P 之间的一一对应关系，如图 13-8（c）的曲线 AC 所示。当然，在结构失稳位形状态下外荷载的最小值就是临界荷载，由 $\dfrac{\mathrm{d}F_P}{\mathrm{d}\theta} = 0$ 可得当 $\tan\theta = \theta$ 时，即 $\theta = 0$ 时，外荷载可取最小值，代入

式（e）仍可得到临界荷载，如式（d）所示。

对于完善体系的临界荷载而言，即对于结构的分支点失稳临界荷载而言，采用小挠度理论和大挠度理论求得的临界荷载是完全相同的。因此，如果不涉及失稳后的位移计算，而只是要求临界荷载的数值，则可以采用近似的小挠度理论求解。但是对于非完善体系的临界荷载而言，即对于结构的极值点失稳临界荷载而言，采用大挠度理论分析得到的临界荷载低于小挠度理论分析得到的临界荷载，但是更为真实。由于我们主要是针对完善体系求解结构的分支点失稳临界荷载，因此本章将采用小挠度理论求解。

【例 13-2】 图 13-9（a）所示结构的各杆均为刚性杆，在铰结点 B 和 C 处有弹性支撑，其刚度系数均为 k。体系在 D 端作用有轴向压力 F_P 作用。试求该结构的临界荷载。

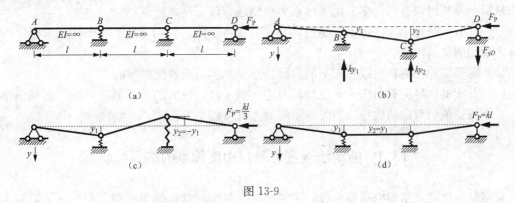

图 13-9

解 假设刚性压杆失稳时的位形如图 13-9（b）所示，则该结构具有两个失稳自由度，选取铰结点 B、C 处的竖向位移 y_1、y_2 为失稳位形的位移坐标。

以结构失稳时的位形图 13-9（b）为分析对象，选取平衡条件 $\sum M_A = 0$，可得 D 支座的竖向反力为

$$F_{yD} = \frac{1}{3}(ky_1 + 2ky_2)$$

再由失稳位形下的铰结点 B、C 以右隔离体的力矩平衡条件 $\sum M_B = 0$、$\sum M_C = 0$ 可得

$$\begin{cases} F_P y_1 + ky_2 l - F_{yD} \times 2l = 0 \\ F_P y_2 - F_{yD} \times l = 0 \end{cases}$$

将求得的 D 支座竖向反力 F_{yD} 代入上式，整理后可得平衡方程

$$\begin{cases} (3F_P - 2kl)y_1 - kly_2 = 0 \\ -kly_1 + (3F_P - 2kl)y_2 = 0 \end{cases}$$

这是一组关于几何参数 y_1、y_2 的齐次线性代数方程，它的零解 $y_1 = y_2 = 0$ 对应于原始的直线平衡状态。失稳时应存在非零解，要求上面方程组的系数行列式等于零，即稳定方程为

$$\begin{vmatrix} 3F_P - 2kl & -kl \\ -kl & 3F_P - 2kl \end{vmatrix} = 0$$

展开后可得

$$3F_P^2 - 4klF_P + (kl)^2 = 0$$

可解得两个特征根为

$$F_{P1} = \frac{kl}{3}, \quad F_{P2} = kl$$

其中较小者为临界荷载，即

$$F_{Pcr} = \frac{kl}{3}$$

将以上的特征根 F_{P1}、F_{P2} 分别代入原平衡方程，可求得两种情况下 B、C 铰的位移比值为

$$\frac{y_2}{y_1} = -1, \quad \frac{y_2}{y_1} = 1$$

其相应的失稳图形分别如图 13-9（c）、图 13-9（d）所示，其中图 13-9（c）为与临界荷载相应的失稳图形，是反对称的，而图 13-9（d）是对称的。

从以上分析可以看出，多自由度体系失稳问题有以下基本特点：

（1）具有 n 个自由度的体系失稳时，共有 n 个特征值，分别对应于 n 个特征向量，即具有 n 个可能的失稳位形。

（2）对称结构在对称荷载作用下的失稳位形是对称的或者反对称的。

（3）真实的临界荷载对应于 n 个特征值中的最小者。较大的特征值所对应的失稳位形只有在最小特征值所对应的失稳位形受到阻碍时才有可能发生。

§13.3　能量法确定有限自由度体系的临界荷载

采用静力法确定结构的临界荷载，在情况较为复杂时常会遇到困难。例如，无限自由度体系的稳定方程常为微分形式，当微分方程具有变系数时，不能积分成为有限形式；再如，对于有限自由度体系而言，当边界条件较为复杂时，稳定方程为高阶行列式，从而不易于展开和求解。在这些情况下，采用能量法则较为简便。

所谓的能量法就是依据能量特征来确定体系失稳临界荷载的方法，它仍然是以结构失稳时平衡的二重性为依据，应用以能量形式表示的平衡条件，寻求结构在新的位形下能够维持平衡的荷载，其中最小者即为临界荷载。

势能驻值原理是以能量形式表示的平衡条件，它可以表述为：对于弹性结构，在满足支撑条件以及位移连续条件的一切虚位移中，同时又满足平衡条件的位移（即真实的位移）使结构的势能 E_P 为驻值，即结构势能的一阶变分等于零

$$\delta E_P = 0 \tag{13-1}$$

对于变形体而言，结构的势能 E_P（或称为结构的总势能）等于结构的应变能 U 与外力荷载势能 U_P 之和，即

$$E_P = U + U_P \tag{13-2}$$

对于稳定自由度为 n 的有限自由度体系结构，所有可能的新位形状态都可以采用 n 个独立的几何参数 α_1，α_2，$\cdots$，α_n（对应于 n 个稳定自由度）来描述，因此结构的势能 E_P 可以表示为这 n 个独立几何参数的函数，则势能驻值条件式（13-1）可表示为

$$\delta E_P = \frac{\partial E_P}{\partial \alpha_1}\delta\alpha_1 + \frac{\partial E_P}{\partial \alpha_2}\delta\alpha_2 + \cdots + \frac{\partial E_P}{\partial \alpha_n}\delta\alpha_n$$

由于虚位移 $\delta\alpha_1$，$\delta\alpha_2$，$\cdots$，$\delta\alpha_n$ 具有任意性，因此为了保证式（13-1）成立，必须有

$$\frac{\partial E_P}{\partial \alpha_1} = 0, \quad \frac{\partial E_P}{\partial \alpha_2} = 0, \quad \cdots, \quad \frac{\partial E_P}{\partial \alpha_n} = 0 \tag{13-3a}$$

简写作

$$\frac{\partial E_P}{\partial \alpha_i} = 0 \quad (i = 1, 2, \cdots, n) \tag{13-3b}$$

由此可以获得一组包含 α_1，α_2，$\cdots$，α_n 的齐次线性代数方程。为了使 α_1，α_2，$\cdots$，α_n 不全为零，即对应于结构的新位形，则方程组式（13-3）的系数行列式应等于零，据此可以建立结构的稳定方程，从而确定结构的临界荷载。

【例 13-3】 试用能量法计算 [例 13-2] 中结构的临界荷载。

解 假设刚性压杆失稳时的位形如图 13-9（b）所示，则该结构具有两个失稳自由度，选取铰结点 B、C 处的竖向位移 y_1、y_2 为失稳位形的位移坐标，则弹性支座的应变能为

$$U = \frac{k}{2}(y_1^2 + y_2^3)$$

设梁 AB 的转角为 θ，则点 B 的水平位移为

$$\Delta_{xB} = l(1 - \cos\theta) = l\left[1 - \left(1 - \frac{\theta^2}{2!} + \frac{\theta^4}{4!} - \cdots\right)\right] \approx \frac{l\theta^2}{2}$$

根据上式可以得到点 D 的水平位移为

$$\Delta_{xD} = \frac{l}{2}\left[\left(\frac{y_1}{l}\right)^2 + \left(\frac{y_2 - y_1}{l}\right)^2 + \left(\frac{y_2}{l}\right)^2\right] = \frac{1}{l}(y_1^2 - y_1 y_2 + y_2^2)$$

于是，外力荷载势能为

$$U_P = -F_P \Delta_{xD} = -\frac{F_P}{l}(y_1^2 - y_1 y_2 + y_2^2)$$

结构的总势能为

$$E_P = U + U_P = \frac{k}{2}(y_1^2 + y_2^3) - \frac{F_P}{l}(y_1^2 - y_1 y_2 + y_2^2)$$

应用势能驻值条件

$$\frac{\partial E_P}{\partial y_1} = 0, \quad \frac{\partial E_P}{\partial y_2} = 0$$

可得方程组

$$\begin{cases} (kl - 2F_P)y_1 + F_P y_2 = 0 \\ F_P y_1 + (kl - 2F_P)y_2 = 0 \end{cases}$$

方程组取非零解的条件为系数行列式等于零，则可得到结构的稳定方程为

$$\begin{vmatrix} kl - 2F_P & F_P \\ F_P & kl - 2F_P \end{vmatrix} = 0$$

展开后可得

$$3F_P^2 - 4kl F_P + (kl)^2 = 0$$

这与例 [13-2] 所得稳定方程相同，由此可求得结构的失稳临界荷载。

如果从能量角度对图 13-9（c）、图 13-9（d）所示的失稳位形作进一步分析可以发现，当两种情况下铰结点的位移数值相同（即弹簧应变能相同）时，图 13-9（c）的反对称位形与图 13-9（d）的正对称位形相比而言，点 D 的水平位移大一些；或者说，当点 D 的水平位移相同时，图 13-9（c）反对称位形中的弹簧变形能更小一些。这就说明在所有可能的失稳位形中，临界荷载所对应的位形应使体系发生失稳位移所引起的应变能是最小的。

§13.4 弹性压杆的临界荷载

轴心受压的弹性杆件发生失稳时,杆件上任意一点的挠度均为独立的位移参数,因此属于无限自由度体系的稳定性问题,可采用静力法或者能量法确定弹性压杆的临界荷载。

13.4.1 静力法确定弹性压杆的临界荷载

采用静力法确定弹性压杆临界荷载的基本思想与处理有限自由度体系的稳定问题相类似,即首先假设可能发生的曲线形式的新位形形态,并建立新位形的平衡方程;当轴向压力增加到一定数值时,用于描述体系稳定自由度的几何参数如果可以取非零解,则说明平衡路径发生了分支,由此可以确定体系丧失第一类稳定性的临界荷载。

无限自由度体系稳定问题的主要特点在于其平衡方程是微分方程形式,求解此微分方程,并利用边界条件可以得到一组与未知几何参数(用于描述体系的稳定自由度)数目相同的齐次方程;为了获得非零解答,应使其系数行列式等于零,进而建立体系的稳定方程。此时,体系的稳定方程为超越方程,具有无穷多个根,因而具有无穷多个特征荷载值以及相对应的无穷多个变形曲线形式,其中最小者为临界荷载。

【例13-4】 试用静力法计算图 13-10(a)所示下端固定、上端有水平支杆的等截面轴心压杆的临界荷载。

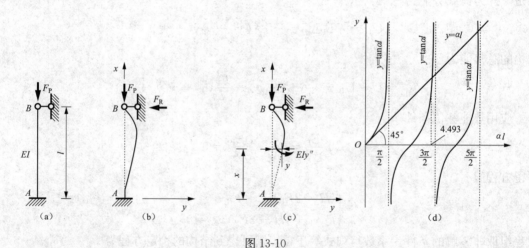

图 13-10

解 当 F_P 达到临界荷载时,杆件的平衡路径将发生分支,即可以保持原直线形式的平衡状态,如图 13-10(a)所示,也可能发生挠曲形式的新平衡状态,如图 13-10(b)所示。

在寻求平衡状态的分支点时,只要求杆件发生微小的挠曲变形,因此杆件的曲率可以用 y'' 近似表达,由材料力学可知杆件任一点处的弯矩为

$$EIy'' = -M \tag{13-4}$$

式中:EI 为杆件横截面的弯曲刚度;M 为杆件任一截面上的弯矩,并且由图 13-10(c)可知

$$M = F_P y + F_R(l-x)$$

代入式(13-4),可得压杆的挠曲微分方程为

$$EIy'' + F_P y = -F_R(l-x)$$

将上式两边同时除以 EI，并令

$$\alpha^2 = \frac{F_P}{EI}$$

则微分方程可以改写为

$$y'' + \alpha^2 y = -\frac{F_R}{EI}(l - x)$$

这是一个二阶常系数非齐次线性微分方程，其通解为

$$y = A\cos\alpha x + B\sin\alpha x - \frac{F_R}{F_P}(l - x)$$

式中的 A、B 为待定的积分常数，F_R 为压杆在 B 端的未知水平反力，它们与杆件的边界条件有关。将上式对 x 求导，可得

$$y' = -\alpha A\sin\alpha x + \alpha B\cos\alpha x + \frac{F_R}{F_P}$$

对于图 13-10（a）所示的压杆，其失稳时的位移边界条件为：在 $x=0$ 处有 $y=0$、$y'=0$；在 $x=l$ 处有 $y=0$。由此可以得到一组关于未知参数 A、B 和 $\frac{F_R}{F_P}$ 的齐次线性代数方程

$$\begin{cases} A - l\dfrac{F_R}{F_P} = 0 \\[2mm] \alpha B + \dfrac{F_R}{F_P} = 0 \\[2mm] A\cos\alpha l + B\sin\alpha l = 0 \end{cases}$$

显然，当 $A = B = \dfrac{F_R}{F_P} = 0$ 时上述方程可以得到满足，此时压杆无侧向位移发生，对应于直线形式的平衡状态。方程取非零解则对应于压杆的弯曲平衡状态，由方程的系数行列式为零，即

$$\begin{vmatrix} 1 & 0 & -l \\ 0 & \alpha & 1 \\ \cos\alpha l & \sin\alpha l & 0 \end{vmatrix} = 0$$

展开并整理后可得

$$\tan\alpha l = \alpha l$$

这就是计算图 13-10（a）所示的压杆临界荷载的稳定方程，或称之为特征方程。它是一个以 αl 为自变量的超越方程，可以采用试算法并配合图解法进行求解。图 13-10（d）绘制了 $y = \alpha l$ 和 $y = \tan\alpha l$ 的函数图线，它们的交点的横坐标即为方程的根。因为交点有无穷多个，故方程具有无穷多个根。由图 13-10（d）可见，最小正根 αl 在 $\dfrac{3\pi}{2} \approx 4.7$ 的左侧附近，其准确数值可由试算法求得，为

$$\alpha l = 4.493$$

将其代入式 $\alpha^2 = \dfrac{F_P}{EI}$，可得临界荷载为

$$F_{Pcr} = \alpha^2 EI = \left(\frac{4.493}{l}\right)^2 EI = \frac{20.19}{l^2}EI$$

13.4.2 能量法确定弹性压杆的临界荷载

采用静力法确定弹性压杆临界荷载时，如果杆件的截面或轴向荷载的变化情况比较复杂，则可能导致挠曲平衡方程的形式是变系数微分方程，则很难积分为有限形式；如果压杆的稳定方程的阶数过高，则不易展开求解。此时，应用能量法求解压杆的临界荷载往往能够取得很好的效果。

采用能量法确定弹性压杆临界荷载的基本思想与处理有限自由度体系的稳定问题相类似，即首先假设可能发生的曲线形式的新位形形态，并建立新位形的结构总势能 E_P；然后应用势能驻值原理，在使结构总势能的一阶变分等于零的情况下，根据位移取得非零解的条件确定压杆的临界荷载。对于弹性压杆来说，建立新位形的结构总势能 E_P 需要解决两个问题：一是弹性压杆失稳时的势能中需要包括杆件挠曲变形所产生的应变能 U；二是需要计算因杆件弯曲而引起的荷载作用点的位移值，从而求得外力荷载势能 U_P。以上两个问题都是只有在压杆失稳时的位形可以表达为已知函数时才能得以解决。

假设压杆失稳时的位形曲线可以采用广义坐标近似地表达为一组函数的线性组合，即

$$y(x) = \sum_{i=1}^{n} \alpha_i \varphi_i(x) \tag{13-5}$$

式中：$\varphi_i(x)$ 为满足位移边界条件的给定函数，也称为基函数；α_i 为待定参数，也称为广义坐标。于是，压杆失稳时的位形 $y(x)$ 将完全由 n 个广义坐标所确定，成为具有 n 个自由度的稳定问题。

压杆失稳位形的结构总势能 E_P 等于结构的应变能 U 与外力荷载势能 U_p 之和，即

$$E_P = U + U_P$$

压杆由直线平衡状态过渡到邻近的弯曲平衡状态时，杆件的轴力仍保持不变。此时弯曲应变能可以表达为

$$U = \frac{1}{2} \int_0^l \frac{M^2}{EI} dx \tag{13-6}$$

将关系式

$$EIy'' = -M$$

和式（13-5）代入式（13-6），可得

$$U = \frac{1}{2} \int_0^l EI (y'')^2 dx = \frac{1}{2} \int_0^l EI \left[\sum_{i=1}^{n} \alpha_i \varphi_i''(x) \right]^2 dx \tag{13-7}$$

在由直线平衡状态转变为弯曲平衡状态的过程中，轴向荷载的势能将有所减小。例如，图 13-11（a）所示的压杆，在发生挠曲时荷载作用点将发生竖向位移 Δ。假设 $d\Delta$ 为杆件上任一微段 dx 因倾角 θ 而引起的端部竖向位移，如图 13-11（b）所示，则有

$$d\Delta = (1 - \cos\theta) dx = \left[1 - \left(1 - \frac{\theta^2}{2!} + \frac{\theta^4}{4!} - \cdots \right) \right] dx \approx \frac{\theta^2}{2} dx = \frac{1}{2} (y')^2 dx$$

沿杆长积分后，可得到总的竖向位移为

$$\Delta = \frac{1}{2} \int_0^l (y')^2 dx \tag{13-8}$$

于是，相对于失稳前的初始位形而言，荷载势能为

$$U_P = -F_P \Delta = -\frac{F_P}{2} \int_0^l (y')^2 dx = -\frac{F_P}{2} \int_0^l \left[\sum_{i=1}^{n} \alpha_i \varphi_i'(x) \right]^2 dx \tag{13-9}$$

若有多个集中荷载沿杆轴作用于不同位置，则荷载势能可表达为

$$U_P = -\sum_i F_{Pi}\Delta_i \tag{13-10}$$

式中 Δ_i 为荷载 F_{Pi} 沿其作用方向上的位移。若有沿杆轴方向作用的分布荷载，则可以通过积分的方法求得相应的荷载势能。

将以上求得的应变能和荷载势能代入式（13-2），可以求得结构总势能 E_P。然后根据势能驻值条件

$$\frac{\partial E_P}{\partial \alpha_i} = 0 \quad (i = 1, 2, \cdots, n) \tag{13-11}$$

得到一组共 n 个关于广义坐标 α_i（$i = 1$，2，…，n）的齐次线性代数方程，进而可以确定结构的临界荷载。以上介绍的能量法又称为里兹法。

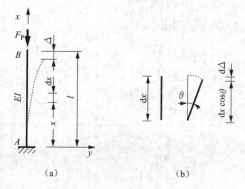

由于压杆失稳时的位形曲线一般很难精确预测和表达，因此采用能量法通常只能求得临界荷载的近似值，而其近似程度完全取决于所假设的位形曲线与真实失稳位形曲线的符合程度。因此，恰当地选取结构失稳位形曲线成为能量法中的关键问题。如果所选取的位形曲线恰好与真实失稳位形曲线完全相同，则采用能量法可以得到临界

图 13-11

荷载的准确值；否则，所求得的临界荷载将高于真实值，这是因为假设的位形曲线只是全部可能发生的位形曲线集合中的一个子集，或者说相当于对体系的真实变形施加了某种约束，因此体系抵抗失稳的能力通常会相应提高。

在采用能量法计算压杆的临界荷载时，假设的失稳位形函数必须满足位移边界条件。实际上，可以选取杆件在某种横向荷载作用下的变形曲线方程作为失稳位形函数，因为这种曲线能够满足所有的位移边界条件。根据能量守恒原理，此时杆件的弯曲应变能就等于上述横向荷载在其引起的位移上所做的功。压杆的失稳位形函数通常也可以取为幂级数或者三角级数的形式，当然选取的幂级数或者三角级数首先要满足位移边界条件。为了方便使用，表13-1 列出了几种压杆的挠曲线函数形式，其中选取项数的多少应根据计算精度的要求而定。如果位形函数增加一项所求得的压杆临界荷载与原先值相差不大，则说明所求得的临界荷载已经接近于精确值。

表 13-1　　　　　　　　　　　满足位移边界条件的常用挠曲线函数

(a) $y = \alpha_1 \sin\dfrac{\pi x}{l} + \alpha_2 \sin\dfrac{2\pi x}{l} + \alpha_3 \sin\dfrac{3\pi x}{l} + \cdots$

(b) $y = \alpha_1 x\,(l-x) + \alpha_2 x^2\,(l-x) + \alpha_3 x\,(l-x)^2 + \alpha_4 x^2\,(l-x)^2 + \cdots$

续表

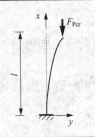

(a) $y=\alpha_1\left(1-\cos\dfrac{\pi x}{2l}\right)+\alpha_2\left(1-\cos\dfrac{3\pi x}{2l}\right)+\alpha_3\left(1-\cos\dfrac{5\pi x}{2l}\right)+\cdots$

(b) $y=\alpha_1\left(x^2-\dfrac{x^3}{3l}\right)+\alpha_2\left(x^2-\dfrac{x^4}{6l^2}\right)+\alpha_3\left(x^2-\dfrac{x^5}{10l^3}\right)+\cdots$

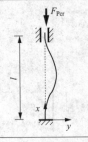

(a) $y=\alpha_1\left(1-\cos\dfrac{2\pi x}{l}\right)+\alpha_2\left(1-\cos\dfrac{6\pi x}{l}\right)+\alpha_3\left(1-\cos\dfrac{10\pi x}{l}\right)+\cdots$

(b) $y=\alpha_1 x^2\ (l-x)^2+\alpha_2 x^3\ (l-x)^3+\cdots$

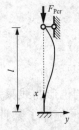

$y=\alpha_1 x^2\ (l-x)\ +\alpha_2 x^3\ (l-x)\ +\cdots$

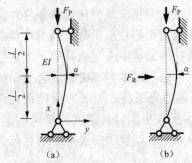

(a)　　　　(b)

图 13-12

【例 13-5】 试用能量法计算图 13-12 (a) 所示两端铰支等截面压杆的临界荷载。

解 假设挠曲线函数只取一项，即简化为单自由度结构来计算。

（1）设挠曲线为正弦曲线

$$y=\alpha_1\sin\dfrac{\pi x}{l}$$

上式显然满足压杆两端的位移边界条件，由式（13-7）、式（13-9）可分别求出应变能和荷载势能为

$$U=\dfrac{1}{2}\int_0^l EI\,(y'')^2\,\mathrm{d}x=\dfrac{EI}{2}\int_0^l(-\dfrac{\pi^2\alpha_1}{l^2}\sin\dfrac{\pi x}{l})^2\,\mathrm{d}x=\dfrac{\pi^4 EI}{4l^3}\alpha_1^2$$

$$U_P=-\dfrac{F_P}{2}\int_0^l(y')^2\,\mathrm{d}x=-\dfrac{F_P}{2}\int_0^l\left(\dfrac{\pi\alpha_1}{l}\cos\dfrac{\pi x}{l}\right)^2\,\mathrm{d}x=-\dfrac{\pi^2}{4l}F_P\alpha_1^2$$

因而结构的总势能为

$$E_P=U+U_P=\left(\dfrac{\pi^4 EI}{4l^3}-\dfrac{\pi^2}{4l}F_P\right)\alpha_1^2$$

根据式（13-11）有

$$\dfrac{\mathrm{d}E_P}{\mathrm{d}\alpha_1}=\left(\dfrac{\pi^4 EI}{2l^3}-\dfrac{\pi^2}{2l}F_P\right)\alpha_1=0$$

因为 $\alpha_1 \neq 0$，故有

$$\frac{\pi^4 EI}{2l^3} - \frac{\pi^2}{2l}F_P = 0$$

即

$$F_{Pcr} = \frac{\pi^2 EI}{l^2}$$

这与静力法所得到的精确解相同，因为采用的挠曲线恰好就是真实的挠曲线。一般这是很少见的情形。

（2）设挠曲线为抛物线

$$y = \frac{4\alpha_1}{l^2}(lx - x^2)$$

上式满足压杆两端的位移边界条件，由式（13-7）、式（13-9）可分别求出应变能和荷载势能为

$$U = \frac{1}{2}\int_0^l EI(y'')^2 dx = \frac{EI}{2}\int_0^l \left(-\frac{8\alpha_1}{l^2}\right)^2 dx = \frac{32EI}{l^3}\alpha_1^2$$

$$U_P = -\frac{F_P}{2}\int_0^l (y')^2 dx = -\frac{F_P}{2}\int_0^l \left[\frac{4\alpha_1}{l^2}(l-2x)\right]^2 dx = -\frac{8}{3l}F_P\alpha_1^2$$

因而结构的总势能为

$$E_P = U + U_P = \left(\frac{32EI}{l^3} - \frac{8}{3l}F_P\right)\alpha_1^2$$

根据 $\frac{dE_P}{d\alpha_1} = 0$ 以及 $\alpha_1 \neq 0$ 可以求得

$$F_{Pcr} = \frac{12EI}{l^2}$$

这与精确解之间的误差达到了 21.6%。

（3）以中点受横向荷载 F_R 时的挠曲线作为近似曲线，如图 13-12（b）所示，即

$$y = \frac{F_R}{EI}\left(\frac{l^2 x}{16} - \frac{x^3}{12}\right) = \alpha_1\left(\frac{3x}{l} - \frac{4x^3}{l^3}\right) \quad \left(0 \leqslant x \leqslant \frac{l}{2}\right)$$

上式同样满足压杆两端的位移边界条件，由式（13-7）、式（13-9）可分别求出应变能和荷载势能为

$$U = \int_0^{l/2} EI(y'')^2 dx = EI\int_0^{l/2}\left(-\frac{24x}{l^3}\alpha_1\right)^2 dx = \frac{24EI}{l^3}\alpha_1^2$$

$$U_P = -\frac{F_P}{2}\times 2\int_0^{l/2}(y')^2 dx = -F_P\int_0^{l/2}\left[\alpha_1\left(\frac{3}{l} - \frac{12x^2}{l^3}\right)\right]^2 dx = -\frac{12}{5l}F_P\alpha_1^2$$

因而结构的总势能为

$$E_P = U + U_P = \left(\frac{24EI}{l^3} - \frac{12}{5l}F_P\right)\alpha_1^2$$

根据 $\frac{dE_P}{d\alpha_1} = 0$ 以及 $\alpha_1 \neq 0$ 可以求得

$$F_{Pcr} = \frac{10EI}{l^2}$$

这与精确解之间的误差仅为 1.3%，可见选取横向荷载下的挠曲线有着良好的近似性。

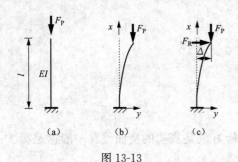

图 13-13

【例 13-6】 试用能量法计算图 13-13（a）所示等截面悬臂柱的临界荷载。

解 悬臂柱失稳时的位移边界条件为：在 $x=0$ 处，有 $y=0$、$y'=0$。可以采用下述满足位移边界条件的位移曲线作为悬臂柱的失稳挠曲线。

（1）设悬臂柱失稳时的近似曲线为三角函数

$$y = \alpha_1\left(1 - \cos\frac{\pi x}{2l}\right)$$

上式满足悬臂柱的位移边界条件，由式（13-7）、式（13-9）可分别求出应变能和荷载势能为

$$U = \frac{1}{2}\int_0^l EI(y'')^2\,\mathrm{d}x = \frac{EI}{2}\int_0^l\left(\frac{\pi^2\alpha_1}{4l^2}\cos\frac{\pi x}{2l}\right)^2\mathrm{d}x = \frac{\pi^4 EI}{64l^3}\alpha_1^2$$

$$U_P = -\frac{F_P}{2}\int_0^l(y')^2\,\mathrm{d}x = -\frac{F_P}{2}\int_0^l\left(\frac{\pi\alpha_1}{2l}\sin\frac{\pi x}{2l}\right)^2\mathrm{d}x = -\frac{\pi^2}{16l}F_P\alpha_1^2$$

因而结构的总势能为

$$E_P = U + U_P = \left(\frac{\pi^4 EI}{64l^3} - \frac{\pi^2}{16l}F_P\right)\alpha_1^2$$

根据 $\dfrac{\mathrm{d}E_P}{\mathrm{d}\alpha_1}=0$ 以及 $\alpha_1 \neq 0$ 可以求得

$$F_{Pcr} = \frac{\pi^2 EI}{4l^2} = 2.467\frac{EI}{l^2}$$

这与静力法所得到的精确解相同，这说明所采用的位移函数 $y=\alpha_1\left(1-\cos\dfrac{\pi x}{2l}\right)$ 恰好就是悬臂柱失稳时的真实挠曲线。

（2）以悬臂柱端部受横向集中荷载 F_R 时的挠曲线作为悬臂柱失稳时的近似曲线，如图 13-13（c）所示，则位移函数为幂级数形式

$$y = \alpha_1\left(x^2 - \frac{x^3}{3l}\right)$$

上式满足悬臂柱的位移边界条件，由式（13-7）、式（13-9）可分别求出应变能和荷载势能为

$$U = \frac{1}{2}\int_0^l EI(y'')^2\,\mathrm{d}x = \frac{EI}{2}\int_0^l\left[2\alpha_1\left(1-\frac{x}{l}\right)\right]^2\mathrm{d}x = \frac{2EIl}{3}\alpha_1^2$$

$$U_P = -\frac{F_P}{2}\int_0^l(y')^2\,\mathrm{d}x = -\frac{F_P}{2}\int_0^l\left[\alpha_1\left(2x-\frac{x^2}{l}\right)\right]^2\mathrm{d}x = -\frac{4}{15}F_P l^3\alpha_1^2$$

因而结构的总势能为

$$E_P = U + U_P = \left(\frac{2EIl}{3} - \frac{4}{15}F_P l^3\right)\alpha_1^2$$

根据 $\dfrac{\mathrm{d}E_P}{\mathrm{d}\alpha_1}=0$ 以及 $\alpha_1 \neq 0$ 可以求得

$$F_{Pcr} = \frac{2.5EI}{l^2}$$

这与悬臂柱失稳临界荷载的精确解相比，仅偏高了 1.32%。

（3）设悬臂柱失稳时的近似曲线为

$$y = \alpha_1 x^2 + \alpha_2 x^3$$

上式是由一般三次抛物线方程并且考虑到悬臂柱位移边界条件后得到的三次函数，它包含了 α_1、α_2 两个广义坐标，由式（13-7）、式（13-9）可分别求出应变能和荷载势能为

$$U = \frac{1}{2}\int_0^l EI(y'')^2 \mathrm{d}x = \frac{EI}{2}\int_0^l (2\alpha_1 + 6\alpha_2 x)^2 \mathrm{d}x = 2EIl(\alpha_1^2 + 3\alpha_1\alpha_2 l + 3\alpha_2^2 l^2)$$

$$U_\mathrm{P} = -\frac{F_\mathrm{P}}{2}\int_0^l (y')^2 \mathrm{d}x = -\frac{F_\mathrm{P}}{2}\int_0^l (2\alpha_1 x + 3\alpha_2 x^2)^2 \mathrm{d}x = -\frac{1}{30}F_\mathrm{P}l^3(20\alpha_1^2 + 45\alpha_1\alpha_2 l + 27\alpha_2^2 l^2)$$

因而结构的总势能为

$$E_\mathrm{P} = U + U_\mathrm{P} = 2EIl(\alpha_1^2 + 3\alpha_1\alpha_2 l + 3\alpha_2^2 l^2) - \frac{1}{30}F_\mathrm{P}l^3(20\alpha_1^2 + 45\alpha_1\alpha_2 l + 27\alpha_2^2 l^2)$$

根据 $\dfrac{\partial E_\mathrm{P}}{\partial \alpha_1} = 0$、$\dfrac{\partial E_\mathrm{P}}{\partial \alpha_2} = 0$ 可得

$$\begin{cases} 2EIl^2(2\alpha_1 + 3\alpha_2 l) - \dfrac{1}{30}F_\mathrm{P}l^4(40\alpha_1 + 45\alpha_2 l) = 0 \\[2mm] 2EIl^2(3\alpha_1 + 6\alpha_2 l) - \dfrac{1}{30}F_\mathrm{P}l^4(45\alpha_1 + 54\alpha_2 l) = 0 \end{cases}$$

令 $k = \dfrac{F_\mathrm{P}l^2}{EI}$，则上式可改写为

$$\begin{cases} (24 - 8k)\alpha_1 + l(36 - 9k)\alpha_2 = 0 \\ (20 - 5k)\alpha_1 + l(40 - 6k)\alpha_2 = 0 \end{cases}$$

若使 α_1、α_2 不全为零，则上述方程的系数行列式应等于零，即

$$\begin{vmatrix} 24 - 8k & l(36 - 9k) \\ 20 - 5k & l(40 - 6k) \end{vmatrix} = 0$$

将行列式展开，可得

$$3k^2 - 104k + 240 = 0$$

可求得最小正根为

$$k = 2.486$$

于是，可求得悬臂柱失稳临界荷载为

$$F_\mathrm{Pcr} = \frac{2.486EI}{l^2}$$

这与悬臂柱失稳临界荷载的精确解相比，仅偏高了 0.75%。位移函数（2）和（3）同为三次抛物线，但是由于位移函数（3）含有两个广义坐标，所以计算精度较高。实际上，函数（2）只是函数（3）所代表的曲线集合中的一个子集。

　　（4）设悬臂柱失稳时的近似曲线为

$$y = \alpha_1 x^2$$

上式是由一般二次抛物线方程并且考虑到悬臂柱位移边界条件后得到的二次函数，它包含了 α_1 一个广义坐标，由式（13-7）、式（13-9）可分别求出应变能和荷载势能为

$$U_1 = \frac{1}{2}\int_0^l EI(y'')^2 \mathrm{d}x = \frac{EI}{2}\int_0^l 4\alpha_1^2 \mathrm{d}x = 2EIl\alpha_1^2$$

$$U_\mathrm{P} = -\frac{F_\mathrm{P}}{2}\int_0^l (y')^2 \mathrm{d}x = -\frac{F_\mathrm{P}}{2}\int_0^l 4\alpha_1^2 x^2 \mathrm{d}x = -\frac{2}{3}F_\mathrm{P}l^3\alpha_1^2$$

在上式计算应变能的时候，近似曲线的二阶导数 $y'' = 2\alpha_1$，表示曲率已经成为常数，这与实

际曲率［参见本例题精确解答（1）］的情况相差甚远。根据所假设的失稳位移曲线，结合图 13-13 （b）可得悬臂柱任一截面处的弯矩为

$$M = F_P(\alpha_1 l^2 - \alpha_1 x^2) = F_P \alpha_1 (l^2 - x^2)$$

代入式（13-6）可求得悬臂柱的弯曲应变能为

$$U_2 = \frac{1}{2} \int_0^l \frac{M^2}{EI} dx = \frac{F_P^2 \alpha_1^2}{2EI} \int_0^l (l^2 - x^2)^2 dx = \frac{4F_P^2 l^5}{15EI} \alpha_1^2$$

若应变能采用 U_1 的形式，则根据 $\dfrac{dE_P}{d\alpha_1} = 0$ 以及 $\alpha_1 \neq 0$ 可以求得

$$F_{Pcr} = \frac{3EI}{l^2}$$

这与悬臂柱失稳临界荷载的精确解相比，误差达到了 21.59%。

若应变能采用 U_2 的形式，则根据 $\dfrac{dE_P}{d\alpha_1} = 0$ 以及 $\alpha_1 \neq 0$ 可以求得

$$F_{Pcr} = \frac{2.5EI}{l^2}$$

这与悬臂柱失稳临界荷载的精确解相比，误差仅偏高了 1.32%。

造成上述明显差异的原因是，当位移函数为较简单的近似曲线时，其二阶导数的误差一般远大于位移本身的误差。此时，采用式（13-6）计算应变能，则所求得的临界荷载精度通常明显高于采用式（13-7）时的计算结果。同样的道理，在连续体有限单元位移法中，位移的计算精度一般要高于由位移导数求得的应力的计算精度。

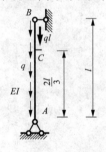
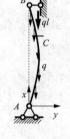

图 13-14

【例 13-7】 图 13-14 （a）所示等截面压杆 AB 受到均布自重荷载 q 和作用于 C 点的轴向集中荷载 ql 的作用，试用能量法计算其临界荷载。

解 设压杆失稳时的近似曲线为

$$y = \alpha_1 x (l^2 - x^2)$$

上式满足压杆的位移边界条件，由式（13-7）可求出压杆的应变能为

$$U = \frac{1}{2} \int_0^l EI(y'')^2 dx = \frac{EI}{2} \int_0^l 36\alpha_1^2 x^2 dx = 6EIl^3 \alpha_1^2$$

由图 13-14 （b）可知，压杆上任一微段 dx 因倾角而引起的竖向位移为 $\dfrac{1}{2}(y')^2 dx$，当受到沿杆长均布分布的自重荷载 q 作用时，上述微段以上部分的自重荷载为 $q(l-x)$，因而相应的微段荷载势能为

$$dU_{P1} = -\frac{1}{2} q(l-x)(y')^2 dx$$

沿杆件全长积分，即可得出均布自重荷载的势能为

$$U_{P1} = -\frac{1}{2} \int_0^l q(l-x)(y')^2 dx = -\frac{1}{2} \int_0^l q(l-x)\alpha_1^2 (l^2 - 3x^2)^2 dx = -\frac{3ql^6}{20} \alpha_1^2$$

作用于 C 点的集中荷载 ql 的势能可根据式（13-9）求出，为

$$U_{P2} = -\frac{ql}{2} \int_0^{\frac{2l}{3}} (y')^2 dx = -\frac{F_P}{2} \int_0^{\frac{2l}{3}} \alpha_1^2 (l^2 - 3x^2)^2 dx = -\frac{7ql^6}{45} \alpha_1^2$$

因而结构的总势能为

$$E_P = U + U_{P1} + U_{P2} = (6EI - 0.3056ql^3)l^3\alpha_1^2$$

根据 $\dfrac{dE_P}{d\alpha_1} = 0$ 以及 $\alpha_1 \neq 0$ 可以求得

$$q_{cr} = 19.64\frac{EI}{l^3}$$

等截面轴心压杆弹性失稳的临界荷载计算公式，可以写作

$$F_{Pcr} = \frac{\pi^2 EI}{(\mu l)^2} \tag{13-12}$$

上式称为欧拉（Euler）临界荷载公式，其中 μl 称为压杆的计算长度，μ 称为计算长度系数，与压杆的支承条件有关。对于两端铰支，一端固定、另一端自由，两端固定，一端固定、另一端铰支的压杆，计算长度系数依次为 $\mu = 1.0$、2.0、0.5、0.7。

若将压杆的横截面惯性矩 I 表示为

$$I = Ai^2 \tag{13-13}$$

式中：A 为压杆的横截面面积；i 为截面回转半径。

将式（13-13）代入式（13-12）可得压杆的临界应力为

$$\sigma_{cr} = \frac{\pi^2 E}{\left(\dfrac{\mu l}{l}\right)^2}$$

引入记号

$$\lambda = \frac{\mu l}{i} \tag{13-14}$$

λ 称为压杆的长细比，则有

$$\sigma_{cr} = \frac{\pi^2 E}{\lambda^2} \tag{13-15}$$

这是计算压杆欧拉临界应力的一般公式。

§13.5　具有弹性支座压杆的稳定

实际结构中压杆的支承通常是弹性的。例如在一些刚架中，如果仅有一根柱子受轴压作用，则通常可将这根柱子取出，而以弹性支座代替其余部分对它的约束作用。如图 13-15（a）所示刚架，AB 杆上端铰支，下端不能移动但是可以转动，但其转动要受到 BC 杆的弹性约束，这可以用一个抗转弹簧来表示，如图 13-15（b）所示。抗转弹簧的刚度 $k_{\theta 1}$ 可由梁 BC 的 B 端发生单位转角时所需的力偶来确定，由图 13-15（c）可知

$$k_{\theta 1} = \frac{3EI_1}{l_1} \tag{a}$$

图 13-15（b）所示压杆失稳时，设下端转角为 φ_1，则相应的反力偶 $M_1 = k_{\theta 1}\varphi_1$；设压杆上端反力为 F_R，则由平衡条件 $\sum M_B = 0$ 可得

$$F_R = \frac{M_1}{l} = \frac{k_{\theta 1}\varphi_1}{l} \tag{b}$$

压杆挠曲线的平衡微分方程为

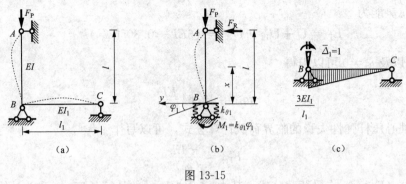

图 13-15

$$EIy'' = -F_P y + F_R(l-x)$$

令

$$\alpha^2 = \frac{F_P}{EI}$$

并注意到式（b），则上述微分方程可以写作

$$y'' + \alpha^2 y = \frac{k_{\theta 1} \varphi_1}{EIl}(l-x)$$

上式的通解为

$$y = A\cos\alpha x + B\sin\alpha x + \frac{k_{\theta 1}\varphi_1}{F_P l}(l-x)$$

上式中有三个未知常数：A、B、φ_1，根据边界条件，当 $x=0$ 时，有 $y=0$、$y'=\varphi_1$；当 $x=l$ 时，有 $y=0$。

可以建立如下的齐次方程组

$$\begin{cases} A + \dfrac{k_{\theta 1}}{F_P}\varphi_1 = 0 \\[2mm] B\alpha - \left(\dfrac{k_{\theta 1}}{F_P l} + 1\right)\varphi_1 = 0 \\[2mm] A\cos\alpha l + B\sin\alpha l = 0 \end{cases}$$

由于 A、B、φ_1 不能全为零，因而可以得到稳定方程为

$$\begin{vmatrix} 1 & 0 & \dfrac{k_{\theta 1}}{F_P} \\[2mm] 0 & \alpha & -\left(\dfrac{k_{\theta 1}}{F_P l} + 1\right) \\[2mm] \cos\alpha l & \sin\alpha l & 0 \end{vmatrix} = 0$$

将其展开，整理后可得

$$\tan\alpha l = \frac{\alpha l}{1 + \dfrac{EI}{k_{\theta 1}l}(\alpha l)^2} \tag{13-16}$$

当弹簧刚度 $k_{\theta 1}$ 的值给定时，便可由超越方程式（13-16）接触 αl 的最小正根，从而求得临界荷载 F_{Pcr}。特殊情况下，当 $k_{\theta 1}=0$ 时，式（13-16）对应于两端铰支的情形，即

$$\sin\alpha l = 0$$

当 $k_{\theta 1}=\infty$ 时，式（13-16）对应于一端铰支、另一端固定的情形，即

$$\tan \alpha l = \alpha l$$

对于图 13-16（a）所示一端弹性固定、另一端自由的压杆，按照同样步骤可以求得其稳定方程为

$$\alpha l \cdot \tan \alpha l = \frac{k_{\theta 1} l}{EI} \tag{13-17}$$

而图 13-16（b）所示一端固定、另一端有抗侧移弹簧支座的压杆，其稳定方程为

$$\tan \alpha l = \alpha l - \frac{EI (\alpha l)^3}{k_3 l^3} \tag{13-18}$$

式中：k_3 为抗侧移弹簧的刚度。

图 13-16（c）所示压杆的两端各有一个抗转弹簧，上端还有一个抗侧移弹簧，它们的刚度系数分别为 $k_{\theta 1}$、$k_{\theta 2}$ 和 k_3，按照静力法可以推导出其稳定方程为

$$\begin{vmatrix} 1 & 0 & \left(1 - \dfrac{k_3 l}{F_P}\right) & \dfrac{k_{\theta 2}}{F_P} \\ \cos \alpha l & \sin \alpha l & 0 & \dfrac{k_{\theta 2}}{F_P} \\ 0 & \alpha & \left(\dfrac{k_3}{F_P} + \dfrac{k_3 l}{k_{\theta 1}} - \dfrac{F_P}{k_{\theta 1}}\right) & \dfrac{k_{\theta 2}}{k_{\theta 1}} \\ -\alpha \sin \alpha l & \alpha \cos \alpha l & \dfrac{k_3}{F_P} & 1 \end{vmatrix} = 0 \tag{13-19}$$

实际上，这是弹性支座压杆稳定方程的一般形式，其他各种特殊情况的稳定方程均可以由此推导而得。例如对于图 13-15（b）所示情形，有 $k_{\theta 2} = 0$、$k_3 = \infty$，式（13-19）可以简化为式（13-16）。又如对于图 13-16（a）、图 13-16（b）的情形，分别将 $k_{\theta 2} = k_3 = 0$ 和 $k_{\theta 2} = 0$、$k_{\theta 1} = \infty$ 代入式（13-19），整理后便可得到式（13-17）和式（13-18）。

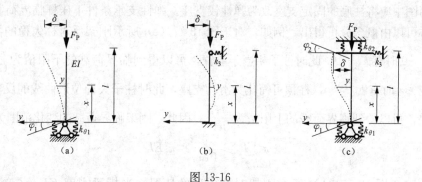

图 13-16

还有一种特殊情况可将刚架简化为具有弹性支座的压杆，即对称刚架在承受对称荷载或反对称荷载时，其失稳位形是对称的或者反对称的，可通过取半结构的方式将刚架失稳问题转化为具有弹性支座压杆的失稳问题。例如图 13-17（a）所示的两柱顶受轴向压力作用的门式刚架，因结构和荷载都是对称的，所以其失稳位形是对称的或者反对称的，分别如图 13-17（b）、（e）所示。当刚架按照对称的位形失稳时，可以取图 13-17（c）所示的半边结构进行分析，并可进而简化为图 13-17（d）所示的弹性支承压杆的计算简图，此时柱顶处的弹簧转动刚度系数为 $k_{\theta 1} = \dfrac{EI_1}{l/2} = \dfrac{2EI_1}{l}$；当刚架按照反对称的位形失稳时，可以取

图 13-17（f）所示的半边结构进行分析，并可进而简化为图 13-17（g）所示的弹性支承压杆的计算简图，此时柱顶处的弹簧转动刚度系数为 $k_{\theta 2}=\dfrac{3EI_1}{l/2}=\dfrac{6EI_1}{l}$，而侧向位移是自由的。刚架的临界荷载应为按照上述两种计算简图所求得的临界荷载中的较小者。

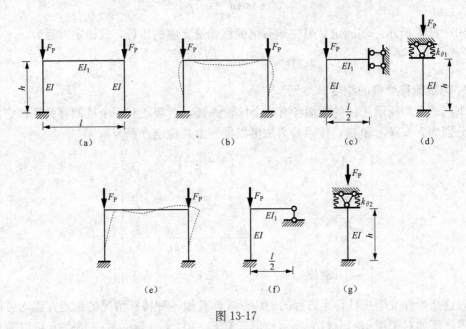

图 13-17

刚架除了可能发生上述平面内失稳之外，还可能在垂直于刚架平面方向发生平面外失稳。此时，计算简体需要根据实际情况而定。此外，当基础约束不足以完全阻止刚架柱底的转动时，计算简图中应将柱底的固定支座改为弹性铰支座。弹性支承条件下压杆临界荷载的上限值和下限值常可以由概念分析得出。例如，对于图 13-17（e）所示刚架反对称失稳的情况，当横梁刚度 $EI_1 \to 0$ 时有 $k_{\theta 2} \to 0$，此时柱子相当于悬臂，可以得到临界荷载的下限值为 $\dfrac{\pi^2 EI}{(2h)^2}$；当横梁刚度 $EI_1 \to \infty$ 时有 $k_{\theta 2} \to \infty$，柱顶可简化为滑动支座，此时柱子失稳位形曲线的反弯点恰好位于柱子中央，可以得到临界荷载的上限值为 $\dfrac{\pi^2 EI}{h^2}$。因此，刚架临界荷载的变化范围为

$$\frac{\pi^2 EI}{(2h)^2} \leqslant F_{\text{Pcr}} \leqslant \frac{\pi^2 EI}{h^2}$$

同理，对于图 13-17（b）所示刚架对称失稳的情况，当横梁刚度 $EI_1 \to 0$ 时有 $k_{\theta 1} \to 0$，此时柱顶相当于铰支，可以得到临界荷载的下限值为 $\dfrac{\pi^2 EI}{(0.7h)^2}$，大于刚架反对称失稳时临界荷载的上限值。由此可知，该刚架的实际失稳位形是反对称的。这样，在确定图 13-17（a）所示刚架的临界荷载时，只需按照图 13-17（g）的简图进行计算即可。

【例 13-8】 试求图 13-18（a）所示刚架的临界荷载。

解 该对称刚架承受对称荷载，故其失稳形式为正对称的或反对称的。

当正对称失稳时，取半结构如图 13-18（b）所示，立柱为下端铰支、上端弹性固定的压杆，这与图 13-15（b）所示的情况相同，而弹性固定端的抗转刚度为

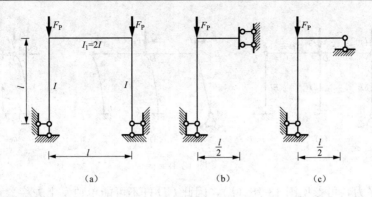

图 13-18

$$k_{\theta 1} = 2i_1 = 2 \times \frac{2EI}{l} = \frac{4EI}{l}$$

代入式（13-16）可得稳定方程为

$$\tan\alpha l = \frac{\alpha l}{1 + \frac{(\alpha l)^2}{4}}$$

采用试算法解得其最小正根为 $\alpha l = 3.83$，故由 $\alpha^2 = \dfrac{F_{\mathrm{P}}}{EI}$ 可得临界荷载为

$$F_{\mathrm{Pcr}} = \alpha^2 EI = \frac{14.67EI}{l^2} \tag{c}$$

反对称失稳时，取半结构如图 13-18（c）所示，此时压杆上端为弹性固定，上、下两端有相对侧移但无水平反力，故实际上与图 13-16（a）的情况相同。弹性固定端的抗转刚度为

$$k_{\theta 1} = 6i_1 = 6 \times \frac{2EI}{l} = \frac{12EI}{l}$$

代入式（13-17）可得稳定方程为

$$\alpha l \cdot \tan\alpha l = 12$$

采用试算法解得其最小正根为 $\alpha l = 1.45$，故由 $\alpha^2 = \dfrac{F_{\mathrm{P}}}{EI}$ 可得临界荷载为

$$F_{\mathrm{Pcr}} = \alpha^2 EI = \frac{2.10EI}{l^2} \tag{d}$$

比较式（c）、式（d），可见反对称失稳时的 F_{Pcr} 值较小，因此实际的临界荷载应取式（d）。此外，本例在实际计算之前就可以判断出反对称失稳的临界荷载较小。因为正对称 ［半结构如图 13-18（b）所示］ 时的 F_{Pcr} 值显然应大于两端铰支的压杆的临界荷载 $\dfrac{\pi^2 EI}{l^2}$；而反对称 ［半结构如图 13-18（c）所示］ 时的 F_{Pcr} 值显然应小于一端固定、另一端自由的压杆的临界荷载 $\dfrac{\pi^2 EI}{4l^2}$，故知结构必以反对称形式失稳。

【例 13-9】 试求图 13-19（a）所示结构的临界荷载。

解 首先分析结构失稳时可能发生的位形。

一种可能是 AB 杆的轴力达到欧拉临界荷载 $\dfrac{\pi^2 EI}{l^2}$ 时发生单独失稳，此时横梁无侧移发生，结构的其余部分不影响 AB 杆的临界荷载，AB 杆视为两端铰支的压杆；而 CD 杆失稳

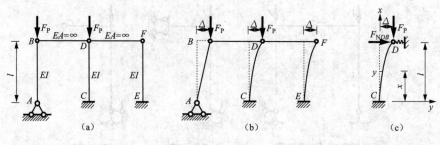

图 13-19

时柱顶存在水平力,可参见图 13-16(b),因此 CD 杆不可能单独发生失稳。

另一种可能是结构发生如图 13-19(b)所示的侧移失稳。此时 B、D、F 三点的水平位移相等,均为 Δ。失稳时 AB 杆仍保持直线状态,CD 杆以右部分的作用可视为一线性弹簧,其刚度系数 k 等于 EF 杆的侧移刚度,计算简图如图 13-19(c)所示。图中 BD 杆对 D 点的水平力 F_{NDB} 是作用于 B 点的荷载由于 AB 杆的倾斜而引起的,可由隔离体 AB 杆对 A 点的弯矩平衡方程求得,为

$$F_{NDB} = \frac{\Delta}{l} F_P$$

弹性支座的反力为

$$F_R = k\Delta = \frac{3EI}{l^3}\Delta$$

由隔离体的力矩平衡条件,可以得到 CD 杆的挠曲微分方程为

$$EIy'' = F_P(\Delta - y) - F_R(l - x) + F_{NDB}(l - x)$$

令 $\alpha^2 = \dfrac{F_P}{EI}$,可将上式改写为

$$y'' + \alpha^2 y = \frac{1}{EI}\left[F_P\Delta - F_R(l - x) + F_{NDB}(l - x)\right]$$

方程的通解为

$$y = A\cos\alpha x + B\sin\alpha x + \Delta - \frac{F_R}{F_P}(l - x) + \frac{F_{NDB}}{F_P}(l - x)$$

将以上的 F_{NDB} 和 F_R 的表达式代入上式,并考虑到关系式 $\alpha^2 = \dfrac{F_P}{EI}$,可得

$$y = A\cos\alpha x + B\sin\alpha x + \Delta - \frac{3}{(\alpha l)^2}\cdot\frac{\Delta}{l}(l - x) + \frac{\Delta}{l}(l - x)$$

其一阶导数为

$$y' = -\alpha A\sin\alpha x + \alpha B\cos\alpha x + \frac{3}{(\alpha l)^2}\cdot\frac{\Delta}{l} - \frac{\Delta}{l}$$

CD 杆的位移边界条件为:在 $x=0$ 处,有 $y=0$、$y'=0$;在 $x=l$ 处,有 $y=\Delta$。由此可得一组关于未知参数 A、B 和 Δ 的齐次线性代数方程

$$\begin{cases} A + \left[2 - \dfrac{3}{(\alpha l)^2}\right]\Delta = 0 \\[2mm] \alpha l B + \left[\dfrac{3}{(\alpha l)^2} - 1\right]\Delta = 0 \\[2mm] A\cos\alpha l + B\sin\alpha l = 0 \end{cases}$$

若使 A、B 和 Δ 不全为零，则上述方程的系数行列式等于零，得到稳定方程

$$\begin{vmatrix} 1 & 0 & 2-\dfrac{3}{(\alpha l)^2} \\ 0 & \alpha l & \dfrac{3}{(\alpha l)^2}-1 \\ \cos\alpha l & \sin\alpha l & 0 \end{vmatrix} = 0$$

展开上式可得关于 αl 的超越方程

$$\left[\frac{3}{(\alpha l)^2}-1\right]\tan\alpha l + \alpha l\left[2-\frac{3}{(\alpha l)^2}\right] = 0$$

为了寻求上述稳定方程的最小正根，可以先通过概念分析对最小正根的值作一个估计。压杆 CD 下端固定，上端允许有侧移。因为 AB 杆上端有荷载作用，侧向位移时产生的水平推力 F_{NDB} 对 CD 杆的稳定性不利；而 EF 杆提供的侧移刚度却对 CD 杆的稳定有利。如果考虑上述因素的相互抵消作用，先将 CD 杆视为悬臂柱，则临界荷载可由欧拉公式得到，即

$$F_{Pcr} = \frac{\pi^2 EI}{4l^2}$$

相应地有

$$\alpha l = \sqrt{\frac{F_{Pcr}}{EI}}\, l = \frac{\pi}{2} = 1.571$$

然后可以通过试算法确定特征根的数值。根据以上概念分析中对于 αl 的估计，可分别取 $\alpha l = 1.4$、1.5、1.6 和 1.7，稳定方程等号左边的数值分别等于 3.73、5.70、-4.56 和 1.34。这说明最小正根可能发生在 αl 为 1.5～1.6 之间或者 1.6～1.7 之间。进一步试算表明，当 αl 在 1.5～1.6 之间变化时，方程等号左端的值趋于发散；而当 αl 在 1.6～1.7 之间变化时，该值可以趋近于零，最终可求得稳定方程的根为

$$\alpha l = 1.645$$

于是，有

$$F_P = \alpha^2 EI = 2.706\frac{EI}{l^2} = \frac{\pi^2 EI}{(1.91l)^2}$$

这说明 CD 杆失稳的计算长度系数 $\mu = 1.91$，与悬臂柱的情况相接近。可见，该结构发生侧移失稳时的荷载远低于 AB 杆单独失稳时相应的荷载，因此结构的临界荷载为

$$F_{Pcr} = 2.706\frac{EI}{l^2}$$

§13.6 刚 架 的 稳 定

刚架在竖向荷载作用下的失稳通常属于第二类稳定性问题。例如，图 13-20（a）所示的刚架承受竖向均布荷载时会发生侧移，杆件处于弯曲平衡状态。刚架的侧移将随着荷载的增加而增大，并且柱子的轴力会在侧移时引起附加弯矩，侧移增大的速度会不断加快。当荷载达到临界值时，平衡路径将出现极大值点，如图 13-4（c）所示，刚架的平衡随即丧失稳定性。

由于第二类稳定性问题比较复杂，难以计算其临界荷载，因此，通常将刚架的稳定性问题近似地转换为第一类稳定性问题。通常将刚架横梁上的竖向荷载分解为作用于横梁两端结

点上的集中荷载，如图 13-20（b）所示。此时，若忽略刚架杆件的轴向变形，则只有柱子受轴向压力的作用。这样，就将丧失第二类稳定性的问题近似地转化为丧失第一类稳定性的问题。此时，刚架在失稳前将无侧移发生，杆件保持直线平衡状态。当荷载增加至临界荷载值时，上述平衡路径将发生分支，使得图 13-20（b）中虚线所示的平衡状态成为可能，刚架的直线平衡状态随即丧失稳定性。一般在作刚架的稳定性分析时，可以忽略杆件轴向变形的影响。

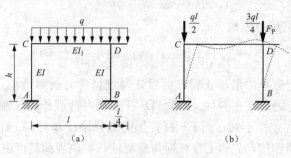

图 13-20

　　刚架稳定性问题的主要特征是有多根杆件受到较大轴向压力的作用，而且明显改变了轴压杆件的转动刚度和侧移刚度。图 13-21（a）所示的简支压杆，在无轴向压力作用时杆端转动刚度为 $S_{AB}=S_{BA}=3i=\dfrac{3EI}{l}$；图 13-21（b）所示的悬臂杆，在无轴向压力作用时悬臂端的侧移刚度为 $k=\dfrac{3i}{l^2}=\dfrac{3EI}{l^3}$。当上述杆件所受轴向压力作用分别等于其临界荷载时，任意微小的干扰均可以使压杆由直线平衡状态转为虚线所示的弯曲平衡状态，这说明此时杆端的转动刚度和侧移刚度均已降低至零。可见，随着轴向压力的增大，杆件的刚度将减小，失稳时则相应的刚度减小为零。对于一般刚架的静力分析问题而言，由于杆件所受的轴力较小，通常可以忽略其对刚度的影响，但是在作刚架的稳定性分析时，一般需要考虑这种影响。

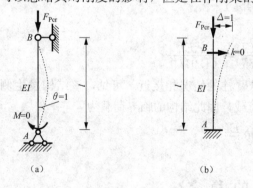

图 13-21

图 13-20（b）所示的刚架，如果仅有一根柱子受轴压作用，则横梁和另一根柱子因为刚度不改变，可视为具有线弹性约束的受压柱，可采用 13.5 节的方法计算临界荷载。如果两根柱子受到的轴压力相等，则因为失稳形态具有对称性或者反对称性（悬臂段无影响），仍可以采用 13.5 节的方法计算临界荷载。但是对于图 13-20（b）所示两根柱子受到不同轴压力的情况，则不能简单地将刚架的一部分看作是另一部分的线弹性约束，这是因为受压杆的刚度不仅取决于其材料和几何尺寸，还与杆件受到的轴力有关。因此，刚架稳定性分析的关键就在于推导出考虑轴力影响时杆件的转角位移方程。值得一提的是，在进行刚架的内力分析时，如果杆件所受的轴力很大（与临界荷载相比），则轴力对杆件刚度的影响就往往不能忽略。这种考虑轴力对刚度影响（二阶效应）的结构分析常称为二阶分析。例如，对于超高层建筑或构筑物而言，这种二阶效应通常不能忽略。

　　接下来将推导考虑轴力影响时杆件的转角位移方程。考虑图 13-22（a）所示压杆的平衡，设杆件两端的转角分别为 θ_A、θ_B，横向相对线位移为 Δ，杆端弯矩和剪力如图 13-22 (b) 所示。上述杆端位移和杆端力的正负号规定均与位移法中的规定相同。

建立如图所示的坐标系，可得压杆的平衡方程为

$$EIy'' = -(M_{AB} + F_Q x + F_P y) \tag{a}$$

其中括号内的第三项计及了轴力对弯矩的影响，令

$$\mu = \alpha l = l\sqrt{\frac{F_P}{EI}} = \sqrt{\frac{F_P l}{i}} \tag{13-20}$$

则式（a）可以改写为

$$y'' + \left(\frac{\mu}{l}\right)^2 y = \frac{-(M_{AB} + F_Q x)}{EI} \tag{b}$$

其通解为

$$y = A\cos\frac{\mu x}{l} + B\sin\frac{\mu x}{l} - \frac{M_{AB} + F_Q x}{F_P} \tag{c}$$

式（c）中四个未知常数 A、B、M_{AB} 和 F_Q 可根据以下边界条件确定：在 $x=0$ 处，有 $y=0$、$y'=\theta_A$；在 $x=l$ 处，有 $y=\Delta$、$y'=\theta_B$。

杆端弯矩 M_{AB} 可根据力矩平衡条件 $\sum M_A = 0$ 求得，其表达式为

$$M_{BA} = -(M_{AB} + F_Q l + F_P \Delta) \tag{d}$$

按照上述条件可以解出两端固定杆件计及轴力影响的转角位移方程为

$$\begin{cases} M_{AB} = 4i\theta_A \xi_1(\mu) + 2i\theta_B \xi_2(\mu) - 6i\dfrac{\Delta}{l}\eta_1(\mu) \\[2mm] M_{BA} = 2i\theta_A \xi_2(\mu) + 4i\theta_B \xi_1(\mu) - 6i\dfrac{\Delta}{l}\eta_1(\mu) \\[2mm] F_{QAB} = F_{QBA} = -\dfrac{6i\theta_A}{l}\eta_1(\mu) - \dfrac{6i\theta_B}{l}\eta_1(\mu) + \dfrac{12i\Delta}{l^2}\eta_2(\mu) \end{cases} \tag{13-21}$$

式中：$i = \dfrac{EI}{l}$ 称为杆件的弯曲线刚度；$\xi_1(\mu)$、$\xi_2(\mu)$、$\eta_1(\mu)$、$\eta_2(\mu)$ 为计及轴力影响时的刚度修正系数，其表达式参见表 13-2。

如果杆件的 A 端为铰支，如图 13-23（a）所示，则可利用 $M_{AB} = 0$ 的条件将式（13-21）中的 θ_A 消去，可以得到一端固定、另一端铰支的杆件计及轴力影响时的转角位移方程

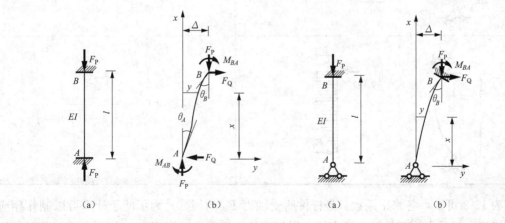

图 13-22　　　　　　　　　　　　　　图 13-23

$$\begin{cases} M_{BA} = 3i\theta_B\xi_3(\mu) - 3i\dfrac{\Delta}{l}\eta_3(\mu) \\ F_{QBA} = -\dfrac{3i\theta_B}{l}\xi_3(\mu) + \dfrac{3i\Delta}{l^2}\eta_3(\mu) \end{cases} \tag{13-22}$$

式中的 $\xi_3(\mu)$、$\eta_3(\mu)$ 表达式参见表 13-2。

表 13-2   **由单位位移引起的杆端弯矩和剪力（考虑轴力影响）**

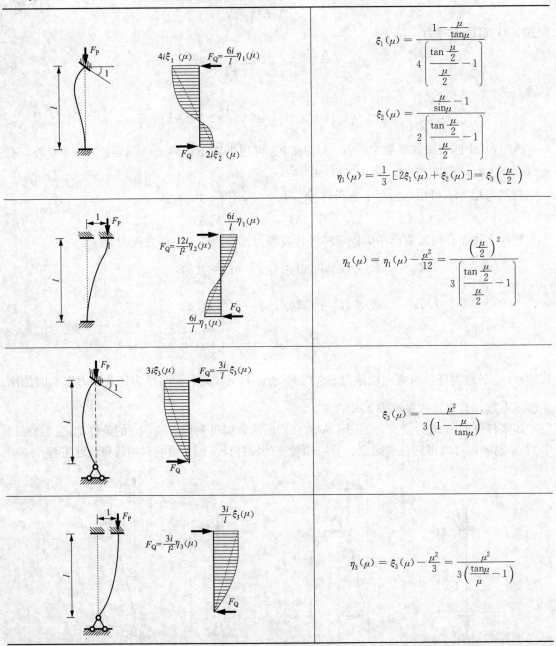

$$\xi_1(\mu) = \frac{1 - \dfrac{\mu}{\tan\mu}}{4\left[\dfrac{\tan\dfrac{\mu}{2}}{\dfrac{\mu}{2}} - 1\right]}$$

$$\xi_2(\mu) = \frac{\dfrac{\mu}{\sin\mu} - 1}{2\left[\dfrac{\tan\dfrac{\mu}{2}}{\dfrac{\mu}{2}} - 1\right]}$$

$$\eta_1(\mu) = \frac{1}{3}\left[2\xi_1(\mu) + \xi_2(\mu)\right] = \xi_3\left(\frac{\mu}{2}\right)$$

$$\eta_2(\mu) = \eta_1(\mu) - \frac{\mu^2}{12} = \frac{\left(\dfrac{\mu}{2}\right)^2}{3\left[\dfrac{\tan\dfrac{\mu}{2}}{\dfrac{\mu}{2}} - 1\right]}$$

$$\xi_3(\mu) = \frac{\mu^2}{3\left(1 - \dfrac{\mu}{\tan\mu}\right)}$$

$$\eta_3(\mu) = \xi_3(\mu) - \frac{\mu^2}{3} = \frac{\mu^2}{3\left(\dfrac{\tan\mu}{\mu} - 1\right)}$$

由表 13-2 可知，各修正系数只是杆件所受轴力 F_P 的函数，为了便于计算可以制作相应的计算表格，然后根据杆件轴力可直接查得相应的修正系数。当 $F_P = 0$ 时，$\mu = 0$，此时各修正系数均为 1,即式 (13-21)、式 (13-22) 简化为普通位移法中的转角位移方程;当 F_P 的值达到与表 13-2 中杆端位移相应的压杆临界荷载时,与该项杆端位移相应的修正系数的值应等于零,此时对应的转动刚度或者侧移刚度降低为零;当 F_P 的值超过临界荷载时,相应的修正系数会出现负值,此时对应的转动刚度或侧移刚度为负值,表明该杆只有在结构其余部分刚度的扶持下才能维持平衡。

表 13-2 还给出了各项单位位移引起的杆端弯矩、弯矩图形以及相应的杆端剪力。可以看出,杆件的内力并不是轴力 F_P 的线性函数,并且因轴力会产生附加弯矩;杆件的弯矩图形也不再是直线,而是曲线。但是由式 (13-21)、式 (13-22) 可知,杆端力仍然是杆端位移的线性函数,因此对于杆端位移来说仍然可适用叠加原理。这样,位移法的基本原理才仍然可以适用。

在使用位移法分析刚架的第一类稳定性问题时,作用于结点上的荷载不会使基本结构中的附加刚臂或附加链杆产生约束反力,因此位移法典型方程中的各自由项(载常数)都等于零。例如,对于图 13-20 (b) 所示的刚架,可以建立位移法方程为

$$\begin{cases} k_{11}\Delta_1 + k_{12}\Delta_2 + k_{13}\Delta_3 = 0 \\ k_{21}\Delta_1 + k_{22}\Delta_2 + k_{23}\Delta_3 = 0 \\ k_{31}\Delta_1 + k_{32}\Delta_2 + k_{33}\Delta_3 = 0 \end{cases} \qquad (e)$$

式 (e) 为一组齐次线性代数方程,其中 Δ_1、Δ_2 和 Δ_3 为结点位移未知量;各系数 k_{ij} (i, $j=1$, 2, 3) 所表示的物理意义仍与位移法中相同。所不同的是,对于受轴向压力作用的杆件,转动刚度或者侧移刚度需要按照表 13-2 中所列出的相应公式计算求得。

显然,$\Delta_1 = \Delta_2 = \Delta_3 = 0$ 是式 (e) 的一组解答,它对应于刚架保持原始平衡状态而未发生弯曲变形的状态。当刚架丧失稳定性时,式 (e) 应有非零解,此时要求其系数行列式为零,即

$$\boldsymbol{D} = |\ k_{ij}\ | = 0 \qquad (13\text{-}23)$$

式 (13-23) 即为位移法中刚架的稳定方程,由此可以解得刚架失稳时的临界荷载。

【例 13-10】 试求图 13-24 (a) 所示刚架的临界荷载。

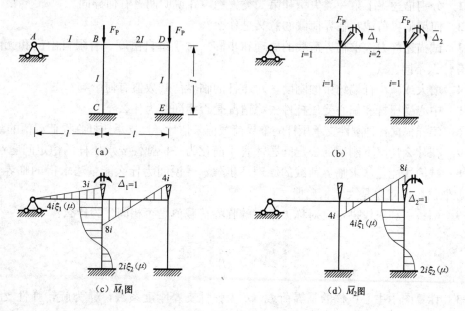

图 13-24

解　此刚架共有结点 B、D 的角位移两个位移法基本未知量，其基本结构如图 13-24（b）所示。因两柱子的几何尺寸和轴向压力相同，故有

$$u_1 = u_2 = u = l\sqrt{\frac{F_P}{EI}}$$

作出单位弯矩图 $\overline{M}_1$、$\overline{M}_2$ 图，如图 13-24（c）、图 13-24（d）所示，可求得

$$\begin{cases} k_{11} = 11i + 4i\xi_1(\mu) \\ k_{22} = 8i + 4i\xi_1(\mu) \\ k_{12} = k_{21} = 4i \end{cases}$$

由式（13-23）可得刚架的稳定方程为

$$\boldsymbol{D} = \begin{vmatrix} k_{11} & k_{12} \\ k_{21} & k_{22} \end{vmatrix} = 0$$

将以上系数代入稳定方程，展开后可得

$$\xi_1^2(\mu) + 4.75\xi_1(\mu) + 4.5 = 0$$

二次方程的两个根为

$$\xi_1(\mu) = -1.307 \text{ 和} -3.443$$

由表 13-2 相应公式可求得较小的值为

$$\mu = 5.46$$

据此可求得刚架的临界荷载为

$$F_{Pcr} = \mu^2 \frac{EI}{l^2} = 29.81\frac{EI}{l^2}$$

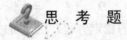 思　考　题

13-1　分别描述一下第一类失稳和第二类失稳，并说明两者有何异同。

13-2　何谓临界荷载？临界荷载的意义是什么？

13-3　试描述静力法求临界荷载的原理和步骤，对于单自由度、有限自由度和无限自由度体系有什么不同？

13-4　增大或减小杆端约束的刚度，对压杆的临界荷载数值有何影响？

13-5　中心受压杆和偏心受压杆件失稳情况是否相同？为什么？

13-6　怎样根据各种刚性支承压杆的临界荷载值来估计弹性支承压杆临界荷载值的范围？

13-7　在什么情况下刚架的稳定问题才宜于简化为一根弹性支承压杆的稳定问题？

13-8　试简述能量法求临界荷载的原理及步骤，并说明为什么能量法求得的临界荷载通常都是近似值，而且总是大于精确值。

13-9　两铰拱和三铰拱在反对称失稳时的临界荷载值是否相同？为什么？

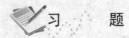 习　　题

13-1　计算图示中心压杆的临界荷载。k 为弹性支座刚度系数，k_r 为旋转弹性支座刚度系数。

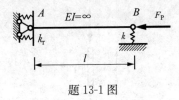

题 13-1 图

13-2　计算图示中心压杆的临界荷载，已知弹性支座刚度系数 $k=\dfrac{3EI}{l^3}$。

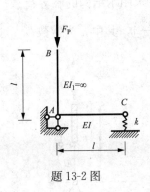

题 13-2 图

13-3　写出图示体系失稳时的特征方程。

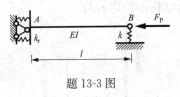

题 13-3 图

13-4　试用静力法求图示结构的稳定方程，各杆 EI 为常数。

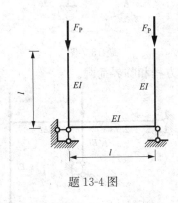

题 13-4 图

　13-5　分别用静力法、能量法求图示结构的临界荷载。采用能量法时，压杆弹性杆部分的位移函数选取为 $y=a\dfrac{x^2}{l^2}$，其中 a 为常数。

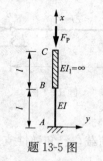

题 13-5 图

13-6 分别用静力法、能量法求图示结构的临界荷载。采用能量法时，压杆弹性杆部分的位移函数选取为 $y(x)=a\left(x-\dfrac{x^3}{l^2}\right)$，其中 a 为常数。

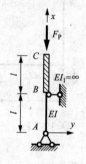

题 13-6 图

13-7 试用静力法建立图示结构的稳定方程。

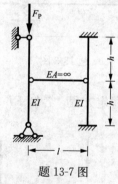

题 13-7 图

13-8 试求图示刚架的稳定方程和临界荷载。

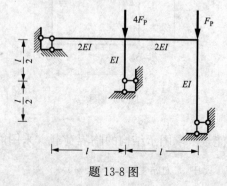

题 13-8 图

附录 A　矩阵位移法软件 MDMS

§A.1　MDMS 软件简介

MDMS（Matrix Displacement Method Software for Structural Analysis of Plane Bar Systems）是一个基于矩阵位移法的二维杆件结构内力计算软件，由前处理器、计算模块、后处理器、辅助工具等构成（见图 A-1）。MDMS 的单元库中有桁架单元和刚架单元，可以计算节点均为刚性的框架结构、存在铰结点的刚架结构、节点均为铰接的桁架结构、桁架与刚架的组合结构。

MDMS 软件的前处理器、计算模块、后处理器均用 Visual Basic 6.0 编写。计算模块的源程序、前后处理器的使用方法、各种算例、VB 6.0 参考材料等开放资源，可以在沈阳建筑大学结构力学课程网站下载，网址为 http://202.199.64.166/jiaowu/jp/2008/jglx/0.htm。这里重点介绍求解器的源程序。

MDMS 软件各模块之间通过数据库建立起有机的联系。MDMS 软件的数据库包括以下几类数据：①描述分析模型的数据，包括几何数据、材料数据、实常数数据、单元荷载数据、节点荷载数据、运算控制数据，这些数据一般用前处理器交互形成。②计算结果数据，

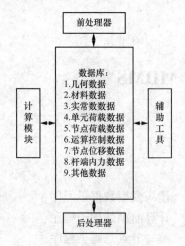

图 A-1　MDMS 软件的构成

包括节点位移数据、杆端内力数据等，这些数据由求解器计算得到，可以通过后处理器检查和分析。③各种中间数据及临时数据。

在开发 MDMS 时，参考了大型商品软件的设计思想，使 MDMS 具有比较理想的友好性、容错性、可扩充性、健壮性。MDMS 具有比较完善的交互式图形系统，有限元计算的数据准备工作以及结果分析等工作都可以在图形上进行，使用起来非常方便。

前处理器的主要作用是建立完整的分析模型，形成结构计算需要的 6 个数据文件。具体过程参见网站上相关文件。

用前处理器建立了有限元模型以后，就可以使用求解器进行求解计算了。求解器的主要运算步骤是从初始数据文件中读入有限元模型数据、进行预处理、形成整体刚度矩阵、形成节点荷载向量、求解有限元方程得到节点位移、计算单元杆端内力、把计算结果存到结果数据文件。

后处理器的主要作用是通过图形显示计算结果，可以显示结构的变形图、内力图等。

§A.2　MDMS 软件的数据文件

A.2.1　计算模型信息

一个完整的有限元计算模型应该包括几何信息、约束及连接信息、材料信息、实常数信息、单元荷载、节点荷载等。为了提高运算效率，大型有限元软件通常采用比较复杂的数据结构，利用二进制文件存储有限元模型数据。为了便于学习，MDMS 软件的模型数据保存在文本文件中。下面以图 A-2 所示二维杆件结构为例，详细介绍分析模型的 6 个数据文件。

在图 A-2 中，水平杆件 BC、CE、EG 的长度为 6m，铅直杆件 CD、EF、GH 的长度为 4m，斜杆 AB 的长度为 5m。杆件 AB 和 BC、杆件 BC 和 CD、杆件 EC 和 EF 用刚结点连接，C 结点右侧杆件与 C 结点用铰结点连接，E 结点右侧杆件与 E 结点也用铰结点连

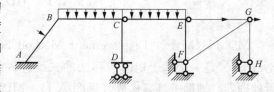

图 A-2　二维杆件结构

接。杆件 AB、BC、CD、CF、EF 为受弯构件，拟用梁单元模拟，杆件的截面面积为 0.12m²，截面惯性矩为 0.0016m⁴，截面高度 0.4m；材料的弹性模量为 $3.25×10^8 N/m^2$，泊松比为 0.3，热膨胀系数为 $2×10^{-5}/℃$。杆件 EG、FG、GH 为只有轴力的拉压构件，拟用桁架单元模拟，构件截面面积为 0.01m²；材料的弹性模量为 $3.00×10^{11} N/m^2$，泊松比为 0.32，热膨胀系数为 $2.5×10^{-5}/℃$。杆件 AB 上距离 A 点 3m 处作用一个垂直于杆件的 8000N 的集中力，杆件 BC、CE 上的均布荷载集度为 1000N/m，杆件 EG 中点作用一个轴向的 8000N 的集中力。结点 G 上作用一个 36000N 的水平集中力。通过自然离散，结构的网格如图 A-3 所示。没有括号的数字为节点编号，括号内的数字为单元编号。1 节点处的实心圆

点表示限制转动的刚性约束，两个小三角形分别表示水平约束和铅直约束。

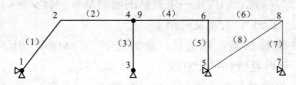

图 A-3　离散的有限元网格

A.2.2　几何数据文件

几何数据文件的扩展名为 DA1，因此，几何数据文件也简称为 DA1 文件。几何数据文件中保存的是有限元网格信息，主要包括标题、控制信息、单元类型信息、节点信息、单元信息、节点位移耦合信息、弹性约束信息等。下面是图 A-3 所示结构的几何数据文件。

This is DA1 File of a Frame Problem
Control
2,9,8
Type
1,30,1,0,0,0,0
2,40,1,0,0,0,0
Node
1,4,-3,0
2,0,0,4
3,6,6,0
4,0,6,4
5,3,12,0
6,0,12,4
7,4,18,0
8,0,18,4
9,0,6,4
Element
1,1,1,1,1,2
2,1,1,1,2,4
3,1,1,1,4,3
4,1,1,1,9,6
5,1,1,1,6,5
6,2,2,2,6,8
7,2,2,2,8,7
8,2,2,2,5,8
Coupled Node Group(s)
1
1,1,4,9,0,0,0,0,0
Spring Bounded Node(s)
0

End

DA1 文件的第一行为标题，后面每一组数据的前面都有一行文字引导，用于说明该组数据的意义，最后一行为"End"，表示文件结束。

DA1 文件中的第 1 组数据是控制信息，由关键字"Control"引导，后面有 3 个参数，分别是单元类型总数、节点总数和单元总数。

DA1 文件中的第 2 组数据是单元类型信息（简称 Type 信息），由关键字"Type"引导。Type 信息由描述单元性质或输出内容的一些参数构成。例如，对于一个四边形平面单元，Type 信息包括单元是平面应力单元还是平面应变单元，采用 2×2 个积分点还是 3×3 个积分点计算单刚，是否输出主应力等。在 MDMS 程序中，每组 Type 信息由 7 个参数构成，第 1 个参数为序号，第 2 个参数为单元类别号，第 3~7 个参数的意义取决于第 2 个参数。在 MDMS 程序的单元库中，每种单元都对应一个唯一的类别号。例如，2 节点梁单元的类别号为 30，2 节点杆单元的类别号为 40，3 节点三角形单元的类别号为 1。在 Type 信息中，如果第 2 个参数为 30，那么第 3 个参数就表示输出内容。

DA1 文件中的第 3 组数据是节点信息，由关键字"Node"引导。每个节点的节点信息都占有 1 行，由 4 个数构成，分别是节点号、节点的约束类型号、节点的横坐标、节点的纵坐标。约束类型号表示节点的约束情况，二维杆件结构中，每个节点最多可能有 3 个位移，约束条件的组合情况共有 8 种可能，可以按照出现概率用 0~7 共 8 个数字来表示：0—没有约束；1—水平约束；2—铅直约束；3—水平+铅直约束；4—水平+铅直+转角约束；5—水平+转角约束；6—铅直+转角约束；7—转角约束。杆单元的节点位移只有两个线位移而没有节点位移，因此，杆单元节点的第 3 个约束自动失效。

DA1 文件中的第 4 组数据是单元信息，由关键字"Element"引导。每行单元信息依次为单元号、单元 Type 号、实常数序列号、材料号、单元的所有节点号。实际上，纯二维杆件结构中，每个单元的节点数一般不会超过 3 个，考虑到了向平面应力单元扩展，节点数最多的平面应力单元是 12 节点四边形等参单元，因此，这里约定每个单元最多可能有 12 个节点。

DA1 文件中的第 5 组数据是节点自由度耦合信息，由关键字"Coupled Node Group(s)"引导。第 1 行的参数是总组数，后面各行依次描述每一组耦合节点信息。自由度耦合信息由 9 个数构成，分别是序号、耦合关系类型号、主节点号、6 个从节点号。与约束情况类似，节点的耦合关系主要有 7 种类型，按照出现概率用 1~7 共 7 个数字来表示：1—铰节点，有共同的水平位移和铅直位移；2—水平双链杆，有共同的水平位移和转角；3—铅直双链杆，有共同的铅直位移和转角；4—有共同的水平位移；5—有共同的铅直位移；6—有共同的转角；7—三个位移全相同，实际上就是刚节点。MDMS 程序中约定，每个主节点最多可以有 6 个从节点。

DA1 文件中的第 6 组数据是节点弹性约束信息，由关键字"Spring Bounded Node（s）"引导。第 1 行的参数是有弹性约束的节点总数，后面各行依次描述每组弹性约束信息。每行信息由 7 个参数组成，分别是序号、节点号、水平弹簧的刚度、铅直弹簧的刚度、卷曲弹簧的刚度、倾斜线弹簧的刚度、倾斜线弹簧的角度。

A.2.3　材料数据文件

材料数据文件依次描述每一种材料的具体材料参数，可以在不同的算例中重复利用。材料数据文件的扩展名为 DA2，因此也常常把材料数据文件简称为 DA2 文件。

　　DA2 文件的第 1 行文字是标题，后面每一组数据的前面都会有一行文字说明数据的意义，最后以"End"结束。材料参数的数量和意义取决于材料的大类号，因此要描述材料的大类号。在 MDMS 中，每一种材料都有一个大类号，如各向同性线性弹性材料的大类号为 1。下面是图 A-3 所示结构的材料数据文件。

This is DA2 File of a Frame Problem

Total Number of Materials

2

Number 1, Material Class

1,1

Parameters of the Material

4

[1]Young's Modulus

3.25E8

[2]Poisson Ratio

0.3

[3]Coefficient of Thermal Expansion

2E-5

[4]Linear Density

2400

Number 2, Material Class

2,1

Parameters of the Material

4

[1]Young's Modulus

3E11

[2]Poisson's Ratio

0.32

[3]Coefficient of Thermal Expansion

2.5E-5

[4]Linear Density

7200

End

A.2.4　实常数文件

　　实常数是指构件截面尺寸等有关的数据，包括截面面积、惯性矩等，保存在扩展名为 DA3 的数据文件中，所以，实常数文件也称 DA3 文件。通常，桁架单元的实常数只有截面面积一个参数，而刚架单元的实常数包括截面面积、截面惯性矩和截面高度三个参数。实常数的数量和意义取决于 Type 号和单元大类号，因此，描述实常数时需要描述 Type 号和单元大类号。下面是图 A-3 所示结构的实常数文件。

This is DA3 File of a Frame Problem

Total Real Constant Sets

2

Set 1,Type,Class

1,1,30

Total Parameters

3

[1]Cross-Section Area

0.12

[2]Area Moment of Inertia

0.0016

[3]Total Beam Height

0.4

Set 2,Type,Class

2,2,40

Total Parameters

1

[1]Cross-Section Area

0.01

End

A.2.5　单元荷载文件

单元荷载文件的扩展名为 DA4，通常把单元荷载文件简称为 DA4 文件。结构上可能作用多种单元荷载，在 MDMS 程序中，每种单元荷载用一个参数表示。常见的单元及对应的参数为：1—垂直于杆件的满跨均布荷载；2—垂直于杆件的集中力；3—集中力偶；4—轴向集中荷载；5—垂直于杆件的梯形分布荷载；6—温度变化；7—轴向制造误差。下面是图 A-3 所示结构的单元荷载文件。

This is DA4 File of a Frame Problem

Total Number of Element Loads

4

Element Loads

1,2,−8000,3,0,0,1

2,1,−1000,0,0,0,1

4,1,−1000,0,0,0,1

6,4,8000,3,0,0,1

End

文件的第 1 行是标题，后面每组数据的前面有一行解释性文字，说明数据的意义，最后以 "End" 结束。考虑到描述梯形分布荷载需要 4 个参数，每个单元荷载用 7 个参数描述，第 1 个是所在单元，第 2 个是荷载类型参数，最后 1 个是用图形显示荷载时，荷载显示的位置。

A.2.6　节点荷载文件

节点荷载文件的扩展名为 DA5，通常把节点单元荷载文件简称为 DA5 文件。每个节点上可能作用的节点荷载有 x 方向集中力、y 方向集中力、力偶，因此，描述节点上的节点荷载需要 7 个参数，依次为节点号码、3 个方向上的荷载数值、3 个荷载的显示位置。需要指出的是，如果施加的节点荷载方向同时受到刚性约束，程序会认为这个节点荷载是强制节点位移。下面是图 A-2 所示结构的节点荷载文件。

This is DA5 File of a Frame Problem
Total Nodes with Node Load
1
Node Load Data
8,36000,0,0,1,0,0
End

A.2.7　运算控制文件

几何数据文件、材料数据文件、实常数文件、单元荷载文件、节点荷载文件完整描述了杆件结构的有限元模型，计算之前，需要确定具体哪些文件构成了有限元模型，这个任务由运算控制文件完成。此外，计算过程中的算法选择、非线性问题的允许迭代次数、输出内容的选择等，也由运算控制文件来描述。在 MDMS 程序中，默认各个文件具有相同的主文件名，特殊情况下，也可以具有不同的主文件名，这样就兼顾了使用方便和操作灵活。例如，相同的模型，可以有多个不同主文件名的荷载文件，实现不同荷载工况下的有限元分析。运算控制文件的扩展名为 DA0，下面是图 A-3 所示结构的运算控制文件。

This is DA0 File of a Frame Problem
Name of DA1
Frame. DA1
Name of DA2
Frame. DA2
Name of DA3
Frame. DA3
Name of DA4
Frame. DA4
Name of DA5
Frame. DA5
End

§A.3　MDMS 计算模块中主要变量和数组

有限元模型数据需要存储在变量和数组中，变量和数组有全程的和局部的两种，全程变量和数组又分为窗体级和模块级两种。在软件的任意一个子程序内，都可以直接使用模块级全程变量和全程数组，因此，会使编程更加方便。在 MDMS 程序中，存储有限元分析模型数据的重要全程变量和全程数组见表 A-1 和表 A-2。

表 A-1　　　　　　　　　　　重要的全程变量

名称	含义及说明	名称	含义及说明
All _ ElemType	单元 Type 总数	All _ Elem	单元总数
All _ RealCons	实常数序列总数	All _ SpringBoun	有弹性约束的节点总数
All _ Mate	材料类型总数	All _ CoupledNodeGroup	耦合节点组总数
All _ Node	节点总数		

表 A-2　　　　　　　　　　　　　　　重要的全程数组

名称	含义及说明
ElemType（1 To 6，1 To All _ ElemType）	单元 Type 信息数组
RealCons（1 To 10，1 To All _ RealCons）	实常数信息数组
Mate（1 To 20，1 To All _ Mate）	材料信息数组。每种材料可以有 20 个参数
Coor（1 To 2，1 To All _ Node）	节点坐标数组。每个节点有 2 个数据，分别表示节点的 x 坐标和 y 坐标
Elem（1 To 16，1 To All _ Elem）	单元信息数组。每个单元有 16 个参数，第 1 个参数为单元编号，第 2 个参数为单元 Type 号，第 3 个参数为单元实常数号，第 4 个参数为单元材料号，第 5 个参数开始为单元的节点号，每个单元最多可以有 12 个节点
NodeBounCond（1 To 4，1 To All _ Node）	节点约束及耦合信息数组。每个节点有 4 个参数，第 1 个参数为约束类型号；第 2 个参数为节点类型号，1 代表有 2 个自由度的杆单元的节点，2 代表有 3 个自由度的梁单元的节点；第 3 个参数为耦合节点信息，0 代表不是从节点，大于 0 的数代表是从节点且代表耦合关系类型；第 4 个参数为主节点号码
CoupledNodeGroup（1 To 8，1 To All _ CoupledNodeGroup）	耦合节点组信息
SpringBoun（1 To 6，1 To All _ Node）	弹性约束信息
NodeLoad（1 To 6，1 To All _ Node）	节点荷载信息数组。每个节点有 6 个参数，前 3 个参数依次为节点上、x 轴方向、y 轴方向的集中力和弯矩，后 3 个参数在前处理器中用于确定绘图的位置。对于杆单元的节点，第 3 个参数自动设置为 0
ElemLoad（1 To 10，1 To 7，1 To All _ Elem）	单元荷载信息数组。每个单元上可以有 10 个单元荷载，每个荷载最多有 7 个参数描述其数值、位置、显示位置等信息

§A.4　MDMS 软件计算模块源程序

A.4.1　计算模块主控程序

这里主要介绍数值计算程序的编写方法，包括计算程序的总体结构设计、三结点三角形单元开发、总体刚度矩阵的形成、边界条件的处理、总体荷载向量的形成、有限元方程求解方法、LDL^T 分解法解线性方程组等内容，并给出主要源程序。程序 A.1 是计算模块主控程序。

```
'*******************************************
'***                                    ***
'***    程序A.1   计算模块主控程序      ***
'***                                    ***
'*******************************************

Private Sub FrameAnalysis2D_Click()
    '1. 读进环境信息
        Call ReadInEnvironmentData
    '2. 读进 DA0 文件名
        Call ReadInDA0Name
    '3. 读进所有模型数据
        Call ReadInAllModelData
```

```
'4. 预处理
    Call PrepareForSolution
'5. 开始计算
    Call Solution
End Sub
```

　　杆件结构内力计算程序 MDMS 的所有内容均安装在 C：盘上的 FemFrame 文件夹内，其中有一个环境数据文件，专门用于描述程序的运行环境，包括用户建立的工作文件夹位置、界面语言、图形风格等。主控程序首先调用子程序 ReadInEnvironmentData，读入运行环境信息，然后调用子程序 ReadInDA0Name，从工作文件夹中交互选择、读入 DA0 文件名，进而调用子程序 ReadInAllModelData，读入所有的模型数据，并把模型数据都存储在全程变量和数组中，后续子程序利用这些全程变量和数组进行计算。子程序 PrepareForSolution 的作用是进行预处理，包括编写总码、确定总刚规模等，为数值计算做好准备。子程序 Solution 包括了单元分析、整体分析、求解总体刚度方程、单元再分析等所有计算工作，并把节点位移、内力等计算结果保存到数据文件中，供后处理器使用。

A.4.2　读入模型数据子程序

　　程序 A.2 是读入模型数据子程序，执行该子程序后，读入所有模型数据并存储在全程变量和数组中。

```
'*********************************************
'***                                       ***
'***    程序A.2  读入模型数据子程序           ***
'***                                       ***
'*********************************************

Public Sub ReadInAllModelData()
    '0. 从 DA0 文件中读入运算控制信息
        Call Read_ComputingControlData
    '1. 从 DA1 文件中读入几何数据
        Call Read_GeometricData
    '2. 从 DA2 文件中读入材料数据
        Call Read_MaterialData
    '3. 从 DA3 件中读入实常数数据
        Call Read_RealConstantData
    '4. 从 DA4 文件中读入单元荷载
        Call Read_ElementLoad
    '5. 从 .DA5 文件中读入节点荷载
        Call Read_NodeLoad
End Sub
```

　　读入模型数据子程序比较简单，程序 A.3 是读入几何数据子程序，其他子程序很容易写出。程序 A.3 中的数组 NodeBounID（1 To All _ Node）中存储节点的约束号，数组 Coupled-NodeGroup（1 To 8，1 To All _ SlaveNodeGroup）中存储耦合节点组信息，All _ CoupledNodeGroup 为主耦合节点组总数。

```
'*******************************************
'***                                    ***
'***    程序A.3    读入几何数据子程序    ***
'***                                    ***
'*******************************************
Public Sub Read_GeometricData()
    '0. 声明变量
        Dim TemporaryS As String
        Dim TemporaryL As Long
        Dim I As Long, J As Long
        Dim N_In_E As Long
        Dim NodeWithSpring As Long
        Dim File_Number As Integer
    '1. 打开 DA1 文件
        File_Number=FreeFile
        Open DA1Name For Input As #File_Number
    '2. 读标题及控制信息
        Line Input #File_Number,HeadTitle01
        Line Input #File_Number,TemporaryS
        Input #File_Number,All_ElemType,All_Node,All_Elem
    '3. 读取 ElemType()信息
        ReDim ElemType(1 To 6,1 To All_ElemType)As Long
        Line Input #File_Number,TemporaryS
      For I=1 To All_ElemType
            Input #File_Number,TemporaryL
        For J=1 To 6
          Input #File_Number,ElemType(J,I)
        Next J
      Next I
    '4. 重新定义全程数组
        ReDim Coor(1 To 2,1 To All_Node)As Double
        ReDim Elem(1 To 16,1 To All_Elem)As Long
        ReDim NodeBounID(1 To All_Node)As Integer
    '5. 读结点坐标
        Line Input #File_Number,TemporaryS
        For I=1 To All_Node
        Input #File_Number,TemporaryL,NodeBounID(I),Coor(1,I),Coor(2,I)
        Next
    '6. 读单元信息
        Line Input #File_Number,TemporaryS
        For I=1 To All_Elem
            Input #File_Number,Elem(1,I),Elem(2,I)
            Call Get_N_in_E(N_In_E,I)
        For J=3 To(4+N_In_E)
```

```
            Input #File_Number,Elem(J,I)
          Next J
        Next I
'7. 读耦合信息
    Line Input #File_Number,TemporaryS
    Input #File_Number,All_CoupledNodeGroup
    If All_CoupledNodeGroup> 0 Then
    ReDim CoupledNodeGroup(1 To 8,_
            1 To All_CoupledNodeGroup)As Long
        For I=1 To All_CoupledNodeGroup
            Input #File_Number,TemporaryL
        For J=1 To 8
            Input #File_Number,CoupledNodeGroup(J,I)
        Next J
        Next I
    End If
'8. 读弹性约束信息
    ReDim SpringBoun(1 To 6,1 To All_Node)As Single
    Line Input #File_Number,TemporaryS
    Input #File_Number,All_SpringBoun
    If All_SpringBoun> 0 Then
      For I=1 To All_SpringBoun
      Input #File_Number,NodeWithSpring
      For J=1 To 5
          Input #File_Number,SpringBoun(J,NodeWithSpring)
      Next J
          SpringBoun(6,NodeWithSpring)=1
      Next I
    End If
'9. 关闭文件
    Close File _ Number
End Sub
```

A.4.3 计算前预处理子程序

读入所有模型数据以后，还需要进行一些准备工作，才能开始数值计算。用先处理法求
解杆件结构的准备工作主要包括三个：第一个是对节点的约束信息和耦合信息进行预处理；
第二个是对节点自由度进行编号，也就是编写总码；第三个是确定总刚中主对角线上元素在
一维变带宽存储总刚的数组中的地址。程序 A.4 是计算前预处理子程序。

```
'*********************************************
'***                                      ***
'***    程序A.4   计算前预处理子程序        ***
'***                                      ***
'*********************************************

Public Sub PrepareForSolution()
```

```
'1. 对梁单元和杆单元的节点号进行重新排序
    Call RearrangeElemNode
'2. 处理节点约束信息和耦合信息
    Call FormNodeBoundaryConnection
'3. 对节点自由度编号
    Call FormFrameFreedomID
'4. 确定主对角线上元素在一维数组中的地址
    ReDim Address(1 To All_Freedom) As Long
    Call CalculateBandWidth
'5. 保存一些重要数据供画图使用
    Call SaveSomeImportantData
End Sub
```

程序 A.4 调用的子程序 RearrangeElemNode 的作用是对梁单元和桁架单元的节点号进行重新排序，确保 2 节点铅直单元的第 1 个节点是上面的节点，其他单元的第 1 个节点是左侧的节点。实际上，利用 MDMS 的前处理器生成的网格，已经按约定进行排序，如果网格数据来自 ANSYS 等软件，就需要进行检查和重新排序。

程序 A.4 调用的子程序 FormNodeBoundaryConnection 的作用是将保存在数组 Node-BounID（）中的约束信息和保存在数组 CoupledNodeGroup（）中的耦合信息进行进一步处理，形成节点约束及耦合信息数组 NodeBounCond（）。程序 A.5 是子程序 FormNode-BoundaryConnection 的详细内容。

```
'***********************************************
'***        程序A.5    处理节点约束信息          ***
'***            和耦合信息子程序                  ***
'***********************************************
```

```
Public Sub FormNodeBoundaryConnection()
'0. 声明变量
    Dim I As Long, J As Long, K As Long
    ReDim NodeBounCond(1 To 4, 1 To All_Node) As Long
'1. 确定约束号
    For I=1 To All_Node
        NodeBounCond(1, I)=NodeBounID (I)
    Next I
'2. 自动确定节点类型
    For I=1 To All_ Node
        NodeBounCond (2, I)=1
        For J=1 To All _ Elem
        If (Elem (5, J)=I Or Elem (6, J)=I) And _
                        Type (1, Elem (2, J))=30 Then
            NodeBounCond (2, I)=2
            Exit For
```

```
            End If
        Next J
    Next I
```
'3. 确定耦合节点信息
```
    For I=1 To All _ Node
        NodeBounCond (3, I)=0
        NodeBounCond (4, I)=0
        For J=1 To All _ CoupledNodeGroup
        For K=3 To 8
            If CoupledNodeGroup (K, J)=I Then
                NodeBounCond (3, I)=CoupledNodeGroup (1, J)
                NodeBounCond (4, I)=CoupledNodeGroup (2, J)
            End If
        Next K
        Next J
    Next I
End Sub
```

A. 4. 4　编写节点总码子程序

杆件结构有限单元法形成整体刚度矩阵的方法有先处理法和后处理法两种，本书中程序采用先处理法。先处理法在形成整体刚度矩阵之前要编写总码，编写总码的过程就是引入约束条件和耦合信息的过程。

如前所述，桁架单元的节点只考虑 2 个线位移，因此每个节点有 2 个自由度，并且一般不用考虑节点耦合问题。梁单元的节点有 3 个自由度，同时要考虑节点是否是另一个节点的从节点。程序 A. 6 是编写节点总码子程序，程序中假设每个节点有 3 个自由度，对于杆单元的节点，第 3 自由度的总码自动为 0，节点总码信息存储在数组 Freedom _ ID (1 To 3, All _ Node) 中。在图 A-3 所示的杆件结构中，各节点总码为 1 (0, 0, 0)，2 (1, 2, 3)，3 (4, 0, 0)，4 (5, 6, 7)，5 (0, 0, 8)，6 (9, 10, 11)，7 (0, 0, 0)，8 (12, 13, 0)，9 (5, 6, 14)。4 节点和 9 节点是耦合节点，4 节点是主节点，9 节点是从节点，耦合关系是第 1 种，它们的前两个总码相同，于是，存储总码信息的数组 Freedom _ ID (1 To 3, 1 To All _ Node) 中的内容为

$$\begin{bmatrix} 0 & 1 & 4 & 5 & 0 & 9 & 0 & 12 & 5 \\ 0 & 2 & 0 & 6 & 0 & 10 & 0 & 13 & 6 \\ 0 & 3 & 0 & 7 & 8 & 11 & 0 & 0 & 14 \end{bmatrix}$$

```
'*******************************************
'***                                    ***
'***   程序A.6  编写节点总码子程序      ***
'***                                    ***
'*******************************************

Public Sub FormFrameFreedomID()
    '0. 声明变量
```

```
ReDim Freedom_ID(1 To 3,1 To All_Node)As Long
Dim I As Long,J As Long
'1. 数组 Freedom_ID()清 0
  For I=1 To All_Node
    For J=1 To 3
      Freedom_ID(J,I)=0
    Next J
  Next I
'2. 形成结点身份数组 NodeBounID ()
  All _ Freedom=0
  For I=1 To All _ Node
  '2.1 纯桁架铰节点，有 2 个自由度（第 3 自由度默认为 0）
      If NodeBounCond (2, I)=1 Then
          If NodeBounCond (1, I)=0 Then              '无约束
        All _ Freedom=All _ Freedom+1
        Freedom _ ID (1, I)=All _ Freedom
        All _ Freedom=All _ Freedom+1
        Freedom _ ID (2, I)=All _ Freedom
      End If
      If NodeBounCond (1, I)=1 Then          '只有水平约束
        Freedom _ ID (1, I)=0
        All _ Freedom=All _ Freedom+1
        Freedom _ ID (2, I)=All _ Freedom
      End If
      If NodeBounCond (1, I)=2 Then          '只有铅直约束
        All _ Freedom=All _ Freedom+1
        Freedom _ ID (1, I)=All _ Freedom
        Freedom _ ID (2, I)=0
      End If
      If NodeBounCond (1, I)=3 Then          '两个约束
        Freedom _ ID (1, I)=0
          Freedom _ ID (2, I)=0
        End If
      End If
    '2.2 框架节点或框架桁架共用节点
      If NodeBounCond (2, I)=2 Then
          If NodeBounCond (3, I)=0 Then          '不是从节点
          If NodeBounCond (1, I)=0 Then          '没有约束
              All _ Freedom=All _ Freedom+1
              Freedom _ ID (1, I)=All _ Freedom
              All _ Freedom=All _ Freedom+1
              Freedom _ ID (2, I)=All _ Freedom
              All _ Freedom=All _ Freedom+1
```

```
        Freedom _ ID（3，I）＝All _ Freedom
      End If
      If NodeBounCond（1，I）＝1 Then        '只有水平约束
        Freedom _ ID（1，I）＝0
        All _ Freedom＝All _ Freedom＋1
        Freedom _ ID（2，I）＝All _ Freedom
        All _ Freedom＝All _ Freedom＋1
        Freedom _ ID（3，I）＝All _ Freedom
      End If
    If NodeBounCond（1，I）＝2 Then          '只有铅直约束
      All _ Freedom＝All _ Freedom＋1
      Freedom _ ID（1，I）＝All _ Freedom
      Freedom _ ID（2，I）＝0
      All _ Freedom＝All _ Freedom＋1
      Freedom _ ID（3，I）＝All _ Freedom
    End If
    If NodeBounCond（1，I）＝3 Then          '只有转角
      Freedom _ ID（1，I）＝0
      Freedom _ ID（2，I）＝0
      All _ Freedom＝All _ Freedom＋1
      Freedom _ ID（3，I）＝All _ Freedom
    End If
    If NodeBounCond（1，I）＝4 Then          '固定端
      Freedom _ ID（1，I）＝0
      Freedom _ ID（2，I）＝0
      Freedom _ ID（3，I）＝0
    End If
    If NodeBounCond（1，I）＝5 Then          '有水平和转动约束
      Freedom _ ID（1，I）＝0
      All _ Freedom＝All _ Freedom＋1
      Freedom _ ID（2，I）＝All _ Freedom
      Freedom _ ID（3，I）＝0
    End If
    If NodeBounCond（1，I）＝6 Then          '有铅直和转动约束
      All _ Freedom＝All _ Freedom＋1
      Freedom _ ID（1，I）＝All _ Freedom
      Freedom _ ID（2，I）＝0
      Freedom _ ID（3，I）＝0
    End If
  End If
End If
'处理主从节点信息（节点位移耦合信息）
If NodeBounCond（3，I）＝1 Then        第1类从节点
  Freedom _ ID（1，I）＝Freedom _ ID（1，NodeBounCond（4，I））
```

```
      Freedom _ ID (2, I)＝Freedom _ ID (2, NodeBounCond (4, I))
    All _ Freedom＝All _ Freedom＋1
    Freedom _ ID (3, I)＝All _ Freedom
  End If
  If NodeBounCond (3, I)＝2 Then        第 2 类从节点
    Freedom _ ID (1, I)＝Freedom _ ID (1, NodeBounCond (4, I))
    Freedom _ ID (3, I)＝Freedom _ ID (3, NodeBounCond (4, I))
    All _ Freedom＝All _ Freedom＋1
    Freedom _ ID (2, I)＝All _ Freedom
  End If
  If NodeBounCond (3, I)＝3 Then        第 3 类从节点
    Freedom _ ID (2, I)＝Freedom _ ID (2, NodeBounCond (4, I))
    Freedom _ ID (3, I)＝Freedom _ ID (3, NodeBounCond (4, I))
    All _ Freedom＝All _ Freedom＋1
    Freedom _ ID (1, I)＝All _ Freedom
  End If
  If NodeBounCond (3, I)＝4 Then        第 4 类从节点
    Freedom _ ID (3, I)＝Freedom _ ID (3, NodeBounCond (4, I))
      All _ Freedom＝All _ Freedom＋1
      Freedom _ ID (1, I)＝All _ Freedom
      All _ Freedom＝All _ Freedom＋1
      Freedom _ ID (2, I)＝All _ Freedom
    End If
    If NodeBounCond (3, I)＝5 Then        第 5 类从节点
    Freedom _ ID (1, I)＝Freedom _ ID (1, NodeBounCond (4, I))
    If NodeBounCond (1, I)＝0 Then
      All _ Freedom＝All _ Freedom＋1
      Freedom _ ID (2, I)＝All _ Freedom
      All _ Freedom＝All _ Freedom＋1
      Freedom _ ID (3, I)＝All _ Freedom
    End If
    If NodeBounCond (1, I)＝2 Then
      Freedom _ ID (2, I)＝0
      All _ Freedom＝All _ Freedom＋1
      Freedom _ ID (3, I)＝All _ Freedom
    End If
    If NodeBounCond (1, I)＝6 Then
      Freedom _ ID (2, I)＝0
      Freedom _ ID (3, I)＝0
    End If
  End If
  If NodeBounCond (3, I)＝6 Then        第 6 类从节点
      Freedom _ ID (2, I)＝Freedom _ ID (2, NodeBounCond (4, I))
```

```
            If NodeBounCond (1, I)=0 Then
            All _ Freedom＝All _ Freedom＋1
              Freedom _ ID (1, I)＝All _ Freedom
              All _ Freedom＝All _ Freedom＋1
              Freedom _ ID (3, I)＝All _ Freedom
          End If
          If NodeBounCond (1, I)=1 Then
            Freedom _ ID (1, I)＝0
            All _ Freedom＝All _ Freedom＋1
            Freedom _ ID (3, I)＝All _ Freedom
          End If
          If NodeBounCond (1, I)=5 Then
            Freedom _ ID (1, I)＝0
            Freedom _ ID (3, I)＝0
          End If
        End If
      End If
    End If
  Next I
End Sub
```

A.4.5 确定总刚中主对角线上元素地址子程序

前已述及，总刚具有对称性、稀疏性和非 0 元素带状分布等特点。式（A-1）是图 A-3 所示模型的总刚，可以清楚地看出这些特点。充分利用这些特点，可以大大减少在内存中存储总刚需要的物理空间，目前，有限元软件通常采用一维数组变带宽按列存储总刚的上三角元素。

$$
\boldsymbol{K}=
\begin{bmatrix}
k_{11} & k_{12} & k_{13} & 0 & k_{15} & k_{16} & k_{17} & 0 & 0 & 0 & 0 & 0 & 0 & 0 \\
 & k_{22} & k_{23} & 0 & k_{25} & k_{26} & k_{27} & 0 & 0 & 0 & 0 & 0 & 0 & 0 \\
 & & k_{33} & 0 & k_{35} & k_{36} & k_{37} & 0 & 0 & 0 & 0 & 0 & 0 & 0 \\
 & & & k_{44} & k_{45} & k_{46} & k_{47} & 0 & 0 & 0 & 0 & 0 & 0 & 0 \\
 & & & & k_{55} & k_{56} & k_{57} & 0 & k_{59} & k_{5,10} & k_{5,11} & 0 & 0 & k_{5,14} \\
 & & & & & k_{66} & k_{67} & 0 & k_{69} & k_{6,10} & k_{6,11} & 0 & 0 & k_{6,14} \\
 & & & & & & k_{77} & 0 & 0 & 0 & 0 & 0 & 0 & 0 \\
 & & & & & & & k_{88} & k_{89} & k_{8,10} & k_{8,11} & 0 & 0 & 0 \\
 & & & & & & & & k_{99} & k_{9,10} & k_{9,11} & k_{9,12} & k_{9,13} & k_{9,14} \\
 & & & & \text{对} & & & & & k_{10,10} & k_{10,11} & k_{10,12} & k_{10,13} & k_{10,14} \\
 & & & & \text{称} & & & & & & k_{11,11} & 0 & 0 & k_{11,14} \\
 & & & & & & & & & & & k_{12,12} & k_{12,13} & 0 \\
 & & & & & & & & & & & & k_{13,13} & 0 \\
 & & & & & & & & & & & & & k_{14,14}
\end{bmatrix}
$$

$$(A-1)$$

为了便于讲述变带宽存储总刚的方法，需要用到以下概念：总码所属节点，节点所属单元，总码所属单元，总码相关节点，总码相关总码，总码的最小相关总码。这些概念的含义自明，不用赘述。例如图 A-3 所示模型中，总码 12 的所属节点是 8，节点 8 的所属单元是 6、7、8，总码 12 的所属单元是 6、7、8，总码 12 的相关节点是 5、6、7、8，总码 12 的相关总码是 9、10，总码 12 的最小相关总码 9。这里需要注意的是，0 总码不是任何总码的相关总码，当然也不能是最小相关总码。另外，对于梁单元和杆单元共用的节点，如果相关单元是杆单元，节点的第 3 个总码也不是相关总码，5 节点的第 3 个总码 8 不是 8 节点总码 12 的相关总码。

带宽是一个比较重要的概念。所谓带宽，就是每列元素需要存储的元素的个数，是指总刚的上三角每列元素中，从第 1 个元素开始，去掉连续 0 元素以后所剩元素的个数。式（A-1）是图 A-3 所示模型的总刚，其中，第 1 列元素的带宽为 1，第 8 列元素的带宽为 1，第 11 列元素的带宽为 7，第 12 列元素的带宽为 4。显然带宽等于总码与其最小相关总码之差加 1，节点的编号方式直接影响带宽。

带宽内的元素要保存在一维数组中，在式（A-1）中带宽内元素保存在一维数组中的结果为

$$
\begin{bmatrix}
k_{11} & k_{12} & k_{22} & k_{13} & k_{23} & k_{33} & k_{44} & k_{15} & k_{25} & k_{35} \\
k_{45} & k_{55} & k_{16} & k_{26} & k_{36} & k_{46} & k_{56} & k_{66} & k_{17} & k_{27} \\
k_{37} & k_{47} & k_{57} & k_{67} & k_{77} & k_{88} & k_{59} & k_{69} & k_{79} & k_{89} \\
k_{99} & k_{5,10} & k_{6,10} & k_{7,10} & k_{8,10} & k_{9,10} & k_{10,10} & k_{5,11} & k_{6,11} & k_{7,11} \\
k_{8,11} & k_{9,11} & k_{10,11} & k_{11,11} & k_{9,12} & k_{10,12} & k_{11,12} & k_{12,12} & k_{9,13} & k_{10,13} \\
k_{11,13} & k_{12,13} & k_{13,13} & k_{5,14} & k_{6,14} & k_{7,14} & k_{8,14} & k_{9,14} & k_{10,14} & k_{11,14} \\
k_{12,14} & k_{13,14} & k_{14,14}
\end{bmatrix}
$$

为了存取总刚中元素的方便，需要知道各个元素在一维数组中的位置信息。元素位置信息通常通过主对角线上元素在一维数组中的地址来确定，而主对角线上元素地址可以根据每列元素的带宽来确定。显然，第 1 列元素的带宽必然等于 1，其主对角线上元素的地址也必然等于 1。前一列主对角线上元素的地址加上本列带宽，就等于本列主对角线上元素的地址，即当 I>1 时，第 I 列对角线元素在一维数组中的地址为：Address（I）＝Address（I-1）＋Band_Width（I）。图 A-3 所示模型总刚中主对角线上元素地址数组为（1，3，6，7，12，18，25，26，31，37，44，48，53，63）。程序 A.7 是确定总刚中主对角线上元素在一维变带宽数组中地址的子程序。

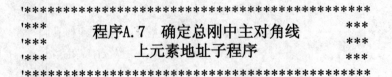

```vb
'*********************************************
'***      程序A.7   确定总刚中主对角线        ***
'***            上元素地址子程序              ***
'*********************************************
Public Sub DetermineAddressOfDiagnoalFactor()
    Dim I As Long, J As Long, K As Long, L As Long
    Dim RElem As Long, RNode As Long
    Dim MidFreedom As Long
```

```
Dim N_In_E As Integer
ReDim B_Width(1 To All_Freedom) As Long
Address(1)=1
B_ Width (1)=1
For I=2 To All _ Freedom
  B_ Width (I)=1
For L=1 To All _ Node
  If Freedom_ ID (1, L)=I Or Freedom_ ID (2, L)=I Or Freedom_ ID (3, L)=I Then
      RNode=L
    For J =1 To All _ Elem
        Call Get _ N _ in _ E (N _ In _ E, J)
        RElem=0
        For K=1 To N_ In_ E
          If Elem (K+4, J)=RNode Then
            RElem=J
            Exit For
            End If
          Next K
          If RElem=J Then
            For K=1 To N _ In _ E
                MidFreedom=Freedom_ ID (1, Elem (K+4, RElem))
              If B_ Width (I)< (I-MidFreedom+1) And MidFreedom< > 0 Then
                B_ Width (I)=I-MidFreedom+1
              End If
                MidFreedom=Freedom_ ID (2, Elem (K+4, RElem))
              If B_ Width (I)< (I-MidFreedom+1) And MidFreedom< > 0 Then
              B_ Width (I)=I-MidFreedom+1
            End If
            If ElemType (1, Elem (2, RElem))=30 Then
                MidFreedom=Freedom_ ID (3, Elem (K+4, RElem))
              If B_ Width (I)< (I- MidFreedom+1) And MidFreedom< > 0 Then
                B_ Width (I)=I-MidFreedom+1
              End If
            End If
          Next K
        End If
      Next J
    End If
  Next L
    Address (I)=Address (I-1)+B_ Width (I)
  Next I
End Sub
```

A. 4. 6 整体分析全过程子程序

计算模块读入了模型数据并且进行了预处理以后，就可以开始计算了。程序 A. 8 是整体分析全过程子程序。在数值计算过程中，还要调用一些子程序，包括计算总刚子程序、形成总体节点荷载向量子程序、求解线性方程组子程序、计算所有单元杆端内力子程序等。

```
!************************************************
!***                                         ***
!***      程序A.8   整体分析全过程子程序       ***
!***                                         ***
!************************************************

Sub Solution()
    '0. 声明变量
        ReDim GK(1 To Address(All_Freedom))As Double
        ReDim GP(1 To All_Freedom)As Double
        Dim LDLT As Boolean
        Dim I As Long,N As Long
    '1. 形成结构刚度矩阵[GK]
        Call Create_Frame_GK(GK)
    '2. 形成结点荷载向量[GP]
        Call Create_Frame_GP(GP)
    '3. 解方程得该步自由结点位移向量,仍存于 GP 中
        LDLT=False
        Call Solve(Address,GK,GP,LDLT)
    '4. 把结点位移数据 GP()存到文件,供绘变形图使用
        N=1
            Call SaveMiddDisp(N,GP)
            Call SaveFinalDisp(N,GP)
    '5. 利用结点位移,求整体坐标系中的杆端力
        Call CalculateFinalElemNodeForce(N)
End Sub
```

A. 4. 7 计算总刚子程序

程序 A. 9 是计算总刚子程序，其主要作用有两个：一是把每个单元的单刚中元素组集到总刚中，二是把弹性支座的刚度也叠加到总刚中。计算总刚子程序是一个重要子程序，其调用的 Element _ Dispatcher（EK）也是一个重要的子程序，将在后面进行详细介绍。Element _ Dispatcher（EK）的作用是调用相应的单元模块，计算当前单元的单刚并回传。由于采用一维数组对总刚进行半带宽存储，因此，单刚组集到总刚的过程比较复杂，是本书中最复杂的程序之一。

```
!************************************************
!***                                         ***
!***      程序A.9   计算总刚子程序             ***
!***                                         ***
!************************************************

Sub Create_Frame_GK(GK)
```

```
'0. 声明变量
    Dim I As Long,J As Long,K As Long,L As Long
    Dim J1 As Integer,L1 As Integer
    Dim FreeD1 As Long,FreeD2 As Long
    Dim AddressD1D2 As Long
    Dim N_In_E As Integer
    Dim ENF As Long
    Dim EK(1 To 24,1 To 24)As Double
    Dim SK(1 To 2,1 To 2)As Double          '倾斜弹簧刚度矩阵
    Dim Alpha As Double                      '倾斜弹簧的角度
'1. 数组 GK()清 0
    For I=1 To Address(All_Freedom)
        GK(I)=0
    Next I
'2. 对单元进行循环，求出每个单刚，叠加到总刚
        ISW=1
    For I=1 To All_Elem
            Current_Elem=I
    For J=1 To24
        For K=1 To24
          EK (J, K)=0
        Next K
    Next J
    Elem_Class=ElemType (1, Elem (2, Current_Elem))
    Call Element_Dispatcher (EK)
    Call Get_N_in_E (N_In_E, I)
    ENF=2
    If Elem_Class=30 Then ENF=3
    '把单刚组集到总刚
    For J=1 To N_In_E
      For J1=1 To ENF
        FreeD1=Freedom_ID (J1, Elem (J+4, I))
          If FreeD1> 0 Then
            For L=1 To N_In_E
              For L1=1 To ENF
                FreeD2=Freedom_ID (L1, Elem (L+4, I))
              If FreeD2> 0 And FreeD2< =FreeD1 Then
                AddressD1D2=Address (FreeD1)-(FreeD1-FreeD2)
                GK (AddressD1D2)=GK (AddressD1D2)+ _
                  EK (ENF * (L-1)+L1, ENF * (J-1)+J1)
              End If
            Next L1
          Next L
```

```
                  End If
              Next J1
          Next J
      Next I
'3. 求出弹性支座的贡献，叠加到总刚上
      If All _ SpringBoun< 1 Then Exit Sub
   For I=1 To All _ Node
      If SpringBoun (6, I)=1 Then
          For J=1 To 3
              If SpringBoun (J, I)> 0 And Freedom _ ID (J, I) Then
                  GK (Address (Freedom _ ID (J, I)))=GK (Address (Freedom _ ID (J, I)))+Spring-
                  Boun (J, I)
              End If
          Next J
          If SpringBoun (4, I)> 0 Then              '有倾斜弹簧
              Alpha=SpringBoun (4, I)
              SK (1, 1)=SpringBoun (4, I) * Cos (Alpha) * Cos (Alpha)
              SK (1, 2)=SpringBoun (4, I) * Sin (Alpha) * Cos (Alpha)
              SK (2, 1)=SK (1, 2)
              SK (2, 2)=SpringBoun (4, I) * Sin (Alpha) * Sin (Alpha)
              FreeD1=Freedom _ ID (1, I)
              FreeD2=Freedom _ ID (2, I)
              If FreeD1> 0 Then
                  GK (Address (FreeD1))=GK (Address (FreeD1))+SK (1, 1)
              End If
              If FreeD2> 0 Then
                  GK (Address (FreeD2))=GK (Address (FreeD2))+SK (2, 2)
              End If
              If FreeD1> 0 And FreeD2> 0 Then
                  AddressD1D2=Address (FreeD2)-(FreeD2-FreeD1)
                  GK (AddressD1D2)=GK (AddressD1D2)+SK (1, 2)
              End If
          End If
      End If
   Next I
End Sub
```

A. 4. 8　形成总体节点荷载向量子程序

程序 A. 10 是形成总体节点荷载向量子程序。首先根据节点荷载信息形成直接节点荷载向量，然后计算强制节点位移引起的等效节点荷载，保存在两个数组中（见程序 A. 11），最后对单元循环计算每个单元上单元荷载引起的等效节点荷载（见程序 A. 12），叠加到节点荷载向量的相应位置。

```
'*********************************************
'***                                       ***
'*** 程序A. 10   形成总体节点荷载向量子程序  ***
'***                                       ***
'*********************************************
Sub Create_Frame_GP(GP)
   '0. 声明变量
      Dim I As Long,J As Integer
      Dim FD As Long
   '1. 数组 GP()清 0
   For I=1 To All_Freedom
      GP(I)=0
   Next I
   '2. 把直接结点荷载直接叠加到 GP () 中
      For I=1 To All _ Node
       For J=1 To 3
         If NodeLoad (J, I) < > 0 Then
             FD=Freedom _ ID (J, I)
             If FD> 0 Then
             GP (FD)=GP (FD)+NodeLoad (J, I)
         End If
         End If
       Next J
   Next I
   '3. 计算强制节点位移引起的等效节点荷载
      '3.1   计算固端力和等效节点荷载向量，保存在两个数组中
      ISW=2
      Call Calc _ SuppMoveFixedEndsForce _ EquiNodeLoad
      '3.2 组集到 GP () 中
      For I=1 To All _ Node
         For J=1 To 3
           If SuppMoveEquiNodeLoad (J, I) < > 0 Then
             FD=Freedom _ ID (J, I)
           If FD> 0 Then
             GP (FD)=GP (FD)+SuppMoveEquiNodeLoad (J, I)
           End If
           End If
         Next J
      Next I
   '4. 利用单元程序计算单元荷载引起的等效节点荷载
      '4.1 计算
      ISW=3
      Call Calculate _ ElemLoadFixedEndsForce _ EquiNodeLoad
```

```
'4.2 组集到 GP（）中
For I＝1 To All _ Node
  For J＝1 To 3
    If ElemLoadEquiNodeLoad（J，I）＜＞0 Then
        FD＝Freedom _ ID（J，I）
      If FD＞0 Then
        GP（FD)＝GP（FD)＋ElemLoadEquiNodeLoad（J，I）
      End If
    End If
  Next J
Next I
End Sub
```

```
'************************************************
'***        程序A.11    强制节点位移          ***
'***           引起的等效节点荷载             ***
'************************************************

Sub Calc_SuppMoveFixedEndsForce_EquiNodeLoad()
  '0. 声明变量
      Dim I As Long,J As Long,K As Long,L As Long
      Dim EK(1 To 6,1 To 6)As Double
      ReDim SuppMoveFixedEndsForce(1 To 6,1 To All_Elem)
      ReDim SuppMoveEquiNodeLoad(1 To 3,1 To All_Node)
      Dim SuppMove(1 To 3)As Double
      Dim SuppMoveExist As Boolean
      Dim TotalElemIncludeThisSupport As Long
      Dim ElemIncludeThisSupport(1 To 100)As Long
  '1. 固端力数组和等效节点荷载数组清 0
      For I＝1 To All_Elem
        For J＝1 To 6
            SuppMoveFixedEndsForce(J,I)＝0
        Next J
      Next I
      For I＝1 To All _ Node 0
        For J＝1 To 3
            SuppMoveEquiNodeLoad（J，I)＝0
        Next J
      Next I
  '2. 对所有节点循环
        ISW＝2
      For I＝1 To All _ Node
        '2.1 检查当前节点有无强制位移
```

```
        SuppMoveExist＝False
        TotalElemIncludeThisSupport＝0
        For J＝1 To 3
          SuppMove（J）＝0
        If NodeLoad（J，I）＜＞0 And Freedom_ID（J，I）＝0 Then
            SuppMoveExist＝True
            SuppMove（J）＝NodeLoad（J，I）
        End If
      Next J
```
'2.2 找到节点所属单元，并把单元号码存在数组中
```
      If SuppMoveExist＝True Then
        For J＝1 To All_Elem
          If Elem（5，J）＝I Or Elem（6，J）＝I Then
            TotalElemIncludeThisSupport＝TotalElemIncludeThisSupport＋1
            ElemIncludeThisSupport（TotalElemIncludeThisSupport）＝J
          End If
        Next J
      End If
```
'2.3 逐个计算相关单元的固端力和等效节点荷载
```
      For J＝1 To TotalElemIncludeThisSupport
        Current_Elem＝ElemIncludeThisSupport（J）
        Elem_Class＝ElemType（1，Elem（2，Current_Elem））
        For K＝1 To 2
          If Elem（K＋4，Current_Elem）＝I Then
            For L＝1 To 3
              EK（3＊(K-1)＋L，3）＝SuppMove（L）
            Next L
          End If
        Next K
        Call Element_Dispatcher（EK）
        L＝Current_Elem
        For K＝1 To 6
          SuppMoveFixedEndsForce（K，L）＝EK（K，1）
        Next K
        For K＝1 To 3
          SuppMoveEquiNodeLoad（K，Elem（5，L））＝ _
          SuppMoveEquiNodeLoad（K，Elem（5，L))-EK（K，2）
          SuppMoveEquiNodeLoad（K，Elem（6，L））＝ _
          SuppMoveEquiNodeLoad（K，Elem（6，L))-EK（3＋K，2）
        Next K
      Next J
    Next I
End Sub
```

```
'************************************************
'***        程序A.12   计算单元荷载引起        ***
'***           的等效节点荷载                  ***
'***                                          ***
'************************************************
Sub Calculate_ElemLoadFixedEndsForce_EquiNodeLoad()
   '0. 声明变量
      Dim I As Long,J As Long,K As Long
      Dim EK(1 To 6,1 To 6)As Double
      ReDim ElemLoadFixedEndsForce(1 To 6,1 To All_Elem)
      ReDim ElemLoadEquiNodeLoad(1 To 3,1 To All_Node)
   '1. 固端力数组和等效节点荷载数组清 0
      For I=1 To All_Elem
         For J=1 To 6
            ElemLoadFixedEndsForce(J,I)=0
         Next J
      Next I
      For I=1 To All_Node
         For J=1 To 3
            ElemLoadEquiNodeLoad (J, I)=0
         Next J
      Next I
   '2. 求出每个单元的固端力和等效节点荷载
         ISW=3
      For I=1 To All_Elem
         Current_Elem=I
         Elem_Class=ElemType (1, Elem (2, Current_Elem))
         '数组 EK () 清 0
         For J=1 To 6
            For K=1 To 6
               EK (J, K)=0
            Next K
         Next J
      Call Element_Dispatcher (EK)
      For J=1 To 6
         ElemLoadFixedEndsForce (J, I)=EK (J, 1)
      Next J
      For J=1 To 3
         ElemLoadEquiNodeLoad (J, Elem (5, I))= _
         ElemLoadEquiNodeLoad (J, Elem (5, I))-EK (J, 2)
         ElemLoadEquiNodeLoad (J, Elem (6, I))= _
         ElemLoadEquiNodeLoad (J, Elem (6, I))-EK (3+J, 2)
      Next J
```

```
    Next I
End Sub
```

A.4.9　求解线性方程组子程序

程序 A.13 是用 LDL^T 分解法求解线性方程组的源程序。其中，系数矩阵必须是对称的，变带宽存储在一维数组 A 中，系数矩阵对角线元素的地址存储在数组 Addr 中，方程的右端项存储在数组 B 中，逻辑变量 LDLT 为 True 时表示系数矩阵已经进行了 LDL^T 分解，反之，表示尚未分解。

由于矩阵 [L] 和矩阵 [A] 具有相同的带宽，而且求出的 [L] 矩阵和 [D] 矩阵中的元素是按列的顺序求出的，因此，为了节省存储空间，在分解矩阵 [A] 的过程中，用矩阵 [D] 的对角线元素及矩阵 [L] 的右上角元素，依次覆盖矩阵 [A] 中的元素，最后，也就把 [L] 矩阵和 [D] 矩阵中的元素变带宽存储在一维数组之中了。

另外，在求解方程 [L][Z]=[B] 时，把求出的 [Z] 存储在 [B] 向量中。同理，求解 [D][Y]=[Z] 时，把 [Y] 存储在 [B] 向量中；求解 $[L]^T[X]=[Y]$ 时，把 [X] 也存储在 [B] 向量中，因此，调用程序 A.13 时，[B] 向量传进子程序的是方程组的右端项，回传的是方程组的解。

```
'*********************************************
'***                                       ***
'***     程序A.13   求解线性方程组子程序      ***
'***                                       ***
'*********************************************

Sub Solve(Addr,A,B,LDLT)
    '0. 声明变量
        Dim I As Long,J As Long,K As Long
        Dim NEQ As Long
        Dim I_Band As Long,J_Band As Long
        DimSmall_Band As Integer
        DimAij As Double,Lik As Double,Ljk As Double
        Dim Dk As Double
        NEQ=UBound(Addr,1)
        If LDLT Then GoTo SecondPart:
    '1. 把 A 进行分解,仍然存于 A 中
        A(1)=A (1)
    For I=2 To NEQ
        I_Band=Addr (I)-Addr (I-1)
        For J=(I-I_Band+1) To I
        J_Band=1
        If J> 1 Then
            J_Band=Addr (J)-Addr (J-1)
        End If
            Small_Band=I_Band-(I-J)
        If Small_Band> J_Band Then
```

```
        Small _ Band＝J _ Band
    End If
        Aij＝A（Addr（I)-(I-J))
      ForK＝(J-Small _ Band＋1) To J-1
      Lik ＝A（Addr（I)-(I-K))
      Ljk ＝A（Addr（J)-(J-K))
      Dk ＝A（Addr（K))
      Aij＝Aij－Lik ∗ Ljk ∗ Dk
    Next K
    If J＜ I Then
        A（Addr（I)-(I-J))＝Aij/A（Addr（J))
    End If
    If J＝I Then
        A（Addr（I)-(I-J))＝Aij
    End If
    Next J
  Next I
SecondPart：
  '2. 求解方程
    '2.1 设 LZ＝B，求出 Z，存于 B 中
        B（1)＝B（1)
      For I＝2 To NEQ
      I _ Band＝Addr（I)-Addr（I-1)
      For J＝(I-I _ Band＋1) To I-1
        B（I)＝B（I)-A（Addr（I)-(I-J)) ∗ B（J)
      Next J
    Next I
    '2.2 设 DY＝Z，求出 Y，存于 B 中
      For I＝1 To NEQ
          B（I)＝B（I)/A（Addr（I))
      Next I
    '2.3 设 L^T X＝Y，求出 X，存于 B 中
      B（NEQ)＝B（NEQ)
      For J＝NEQ-1 To 1 Step-1
        For I＝J＋1 To NEQ
          I _ Band＝Addr（I)-Addr（I-1)
          If （I-J)＞ ＝I _ Band Then
            Aij＝0
          Else
            Aij＝A（Addr（I)-(I-J))
          End If
            B（J)＝B（J)-Aij ∗ B（I)
        Next I
```

```
        Next J
End Sub
```

A.4.10　计算所有单元杆端内力子程序

程序 A.14 是计算所有单元杆端内力子程序。用单刚乘位移，得到单元杆端内力，再加上固端力，得到最终杆端内力，结合单元荷载，就可以在后处理器中画出内力图。MDMS 有杆单元和梁单元两种杆件单元，分别调用相应单元程序便可计算出单元的杆端内力。

```
'***********************************************
'***                                         ***
'***   程序A.14   计算所有单元杆端内力子程序   ***
'***                                         ***
'***********************************************
Sub CalculateFinalElemNodeForce(N)
    '0. 声明变量
        Dim I As Long,J As Long,K As Long
        Dim EK(1 To 8,1 To 8)As Double
        ReDim FinalElemNodeForce(1 To 6,1 To All_Elem)As Double
        ReDim CurrentAllDisp(1 To 3,1 To All_Node)As Double
    '1. 读进当前步节点位移
        Call ReadAllDisp(N,CurrentAllDisp)
    '2. 对所有单元循环,计算单元杆端内力
            ISW=4
        For I=1 To All_Elem
            Current_Elem=I
            Elem_Class=ElemType(1,Elem(2,Current_Elem))
        If Elem_Class=30 Or Elem_Class=40 Then
            Call Element_Dispatcher(EK)
            For J=1 To 6
                FinalElemNodeForce(J,I)= _
                ElemLoadFixedEndsForce (J, I)+ _
                SuppMoveFixedEndsForce (J, I)+EK (J, 1)
            Next J
        End If
        Next I
    '3. 把最终杆端内力存储到数据文件
        Call SaveFinalElemNodeForceToFile (N)
End Sub
```

A.4.11　单元调度程序

一个有限元软件的单元库中会有很多单元，如何管理、调度这些单元关系到软件的开发效率和使用效率，也直接影响到软件的可扩展性。程序 A.15 是 MDMS 程序的单元调度程序，凡是涉及单元计算的内容，如计算总刚程序、计算节点荷载程序、计算等效节点荷载程

序、计算固端内力程序，都要通过调用单元调度程序来实现。

采用单元调度程序以及后面将要介绍的标准单元软部件技术，使 MDMS 软件十分容易扩充新的单元。只要给新单元一个单元类别号（Elem_Class），就可以在单元调度程序中调度新的单元，而单元自身的计算功能可以通过新增一个标准单元模块来实现。

```
'*********************************************
'***                                       ***
'***      程序A.15   单元调度程序          ***
'***                                       ***
'*********************************************

Public Sub Element_Dispatcher(EK)
    Select Case Elem_Class
        Case 30
            '两节点刚架单元
            Call Elem_Beam30(EK)
        Case 40
            '两节点桁架单元
            Call Elem_Link40(EK)
        ……
        ……
        ……
    End Select
End Sub
```

A.4.12   两节点桁架单元程序

1. 桁架单元主控程序

杆件结构分析程序的计算模块采用了标准软部件技术。为了便于用单元调度程序调用新开发的单元，约定所有单元模块都采用统一的标准格式，并且每个单元都有一个独立模块。单元模块的功能应该包括：①计算单元刚度矩阵；②计算单元荷载产生的等效节点荷载；③计算支座强制位移引起的等效节点荷载；④根据节点位移，计算单元杆端内力、应力。每个功能通过一个子程序来实现。具体执行哪种计算，由进程控制参数 ISW 决定。

程序 A.16 是 Link40 单元（桁架单元）主控程序，涉及单元的所有计算都通过主模块根据参数 ISW 的值调用相应的子程序来实现。参数 ISW 是一个全程变量，在计算过程的不同阶段，赋予不同的数值。

```
'*********************************************
'***                                       ***
'*** 程序A.16   Link40单元(桁架单元)主控程序 ***
'***                                       ***
'*********************************************

PublicSub Elem_Link40(EK)
    Select Case ISW
        Case 1
            Call MakeLink40K(EK)
```

```
    Case 2
        Call Link40_SuppMove_FixedEndForce_EquiLoad(EK)
    Case 3
        Call Link40_ElemLoad_FixedEndForce_EquiLoad(EK)
    Case 4
        Call GetLink40_N_N_UnderNodeLoad(EK)
    End Select
End Sub
```

　　有限元计算包括单元分析、整体分析和单元再分析三个主要过程。Link40 单元主控模块中的前三步属于单元分析，要在整体分析之前进行，最后一步属于单元再分析，要在经过整体分析求出节点位移以后进行。下面分别介绍单元分析和单元再分析的 4 个子程序。

　　2. 桁架单元计算单刚子程序

　　程序 A.17 是桁架单元的计算单刚子程序，程序 A.18 是坐标变换子程序，程序 A.19 是局部坐标系中单刚子程序，通过这三个子程序，便可以计算一个杆单元在整体坐标系中的单刚。

```
'*******************************************
'***                                     ***
'***    程序A.17    桁架单元计算单刚子程序    ***
'***                                     ***
'*******************************************

Sub MakeLink40K(EK)
    '0. 声明变量
        Dim I As Long,J As Long,M As Long
        Dim MidK(1 To 4,1 To 4)As Double
        Dim KK(1 To 4,1 To 4)As Double
        Dim T(1 To 4,1 To 4)As Double
    '1. 确定坐标转换矩阵
        Call LinkElemCoorTranMatrix(T)
    '2. 计算局部坐标系中的单刚
        Call MakeLink40_LocalK(KK)
    '3. 求出整体坐标系中单刚:[EK]=[T]ᵀ [KK] [T]
        '3.1 计算: [MidK]=[T]ᵀ [KK]
            For I=1 To 4
                For J=1 To 4
                    MidK (I, J)=0
                For M=1 To 4
                    MidK (I, J)=MidK (I, J)+T (M, I) * KK (M, J)
                Next M
            Next J
            Next I
        '3.2 计算: [EK]=[MidK] [T]
```

```
            For I=1 To 4
                For J=1 To 4
                    EK (I, J)=0
                    For M=1 To 4
                        EK (I, J)=EK (I, J)+MidK (I, M) * T (M, J)
                    Next M
                Next J
            Next I
    End Sub
```

```
'**********************************************
'***                                        ***
'***    程序A.18　桁架单元坐标变换子程序      ***
'***                                        ***
'**********************************************
```

```
Sub LinkElemCoorTranMatrix(T)
    '0. 声明变量
        Dim I As Long,J As Long
        Dim Elem_Length As Double
        Dim SinA As Double
        Dim CosA As Double
    '1. 确定倾角的正弦和余弦
        I=Current_Elem
        '单元长度
        Elem_Length=(Coor(1,Elem(5,I))-Coor (1, Elem (6, I))) ^2+ _
                    (Coor (2, Elem (5, I))-Coor (2, Elem (6, I))) ^2
        Elem _ Length=Sqr (Elem _ Length)
        If Abs (Coor (1, Elem (5, I))-Coor (1, Elem (6, I)))< _
            0.0001 * Elem _ Length Then    '铅直单元
            SinA=-1
            CosA=0
        Else
        '一般单元
        SinA=(Coor (2, Elem (6, I))-Coor (2, Elem (5, I)))/Elem _ Length
        CosA=(Coor (1, Elem (6, I))-Coor (1, Elem (5, I)))/Elem _ Length
        End If
    '2. 形成坐标转换矩阵
        For I=1 To 4
          For J=1 To 4
            T (I, J)=0
          Next J
        Next I
        '坐标转换矩阵 [T] 左上角 4 个元素
```

```
    T (1, 1)=CosA:    T (1, 2)=SinA
    T (2, 1)=-SinA:    T (2, 2)=CosA
'坐标转换矩阵 [T] 右下角 4 个元素
    T (3, 3)=CosA:    T (3, 4)=SinA
    T (4, 3)=-SinA:    T (4, 4)=CosA
End Sub
```

```
'*********************************************
'***     程序A. 19    桁架单元局部坐标系        ***
'***          中单刚子程序                    ***
'*********************************************

Sub MakeLink40_LocalK(KK)
    '0. 声明变量
        Dim I As Long
        Dim RealConsCode As Long
        Dim MaterialCode As Long
        Dim EMod As Double
        Dim CrossArea As Double
        Dim Elem_Length As Double
        Dim EAL As Double
    '1. 取出已知的实常数数据和材料数据
        I=Current_Elem
        RealConsCode=Elem(3,I)
        If RealCons(3,RealConsCode)=40 Then
            CrossArea=RealCons (4, RealConsCode)
        End If
        MaterialCode=Elem (4, I)
        If Mate (2, MaterialCode)=1 Then
            EMod=Mate (3, MaterialCode)
        End If
    '2. 形成局部坐标系中单刚 [KK]
        '2.1 计算单元的长度 L
        Elem_Length=(Coor (1, Elem (5, I))-Coor (1, Elem (6, I))) ^2+ _
                    (Coor (2, Elem (5, I))-Coor (2, Elem (6, I))) ^2
        Elem_Length=Sqr (Elem_Length)
        If Elem_Length=0 Then
            MsgBox " Warning: the length of bar element" & I &" is 0"
            End If
        '2.2 确定单刚中参数
        EAL=EMod * CrossArea/Elem_Length

        '2.3 写出局部坐标系中单刚的 4 个子块
```

'左上角子块   '右上角子块
KK（1，1）＝EAL； KK（1，2）＝0； KK（1，3）＝-EAL； KK（1，4）＝0
KK（2，1）＝0；   KK（2，2）＝0； KK（2，3）＝0；   KK（2，4）＝0
'左下角子块   '右下角子块
KK（3，1）＝-EAL； KK（3，2）＝0； KK（3，3）＝EAL；   KK（3，4）＝0
KK（4，1）＝0；   KK（4，2）＝0； KK（4，3）＝0；   KK（4，4）＝0
End Sub

3. 强制节点位移在杆单元中引起的等效节点荷载子程序

计算强制位移引起的等效节点荷载的思路是首先计算强制位移引起的局部坐标系中的固端力，经过坐标变换以后，求出整体坐标系中的固端力，其相反数作为等效节点荷载。程序A.20是强制节点位移在杆单元中引起的等效节点荷载子程序。支座移动引起的固端力和等效节点荷载的具体数值取决于单元类型，杆单元和梁单元的计算方法不同。一个节点可能属于多个单元，所以，一个支座移动，可在多个单元中引起固端力和等效节点荷载。另外，一个单元的两个节点都可能存在强制位移，在具体计算时，每次只计算一个节点上的强制位移引起的固端力和等效节点荷载。

```
'***************************************************
'***      程序A.20   强制节点位移在杆单元中      ***
'***              引起的等效节点荷载子程序        ***
'***************************************************

Sub Link40_SuppMove_FixedEndForce_EquiLoad(EK)
    '0. 声明变量
        Dim I As Long,J As Long,K As Long
        Dim KK(1 To 4,1 To 4)As Double
        Dim T(1 To 4,1 To 4)As Double
    '1. 确定当前单元坐标转换矩阵
        Call LinkElemCoorTranMatrix(T)
    '2. 把支座移动变换到局部坐标系,存到第4列
        For J=1 To 4
            EK(J,4)=0
          For K=1 To 4
            EK (J, 4)=EK (J, 4)+T (J, K) * EK (K, 3)
          Next K
        Next J
    '3. 确定桁架单元局部坐标系单刚
        Call MakeLink40 _ LocalK (KK)
    '4. 单刚乘以位移,得到局部坐标系固端力
        For J=1 To 4
            EK (J, 1)=0
          For K=1 To 4
            EK (J, 1)=EK (J, 1)+KK (J, K) * EK (K, 4)
```

```
        Next K
    Next J
```
'5. 把局部坐标系固端力转换到整体坐标系（相反数就是等效节点荷载）
```
        For J＝1 To 4
            EK (J, 2)＝0
            For K＝1 To 4
            EK (J, 2)＝EK (J, 2)＋T (K, J) * EK (K, 1)
            Next K
        Next J
```
'6. 把杆单元的 4 个杆端力内存储于 EK () 第 1 列的 1、2、4、5 行
```
    EK (5, 1)＝EK (4, 1)
    EK (4, 1)＝EK (3, 1)
    EK (3, 1)＝0
    EK (6, 1)＝0
```
'7. 把等效节点荷载存储于 EK () 第 2 列的 1、2、4、5 行
```
    EK (5, 2)＝EK (4, 2)
    EK (4, 2)＝EK (3, 2)
    EK (3, 2)＝0
    EK (6, 2)＝0
End Sub
```

4. 计算桁架单元上单元荷载引起的等效节点荷载子程序

目前，MDMS 的前处理器能够交互输入以下 7 种单元荷载：①满跨均布荷载；②切向集中荷载；③集中力偶；④轴向集中力；⑤切向梯形荷载；⑥温度变化荷载；⑦轴向制造误差。对于杆单元来说，第 1、2、3、5 种是不可能的，因此，只需考虑第 4、6、7 三种单元荷载引起的等效节点荷载。程序 A.21 是计算这三种单元荷载在桁架单元上引起的等效节点荷载子程序。

```
'********************************************
'***    程序A.21　计算桁架单元上单元荷载   ***
'***          引起的等效节点荷载子程序      ***
'********************************************

Sub Link40_ElemLoad_FixedEndForce_EquiLoad(EK)
    '0. 声明变量
    Dim I As Long,J As Long,K As Long
    Dim ElemLoadTypeCode As Long
    Dim LV As Double
    Dim Elem_Length   As Double
    Dim LA As Double
    Dim LB As Double
    Dim T(1 To 4,1 To 4)As Double
    Dim RealConsCode As Long
```

```
    Dim MaterialCode As Long
    Dim EMod As Double
    Dim CrossArea As Double
    Dim ThermalExpansivity As Double
'1. 取出单元材料参数及实常数
    I=Current_Elem
    RealConsCode=Elem(3,I)
    MaterialCode=Elem(4,I)
    If Mate(2,MaterialCode)=1 Then
      EMod=Mate (3, MaterialCode)
      ThermalExpansivity=Mate (5, MaterialCode)
    End If
    If RealCons (3, RealConsCode)=40 Then
      CrossArea=RealCons (4, RealConsCode)
    End If
'2. 计算单元长度
    Elem _ Length=(Coor (1, Elem (5, I))-Coor (1, Elem (6, I))) ^2+ _
                 (Coor (2, Elem (5, I))-Coor (2, Elem (6, I))) ^2
    Elem _ Length=Sqr (Elem _ Length)
'3. 根据单元荷载类别计算总的固端力
    For J=1 To 10
        ElemLoadTypeCode=ElemLoad (J, 2, I)
        '< 1> 满跨均布荷载
        If ElemLoadTypeCode=1 Then
        End If
        '< 2> 切向集中荷载
        If ElemLoadTypeCode=2 Then
        End If
        '< 3> 一般集中力偶
        If ElemLoadTypeCode Then
        End If
        '< 4> 一般轴向荷载
        If ElemLoadTypeCode=4 Then
            LV=ElemLoad (J, 3, I)
            LA=ElemLoad (J, 4, I)
            LB=Elem _ Length-LA
            EK (1, 1)=EK (1, 1)-LV * LB/Elem _ Length
            EK (3, 1)=EK (3, 1)-LV * LA/Elem _ Length
        End If
        '< 5> 一般梯形荷载
        If ElemLoadTypeCode=5 Then
        End If
        '< 6> 温度变化
```

```
        If ElemLoadTypeCode＝6 Then
            LV＝ElemLoad (J, 3, I)    '
            EK (1, 1)＝EK (1, 1)＋EMod * CrossArea * _
                    ThermalExpansivity * LV
            EK (3, 1)＝EK (3, 1)-EMod * CrossArea * _
                    ThermalExpansivity * LV
        End If
        '< 7> 轴向制造误差
        If J＝7 And LV< > 0 Then
            LV＝ElemLoad (J, 3, I)
            EK (1, 1)＝EK (1, 1)＋EMod * CrossArea * LV/Elem _ Length
            EK (3, 1)＝EK (3, 1)-EMod * CrossArea * LV/Elem _ Length
        End If
    Next J
'4. 进行坐标变换，得到整体坐标系中的杆端力，放在 EK () 第二行回传
    '< 1> 确定当前单元的坐标转换矩阵
    Call LinkElemCoorTranMatrix (T)
    '< 2> 固端力做变换
    For J＝1 To 4
        EK (J, 2)＝0
        For K＝1 To 4
            EK (J, 2)＝EK (J, 2)＋T (K, J) * EK (K, 1)
        Next K
    Next J
'5. 把杆单元的 4 个杆端力分别存储于 EK () 第 1 列的 1、2、4、5 行
    EK (5, 1)＝EK (4, 1)
    EK (4, 1)＝EK (3, 1)
    EK (3, 1)＝0
    EK (6, 1)＝0
'6. 等效节点荷载也要存储于 EK () 第 2 列的 1、2、4、5 行
    EK (5, 2)＝EK (4, 2)
    EK (4, 2)＝EK (3, 2)
    EK (3, 2)＝0
    EK (3, 2)＝0
End Sub
```

5. 计算桁架单元局部坐标系中杆端内力子程序

　　杆件结构分析的重要目的之一是画出杆件结构的内力图。杆单元的内力只有轴力，为了画出轴力图，首先需要求出杆单元的杆端内力。求杆单元杆端内力的基本思路是：利用单元坐标变换矩阵和整体坐标系中的杆端位移，求出局部坐标系中的杆端位移，再与局部坐标系中的单刚相乘，就可得到局部坐标系中的杆端内力。程序 A. 22 是计算桁架单元局部坐标系杆端内力子程序。

```
'**********************************************
'***      程序A. 22   计算桁架单元局部坐标        ***
'***            系中杆端内力子程序               ***
'**********************************************

Sub GetLink40_N_N_UnderNodeLoad(EK)
  '0. 声明变量
      Dim I As Long,J As Long,K As Long
      Dim GlobalNodeDisp(1 To 4)As Double
      Dim LocalNodeDisp(1 To 4)As Double
      Dim LocalEK(1 To 4,1 To 4)As Double
      Dim T(1 To 4,1 To 4)As Double
  '1. 确定桁架单元坐标转换矩阵[T]
      Call LinkElemCoorTranMatrix(T)
  '2. 把整体坐标系中的节点位移,转换到局部坐标系中
      I=Current_Elem
  For J=1 To 2
      GlobalNodeDisp(J)=CurrentAllDisp (J, Elem (5, I))
      GlobalNodeDisp (J+2)=CurrentAllDisp (J, Elem (6, I))
  Next J
  For I=1 To 4
      LocalNodeDisp (I)=0
    For J=1 To 4
        LocalNodeDisp (I)=LocalNodeDisp (I)+T (I, J) * GlobalNodeDisp (J)
    Next J
  Next I
  '3. 求桁架单元局部坐标系中的单刚
      Call MakeLink40 _ LocalK (LocalEK)
  '4. 局部单刚乘以局部位移,得到局部杆端内力,存于 EK () 第1列
      For I=1 To 4
          EK (I, 1)=0
      For J=1 To 4
        EK (I, 1)=EK (I, 1)+LocalEK (I, J) * LocalNodeDisp (J)
      Next J
      Next I
  '5. 把4个杆端内力分别存储于 EK () 第1列的1、2、4、5行
      EK (5, 1)=EK (4, 1)
      EK (4, 1)=EK (3, 1)
      EK (3, 1)=0
      EK (6, 1)=0
End Sub
```

A. 4. 13　两节点刚架单元程序

1. 刚架单元主控程序

前已述及，单元模块的功能应该包括单元分析和单元再分析的所有内容：①计算单刚；②计算单元荷载产生等效节点荷载；③计算支座移动引起的等效节点荷载；④计算单元内力或应力。

与杆单元类似，两节点梁单元的单元模块应该包括如下的具体功能：①计算单刚；②计算支座移动引起的等效节点荷载；③计算单元荷载产生的局部坐标系中的单元固端力以及整体坐标系中的单元等效节点荷载；④计算节点位移引起的局部坐标系中的单元杆端力。程序A. 23 是 Beam30（刚架单元）主控程序。

```
'********************************************
'***      程序A. 23   Beam30单元(刚架      ***
'***            单元)主控程序              ***
'********************************************

Sub Elem_Beam30(EK)
    '根据 ISW 的值,调用相应子程序
    Select Case ISW
        Case 1   形成单元单刚
            Call MakeBeam30K(EK)
        Case 2   '计算支座移动引起的等效结点荷载
            Call Beam30_SuppMove_FixedEndForce_EquiLoad(EK)
        Case 3   形成单元荷载引起的等效结点荷载
            Call Beam30_ElemLoad_FixedEndForce_EquiLoad(EK)
        Case 4   '计算单元最终固端内力
            Call GetBeam30_NQM_NQM_UnderNodeLoad(EK)
        Case Else
    End Select
End Sub
```

2. 刚架单元计算单刚子程序

程序 A. 24 是刚架单元计算单刚子程序，程序 A. 25 是坐标变换子程序，程序 A. 26 是局部坐标系中单刚子程序，通过这三个子程序，便可以计算一个梁单元在整体坐标系中的单刚。

```
'********************************************
'***                                      ***
'***   程序A. 24   刚架单元计算单刚子程序   ***
'***                                      ***
'********************************************

Sub MakeBeam30K(EK)
    '0. 声明变量
    Dim I As Long,J As Long,M As Long
```

```
    Dim MidK(1 To 6,1 To 6)As Double
    Dim KK(1 To 6,1 To 6)As Double
    Dim T(1 To 6,1 To 6)As Double
'1. 确定当前单元坐标转换矩阵[T]
    Call BeamElemCoorTranMatrix(T)
'2. 计算当前单元局部坐标系中的单刚
    Call MakeBeam30_LocalK(KK)
'3. 进行坐标变换,求出整体坐标系中单刚:[EK]=[T]ᵀ[KK][T]
    '3.1 首先进行 [MidK]=[T]'[KK]
    For I=1 To 6
       For J=1 To 6
            MidK (I, J)=0
         For M=1 To 6
            MidK (I, J)=MidK (I, J)+T (M, I)*KK (M, J)
         Next M
      Next J
    Next I
    '3.2 然后进行 [EK]=[MidK][T]
    For I=1 To 6
       For J=1 To 6
            EK (I, J)=0
         For M=1 To 6
            EK (I, J)=EK (I, J)+MidK (I, M)*T (M, J)
         Next M
      Next J
    Next I
End Sub
```

```
'**********************************************
'***                                        ***
'***    程序A.25   刚架单元坐标变换子程序    ***
'***                                        ***
'**********************************************

Sub BeamElemCoorTranMatrix(T)
   '0. 声明变量
   Dim I As Long,J As Long
   Dim Elem_Length As Double
   Dim SinA As Double
   Dim CosA As Double
   '1. 确定倾角的正弦和余弦
     I=Current_Elem
     '单元长度
     Elem_Length=(Coor (1, Elem (5, I))-Coor (1, Elem (6, I))) ^2+ _
```

```
                      (Coor (2, Elem (5, I))-Coor (2, Elem (6, I))) ^2
    Elem _ Length＝Sqr (Elem _ Length)
    If Abs (Coor (1, Elem (5, I))-Coor (1, Elem (6, I)))< _
        0.0001 * Elem _ Length Then    '铅直单元
        SinA=-1
        CosA＝0
    Else
        '一般单元
        SinA＝(Coor (2, Elem (6, I))-Coor (2, Elem (5, I)))/Elem _ Length
        CosA＝(Coor (1, Elem (6, I))-Coor (1, Elem (5, I)))/Elem _ Length
    End If
'2. 形成坐标转换矩阵
    For I＝1 To 4
        For J＝1 To 4
            T(I, J)＝0
        Next J
    Next I
        '坐标转换矩阵左上角 4 个元素
        T (1, 1)＝CosA：    T (1, 2)＝SinA
        T (2, 1)＝-SinA：    T (2, 2)＝CosA
        '坐标转换矩阵右下角 4 个元素
        T (3, 3)＝CosA：    T (3, 4)＝SinA
        T (4, 3)＝-SinA：    T (4, 4)＝CosA
End Sub
```

```
'***********************************************
'***      程序A.26   刚架单元局部坐标      ***
'***            系中单刚子程序            ***
'***********************************************
```

```
Sub MakeBeam30_LocalK(KK)
    '0. 声明变量
    Dim I As Long
    Dim RealConsCode As Long
    Dim MaterialCode As Long
    Dim EMod As Double
    Dim CrossArea As Double
    Dim I_Moment As Double
    Dim Elem_Length As Double
    Dim EAL As Double
    Dim EI12L3 As Double
    Dim EI6L2 As Double
    Dim EI4L As Double
    Dim EI2L As Double
```

```
'1. 取出已知的实常数数据和材料数据
   I＝Current_Elem
   RealConsCode＝Elem(3,I)
   If RealCons(3,RealConsCode)＝30 Then
       CrossArea＝RealCons（4，RealConsCode)
       I_Moment＝RealCons（5，RealConsCode)
   End If
   MaterialCode＝Elem（4，I)
   If Mate（2，MaterialCode)＝1 Then
       EMod＝Mate（3，MaterialCode)
   End If
'2. 计算单元的长度
   Elem_Length＝(Coor（1，Elem（5，I))-Coor（1，Elem（6，I)))^2+ _
               (Coor（2，Elem（5，I))-Coor（2，Elem（6，I)))^2
   Elem_Length＝Sqr（Elem_Length)
   If Elem_Length＝0 Then
     MsgBox " Warning：the length of bar element" & I &." is 0"
   End If
'3. 写出局部坐标系中单刚用到的一些数据
   EAL＝EMod * CrossArea/Elem_Length
   EI12L3＝12 * EMod * I_Moment/（Elem_Length^3)
   EI6L2＝6 * EMod * I_Moment/（Elem_Length^2)
   EI4L＝4 * EMod * I_Moment/Elem_Length
   EI2L＝2 * EMod * I_Moment/Elem_Length
'4. 写出局部坐标系中单刚的4个子块
   '左上角子块
   KK（1，1)＝EAL：      KK（1，2)＝0：      KK（1，3)＝0
   KK（2，1)＝0：        KK（2，2)＝EI12L3：  KK（2，3)＝EI6L2
   KK（3，1)＝0：        KK（3，2)＝EI6L2：   KK（3，3)＝EI4L
   '左下角子块
   KK（4，1)＝-EAL：     KK（4，2)＝0：      KK（4，3)＝0
   KK（5，1)＝0：        KK（5，2)＝-EI12L3： KK（5，3)＝-EI6L2
   KK（6，1)＝0：        KK（6，2)＝EI6L2：   KK（6，3)＝EI2L
   '右上角子块
   KK（1，4)＝-EAL：     KK（1，5)＝0：      KK（1，6)＝0
   KK（2，4)＝0：        KK（2，5)＝-EI12L3： KK（2，6)＝EI6L2
   KK（3，4)＝0：        KK（3，5)＝-EI6L2：  KK（3，6)＝EI2L
   '右下角子块
   KK（4，4)＝EAL：      KK（4，5)＝0：      KK（4，6)＝0
   KK（5，4)＝0：        KK（5，5)＝EI12L3：  KK（5，6)＝-EI6L2
   KK（6，4)＝0：        KK（6，5)＝-EI6L2：  KK（6，6)＝EI4L
End Sub
```

3. 强制位移在梁单元中引起的等效节点荷载子程序

与桁架单元一样，梁单元端部的强制节点位移也要转化为等效节点荷载。其基本思路是：首先计算强制位移引起的局部坐标系中的固端力，经过坐标变换以后，求出整体坐标系中的固端力，其相反数作为等效结点荷载。程序 A.27 是强制位移在梁单元引起的等效节点荷载子程序。

```
'************************************************
'***    程序A.27    强制位移在梁单元中引起      ***
'***              的等效节点荷载子程序          ***
'************************************************

Sub Beam30_SuppMove_FixedEndForce_EquiLoad(EK)
    '0. 声明变量
        Dim I As Long,J As Long,K As Long
        Dim KK(1 To 6,1 To 6)As Double
        Dim T(1 To 6,1 To 6)As Double
    '1. 确定当前单元坐标转换矩阵
        Call BeamElemCoorTranMatrix(T)
    '2. 把支座移动变换到局部坐标系,存到 EK()第 4 列
        For J=1 To 6
            EK(J,4)=0
            For K=1 To 6
                EK (J, 4)=EK (J, 4)+T (J, K)*EK (K, 3)
            Next K
        Next J
    '3. 确定局部坐标系中的单刚
        Call MakeBeam30 _ LocalK (KK)
    '4. 单刚乘以位移,得到局部坐标系中的固端力
        For J=1 To 6
            EK (J, 1)=0
            For K=1 To 6
                EK (J, 1)=EK (J, 1)+KK (J, K)*EK (K, 4)
            Next K
        Next J
    '5. 把局部坐标系中的固端内力转换到整体坐标系中
        For J=1 To 6
            EK (J, 2)=0
            For K=1 To 6
                EK (J, 2)=EK (J, 2)+T (K, J)*EK (K, 1)
            Next K
        Next J
End Sub
```

4. 计算刚架单元上单元荷载引起的等效节点荷载子程序

刚架单元上常见的单元荷载有如下 7 种：①满跨均布荷载；②切向集中荷载；③集中力

偶；④轴向集中力；⑤切向梯形荷载；⑥温度变化荷载；⑦轴向制造误差。程序 A.28 是刚架单元上单元荷载引起的等效节点荷载子程序。

```
'************************************************
'***     程序A.28   计算刚架单元上单元荷载     ***
'***            引起的等效节点荷载子程序        ***
'************************************************

Sub Beam30_ElemLoad_FixedEndForce_EquiLoad(EK)
    '0. 声明变量
        Dim I As Long,J As Long,K As Long
        Dim ElemLoadTypeCode As Long
        Dim LV As Double
        Dim Elem_Length As Double
        Dim LA As Double
        Dim LB As Double
        Dim T(1 To 6,1 To 6)As Double
        Dim RealConsCode As Long
        Dim MaterialCode As Long
        Dim EMod As Double
        Dim CrossArea As Double
        Dim I_Moment As Double
        Dim HeightOfSection As Double
        Dim ThermalExpansivity As Double
    '1. 取出实常数参数和材料参数
        I=Current_Elem
        RealConsCode=Elem(3,I)
        If RealCons(3,RealConsCode)=30 Then
            CrossArea=RealCons (4, RealConsCode)
            I_ Moment=RealCons (5, RealConsCode)
            HeightOfSection=RealCons (6, RealConsCode)
        End If
        MaterialCode=Elem (4, I)
        If Mate (2, MaterialCode)=1 Then
            EMod=Mate (3, MaterialCode)
            ThermalExpansivity=Mate (5, MaterialCode)
        End If
    '2. 计算单元长度
        Elem _ Length=(Coor (1, Elem (5, I))-Coor (1, Elem (6, I))) ^2+ _
                    (Coor (2, Elem (5, I))-Coor (2, Elem (6, I))) ^2
        Elem _ Length=Sqr (Elem _ Length)
    '3. 对每个单元上最多10个单元荷载进行循环
        For J=1 To 10
            ElemLoadTypeCode=ElemLoad (J, 2, I)
```

```
'< 1> 满跨均布荷载
If ElemLoadTypeCode=1 Then
    LV=ElemLoad (J, 3, I)
    EK (2, 1)=EK (2, 1)-0.5 * LV * Elem _ Length
    EK (3, 1)=EK (3, 1)-LV * Elem _ Length * Elem _ Length/12
    EK (5, 1)=EK (5, 1)-0.5 * LV * Elem _ Length
    EK (6, 1)=EK (6, 1)+LV * Elem _ Length * Elem _ Length/12
End If
'< 2> 一般集中荷载
If ElemLoadTypeCode=2 Then
    LV=ElemLoad (J, 3, I)
    LA=ElemLoad (J, 4, I)
    LB=Elem _ Length-LA
    EK (2, 1)=EK (2, 1)-LV * LB * LB *
            (Elem _ Length+2 * LA)/(Elem _ Length^3)
    EK (3, 1)=EK (3, 1)-LV * LA * LB * LB/(Elem _ Length^2)
    EK (5, 1)=EK (5, 1)-LV * LA * LA * _
            (Elem _ Length+2 * LB)/(Elem _ Length^3)
    EK (6, 1)=EK (6, 1)+LV * LA * LA * LB/(Elem _ Length^2)
End If
'< 3> 一般集中力偶
If ElemLoadTypeCode=3 Then
    LV=ElemLoad (J, 3, I)
    LA=ElemLoad (J, 4, I)
    LB=Elem _ Length-LA
    EK (2, 1)=EK (2, 1)+6 * LV * LA * LB/(Elem _ Length^3)
    EK (3, 1)=EK (3, 1)+LV * (2 * LA * LB-LB * LB)/_
            (Elem _ Length^2)
    EK (5, 1)=EK (5, 1)-6 * LV * LA * LB/(Elem _ Length^3)
    EK (6, 1)=EK (6, 1)+LV * (2 * LA * LB-LA * LA)/_
            (Elem _ Length^2)
End If
'< 4> 一般轴向荷载
If ElemLoadTypeCode=4 Then
    LV=ElemLoad (J, 3, I)
    LA=ElemLoad (J, 4, I)
    LB=Elem _ Length-LA
    EK (1, 1)=EK (1, 1)-LV * LB/Elem _ Length
    EK (4, 1)=EK (4, 1)-LV * LA/Elem _ Length
End If
'< 5> 一般梯形荷载
If ElemLoadTypeCode=5 Then
End If
```

```
'< 6> 温度变化，有 2 个参数。
If ElemLoadTypeCode＝6 Then
  LA＝ElemLoad（J，3，I）
  LB＝ElemLoad（J，4，I）
  LV＝(LA＋LB)/2
  EK（1，1)＝EK（1，1)＋EMod＊CrossArea＊_
            ThermalExpansivity＊LV
  EK（3，1)＝EK（3，1)-EMod＊I_Moment＊_
            ThermalExpansivity＊(LA-LB)/HeightOfSection
  EK（4，1)＝EK（4，1)-EMod＊CrossArea＊_
            ThermalExpansivity＊LV
  EK（6，1)＝EK（6，1)＋EMod＊I_Moment＊_
            ThermalExpansivity＊(LA-LB)/HeightOfSection
End If
'< 7> 轴向制造误差
If ElemLoadTypeCode＝7 Then
  LV＝ElemLoad（J，3，I）
  EK（1，1)＝EK（1，1)＋EMod＊CrossArea＊LV/Elem_Length
  EK（4，1)＝EK（4，1)-EMod＊CrossArea＊LV/Elem_Length
End If
Next J
'4. 进行坐标变换，得到整体坐标系中的杆端力
'4.1 确定当前单元的坐标转换矩阵
Call BeamElemCoorTranMatrix（T）
'4.2 坐标变换
For J＝1 To 6
  EK（J，2)＝0
  For K＝1 To 6
    EK（J，2)＝EK（J，2)＋T（K，J)＊EK（K，1)
  Next K
Next J
End Sub
```

5. 计算刚架单元杆端内力子程序

梁单元的内力图包括弯矩图、剪力图、轴力图三种。为了画内力图，首先要求出局部坐标系中每个梁单元的杆端内力，进而利用叠加法，画出内力图。求梁单元的杆端内力的思路与求杆单元的杆端内力的思路完全相同。程序 A.29 是计算刚架单元杆端内力子程序。

```
'***********************************************
'***                                         ***
'*** 程序A.29   计算刚架单元杆端内力子程序   ***
'***                                         ***
'***********************************************

Sub GetBeam30_NQM_NQM_UnderNodeLoad(EK)
```

```
'0. 声明变量
    Dim I As Long,J As Long,K As Long
    Dim GlobalNodeDisp(1 To 6)As Double
    Dim LocalNodeDisp(1 To 6)As Double
    Dim LocalEK(1 To 6,1 To 6)As Double
    Dim T(1 To 6,1 To 6)As Double
'1. 确定坐标转换矩阵
    Call BeamElemCoorTranMatrix(T)
'2. 把单元节点在整体坐标系中的位移,转换到局部坐标系中
        I=Current_Elem
    For J=1 To 3
        GlobalNodeDisp(J)=CurrentAllDisp (J, Elem (5, I))
        GlobalNodeDisp (J+3)=CurrentAllDisp (J, Elem (6, I))
    Next J
    For I=1 To 6
      LocalNodeDisp (I)=0
      For J=1 To 6
        LocalNodeDisp (I)=LocalNodeDisp (I)+T (I, J) * GlobalNodeDisp (J)
    Next J
  Next I
'3. 求局部坐标系中的单刚
    Call MakeBeam30 _ LocalK (LocalEK)
'4. 局部单刚乘以局部位移, 得到局部杆端内力, 存于 EK () 第 1 列
    For I=1 To 6
            EK (I, 1)=0
        For J=1 To 6
        EK (I, 1)=EK (I, 1)+LocalEK (I, J) * LocalNodeDisp (J)
      Next J
    Next I
End Sub
```

附录 B　矩阵位移法软件 MDMS 算例

目　　录

§B.1　算例结构的力学模型

　　现在用 MDMS 软件计算附录 A 中图 A-2 所示二维杆件结构，给出分析计算的主要过程。该结构是附录 A 中图 A-3 所示的有限元网格，其数据文件的内容已经给出，这里主要给出建模过程、分析计算过程以及计算结果，主要目的是介绍 DMS 程序的使用方法。在图 B-1 中，水平杆件 BC、CE、EG 的长度为 6m，铅直杆件 CD、EF、GH 的长度为 4m，斜杆 AB 的长度为 5m。杆件 AB 和 BC、杆件 BC 和 CD、杆件 EC 和 EF 用刚结点连接，C 结点右侧杆件与 C 结点用铰结点连接，E 结点右侧杆件与 E 结点也用铰结点连接。杆件 AB、BC、CD、CF、EF 为受弯构件，拟用刚架单元模拟，杆件的截面面积为 $0.12\mathrm{m}^2$，截面惯性矩为 $0.0016\mathrm{m}^4$，截面高度 0.4m；材料的弹性模量为 $3.25\times10^8\mathrm{N/m}^2$，泊松比为 0.3，热膨胀系数为 $2\times10^{-5}/℃$。杆件 EG、FG、GH 为只有轴力的拉压构件，拟用桁架单元模拟，构件截面面积为 $0.01\mathrm{m}^2$；材料的弹性模量为 $3.00\times10^{11}\mathrm{N/m}^2$，泊松比为 0.32，热膨胀系数为 $2.5\times10^{-5}/℃$。杆件 AB 上距离 A 点 3m 处作用一个垂直于杆件的 8000N 的集中力，杆件 BC、CE 上的均布荷载集度为 1000N/m，杆件 EG 中点作用一个轴向的 8000N 的集中力。结点 G 上作用一个 36000N 的水平集中力。

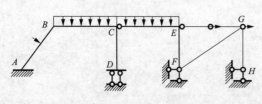

图 B-1　二维杆件结构

§B.2　建立结构有限元模型的过程

B.2.1　清除内存准备分析

按以下步骤，可以做好建模以前的准备工作：

（1）清除内存：选择图 B-2 中的 "2. 创建新的模型"，单击 OK 即可。

（2）设置工作文夹：选择图 B-2 中的 "3. 改变工作文件夹"，输入新的文件夹名称或者选择已有的文件夹，单击 OK 即可。

（3）设置工作文件名：选择图 B-2 中的 "4. 改变工作文件名"，输入 "FRAME"，单击 OK 即可。

（4）定义标题：选择图 B-2 中的 "5. 改变标题"，输入 "a Frame Problem"，单击 OK 即可。

图 B-2　公用菜单的下拉子菜单

B.2.2　设置单元类型

进入前处理器：选择主菜单上 "前处理器"，展开下级菜单（见图 B-3）。设置单元类型：选择图 B-3 上的 "设置单元类型"，弹出图 B-4 所示对话框（假设为英语界面），单击 Add 按钮，弹出 Library of Element Types（单元库）对话框（见图 B-5），先在左侧窗口选择 "Beam"，然后在右侧窗口选择 "Beam 2node 30"，最后单击 Apply 按钮，完成 Type 1 的设置。重复以上过程，完成 Type 2 的设置，结果如图 B-6 所示。

图 B-3　展开的前处理器菜单

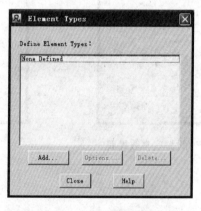

图 B-4　设置单元类型界面

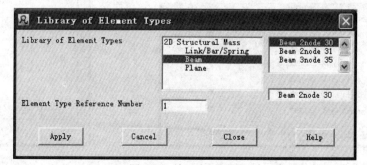

图 B-5　单元库对话框

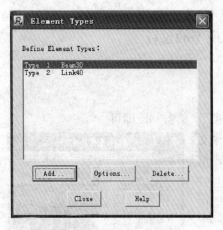

图 B-6　设定两种单元

B. 2. 3　设置单元实常数

选择图 B-3 上的"设置实常数",弹出图 B-7 所示对话框(假设为英语界面),单击 Add 按钮,弹出图 B-8 所示界面,选择"Type 1 Beam 30",单击 Apply,弹出图 B-9 所示界面,填入截面面积、截面惯性矩、截面高度,单击 Apply,完成实常数序列 1 的设置。同理,可完成实常数序列 2 的设置,结果如图 B-10 所示,单击 Close,完成实常数的设置。

B. 2. 4　设置材料参数

选择图 B-3 上的"设置材料参数",弹出图 B-11 所示对话框(假设为英语界面),单击"2. Material"下的"1. NewModel",弹出图 B-12 所示界面,单击

OK 按钮,开始设定材料 1 的材料模型和参数,单击图 B-13 中的"Isotropic",弹出图 B-14 所示界面,交互输入弹性模量等参数,单击 OK,完成第 1 种材料参数的设置。同理,可完成第 2 种材料参数的设置。

图 B-7　设置实常数界面

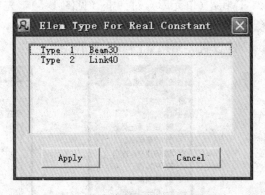

图 B-8　为实常数选择 Type 号界面

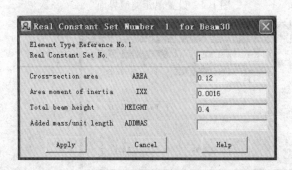

图 B-9　输入刚架单元实常数界面

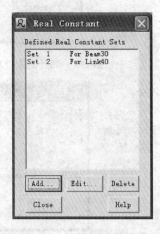

图 B-10　完成实常数设置

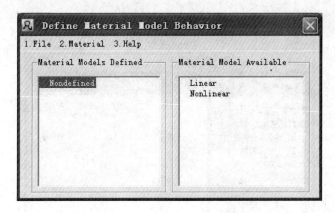

图 B-11 设置材料参数界面

B.2.5 创建有限元网格

有规律的有限元网格可以成批生成，规律不明显的网格，可以按照创建节点、创建单元的顺序，创建有限元网格。本算例的网格规律不明显，所以，首先创建节点，然后创建单元。

（1）创建节点：选择图 B-3 中的"网格剖分"，展开下级菜单，同时弹出前处理器窗体（见图 B-15）。选择"编辑网格"，弹出图 B-16 所示的

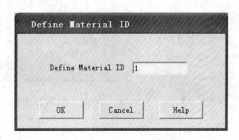

图 B-12 确定材料号界面

创建节点界面，此时的活动坐标系为默认的直角坐标系，输入－3、0，单击"创建"按钮，会在前处理器窗口中相应位置显示出该节点，然后单击"应用"按钮，节点创建完成，该节点编号自动设置为 1。依次输入其余 8 个节点的坐标，创建 9 个节点。

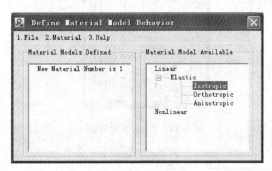

图 B-13 选择材料模型界面

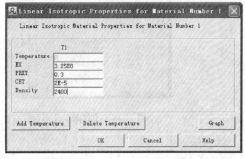

图 B-14 输入材料参数界面

（2）创建单元：单击图 B-16 中的"创建单元"标签，出现图 B-17 所示的创建单元界面，输入两个节点号码，创建出第 1 个单元，同时显示在前处理器窗口，单击"应用"按钮，完成第 1 个单元的创建，单元号码自动为 1。同样可以创建其余 7 个单元，结果如图 B-18 所示。这 8 个单元中，1～5 单元是 Beam30 单元，6～8 单元是 Link40 单元。4 节点和 9 节点具有相同的坐标、相同的线位移，但具有不同的转角，需要进一步进行自由度耦合处理。

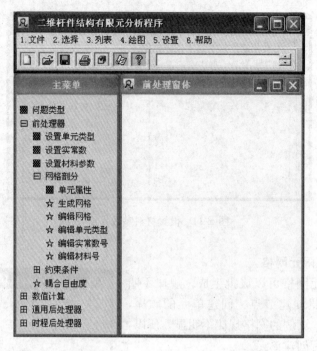

图 B-15　中文界面及前处理器下拉菜单

图 B-16　创建节点界面　　　　　　　　　图 B-17　创建单元界面

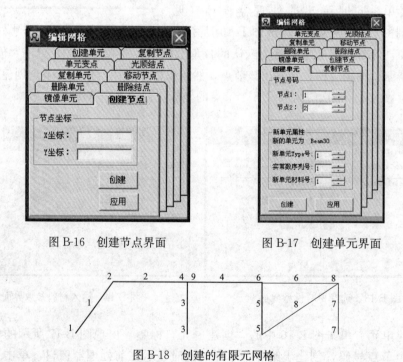

图 B-18　创建的有限元网格

B.2.6　编辑刚性约束

选择图 B-19 中的"刚性约束"菜单，弹出图 B-20 所示的编辑刚性约束对话框，选定 3 个方向的约束，自动显示约束条件编号为 4，然后单击"右按钮形成方框选择节点"，方框内的节点被施加上 3 个约束，并且立刻在图形上直观地显示出来（见图 B-21）。重复以上过程，对 3、5、7 三个节点施加相应的约束。

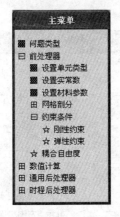

图 B-19　约束条件菜单

图 B-20　编辑刚性约束对话框

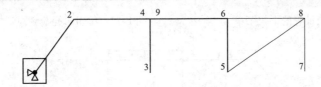

图 B-21　选择 1 节点施加约束

B.2.7　处理耦合自由度

4 节点和 9 节点用铰结点连接在一起，因此，具有相同的线位移和不同的角位移。选择图 B-19 中的"耦合自由度"，弹出图 B-22 所示界面，输入 4 节点和 9 节点，单选"转角不同（半铰结点）"，单击"应用"按钮，完成耦合自由度的设置。顺便指出，在 5 节点，两个杆件也具有相同的线位移和不同的转角，但由于 8 单元是 Link40 单元，不考虑转角，因此不需要进行耦合。

图 B-22　设置耦合节点界面

§B.3　结构数值计算

B.3.1　编辑单元荷载

选择主菜单上"数值计算"下面的"编辑单元荷载"（见图 B-23），弹出图 B-24 所示对话框，首先单选"一般集中荷载"，接着在荷载参数表中填上荷载数值和作用位置，然后单选图中显示位置，再在图形上选定 1 单元，最后单击"应用"按钮，图形上显示出施加的荷载，完成 1 单元上集中荷载的施加过程。重复上述过程，施加全部单元荷载，结果如图 B-25 所示。

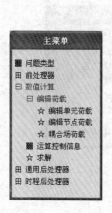

图 B-23　数值计算的下拉菜单

图 B-24　编辑单元荷载对话框

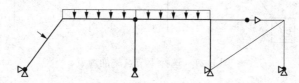

图 B-25　施加全部单元荷载

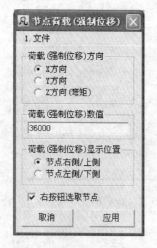

图 B-26　施加节点荷载对话框

B.3.2　编辑节点荷载

选择主菜单上"数值计算"下面的"编辑节点荷载"（见图 B-23），弹出图 B-26 所示对话框，单选荷载的方向，接着输入荷载数值，然后单选荷载显示位置，用鼠标在图形上选中 8 节点，8 节点上显示出水平荷载，单击"应用"按钮，完成在 8 节点上的水平节点荷载施加的全过程。如果有其他节点荷载，重复以上过程即可。施加全部单元荷载和节点荷载的结果如图 B-27 所示。

B.3.3　保存模型数据

选择通用菜单中的"8. 保存为工作模型"，把所有模型数据保存到数据库中，自动形成所有计算需要的数据文件。

B.3.4　求解

选择主菜单上"数值计算"下面的"求解"（见图 B-23），弹出图 B-28 所示对话框，选定 FRAME.DA0，单击"打开"按钮，开始计算。

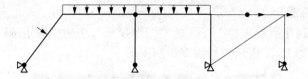

图 B-27　施加全部单元荷载和节点荷载

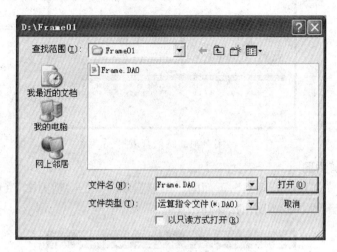

图 B-28　选择运算控制文件对话框

§B.4　显示结构变形图及内力图

B.4.1　显示变形图

选择主菜单上"通用后处理器"下面的"图形显示"中的"变形图"（见图 B-29），弹出后处理窗体，同时显示出图 B-30 所示的结构变形图。通常，建筑结构的变形很小，为了清晰显示结构的变形，可以利用通用菜单中的"5.设置"下面的菜单设置变形图放大的倍数。

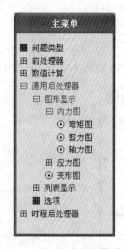

图 B-29　通用后处理器的下拉菜单

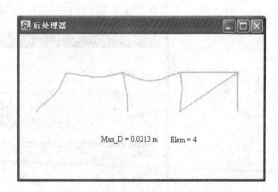

图 B-30　结构变形图

B.4.2　显示弯矩图

选择主菜单上"通用后处理器"下面的"图形显示"中的"弯矩图"（见图 B-29），将会在后处理窗体中显示图 B-31 所示的结构弯矩图。

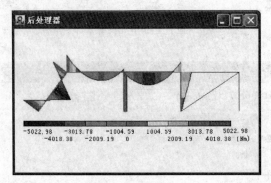

图 B-31　结构弯矩图

B.4.3　显示剪力图

选择主菜单上"通用后处理器"下面的"图形显示"中的"剪力图"（见图 B-29），将会在后处理窗体中显示图 B-32 所示的结构剪力图。

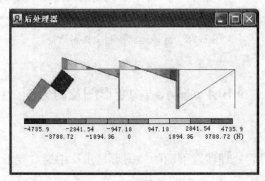

图 B-32　结构剪力图

B.4.4　显示轴力图

选择主菜单上"通用后处理器"下面的"图形显示"中的"轴力图"（见图 B-29），将会在后处理窗体中显示图 B-33 所示的结构轴力图。在图 B-33 中，8 单元的轴力图遮挡了 6 单元轴力图中轴力变化的位置，为了更清晰，可以显示图 B-34 所示的传统的结构力学风格轴力图。

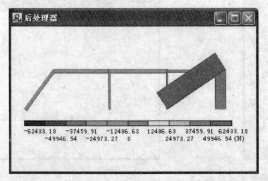

图 B-33　结构轴力图

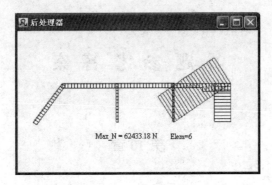

图 B-34 传统的结构力学风格轴力图

习 题 参 考 答 案

第 10 章

10-1　$F_{N12}=+10\text{kN}$,　$F_{N13}=-10\sqrt{2}\text{kN}$,　$F_{N23}=+10\text{kN}$

10-2　$\boldsymbol{K}=\begin{bmatrix} \left(\dfrac{1.64EA}{l}+\dfrac{4.32EI}{l^3}\right) & \left(-\dfrac{0.48EA}{l}+\dfrac{5.76EI}{l^3}\right) & \dfrac{3.6EI}{l^2} \\[3mm] \left(-\dfrac{0.48EA}{l}+\dfrac{5.76EI}{l^3}\right) & \left(\dfrac{0.36EA}{l}+\dfrac{19.68EI}{l^3}\right) & -\dfrac{1.2EI}{l^2} \\[3mm] \dfrac{3.6EI}{l^2} & -\dfrac{1.2EI}{l^2} & \dfrac{8EI}{l} \end{bmatrix}$

10-3　$F_E=EA\Delta\left\{\dfrac{12}{125}\quad -\dfrac{9}{125}\quad 0\quad -\dfrac{1}{3}\right\}^{\text{T}}$

10-4　$F_E=\{0\quad -4\text{kN}\quad -4\text{kN}\cdot\text{m}\}^{\text{T}}$

10-5　$\boldsymbol{K}=\begin{bmatrix} \dfrac{24EI}{l} & \dfrac{4EI}{l} & 0 \\[3mm] \dfrac{4EI}{l} & \dfrac{12EI}{l} & \dfrac{2EI}{l} \\[3mm] 0 & \dfrac{2EI}{l} & \dfrac{4EI}{l} \end{bmatrix}$

10-6　$\boldsymbol{K}=\begin{bmatrix} \dfrac{36EI}{l^3} & -\dfrac{6EI}{l^2} & \dfrac{6EI}{l^2} \\[3mm] -\dfrac{6EI}{l^2} & \dfrac{12EI}{l} & \dfrac{2EI}{l} \\[3mm] \dfrac{6EI}{l^2} & \dfrac{2EI}{l} & \dfrac{4EI}{l} \end{bmatrix}$

10-7　$\boldsymbol{K}=\begin{bmatrix} \dfrac{48EI}{l^3} & -\dfrac{6EI}{l^2} & \dfrac{6EI}{l^2} & \dfrac{6EI}{l^2} & 0 \\[3mm] -\dfrac{6EI}{l^2} & \dfrac{12EI}{l} & 0 & 0 & 0 \\[3mm] \dfrac{6EI}{l^2} & 0 & \dfrac{4EI}{l} & \dfrac{2EI}{l} & 0 \\[3mm] \dfrac{6EI}{l^2} & 0 & \dfrac{2EI}{l} & \dfrac{8EI}{l} & 0 \\[3mm] 0 & 0 & 0 & 0 & \dfrac{12EI}{l^3} \end{bmatrix}$

10-8 $\boldsymbol{K}=$

$$\begin{bmatrix} \dfrac{24EI}{l^3} & \dfrac{6EI}{l^2} & 0 & 0 & 0 & \dfrac{6EI}{l^2} & 0 \\[3mm] \dfrac{6EI}{l^2} & \dfrac{8EI}{l} & -\dfrac{6EI}{l^2} & \dfrac{2EI}{l} & 0 & 0 & 0 \\[3mm] 0 & -\dfrac{6EI}{l^2} & \dfrac{24EI}{l^3} & -\dfrac{6EI}{l^2} & \dfrac{6EI}{l^2} & \dfrac{6EI}{l^2} & 0 \\[3mm] 0 & \dfrac{2EI}{l} & -\dfrac{6EI}{l^2} & \dfrac{4EI}{l} & 0 & 0 & 0 \\[3mm] 0 & 0 & \dfrac{6EI}{l^2} & 0 & \dfrac{4EI}{l} & \dfrac{2EI}{l} & 0 \\[3mm] \dfrac{6EI}{l^2} & 0 & \dfrac{6EI}{l^2} & 0 & \dfrac{2EI}{l} & \dfrac{12EI}{l} & \dfrac{2EI}{l} \\[3mm] 0 & 0 & 0 & 0 & 0 & \dfrac{2EI}{l} & \dfrac{4EI}{l} \end{bmatrix}$$

10-9 $\boldsymbol{K}=$

$$\begin{bmatrix} \dfrac{24EI}{l^3} & \dfrac{6EI}{l^2} & 0 & 0 & 0 & \dfrac{6EI}{l^2} & 0 \\[3mm] \dfrac{6EI}{l^2} & \dfrac{8EI}{l} & -\dfrac{6EI}{l^2} & \dfrac{2EI}{l} & 0 & 0 & 0 \\[3mm] 0 & -\dfrac{6EI}{l^2} & \dfrac{12EI}{l^3} & -\dfrac{6EI}{l^2} & 0 & 0 & 0 \\[3mm] 0 & \dfrac{2EI}{l} & -\dfrac{6EI}{l^2} & \dfrac{8EI}{l} & \dfrac{6EI}{l^2} & \dfrac{2EI}{l} & 0 \\[3mm] 0 & 0 & 0 & \dfrac{6EI}{l^2} & \dfrac{12EI}{l^3} & \dfrac{6EI}{l^2} & 0 \\[3mm] \dfrac{6EI}{l^2} & 0 & 0 & \dfrac{2EI}{l} & \dfrac{6EI}{l^2} & \dfrac{12EI}{l} & \dfrac{2EI}{l} \\[3mm] 0 & 0 & 0 & 0 & 0 & \dfrac{2EI}{l} & \dfrac{4EI}{l} \end{bmatrix}$$

10-10 $\boldsymbol{K}=$

$$\begin{bmatrix} \left(\dfrac{24EI}{l^3}+\dfrac{EA}{l}\right) & \dfrac{6EI}{l^2} & \dfrac{6EI}{l} & -\dfrac{EA}{l} & 0 \\[3mm] \dfrac{6EI}{l^2} & \dfrac{8EI}{l} & \dfrac{2EI}{l} & 0 & 0 \\[3mm] \dfrac{6EI}{l^2} & \dfrac{2EI}{l} & \dfrac{8EI}{l} & 0 & 0 \\[3mm] -\dfrac{EA}{l} & 0 & 0 & \dfrac{2EA}{l} & 0 \\[3mm] 0 & 0 & 0 & 0 & \left(\dfrac{EA}{l}+k\right) \end{bmatrix}$$

10-11 $\boldsymbol{F}_{\mathrm{E}}=\begin{bmatrix} -48\mathrm{kN} & -16\mathrm{kN}\cdot\mathrm{m} & \dfrac{64}{3}\mathrm{kN}\cdot\mathrm{m} \end{bmatrix}^{\mathrm{T}}$

10-12 $\boldsymbol{F}_{\mathrm{E}}=\begin{bmatrix} q & -q & -3q & \dfrac{4}{3}q & -\dfrac{1}{3}q & \dfrac{1}{3}q \end{bmatrix}^{\mathrm{T}}$

10-13 $\boldsymbol{F}_{\mathrm{C}}=\begin{bmatrix} -\dfrac{1}{24}ql^2 & -\dfrac{23}{24}ql^2 & -\dfrac{1}{24}ql^2 & \dfrac{1}{8}ql^2 \end{bmatrix}^{\mathrm{T}}$

10-14 $M_1^{(1)} = \dfrac{5F_P l}{32}$, $F_{Q1}^{(1)} = \dfrac{19}{32} F_P$; $M_2^{(1)} = -\dfrac{F_P l}{16}$, $F_{Q2}^{(1)} = \dfrac{13}{32} F_P$

10-15 $M_1^{(1)} = 10 \text{kN} \cdot \text{m}$, $F_{Q1}^{(1)} = \dfrac{9}{2} \text{kN}$; $M_2^{(1)} = 8 \text{kN} \cdot \text{m}$, $F_{Q2}^{(1)} = \dfrac{15}{2} \text{kN}$

$M_2^{(2)} = -8 \text{kN} \cdot \text{m}$, $F_{Q2}^{(2)} = \dfrac{9}{2} \text{kN}$; $M_3^{(1)} = -22 \text{kN} \cdot \text{m}$, $F_{Q3}^{(2)} = \dfrac{39}{2} \text{kN}$

10-16 $M_1^{(1)} = 0$, $M_2^{(1)} = 3$, $M_2^{(2)} = 4$, $M_3^{(2)} = 2$

$F_{Q1}^{(1)} = \dfrac{3}{l}$, $F_{Q2}^{(1)} = -\dfrac{3}{l}$, $F_{Q2}^{(2)} = \dfrac{6}{l}$, $F_{Q3}^{(2)} = -\dfrac{6}{l}$

第 11 章

11-1 $\omega = \sqrt{\dfrac{48EI_1}{ml^3}}$

11-2 $\omega = \sqrt{\dfrac{48EI}{ml^3}}$

11-3 $\omega = \sqrt{\dfrac{15EI}{mh^3}}$

11-4 $\omega = 3\sqrt{\dfrac{EI}{ml^3}}$

11-5 $\omega = \sqrt{\dfrac{48EI}{13ml^3}}$

11-6 $\omega = \sqrt{\dfrac{16k}{4m_1 + 9m_2}}$

11-7 $\omega = \sqrt{\dfrac{EA}{2.414ma}}$

11-8 $\omega = \sqrt{\dfrac{k}{5m}}$

11-9 $y_{d,max} = \dfrac{F_P l^3}{9EI}$, $M_{d,max} = \dfrac{2F_P l}{3}$

11-10 $y_{d,max} = \dfrac{F_P h^3}{18EI}$, $M_{d,max} = \dfrac{F_P h}{3}$

11-11 $y_{d,max} = 0.9713\dfrac{F_P l^3}{EI}$, $M_{d,max} = 2.9139 F_P l$

11-12 $y_{d,max} = \dfrac{5F_P l^3}{36EI}$, $M_{d,max} = \dfrac{29F_P l}{48}$

11-13 $\omega_1 = 2.7353\sqrt{\dfrac{EI}{ml^3}}$, $\omega_2 = 9.0621\sqrt{\dfrac{EI}{ml^3}}$; $A^{(1)} = \begin{bmatrix} 1 & 1.7662 \end{bmatrix}^T$, $A^{(2)} = \begin{bmatrix} 1 & -0.5662 \end{bmatrix}^T$

11-14 $\omega_1 = 0.7492\sqrt{\dfrac{EI}{ml^3}}$, $\omega_2 = 2.1405\sqrt{\dfrac{EI}{ml^3}}$; $A^{(1)} = \begin{bmatrix} 1 & 2.2301 \end{bmatrix}^T$, $A^{(2)} = \begin{bmatrix} 1 & -0.8968 \end{bmatrix}^T$

11-15 $\quad \omega_1 = \sqrt{\dfrac{EI}{ml^3}}$, $\omega_2 = \sqrt{\dfrac{3EI}{ml^3}}$; $A^{(1)} = \begin{bmatrix} 1 & -1 \end{bmatrix}^T$, $A^{(2)} = \begin{bmatrix} 1 & 1 \end{bmatrix}^T$

11-16 $\quad \omega_1 = 1.2193\sqrt{\dfrac{EI}{ml^3}}$, $\omega_2 = 8.2090\sqrt{\dfrac{EI}{ml^3}}$; $A^{(1)} = \begin{bmatrix} 1 & 10.4292 \end{bmatrix}^T$, $A^{(2)} = \begin{bmatrix} 1 & -0.0959 \end{bmatrix}^T$

11-17 $\quad \omega_1 = 0.9671\sqrt{\dfrac{EI}{ml^3}}$, $\omega_2 = 3.2039\sqrt{\dfrac{EI}{ml^3}}$; $A^{(1)} = \begin{bmatrix} 1 & 3.6103 \end{bmatrix}^T$, $A^{(2)} = \begin{bmatrix} 1 & -0.2770 \end{bmatrix}^T$

11-18 $\quad \omega_{1,2} = \dfrac{1}{2}\left[\left(2 + \dfrac{1}{n}\right) \mp \sqrt{\dfrac{4}{n} + \dfrac{1}{n^2}}\right]\dfrac{k_2}{m_2}$; $\dfrac{A_2}{A_1} = \dfrac{1}{2} \pm \sqrt{n + \dfrac{1}{4}}$

11-19 $\quad \omega_1 = 2.5459\sqrt{\dfrac{EI}{ml^3}}$, $\omega_2 = 5.8325\sqrt{\dfrac{EI}{ml^3}}$; $A^{(1)} = \begin{bmatrix} 1 & 1.7099 \end{bmatrix}^T$, $A^{(2)} = \begin{bmatrix} 1 & -0.5849 \end{bmatrix}^T$

11-20 $\quad A_1 = \dfrac{F_P l^3}{96EI}$, $A_2 = -\dfrac{F_P l^3}{96EI}$; $M_{AC} = \mp\dfrac{1}{4}F_P l$, $M_{CB} = \pm\dfrac{1}{2}F_P l$

11-21 $\quad A_1 = 0$, $A_2 = -\dfrac{F_P}{K_2}$

第 12 章

12-1 $\quad F_{Pu} = \dfrac{2M_u}{l}$

12-2 $\quad F_{Pu} = \dfrac{3M_u}{5l}$

12-3 $\quad F_{Pu} = \dfrac{8M_u}{l}$

12-4 $\quad F_{Pu} = \dfrac{4M_u}{7l}$

12-5 $\quad F_{Pu} = \dfrac{6M_u}{l}$

12-6 $\quad F_{Pu} = \dfrac{5M_u}{3}$

12-7 $\quad F_{Pu} = \dfrac{3M_u}{7l}$

12-8 $\quad F_{Pu} = 46.7\text{kN}$

12-9 $\quad F_{Pu} = \dfrac{4M_u}{3l}$

12-10 $\quad F_{Pu} = 60\text{kN}$

12-11 $\quad F_{Pu} = 60\text{kN}$

12-12 $\quad F_{Pu} = 20\text{kN}$

第 13 章

13-1　$F_{Pcr} = kl + \dfrac{k_r}{l}$

13-2　$F_{Pcr} = \dfrac{3EI}{2l^2}$

13-3　$\left(\dfrac{k}{F_P} - \dfrac{F_P - kl}{k_r}\right)\sin nl + n\left(1 - \dfrac{kl}{F_P}\right)\cos nl = 0$，$n = \sqrt{\dfrac{F_P}{EI}}$

13-4　$\tan nl = \dfrac{6}{nl}$，$n = \sqrt{\dfrac{F_P}{EI}}$

13-5　静力法：$\tan nl = \dfrac{1}{nl}$，$n = \sqrt{\dfrac{F_P}{EI}}$，$F_{Pcr} = 0.74\dfrac{EI}{l^2}$；能量法：$F_{Pcr} = 0.75\dfrac{EI}{l^2}$

13-6　静力法：$\tan nl = \dfrac{1}{nl}$，$n = \sqrt{\dfrac{F_P}{EI}}$，$F_{Pcr} = 0.74\dfrac{EI}{l^2}$；能量法：$F_{Pcr} = 0.75\dfrac{EI}{l^2}$

13-7　$\tan nh - nh + \dfrac{2 (nh)^2 EI}{kh^2} = 0$，$n = \sqrt{\dfrac{F_P}{EI}}$，$k = \dfrac{24EI}{h^3}$

13-8　$F_{Pcr} = 15.06\dfrac{EI}{l^2}$

参 考 文 献

[1]　龙驭球，包世华，匡文起，袁驷. 结构力学：(I)，(II). 3 版. 北京：高等教育出版社，2001.

[2]　李廉锟. 结构力学：上册，下册. 4 版. 北京：高等教育出版社，2006.

[3]　洪范文. 结构力学. 5 版. 北京：高等教育出版社，2006.

[4]　朱慈勉. 结构力学：上册，下册. 北京：高等教育出版社，2006.

[5]　王焕定，祁皑. 结构力学. 北京：清华大学出版社，2006.

[6]　雷钟和. 结构力学学习指导. 北京：高等教育出版社，2006.

[7]　徐新济，李恒增. 结构力学学习方法及解题指导. 上海：同济大学出版社，2002.

[8]　刘笃洪. 结构力学基本理论和分析方法. 沈阳：东北大学出版社，1987.

[9]　粟一凡. 建筑力学：上册，中册，下册. 北京：人民教育出版社，1980.

[10]　杨茀康，李家宝. 结构力学：上册，下册. 北京：高等教育出版社，1998.

[11]　刘永军，宋岩升，等. 结构力学习题集. 北京：中国电力出版社，2009.

[12]　刘永军. 结构静力分析有限元软件设计与开发. 北京：科学出版社，2014.